“十四五”职业教育国家规划教材

电工电子技术

DIANGONG DIANZI JISHU

主　编　孙　亮　方庆山　罗　佳
吕　菲
副主编　郝华文　谢　义　袁　涛
章　浩　余蓓敏　钱宗斌
刘　畅　蔡凤丽　丁小一
参　编　张艳艳　陈宏胜　古宏涛
朱　萍　刘　伟　武曌晗
谢晓宇　徐　振　刘志国

合肥工业大学出版社

前　言

《电工电子技术》是“十四五”职业教育国家规划教材(教职成厅函〔2023〕19号,文件公布序号678)、安徽省规划教材、安徽省优质教材、校企合作特色教材。2025年6月获安徽省高等职业教育优秀教材特等奖(2024gzjcj074,皖教秘高〔2025〕68号)。本书根据教育部新版职业教育专业教学标准装备制造大类中的机械制造及自动化、智能制造装备技术和机电一体化技术等相关专业教学标准并同时参考电工职业资格标准编写。

本书包括安全用电、直流电路、直流电路的分析与计算、交流电路、变压器和三相异步电动机、三相异步电动机控制电路、半导体元件及其特性、放大电路、集成运算放大器及应用、逻辑门电路、组合逻辑电路、触发器和时序逻辑电路等内容。本书在紧扣基本理论的同时,增加了应用实例,对交直流电路作了详细的论述,减少了动态电路的内容,适度降低了模拟电路的比重,加大了数字电路的比重。为适应相关专业的不同需求,教材中还增加了变压器和电动机的相关内容。本书的特色如下:

1. 体现以职业能力为本位,以应用为核心,以“必需、够用”为原则,突出一体化教学的特点,将专业基础理论与工作岗位技能有机整合,紧密联系生产实际。

2. 注重用新观点、新思想来审视、阐述经典内容,适应经济社会发展和科技进步的需要,引入大量典型案例,融入新知识、新技术、新工艺、新方法。

3. 渗透职业道德和职业意识教育,体现以就业为导向,有助于学生树立正确的择业观,培养学生爱岗敬业、团队精神和创业精神,树立安全意识和环保意识。

4. 充分体现职业教育的特点,确保理论上是先进的,应用上是可操作的,内容上是实用的,尽量做到理论与实践的零距离。符合“少而精”的原则深浅适度,符合学生的实际水平与相邻课程相互衔接,没有不必要的交叉重复。

5. 每个项目后附同步练习,便于学习者巩固知识。

本书兼顾模块化教学与传统教学的要求,采用任务驱动与章节相结合的编写体例,适合“行为引导法”与传统教学的要求。采用理论与实训一体化教学,在实训设备满足的前提下应为一学年;采用理论与实训分开的教学方式建议按下表安排课时实施教学。

项目		任务		建议课时	
项目序	项目名	任务序	任务名	理论	技能
一	工具使用与安全用电	一	电工工具的使用	4	0
		二	导线的选择	2	0
		三	安全用电常识	4	0
二	直流电路基础	一	电路和电路模型	2	0
		二	电路的基本元件	2	0
		三	电路的基本连接	4	0
		四	电路元件伏安特性的测绘	0	2
三	直流电路的分析与计算	一	电压源与电流源	4	0
		二	电路的分析与计算	10	0
		三	复杂电路的分析与计算	4	0
		四	电源的仿真测试	0	2
		五	基尔霍夫定律、叠加定理、戴维南定理的验证	0	6
四	正弦交流电路	一	正弦交流电路的基本概念	4	0
		二	正弦交流电路的表示方法	6	
		三	三相交流电路	0	4
		四	三相交流电路电压、电流的测量	4	0
五	变压器及三相电机	一	磁路的基本概念	2	0
		二	电磁铁与变压器	2	0
		三	电动机	4	0
		四	三相鼠笼式异步电动机接法实训	0	2
六	三相异步电动机控制电路	一	常用低压电器	2	
		二	三相异步电动机的控制电路	2	
		三	三相异步电动机的点动和自锁控制实验	0	2
七	半导体元件及其特性	一	半导体及 PN 结	2	0
		二	半导体二极管	2	0
		三	半导体三极管	4	0
		四	场效应管	2	0
		五	二极管伏安特性的测试	0	2
		六	三极管输入输出特性仿真测试	0	2
		七	直流稳压电源的仿真安装与测试	2	2

（续表）

项目		任务		建议课时	
项目序	项目名	任务序	任务名	理论	技能
八	基本放大电路	一	基本交流电压放大电路	2	0
		二	分压偏置式放大电路	1	0
		三	差动放大电路	1	0
		四	功率放大电路	1	0
		五	单级放大电路实验	0	1
		六	放大电路的研究		2
九	集成运算放大器及应用	一	集成运算放大器简介	2	0
		二	集成运算放大器的应用	6	0
		三	放大电路中的反馈	2	0
		四	集成运算放大器的基本运算电路(一)	0	2
		五	集成运算放大器的基本运算电路(二)	0	2
十	逻辑门电路	一	数字电路基础	2	0
		二	逻辑代数中的基本运算	4	0
		三	基本的数字器件	2	0
		四	与或非逻辑门实验	0	2
十一	组合逻辑电路	一	组合逻辑电路的分析与设计	2	0
		二	常用组合逻辑电路	4	0
		三	组合逻辑电路的设计与测试实验	0	2
十二	时序逻辑电路	一	触发器	4	0
		二	时序逻辑电路	4	0
		三	寄存器	4	0
		四	555 电路的组成	4	0
		五	JK 触发器验证实验	0	2
		六	移位寄存器实验	0	2
		七	555 定时器多谐振荡器实验	0	2

本书是在安徽省高水平高职教材（编号 2018yljc264、皖教秘高〔2019〕31 号）成果基础上，申报获批“十四五”职业教育国家规划教材，2024 年 1 月第 2 次修订印刷。本教材由孙亮、方庆山、罗佳、吕菲担任主编，郝华文、谢义、袁涛、章浩、余蓓敏、钱宗斌、刘畅、蔡凤丽、丁小一担任副主编，张艳艳、陈宏胜、古宏涛、朱萍、刘伟、武曌晗、谢晓宇、徐振、刘志国参编。具体参与编写工作如下。项目一：孙亮（徽商职业学院）、罗佳（池州职业技术学院）、朱萍（安徽工业经济职业技术学

院);项目二:吕菲(合肥职业技术学院)、丁小一(合肥职业技术学院)、罗佳(池州职业技术学院);项目三:余蓓敏(安徽电子信息职业技术学院)、蔡凤丽(安徽电子信息职业技术学院)、袁涛(安徽机电职业技术学院);项目四:章浩(安徽水利水电职业技术学院)、钱宗斌(安徽工业经济职业技术学院)、郝华文(池州职业技术学院);项目五:谢义(安徽电子信息职业技术学院)、余蓓敏(安徽电子信息职业技术学院)、孙亮(徽商职业学院);项目六:方庆山(安徽电子信息职业技术学院)、武塈晗(徽商职业学院)、蔡凤丽(安徽电子信息职业技术学院);项目七:吕菲(合肥职业技术学院)、张艳艳(安徽电子信息职业技术学院)、谢义(安徽电子信息职业技术学院);项目八:罗佳(池州职业技术学院)、谢晓宇(徽商职业学院)、刘畅(安徽工业经济职业技术学院);项目九:章浩(安徽水利水电职业技术学院)、古宏涛(宣城职业技术学院)、张艳艳(安徽电子信息职业技术学院);项目十:刘畅(安徽工业经济职业技术学院)、刘伟(马鞍山职业技术学院)、钱宗斌(安徽工业经济职业技术学院);项目十一:刘畅(安徽工业经济职业技术学院)、陈宏胜(池州职业技术学院)、孙亮(徽商职业学院);项目十二:蔡凤丽(安徽电子信息职业技术学院)、余蓓敏(安徽电子信息职业技术学院)、方庆山(安徽电子信息职业技术学院)。徐振(杭州朗讯科技有限公司)和刘志国(合肥凌翔信息科技有限公司)为本教材实验实训内容提供了大量的案例。在本书的编写过程中,得到了合肥工业大学出版社的大力协助,对此我们一并表示感谢。

本教材根据《职业院校教材管理办法》,由徽商职业学院牵头,对教材修订工作和第一作者所在单位的变更工作向安徽省教育厅进行了备案。结合教材使用院校的反馈意见,教材编写团队于 2025 年 6 月对教材进行了集中修订。

由于作者水平有限,书中仍可能存在不妥,敬请广大读者批评指正,并将意见和建议反馈给我们(ahgj_sl@126. com),以便再次修订时改进。

编　者

2025 年 6 月

目　录

模块一　电工部分

模块二　电子部分

模块一

电工部分

项目一

工具使用与安全用电

本章导读

随着电气化的飞速发展，电的应用已日益深入各个领域，从生产到日常生活，几乎都离不开电。掌握简单电气线路和电气设备的安装与维护、生产生活用电安全知识越来越重要。

学习要点

常用电工工具的使用方法。

线的选择及线路的敷设。

保护接零及保护接地。

触电及电流对人体的伤害。

触电急救措施。

任务一　电工工具的使用

学习目标：

掌握常用电工工具的工作原理。

掌握常用电工工具使用方法。

学习内容：

常用电工工具的品种很多，通常有以下几种。

一、验电器

验电器又叫电压指示器，是用来检查导线和电器设备是否带电的工具。验电器分为低压验电器和高压验电器两种。

1. 低压验电器

(1) 低压验电器的结构及使用方法

常用的低压验电器是验电笔，又称为试电笔，简称电笔。检测电压的范围为 60 ～ 500 V，一般做成钢笔式或螺钉旋具式，常用来区分电源的相线和中线，或用来检查低压导电设备外壳是否带电。验电笔主要由氖泡和电阻等构成，验电笔外形如图 1-1 所示。

图 1-1　验电笔外形

当验电笔中的氖泡两端所加电压为 60 ～ 65 V 时，将产生辉光放电现象，发出红色光亮。使用者站在地上时，用手握住验电笔笔帽的导体部分，这时人体、地和验电笔构成一个回路，如果被测电压达到氖泡的启辉电压，则氖泡发光，电流在包括人体的回路中流通(图 1-2)。

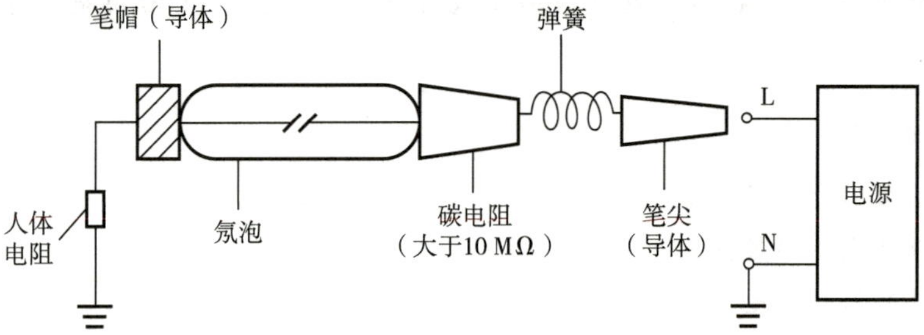

图 1-2　验电笔原理

(2) 低压验电器的使用注意事项

① 测试带电体前，要先测试已知有电的电源，以检查验电笔中的氖泡能否正常发光。

② 在明亮光线下测试时，往往看不清氖泡的辉光，应当避光测试。

③ 一般验电笔的测量范围为 60 ～ 500 V，氖泡亮度越大，说明被测导体对地电位差越大，因此验电笔可以粗略地估计被测导体对地电压的高低。

2. 高压验电器

(1) 高压验电器的结构

高压验电器又称为高压测电器，用来检查高压供电线路是否有电。如图 1-3 所示为 10 kV 高压验电器外形图，它由金属钩、氖管、氖管窗、紧固螺钉、护环和手柄等组成。

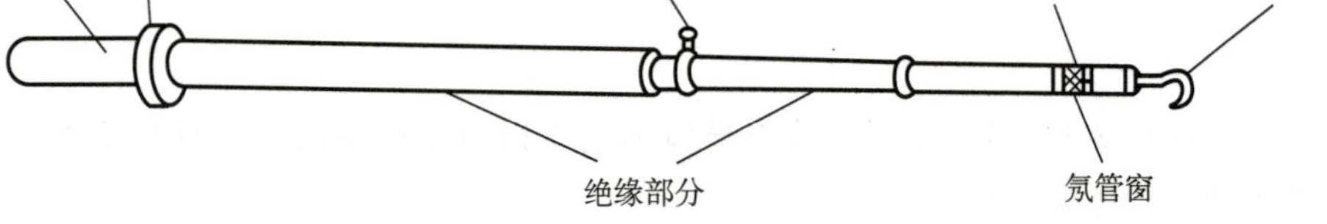

图 1-3　10 kV 高压验电器外形图

(2) 高压验电器的使用注意事项

高压验电器的检查对象为高压电路，操作时应注意以下几点：

① 验电器在使用前，一定要进行试测，证明验电器确实能正常工作，才可使用。

② 使用高压验电器时，手应放在把柄处，不得超过护环(图 1－4)。

③ 检测时，操作人员必须佩戴符合耐压要求的绝缘手套，身旁要有人监护，不可一个人单独操作。人体与带电体应保持足够的安全距离，检测 10 kV 电压时的安全距离为 0.7 m 以上。

④ 检测时，验电器应逐渐靠近被测线路，氖管发亮，说明线路有电；氖管不亮，才可与被测线路直接接触。

⑤ 在室外使用高压验电器应注意气候条件，在雪、雨、雾及湿度较大的情况下不能使用，以防发生危险。

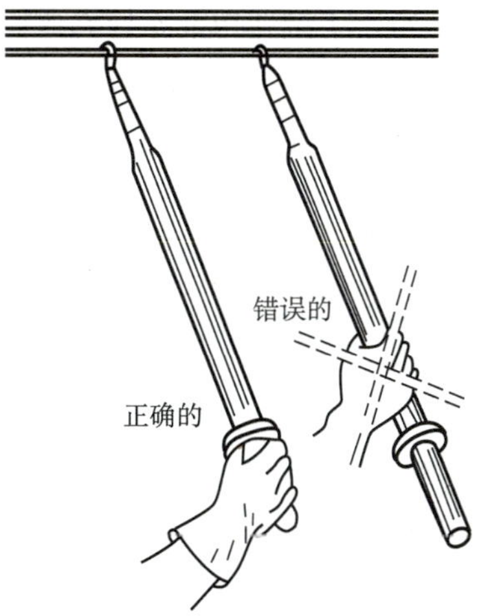

图 1－4　高压验电器的握法

二、常用旋具

常用的旋具是螺钉旋具，俗称螺丝刀，它用来紧固或拆卸螺钉，一般分为“一”字形和“十”字形两种(图 1－5)。

(a) “一”字形螺钉旋具　　(b) “十”字形螺钉旋具

图 1－5　螺钉旋具

1. “一”字形螺钉旋具

“一”字形螺钉旋具的规格用柄部以外的长度表示，常用的有 100 mm、150 mm、200 mm、300 mm、400 mm 等。

2. “十”字形螺钉旋具

“十”字形螺钉旋具又称梅花螺钉旋具，一般分为 Ⅰ 号、Ⅱ 号、Ⅲ 号、Ⅳ 号 4 种型号。其中，Ⅰ 号适用于直径为2～5 mm的螺钉，Ⅱ 号适用于直径为 3～5 mm 的螺钉，Ⅲ 号适用于直径为 6～8 mm 的螺钉，Ⅳ 号适用于直径为 10～12 mm 的螺钉。

3. 多用螺钉旋具

多用螺钉旋具是一种组合式工具，既可作为螺钉旋具使用，又可作为低压验电器使用，此外还可用来进行锥、钻、锯和扳等。它的柄部和螺钉旋具的金属杆是可以拆卸的，并附有规格不同的螺钉旋具的金属杆、三棱锥体、金属钻头、锯片、H 刀等附件。

使用螺钉旋具时应注意以下几点：

(1)电工不可使用金属杆直通柄顶的螺钉旋具,以免造成触电事故。

(2)使用时,手不得触及螺钉旋具的金属杆,以免发生触电事故。使用大螺钉旋具时拇指、食指和中指要夹住握柄,手掌还要顶住柄的末端,以防旋转时滑脱。使用小螺钉旋具时,可用大拇指和中指夹着握柄,用食指顶住柄的末端捻旋。

(3)为避免螺钉旋具的金属杆触及皮肤或邻近带电体,应在金属杆上穿套绝缘管。

三、电工刀的使用

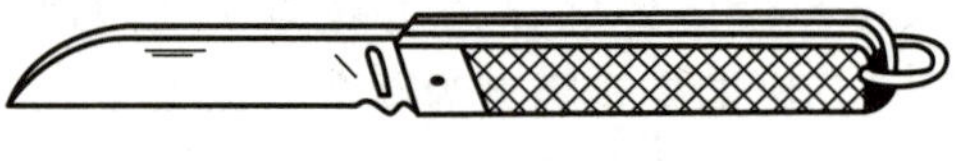

图 1-6 电工刀外形

电工刀是用来剖削电线绝缘层、切割电工器材的常用工具,电工刀外形如图1-6所示。在使用电工刀时,应将刀口向外。剖削导线绝缘层时,应将刀面与导线成小于45°的锐角,以免割伤导线。由于电工刀刀柄无绝缘保护,所以不能在带电导线或器材上剖削。电工刀用毕,应将刀身折进刀柄。

四、电工钳

1. 钢丝钳

钢丝钳是一种夹持或折断金属薄片、切断金属丝的工具。电工用钢丝钳的柄部套有绝缘套管(耐压 500 V),其规格用钢丝钳全长的毫米数表示,常用的有 150 mm、175 mm、200 mm等。钢丝钳的构造及应用如图 1-7 所示。

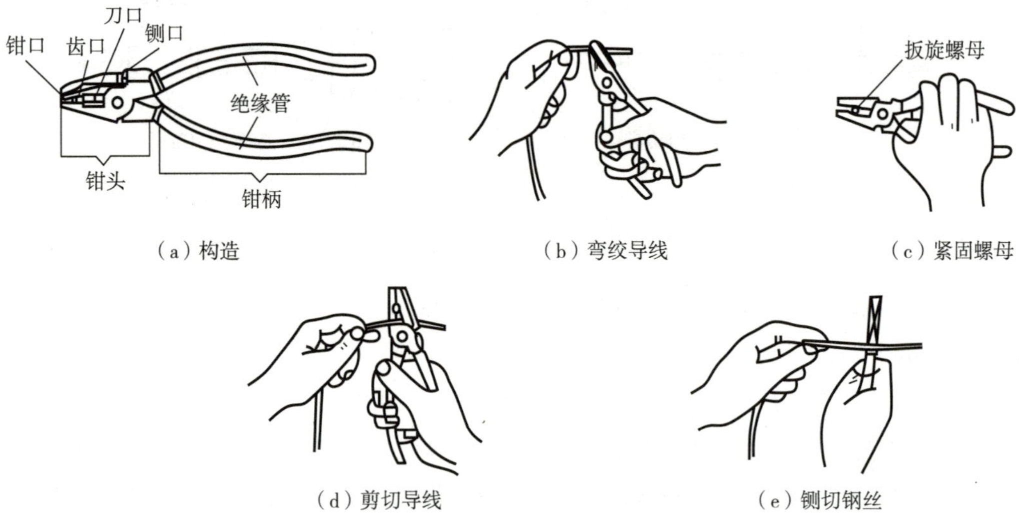

图 1-7 钢丝钳的构造及应用

钢丝钳的使用注意事项如下:

(1)使用电工钢丝钳以前,必须检查绝缘柄的绝缘是否完好。如果绝缘损坏,进行带电作业时会发生触电事故。

(2)用电工钢丝钳剪切带电导线时,不得用刀口同时剪切相线和零线,或同时剪切两根相线，以免发生短路故障。

(3)钳头不可代替手锤作为敲打工具使用。

(4)钳头应防锈，轴销处应经常加机油润滑，以保证使用灵活。

2. 尖嘴钳

尖嘴钳(图 1-8)的头部"尖细"，用法与钢丝钳相似，其特点是适用于在狭小的工作空间操作，能夹持较小的螺钉、圈、导线及电器元件。在安装控制线路时，尖嘴钳能将单股导线弯成线端(线鼻子)，有刀口的尖嘴钳还可剪断导线、剥削绝缘层。

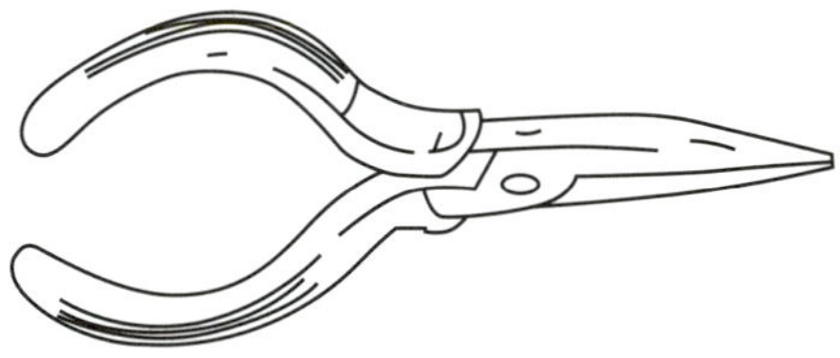

图 1-8　尖嘴钳

3. 断线钳和剥线钳

断线钳[图 1-9(a)]的头部"扁斜"，因此又叫作斜口钳、扁嘴钳或剪线钳，专门用于剪断较粗的金属丝、导线等。它的柄部有铁柄、管柄、绝缘柄之分，绝缘柄耐压为 1000 V。剥线钳[图 1-9(b)]是用来剥落小直径导线绝缘层的专用工具。它的钳口部分设有几个刃口，用以剥落不同线径的导线绝缘层。其柄部是绝缘的，耐压为 500 V。使用时，根据需要确定出要剥去绝缘层的长度，按导线芯线的直径大小将其放入剥线钳相应切口，用力握钳柄，导线的绝缘层即被割断，同时自动弹出。

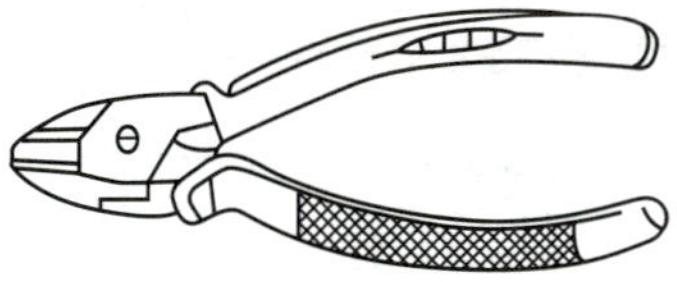

(a) 断线钳

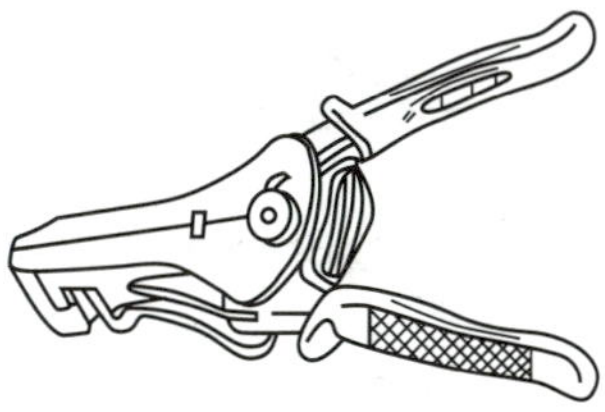

(b) 剥线钳

图 1-9　断线钳和剥线钳

五、扳手

1. 活扳手

活扳手[图 1-10(a)]是用于紧固和松动螺母的一种专用工具，主要由活扳唇、呆扳唇、扳口、蜗轮、轴销等构成，其规格以长度(mm)×最大开口宽度(mm)表示，常用的有150 mm×19 mm、200 mm×24 mm、250 mm×30 mm、300 mm×36 mm 等几种。

活扳手的使用注意事项如下：

(1) 扳动大螺母时，需用较大力矩，手应握在近柄尾处[图 1-10(b)]。

(2) 扳动较小螺母时，需用力矩不大，但螺母过小易打滑，故手应握在接近头部的地方，随时调节蜗轮、收紧活扳唇防止打滑。

(3) 活扳手不可反用，以免损坏活扳唇，也不可用钢管接长手柄来施加较大的扳拧力矩。

(4) 活扳手不得当作撬棒和手锤使用。

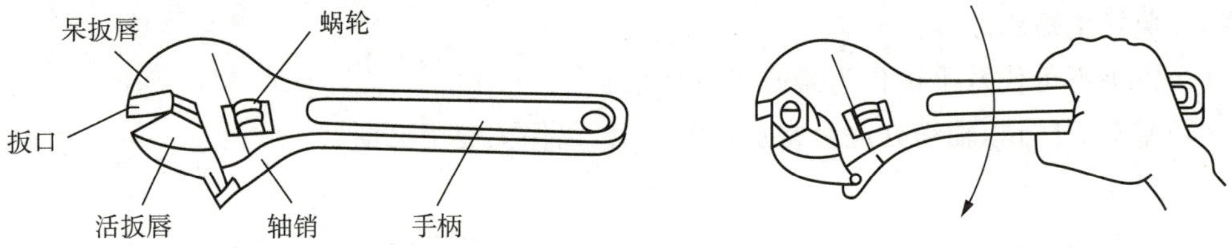

（a）构造　　（b）使用方法

图 1－10　活扳手的构造及使用方法

2. 呆扳手

呆扳手的扳口为固定口径，不能调整，但使用时不易打滑。

六、电烙铁

电烙铁是手工焊接的重要工具。电烙铁的种类较多，有外热式、内热式、恒温式、吸焊式和感应式等。最常用的是外热式和内热式两种。

电烙铁使用技巧和维护

1. 外热式电烙铁

外热式电烙铁（图 1－11）通电发热后，其热量从外向内传到烙铁头上，从而使烙铁头升温，故称为外热式电烙铁。

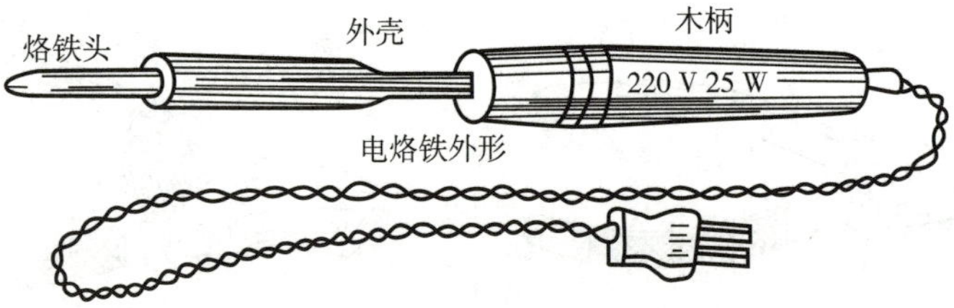

图 1－11　外热式电烙铁

外热式电烙铁的规格很多，常用的有 25 W、45 W、75 W、100 W、150 W 等。电烙铁的功率越大，其烙铁头的温度就越高。

2. 内热式电烙铁

内热式电烙铁（图 1－12）的烙铁芯安装在烙铁头里面，通电发热后，其热量从内直接传到烙铁头上，从而使烙铁头升温。

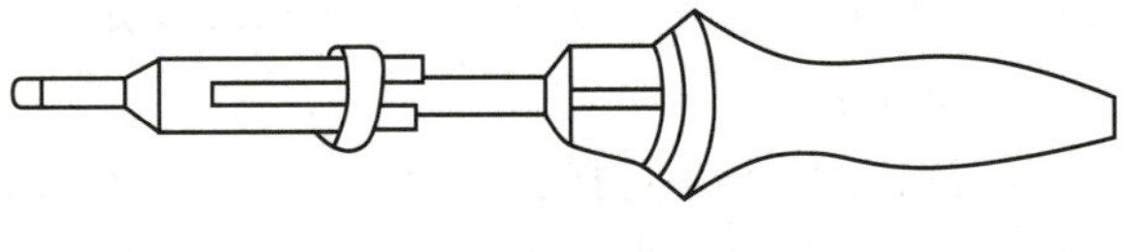

图 1－12　内热式电烙铁

内热式电烙铁与外热式电烙铁相比有质量小、热得快、耗电省、热效率高、体积小等优势，故是手工焊接的首选，并得到了普遍应用。

内热式电烙铁常用的规格有 20 W、30 W、50 W 等。由于它的热效率较高，故 20 W 的内热式电烙铁就相当于 40 W 左右的外热式电烙铁。

内热式电烙铁头的一端是空心的，用于套接连杆，为能与连杆套接牢固，便用弹簧夹固定。当需要更换烙铁头时，必须先将弹簧夹退出，同时用钳子夹住烙铁头的前端，慢慢地退出，切记不能用力过猛，以免损坏连接杆。

内热式电烙铁的烙铁芯是用比较细的镍铬电阻丝绕在瓷管上制成的。200 W 的电烙铁其电阻值约为 2.5 kΩ，烙铁的温度一般可达 350 ℃。由于烙铁芯是由瓷管构成的，为确保其不被损坏，应尽可能避免被摔在地上。又由于镍铬电阻丝比较细，通电时间较长时容易被烧断，故在使用时应注意一次性通电时间不能太长。

3. 吸锡电烙铁

吸锡电烙铁是将活塞式吸锡器与电烙铁融为一体的拆焊工具。它具有使用方便、灵活、适用范围广等特点。吸锡电烙铁的不足之处是每次只能对一个焊点进行拆焊。

4. 电烙铁的选用

电烙铁的种类及规格很多，为能适应所焊元器件的需要，应合理地选择电烙铁，这对提高焊接质量和焊接效率有直接作用。当被焊工件的大小不同时，应按具体情况做合适的选择。如果被焊件较大，而使用的电烙铁功率较小，则焊接温度过低，焊料熔化较慢，焊剂不能正常发挥，导致焊点不光滑、不牢固，势必造成焊点焊接强度不够、外观质量不合格，甚至出现焊料不能熔化的现象，使焊接无法进行。

如果电烙铁的功率太大，则使过多的热量传递到被焊工件上，使元器件的焊点过热、温升过快，造成元器件损坏。电烙铁的选择可以从以下几个方面进行综合考虑：

(1) 焊接集成电路、晶体管及受热易损件时，应选用 20 W 的内热式电烙铁或 25 W 的外热式电烙铁。

(2) 焊接导线及同轴电缆、机壳底板等时，应选用 45 ～ 75 W 的外热式电烙铁或 50 W 的内热式电烙铁。

(3) 焊接较大元器件时，如焊输出变压器的引脚、大电解电容的引脚及大面积公共地线，应选用 75 ～ 100 W 的电烙铁。

(4) 如要对表面安装元器件进行焊接，可采用工作时间长而温度较稳定的恒温电烙铁。

(5) 对于既能用内热式电烙铁焊接，又能用外热式电烙铁焊接的焊点，应首选内热式电烙铁。因为内热式电烙铁体积小、操作灵活、热效率高、热得快，使用起来方便快捷。

5. 电烙铁的握法

既要使被焊件焊接牢靠，又不能烫伤被焊件周围的元器件及导线，因此就要根据被焊件的位置、大小以及电烙铁的规格大小，适当地选择电烙铁的握法。

电烙铁的握法可分为 3 种，如图 1 - 13 所示。如图 1 - 13(a) 所示为反握法，该握法用五指把电烙铁的手柄握在掌内，适用于大功率电烙铁的操作，焊接散热量较大的被焊件，不易感到疲劳；如图 1 - 13(b) 所示为正握法，使用此握法的电烙铁的功率也比较大，且多为弯头形电烙铁；如图 1 - 13(c) 所示为握笔法，此种握法与握笔的方法相同，适用于小功率的电烙铁

(35 W 以下),焊接散热量小的被焊件,是印制电路板焊接中最常用的一种握法,如焊接收音机及各种小家电等。

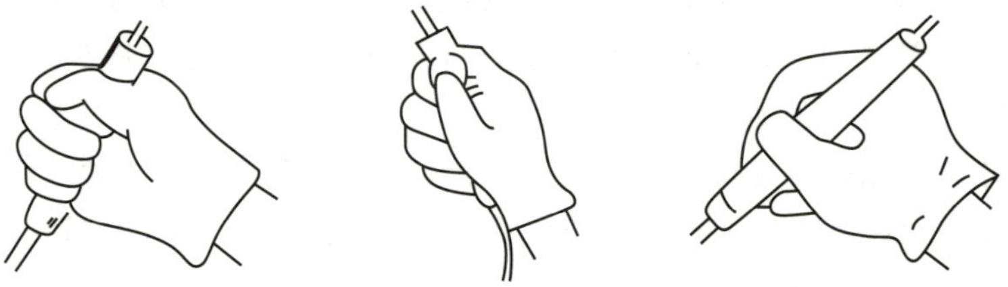

(a) 反握法　　(b) 正握法　　(c) 握笔法

图 1-13　电烙铁的握法

七、登高用具

1. 安全帽

安全帽是用来保护施工人员头部的,必须由专门工厂生产。

2. 安全带

安全带如图 1-14 所示,是腰带、保险绳和腰绳的总称,用来防止发生空中坠落事故。腰带用来系挂保险绳、腰绳和吊物绳,系在腰部以下臀部以上的部位。

3. 踏板

踏板又叫作登高板,用于攀登电杆,由板、绳和钩组成,如图 1-15 所示。

4. 脚扣

脚扣也是攀登电杆的工具,主要由弧形扣环、脚套组成,分为木杆脚扣[图 1-16(a)]和水泥杆脚扣[图 1-16(b)]。

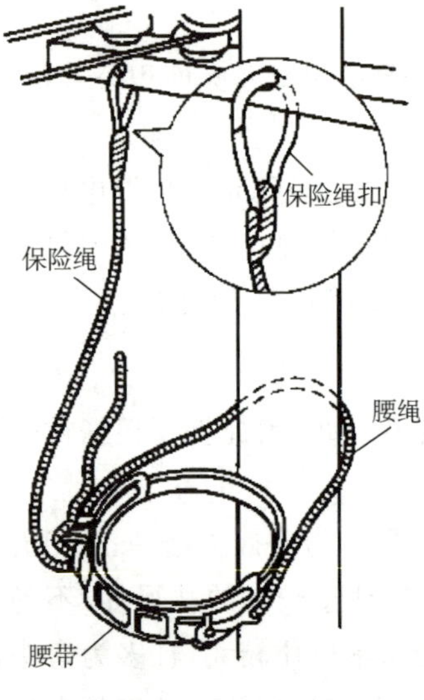

图 1-14　安全带

图 1-15　踏板

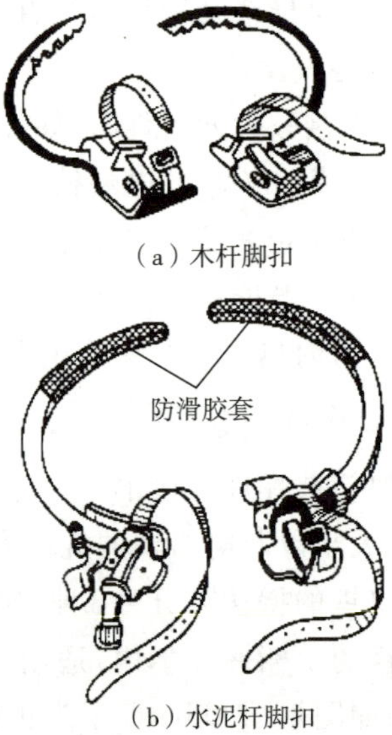

(a) 木杆脚扣

(b) 水泥杆脚扣

图 1-16　脚扣

5. 梯子

梯子是最常用的登高工具之一，有单梯、人字梯（合页梯）和升降梯等几种，用毛竹、硬质木材和铝合金等材料制成。使用梯子应注意以下几点：

(1) 使用前要检查有无虫蛀、折裂等。

(2) 使用单梯时，梯根与墙的距离应为梯长的 1/4 ～ 1/2，以防滑落和翻倒。

(3) 使用人字梯时，人字梯的两腿应加装拉绳，以限制张开的角度，防止滑塌。

(4) 采取有效措施，防止梯子滑落。

知识拓展：

1. 国家职业技能标准 — 电工

国家职业技术技能标准 — 电工

2. 常见工具使用视频

剥线钳的使用

钢直尺的使用

高压验电器的使用

根据线径压接接线端子

钳形表的使用

任务二　导线的选择

学习目标：

掌握常用导线的选择方法及线路的敷设。

学习内容：

导线的用途很多，如何合理科学地选择导线。

一、导线的选择

选择导线要考虑类型和截面积。导线的选择是否合理，直接关系到线路的安全性、可靠性和经济性。

选择导线类型时应考虑敷设环境和敷设方式；选择导线截面积时应考虑满足允许温升、电压损失、机械强度等要求，并与保护装置相配合。

1. 导线类型的选择

低压导线通常包括电线和电缆，线芯材料有铜、铝两种。常用导线和电缆的型号、规格和主要用途见表 1－1 所列。

表 1－1　常用电线和电缆的型号、规格和主要用途

类　型	型　号	名　称	主要用途	截面积范围/mm
裸导线	LJ	铝绞线	一般架空线路	10 ～ 600
	LGJ	钢芯铝绞线	档距长、杆位高差大的场所	10 ～ 400
橡皮绝缘导线	BLX(BX)	铝(铜)芯橡皮绝缘线	固定敷设	2.5 ～ 500
	BLXF(BXF)	铝(铜)芯氯丁橡皮绝缘线	固定敷设，尤其适用于户外	2.5 ～ 95
	BXR	铜芯橡皮软线	室内安装要求柔软	0.75 ～ 400
塑料绝缘导线	BLV(BV)	铝(铜)芯氯乙烯绝缘线	固定明、暗敷设	0.75 ～ 185
	BLVV(BVV)	铝(铜)芯氯乙烯绝缘护套线	固定明、暗敷设，直埋	0.75 ～ 10
	BVR	铜芯聚氯乙烯软线	安装要求柔软	0.75 ～ 50
塑料软导线	RV	铜芯聚氯乙烯绝缘软线	各种移动电器接线	0.12 ～ 6
	RVB	铜芯聚氯乙烯平型软线		0.12 ～ 2.5
	RVS	铜芯聚氯乙烯绞型软线		0.12 ～ 2.5
	RVV	铜芯聚氯乙烯软绝缘护套软线		0.12 ～ 6
	RV－105	铜芯聚氯乙烯耐热软线	高温场所移动电器接线	0.12 ～ 6

（续表）

类　型	型　号	名　称	主要用途	截面积范围/mm
通用橡套电缆	YQ	轻型橡套电缆	连接轻型移动电器设备	0.3 ～ 0.75
	YQW		轻型移动设备，有耐油性	0.3 ～ 0.75
	YD	中型橡套电缆		0.5 ～ 6
	YZW			0.5 ～ 6
	YC	重型橡套电缆	同 YQ，能承受较大机械力	2.5 ～ 120
	YCW		同 YC，具有耐气候、耐油性	2.5 ～ 120

（1）导线材料的选择

从经济方面考虑，室外线路一般采用铝导线，架空线路用铝绞线，档距长的用钢芯铝绞线。室内低压线路一般采用绝缘铝导线，重要或危险场所用绝缘铜导线。

（2）绝缘及护套的选择

室内直敷配线宜采用带护套绝缘电线，其他配线采用聚氯乙烯绝缘电线。室外采用耐气候性绝缘电线，特别寒冷地区采用氯丁橡胶绝缘护套电线。

（3）电线芯数的选择

对于不同的供电系统，电线芯数的选择不同，电缆芯线数目及其适用范围见表 1－2 所列。

表 1－2　电缆芯线数目及其适用范围

电缆芯数	适用范围	电缆芯数	适用范围
单芯	① 工作电流较大的电路或水下敷设的电路（当技术经济比较合理时）； ② 直流供电电路（必要时选用）	三芯	① 高压系统的三相电路； ② 低压 IT 系统的三相电路； ③ 低压 TN－S 系统的单相电路； ④ 低压 TN－C 系统的两相三线电路
双芯	① 低压 TN－C 系统的单相电路； ② 低压 TT 系统的单相电路； ③ 低压 IT 系统的单相电路； ④ 直流供电电路	四芯	① 低压 TN－C 系统的三相四线电路； ② 低压 TT 系统的三相四线电路
		五芯	低压 TN－S 系统的三相四线（外加 PE 线）电路

（4）铠装电缆的选择

直埋电缆时，在土壤容易发生位移的地点，选用钢丝铠装电缆；当使用中可能承受较大压力或机械力时，采用钢带铠装电缆。

电缆金属套或铠装外应具有塑料防腐蚀外套，当位于腐蚀性场所时，应使用增强防护型外护套。

管中敷设电缆时宜采用塑料外护套或加强型铅包护套。

2. 导线截面积的选择

(1) 按长期发热条件(允许载流量) 选择。为保证导线的实际工作温度不超过允许值,导线在发热条件下允许的长期工作电流(以下简称载流量),不应小于线路的计算电流。特别指出,当两根或多根导线并列敷设,敷设方式采用暗敷或明敷以及使用环境温度变化时,导线的载流量是不同的。选用时应分清具体情况,必要时还需修正。另外,用于特殊用途的导线(如爆炸危险场所、设备的接地保护线等) 都有最小截面积的限制,选择导线时也应注意。常用导线的载流量见表 1-3 和表 1-4 所列,其他导线的载流量可查阅相关手册。

表 1-3 250—500X,聚氯乙烯绝缘软线和护套电线的允许载流量

导线截面积 / mm^2	环境温度 25 ℃ 下空气中敷设长期允许载流量 /A					
	单芯		双芯		三芯	
	铜芯	铝芯	铜芯	铝芯	铜芯	铝芯
0.2	7	—	5.5	—	4	—
0.5	12.5	—	9.5	—	7	—
1	19	—	15	—	11	—
1.5	24	—	19	—	14	—
2.5	32	25	26	20	20	16
4	42	34	36	26	26	22
6	55	43	47	33	32	25
10	59	59	65	51	52	40

表 1-4 橡皮绝缘电线明敷的载流量(导线工作温度 θ_n = 65 ℃) (单位:A)

截面积 / mm^2	铝芯(BLX、BLXF 型)				铜芯(BX、BXF 型)			
	25 ℃	30 ℃	35 ℃	40 ℃	25 ℃	30 ℃	35 ℃	40 ℃
1	—	—	—	—	21	19	18	16
1.5	—	—	—	—	27	25	23	21
2.5	27	25	23	21	35	32	30	27
4	35	32	30	27	45	42	38	35
6	45	42	38	35	58	54	50	45
10	65	60	56	51	85	79	73	67
16	85	79	73	67	110	102	95	87
25	110	102	95	87	145	135	125	114
35	138	129	119	109	180	168	155	142
50	175	163	151	138	230	215	198	181
70	220	206	190	174	285	266	246	225
15	265	247	229	209	345	322	298	272
120	310	289	268	245	400	374	346	316
150	360	336	311	384	470	439	406	371
185	420	392	363	332	540	504	467	427
240	510	476	441	403	660	617	570	522

(2) 按电压损失条件选择。导线都存在阻抗，电流流过导线时会产生压降，使负载端电压低于电源出口端电压。为了保证用电设备的正常运行，必须使设备端子处的电压在允许范围内。如果线路的电压损失超过了允许值，则应适当加大导线截面积。一般公用电网的电压损失不超过额定电压的5%、单位自用电源的6%、临时供电线路的8%。常见设备受电端允许的电压损失见表1-5所列。

表1-5　常用设备受电端允许的电压损失

受电设备种类	允许的电压损失/%	受电设备种类	允许的电压损失/%
电动机	—	白炽灯	—
1. 正常连续运转	5	室内主要场所	2.5
2. 正常连续运转、个别远的电动机	8～10	住宅照明	5
3. 启动时	—	36 V以下低压移动照明	10
(1) 频繁启动	10	荧光灯	—
(2) 不频繁启动	15	室内主要场所	2.5
(3) 吊车电机	15	短时电压波动及室外	5
电焊设备	8～10	医用X光机	8

(3) 按机械强度条件选择。在导线应用时，考虑到环境条件，导线应满足一定的机械强度。根据计算电流选取截面积且通过了电压损失校验的导线，考虑材料、用途、敷设方式和敷设环境等因素，室内外配线不得低于表1-6中相应用途的最小导线截面积限制；不能满足机械强度要求则必须重新选择。

表1-6　室内外配线机械强度允许的导线最小截面积　(单位：mm^2)

用　途	使用环境	铜芯软线	铜　线	铝　线
照明用灯头引下线	民用建筑室内	0.4	0.5	1.5
	工业建筑室内	0.5	0.8	2.5
	室外	1.0	1.0	2.5
移动式用电设备	生活用	0.2	—	—
	生产用	1.0	—	—
架设在绝缘支架上的绝缘线，其支点间距离	2 m及以内，室内	—	1.0	2.5
	2 m及以内，室外	—	1.5	2.5
	2～6 m	—	2.5	4.0
	6～12 m	—	2.5	6.0
	12～25 m	—	4.0	1.0
	穿管敷设的绝缘导线	1.0	1.0	2.5

二、线路敷设

线路敷设主要有绝缘导线明配线和暗配线两种敷设方式。

1. 明配线

明配线主要用于原有电气线路改造或因土建无条件而不能暗敷设线路的工程。明配线有铝片卡、塑料线夹、塑料槽板、塑料线槽、钢板线槽、塑料管和钢管等。明配线走向横平竖直,转弯处的夹角为 90°,采用黏结、射钉螺栓及胀管螺栓等固定线路。在高层建筑中,还常采用电缆桥架。

2. 暗配线

暗配线主要用于新建及装修要求较高的场所。暗配线分为钢管暗配线、PVC 阻燃硬塑料管暗配线、半硬塑料管暗配线、波纹塑料管暗配线和镀锌铁皮线槽暗配线等。

钢管暗配线。钢管暗配线一般敷设于现浇混凝土板内、地面垫层内、砖墙内及吊顶内。钢管走向可以沿最短的路径敷设,要求所有钢管焊接成一体,统一接地。由于钢管施工困难、造价高,一般用于一类建筑电气的配线及特殊场合(如锅炉房等动力)的配线。

塑料管暗配线。塑料管暗配线的敷设方法同钢管暗配线,特别适用于预制混凝土结构的建筑,多采用穿空心楼板暗敷设。半硬塑料管暗配线因具有可挠性、阻燃性、硬度好特点,并且施工方便,现已被广泛采用。

知识拓展:

1. 导线测试视频

电力电缆绝缘测试

2. 导线制造视频

电力电缆生产过程

任务三　安全用电常识

学习目标：

了解保护接地与保护接零。
知道触电及电流对人体的伤害。
掌握触电急救措施。

学习内容：

电力作为一种最基本的能源，是国民经济及广大人民日常生活不可缺少的东西。由于电本身看不见、摸不着，它具有潜在的危险性。只有掌握了用电的基本规律，懂得了用电的基本常识，按操作规程办事，电就能很好地为人民服务。否则，会造成意想不到的电气故障，导致人身触电，电气设备损坏，甚至引起重大火灾等。轻则使人受伤，重则致人死亡。所以，必须高度重视用电安全问题。

一、保护接地与保护接零

随着科学技术和电力工业的飞速发展，电能的使用日趋广泛。从生产到人们的日常生活都离不开电，电能已经成为人类不可缺少的能源。但在使用过程中，如果不注意安全，就有可能造成电气设备损坏事故或人员伤亡，甚至危及电力系统，使国家财产遭受重大损失，给社会造成重大影响。因此，为保证人身、设备（电气设备）和系统（电力系统）3方面的安全，在用电的同时，必须把安全用电放在首位。

电力系统中有一些设备，如电机、变压器的底座或外壳、配电装置的金属框架以及家用电器的金属底座和外壳等，在正常情况下是不带电的。若绝缘损坏、碰壳短路或发生其他故障时，它们都可能带电。为了保证电气设备的可靠运行和人身安全，在发电、供电、变电、配电、用电等场所都需要有符合规定的保护接地或保护接零。

1. 保护接地和保护接零的方式及作用范围

接地，是利用大地为电气设备等提供对地电流构成回路的需要，从而保证电气设备和人身的安全。保护接地和保护接零的方式有以下四种（图 1－17）。

（1）保护接地。保护接地方式是将电气设备不带电的金属外壳和同金属外壳相连接的金属构架用导线与接地体电器可靠地连接在一起。

（2）工作接地。为了保证电气设备的正常工作，将电力系统中的某一点（通常是中性点）直接用接地装置与大地可靠地连接起来就称为工作接地。

（3）重复接地。三相四线制的零线（或中性点）一处或多处经接地装置与大地再次可靠地连接，称为重复接地。

（4）保护接零。在中性点接地的三相四线制系统中，将电气设备的金属外壳、框架等与

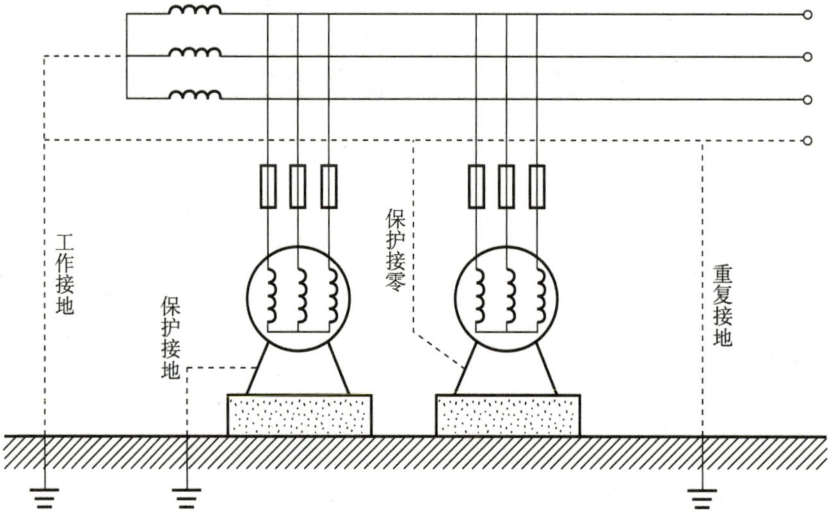

图 1-17 保护接地、工作接地、重复接地及保护接零示意图

中性线可靠地连接，称为保护接零。

2. 电气设备的接地范围

根据安全规程规定，下列电气设备的金属外壳应该接地或接零。

（1）电机、变压器、电器、照明器具、携带式及移动式用电器具等的底座和外壳，如手电钻、电冰箱、电风扇和洗衣机等。

（2）交流、直流电力电缆的接线盒，终端头的金属外壳，电线、电缆的金属外皮，控制电缆的金属外皮，穿线的钢管，电力设备的传动装置，互感器二次绕组的一个端子及铁芯。

（3）配电屏与控制屏的框架，室内外配电装置的金属构架和钢筋混凝土构架，安装在配电线路杆上的开关设备、电容器等电力设备的金属外壳。

（4）在非沥青路面的居民区中，高压架空线路的金属杆塔，钢筋混凝土杆，中性点非直接接地的低压电网中的铁杆，钢筋混凝土杆，装有避雷线的电力线路杆塔。

（5）避雷针、避雷器、避雷线和角形间隙等。

3. 接地装置

接地装置由接地体和接地线组成。接地体可分为人工接地体和自然接地体。

为了保证接地装置起到安全保护作用，一般接地装置应满足以下要求：

（1）接地电阻应达到规定值：① 低压电气设备接地装置的接地电阻不宜超过 4 Ω，低压线路零线每一重复接地装置的接地电阻不应大于 10 Ω；② 在接地电阻允许达到 10 Ω 的电力网中，每一重复接地装置的接地电阻不应超过 30 Ω，但重复接地不应少于 3 处。

（2）接地体的敷设方式：埋设人工接地体前，应尽量考虑利用自然接地体。与大地有可靠地连接的自然接地体有配线的钢管、自来水管和建筑物的金属构架等。当接地电阻符合要求时，一般不另敷设人工接地体，但发电厂、变电所除外。

（3）对接地线的要求：接地线与接地体连接处一般应焊接。如采用搭接焊，其搭接长度必须为扁钢宽度的 2 倍或圆钢直径的 6 倍。如焊接困难，可用螺栓连接，但应采取可靠的防锈措施。

二、防雷保护

1. 雷电的危害及种类

雷电是自然界中的一种放电现象。当雷电发生时，放电电流使空气燃烧出一道强烈火花，并使空气猛烈膨胀，发出巨大声响。雷电放电时间为 50 ～ 100 μs，但放电陡度可达 50 kA/μs。雷电的特点是时间短、电流强、频率高、感应或冲击电压大。

雷电的危害主要有三种：直击雷引起的危害、感应雷引起的危害、雷电侵入波引起的危害。

2. 防雷措施

防雷的主要措施：装设避雷线、避雷针，装设避雷器或保护间隙。

3. 安装避雷针时的注意事项

（1）在地上，独立避雷针配电装置的导电部分间以及到变电所电气设备与构架接地部分间的空间距离一般不小于 5 m。

（2）在地下，独立避雷针本身的接地装置与变电所接地网间最近的地中距离一般不小于 3 m。

（3）独立避雷针的接地电阻一般应不大于 10 Ω。

（4）由避雷针接地线的入地点到主变压器接地线的入地点，沿接地线接地体的距离不应小于 15 m，以防避雷针放电时击穿变压器的低压侧线圈。

（5）为防止雷击避雷针时雷电波沿电线传入室内，危及人身安全，照明线或电话线不要架设在独立避雷针上。

（6）独立避雷针及其接地装置不应装设在人、畜经常通行的地方，距离道路应不小于 3 m，否则应采取均压措施，或铺设厚度为 50 ～ 80 mm 的沥青加碎石层。

三、电流的伤害及安全用电的措施

1. 电流对人体的伤害

当电流通过人体时，电流会对人体产生热效应、化学效应以及刺激作用等生物效应，影响人体的功能，严重时，可损伤人体，甚至危及人的生命。电流的刺激作用对心脏影响最大，常会引起心室纤维性颤动，导致心跳停止而死亡。大多数触电死亡的原因是心室纤维性颤动。

（1）电流伤害的类型

电流对人体的伤害，一般分为电击伤和电灼伤两种类型。

电击伤：电流流过时造成的人体内部的伤害。其主要破坏心脏、肺及神经系统。电击的危险性最大，一般死亡事故都是由电击伤造成的。

电灼伤：电弧对人体外表面造成的伤害。其主要是局部的热、光效应，轻者只见皮肤灼伤，严重者的灼伤面积大并可深达肌肉、骨骼。常见的有灼伤、烙伤和皮肤金属化等，严重时危及人的生命。

（2）电流大小对人体的影响

感觉电流：引起人的感觉的最小电流。直流一般为 5 mA，工频交流一般男性为

1.1 mA、女性为 0.7 mA。

摆脱电流:人体触电后能自主摆脱电源的最大电流。平均摆脱电流,成年男性约为 16 mA(工频),成年女性约为 10 mA(工频),直流约为 50 mA。

致命电流:在较短的时间内危及生命的最小电流。一般情况下,通过人体的工频电流超过 50 mA,心脏会停止跳动,引发昏迷并出现致命的电灼伤;工频电流超过 100 mA,会很快使人致命。

安全电流:我国规定安全电流为 30 mA(工频),但触电时间不超过 1 s。

(3) 通电时间对人体的影响

通电时间越长,人体电阻因出汗等原因降低,导致通过人体的电流增加,从而使触电的危险增加。心脏每收缩扩张一次,中间约有 0.1 s 的间隙,此时心脏对电流最敏感,如果通电时间超过 1 s(心脏每跳动一次约 0.8 s),则必然与心脏最敏感的间隙重合,此时危害很大。

(4) 触电电流在人体内流过的路径影响

电流在人体内流过的路径与人体触电的严重性密切相关。电流流过心脏等重要部位时,触电的严重性最大。例如,电流从左手流到右脚,触电的严重性最大,而电流从一只脚流到另一只脚的触电严重性相对来说较小。当电流在同一只手的两指之间流通时,也会产生失去知觉的现象,因此不能认为局部触电不存在危险。

(5) 人体电阻的影响

人体的内部阻抗主要是电阻性的,人体电阻由皮肤电阻以及脂肪、肌肉、骨骼和血液等内部组织电阻组成,主要由电流通路决定。一般情况下,人体电阻为 1 kΩ 左右。影响人体电阻的因素很多:若皮肤较厚,则电阻相对较大;若皮肤较潮湿,接触面积大,则电阻相对较小。另外,皮肤损伤、皮肤粘有导电性粉尘、通电时间长等因素也会使人体电阻变小。

(6) 电压大小的影响

触电导致人体伤害的主要原因是电流。电流的大小又取决于电压的大小和人体电阻,而人体电阻的变化相对较小,因此通常人们把 36 V 电压定为接触安全电压,36 V 以上的电压定为危险电压。当电压大于 100 V 时,危险性急剧增加,当电压大于 200 V 时会对生命造成危险。

2. 人身触电的类型

根据电流通过人体的路径和触及带电体的方式,一般可将触电分为单相触电、两相触电和跨步电压触电等。

(1) 单相触电

当人体某一部位与大地接触,另一部位与一相带电体接触所致的触电事故称为单相触电,如图 1-18 所示。

(2) 两相触电

人体的不同部位同时触及两相带电体的触电事故称为两相触电,如图 1-19 所示。两相触电时,相与相之间以人体作为负载形成回路电流。此时,流过人体的电流大小完全取决于电流路径和供电电网的电压。

(3) 跨步电压触电

当输电线出现断线故障,输电线掉落至地面时,以此电线落地点为圆心,输电线周围地

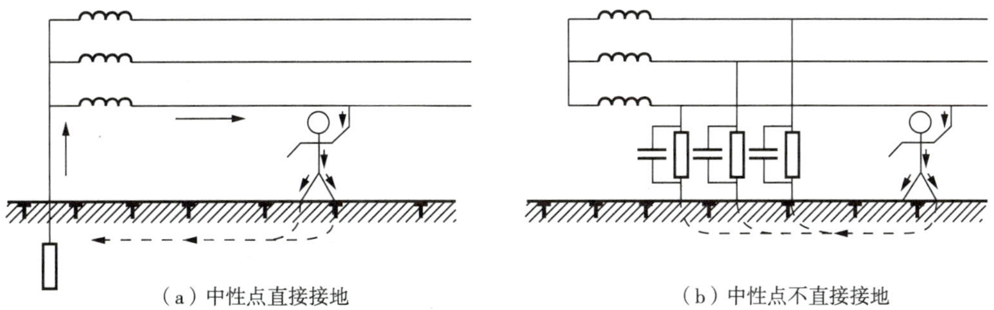

（a）中性点直接接地　　（b）中性点不直接接地

图 1-18　单相触电

面产生一个相当大的电场，离圆心越近电压越高，离圆心越远则电压越低。在距电线 1 m 以内时，约有 68% 的电压降；在距电线 2～10 m时，约有 24% 的电压降；在距电线 11～20 m时，约有 8% 的电压降；距电线 20 m 以外，对地电压基本为零。

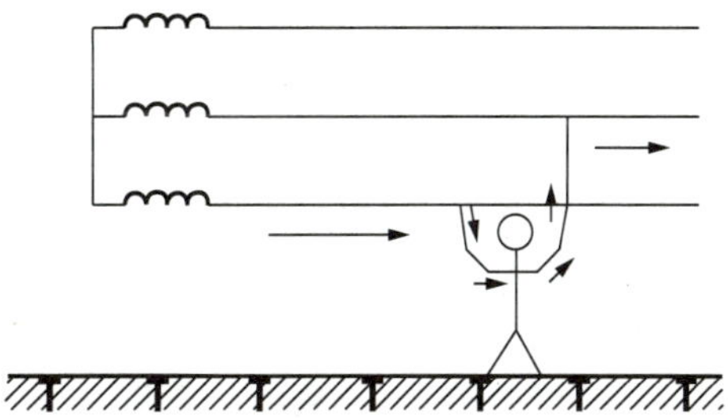

图 1-19　两相触电

当人距圆心 10 m 以内，双脚迈开（双脚距离约 0.8 m）时，会出现电位差，这个电位差称为跨步电压（图 1-20）。电流从电位高的一脚进入，由电压低的一脚流出，流过人体而使人触电。人体触及跨步电压而造成的触电，称为跨步电压触电。

跨步电压触电时，电流仅通过身体下半部及两下肢，基本上不通过人体的重要器官，故一般不危及生命，但感觉相当明显。当跨步电压较高时，流过两下肢电流较大，易导致两下肢肌肉强烈收缩，此时如身体重心不稳，极易跌倒而造成电流流过人体的重要器官（心脏等），引起人员死亡事故。

（4）接触电压触电

运行中的电气设备由于绝缘损坏或其他原因造成接地短路故障时，接地电流通过接地点向大地流散，会在以接地故障点为中心，20 m 为半径的范围内形成分布电位，当人触及漏电设备外壳时，电流通过人体和大地形成回路，造成触电事故，这称为接触电压触电。这时加在人体两点的电位差即为接触电压（图 1-20）。

（5）感应电压触电

当人触及带有感应电压的设备和线路时所造成的触电事故称为感应电压触电。

（6）剩余电荷触电

剩余电荷触电是指当人触及带有剩余电荷的设备时，带有电荷的设备对人体放电造成的触电事故。设备带有剩余电荷，通常是由检修人员在检修中用绝缘电阻表测量停电后的并联电容器、电力电缆、电力变压器及大容量电动机等设备的绝缘电阻时，检修前后没有对其充分放电所造成的。

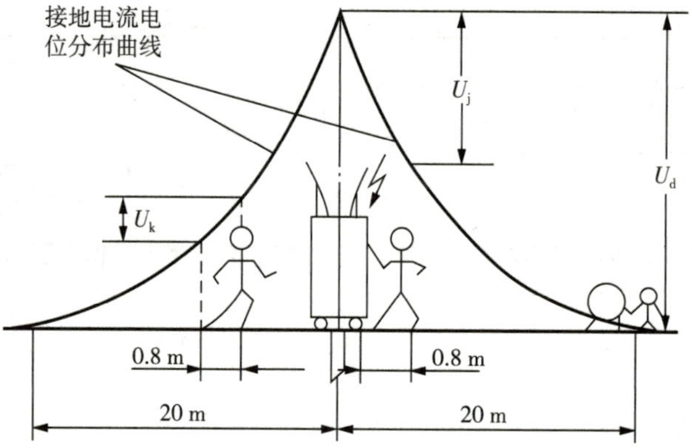

图 1-20　跨步电压和接触电压

3. 触电事故产生的原因

产生触电事故主要有以下原因：

(1) 缺乏用电常识，触及带电的导线。

(2) 没有遵守操作规程，人体直接与带电体部分接触。

(3) 由于用电设备管理不当，绝缘损坏，发生漏电，人体碰触漏电设备外壳。

(4) 高压线路落地，导致跨步电压对人体造成伤害。

(5) 检修中，安全组织措施和安全技术措施不完善，接线错误，造成触电事故。

(6) 其他偶然因素，如人体受雷击等。

4. 触电对人体伤害的临床表现

轻型：精神紧张、面色苍白、触电处麻痛、呼吸心跳加速、头晕、惊吓，敏感的人可发生电休克，倒在地上，但很快恢复。

重型：触电后即出现心跳呼吸的变化。初时呼吸浅快、心跳快、心律不齐、肌肉抽搐、昏迷、血压下降。如不及时脱离电源，很快呼吸不规则以至停止，心律失常至心室颤动，数分钟后心跳停止而死亡。

重型触电时，较大的电流还可使肌肉痉挛性收缩，如累及呼吸肌可当即窒息而死。然而，有一些触电者的心跳、呼吸停止并非已经死亡，而只是受到电流刺激所致，无严重的器质性病变发生，像这样的触电者，如果及时运用正确、有效的方法抢救，就有可能将其救活，这类情况称为“假死”。处于“假死”状态的触电者均失去知觉、面色苍白、瞳孔放大、心跳和呼吸停止。“假死”的临床表现可分为三种类型：心跳停止，但呼吸尚存在；呼吸停止，心跳尚存在；心跳、呼吸均停止。有心跳无呼吸或者有呼吸无心跳的情况只是暂时的，如果不及时抢救就会导致心跳、呼吸全停止。触电造成的“假死”，一般都是即时发生的，但也有个别触电者可在触电后延迟一段时间（几秒至几天）而突然出现“假死”，导致死亡。

触电的并发症还有失明、耳聋、精神异常、肢体瘫痪、出血、外伤或骨折、继发感染等。

5. 安全用电的措施

(1) 组织措施

在电气设备的设计、制造、安装、运行、使用、维护以及专用保护装置的配置等环节中，要严格遵守国家规定的标准和法规。加强安全教育，普及安全用电知识。

建立健全安全规章制度，如安全操作规程、电气安装规程、运行管理规程、维护检修制度等，并在实际工作中严格执行。

（2）技术措施

停电工作中的安全措施：在线路上作业或检修设备时，应在停电后进行，并采取切断电源、验电、装设临时地线等安全技术措施。

带电工作中的安全措施：在一些特殊情况下必须带电工作时，应严格按照带电工作的安全规定进行。在低压电气设备或线路上进行带电工作时，应使用合格的、有绝缘手柄的工具，穿绝缘鞋，戴绝缘手套，并站在干燥的绝缘物体上，同时派专人监护；对工作中可能碰触到的其他带电体及接地物体，应使用绝缘物隔开，防止相间短路和接地短路；检修带电线路时，应分清相线和地线；高、低压线同杆架设时，检修人员离高压线的距离要符合安全距离。

对电气设备采取的预防安全措施：电气设备的金属外壳要采取保护接地或保护接零；安装自动断电装置；尽可能采用安全电压；保证电气设备具有良好的绝缘性能；采用电气安全用具；设立屏护装置；保证人或物与带电体的安全距离；定期检查用电设备。

6. 触电预防

触电事故直接危及人身安全。因此，安全用电的主要任务在于预防触电事故的发生。针对触电事故发生的原因及规律，采取有效措施，建立、健全各种安全操作规程和安全管理制度、宣传和普及安全用电的基本知识等，使操作者在此基础上防患于未然，以确保人身安全。

知识拓展：

1. 触电相关视频

触电事故

2. 急救相关视频

触电施救

同步思考：

1. 电烙铁加热有什么特点？使用时应注意什么？

答：

2. 如何选择导线的截面积？

答：

3. 电工常用扳手有哪些？在使用中应如何选择？

答：

4. 电工常用的钢丝钳、尖嘴钳、剥线钳等在接线中各有什么作用？

答：

5. 使用验电笔应注意什么？

答：

6. 螺钉旋具通常有哪些？使用时如何选用合适的螺钉旋具？

答：

7. 线路的敷设方式有几种？

答：

8. 电流对人体伤害的决定因素有哪些？

答：

9. 电流对人体的伤害有哪两种类型？

答：

10. 触电类型有哪几种？

答：

11. 当电流达多大时，就可对人体造成伤害，并有可能危及生命？

答：

12. 了解触电急救的意义和方法有何重要意义？

答：

13. 保护接地和保护接零各适用于什么情况？

答：

项目一 PPT

项目二

直流电路基础

本章导读

直流电路知识是学习电工技术和电子技术的基础，是物理现象与电学知识的基本融合。本章节结合电路的基本构成和电气物理参数进行了入门讲解，把物理学和本课程联系起来，起着承前启后的作用。

学习要点

了解电路的作用与组成部分；理解电路元件、电路模型的意义；理解电压、电流参考方向的概念；掌握电路中电位的计算；会判断电源和负载，并理解三种元件的伏安关系。

掌握电阻串联、并联电路的特点及分压分流公式，会计算串并联电路中的电压、电流和等效电阻，能求解一些简单的混联电路。

任务一　电路和电路模型

学习目标：

了解电路及基本电路模型。

掌握电路的基本物理量。

理解电路的三种工作状态。

学习内容：

日常生活中，我们见过的电路有哪些？ 它们是由什么元器件组成的？ 能完成什么功能？

一、电路

电路是由各种元器件为实现某种应用目的、按一定方式连接而成的，其特征是提供了电流流动的通道。电路的作用可分为两类：一类是用于实现电能的传输和转换；另一类是用于信号的处理和传递。

根据电源提供的电流不同，电路可以分为直流电路和交流电路两种。

综上所述，电路主要由电源、负载和传输环节三部分组成，如图 2－1 所示手电筒电路即为一简单的电路组成。电源是提供电能或信号的设备，负载是消耗电能或输出信号的设备。电源与负载之间通过传输环节相连接，为了保证电路按不同的需要完成工作，在电路中还需加入适当的控制元件，如开关、主令控制器等。

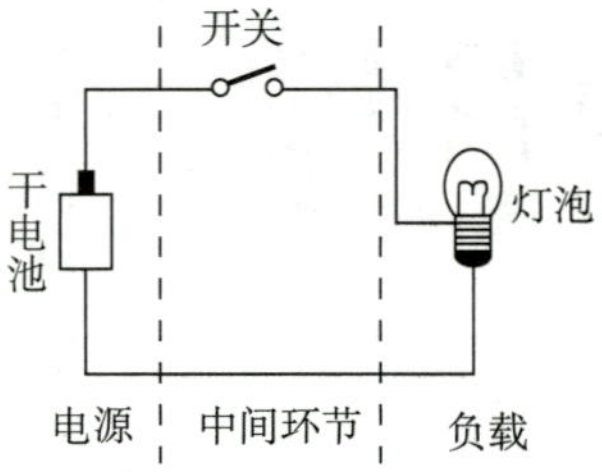

图 2－1　手电筒电路

理想电路元件：突出实际电路元件的主要电磁性能，忽略次要因素的元件，把实际电路的本质特征抽象出来所形成的理想化的电路，即为实际电路的电路模型。

用一个或几个理想电路元件构成的模型去模拟一个实际电路，模型中出现的电磁现象与实际电路中的电磁现象十分接近，这个由理想电路元件组成的电路称为电路模型。如图 2－2 所示的电路模型即是图2－1 手电筒电路的电路模型。

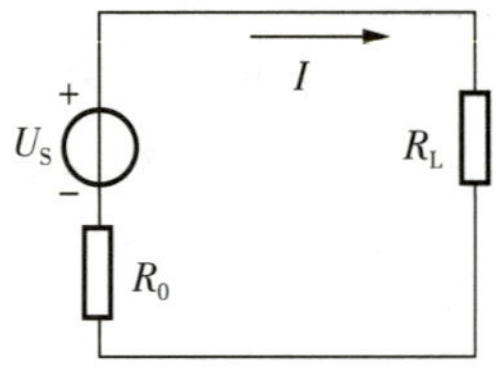

图 2－2　电路模型

电路的构成：电路是由某些电气设备和元器件按一定方式连接组成的。

（1）电源：把其他形式的能量转换成电能的装置并向电路提供能量的设备，如干电池、蓄电池、发电机等。

（2）负载：把电能转换成其他能的装置，也就是用电器（各种用电设备），如电灯、电动机、电热器等。

（3）导线：把电源和负载连接成闭合回路的材料，常用的是铜导线和铝导线。

（4）控制和保护装置：用来控制电路的通断、保护电路的安全，使电路能够正常工作，如开关、熔断器、继电器等。

二、电路的基本物理量

电路中的物理量主要包括电流、电压、电位、电动势以及功率。

1. 电流及其参考方向

带电质点的定向移动形成电流。

电流的大小等于单位时间内通过导体横截面的电荷量。电流的实际方向习惯上是指正电荷移动的方向。

电流分为两类：一是大小和方向均不随时间变化，称为恒定电流，简称直流，用 I 表示；二是大小和方向均随时间变化，称为交变电流，简称交流，用 i 表示。

对于直流，单位时间内通过导体截面的电荷量是恒定不变的，其大小为

$$I=\frac{Q}{T} \tag{2-1}$$

对于交流，若在一个无限小的时间间隔 $\mathrm{d}t$ 内，通过导体横截面的电荷量为 $\mathrm{d}q$，则该瞬间的电流为

$$i = \frac{\mathrm{d}q}{\mathrm{d}t} \tag{2-2}$$

在国际单位制(SI)中,电流的单位是安培(A)。

在复杂电路中,电流的实际方向有时难以确定。为了便于分析计算,便引入电流参考方向的概念。

所谓电流的参考方向,就是在分析计算电路时,先任意选定某一方向,作为待求电流的方向,并根据此方向进行分析计算。若计算结果为正,说明电流的参考方向与实际方向相同;若计算结果为负,说明电流的参考方向与实际方向相反。图 2-3 表示了电流的参考方向(图中虚线所示)与实际方向(图中实线所示)之间的关系。

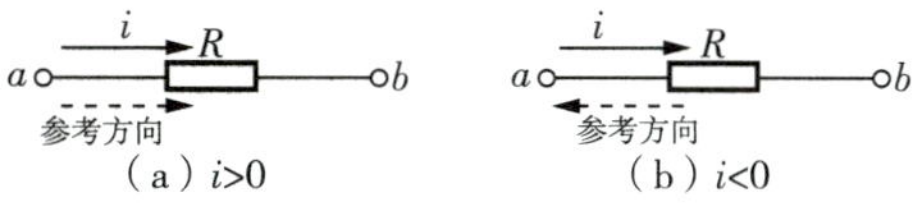

图 2-3　电流的参考方向与实际方向之间的关系

例 2-1　如图 2-4 所示,电流的参考方向已标出,并已知 $I_1 = -1\ \mathrm{A}$,$I_2 = 1\ \mathrm{A}$,试指出电流的实际方向。

解:$I_1 = -1\ \mathrm{A} < 0$,则 I_1 的实际方向与参考方向相反,应由 B 点流向 A 点。

$I_2 = 1\ \mathrm{A} > 0$,则 I_2 的实际方向与参考方向相同,由 B 点流向 A 点。

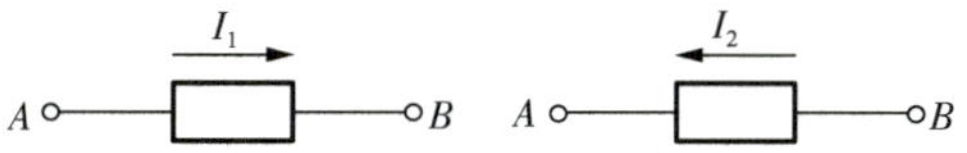

图 2-4　例 2-1 图

2. 电压及其参考方向

在电路中,电场力把单位正电荷(q)从 a 点移到 b 点所做的功(w)就称为 a、b 两点间的电压,也称为电位差,记作

$$u_{ab} = \frac{\mathrm{d}w}{\mathrm{d}q} \tag{2-3}$$

对于直流,则为

$$U_{AB} - \frac{W}{Q} \tag{2-4}$$

式中,U_{AB}——ab 两点的电位差;

w—— 电场力移动电荷所做的功;

Q—— 正电荷。

电压的单位为伏特(V)。

电压的实际方向规定从高电位指向低电位,其方向可用箭头表示,也可用"+""−" 极性表示(图 2-5)。若用双下标表示,如 U_{ab} 表示 a 指向 b,显然 $U_{ab} = -U_{ba}$。值得注意的是电压总是针对两点而言的。

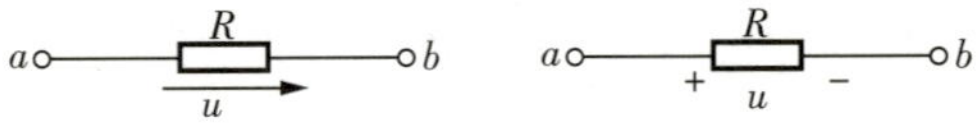

图 2-5　电压参考方向的设定

和电流的参考方向一样，也需设定电压的参考方向。电压的参考方向也是任意选定的，当参考方向与实际方向相同时，电压值为正；反之，电压值则为负。

例 2-2　如图 2-6 所示，电压的参考方向已标出，并已知 $U_1=1\ \text{V}$，$U_2=-1\ \text{V}$，试指出电压的实际方向。

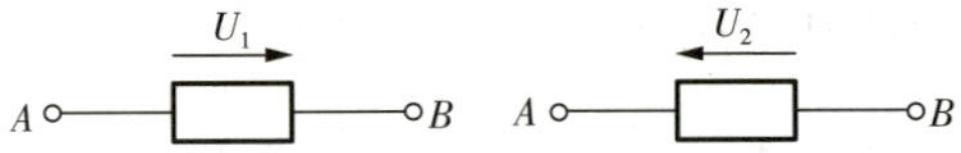

图 2-6　例 2-2 图

解：$U_1=1\ \text{V}>0$，则 U_1 的实际方向与参考方向相同，由 A 点指向 B 点。

$U_2=-1\ \text{V}<0$，则 U_2 的实际方向与参考方向相反，应由 A 点指向 B 点。

3. 电位

在电路中任选一点作为参考点，则电路中某一点与参考点之间的电压称为该点的电位。

电位用符号 V 或 v 表示。例如 A 点的电位记为 V_A 或 v_A。显然，$V_A=V_{AO}$，$v_A=v_{AO}$。

电位的单位是伏特(V)。电路中的参考点可任意选定。当电路中有接地点时，则以地为参考点。若没有接地点时，则选择较多导线的汇集点为参考点。在电子线路中，通常以设备外壳为参考点。参考点用符号“⊥”表示。

电压也可用电位来表示，即

$$\begin{cases}U_{AB}=V_A-V_B\\ u_{AB}=v_A-v_B\end{cases}\tag{2-5}$$

因此，电压也称为电位差。

电路中任意两点间的电压与参考点的选择无关。即对于不同的参考点，虽然各点的电位不同，但任意两点间的电压始终不变。

例 2-3　如图 2-7 所示的电路中，已知各元件的电压为 $U_1=10\ \text{V}$、$U_2=5\ \text{V}$、$U_3=8\ \text{V}$、$U_4=-23\ \text{V}$。若分别选 B 点与 C 点作为参考点，试求电路中各点的电位。

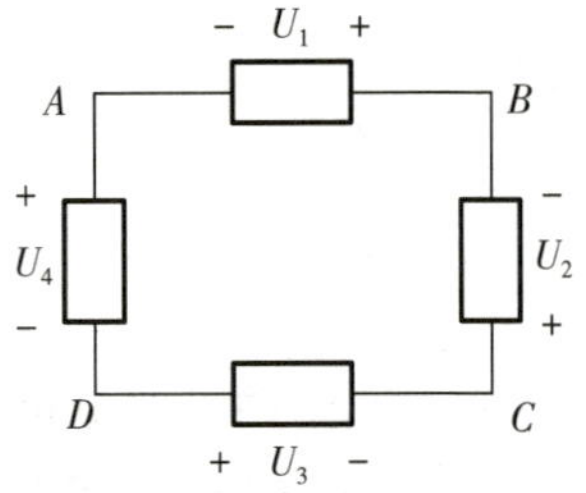

图 2-7　例 2-3 图

解：选 B 点作为参考点，则有

$$V_B=0$$

$$V_A=U_{AB}=-U_1=-10\ \text{V}$$

$$V_C=U_{CB}=U_2=5\ \text{V}$$

$$V_D = U_{DB} = U_3 + U_2 = 8 + 5 = 13(\mathrm{V})$$

选 C 点为参考点，则有

$$V_C = 0$$

$$V_A = U_{AC} = -U_1 - U_2 = -10 - 5 = -15(\mathrm{V})$$

$$V_A = U_{AC} = U_4 + U_3 = -23 + 8 = -15(\mathrm{V})$$

或

$$V_B = U_{BC} = -U_2 = -5\ \mathrm{V}$$

$$V_D = U_{DC} = U_3 = 8\ \mathrm{V}$$

4. 电动势

电源力把单位正电荷由低电位 B 点经电源内部移到高电位 A 点克服电场力所做的功，称为电源的电动势。电动势用 E 或 e 表示，即

$$\begin{cases} E = \dfrac{W}{Q} \\ e = \dfrac{\mathrm{d}w}{\mathrm{d}q} \end{cases} \tag{2-6}$$

电动势的单位也是伏特(V)。

电动势与电压的实际方向不同，电动势的方向是从低电位指向高电位，即由“—”极指向“+”极，而电压的方向则从高电位指向低电位，即由“+”极指向“—”极。此外，电动势只存在于电源的内部。

5. 功率

单位时间内电场力或电源力所做的功称为功率，用 P 或 p 表示。即

$$\begin{cases} P = \dfrac{W}{T} \\ p = \dfrac{\mathrm{d}w}{\mathrm{d}t} \end{cases} \tag{2-7}$$

若已知元件的电压和电流，功率的表达式则为

$$\begin{cases} P = UI \\ p = ui \end{cases} \tag{2-8}$$

功率的单位是瓦特(W)。

当电流、电压为关联参考方向时，式(2-8) 表示元件消耗能量。若计算结果为正，说明

电路确实消耗功率，为耗能元件；若计算结果为负，说明电路实际产生功率，为供能元件。

当电流、电压为非关联参考方向时，则式(2－8) 表示元件产生能量。若计算结果为正，说明电路确实产生功率，为供能元件；若计算结果为负，说明电路实际消耗功率，为耗能元件。

例 2－4　(1) 在图 2－8(a) 中，若电流均为 2 A，$U_1=1$ V，$U_2=-1$ V，求该两种元件消耗或产生的功率。(2) 在图 2－8(b) 中，若元件产生的功率为 4 W，求电流 I。

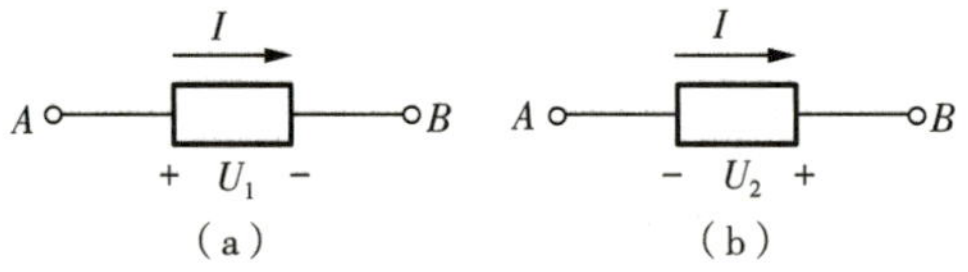

图 2－8　例 2－4 图

解：(1) 对图 2－8(a)，电流、电压为关联参考方向，元件消耗的功率为

$$P=U_1I=1\times 2=2(\text{W})>0$$

表明元件消耗功率，为负载。

如图 2－8(b) 所示，电流、电压为非关联参考方向，元件产生的功率为

$$P=-U_2I=-(-1)\times 2=2(\text{W})>0$$

表明元件消耗功率，为负载。

(2) 因图 2－8(b) 中电流、电压为非关联参考方向，且产生功率，故

$$P=-U_2I=2\ \text{W}$$

$$I=\frac{P}{U_2}=\frac{2}{-1}=-2(\text{A})$$

负号表示电流的实际方向与参考方向相反。

电路状态

三、电路的工作状态

电路在不同的工作条件下，会处于不同的状态，并具有不同的特点。电路的工作状态有三种：开路状态、负载状态和短路状态。

1. 开路状态(空载状态)

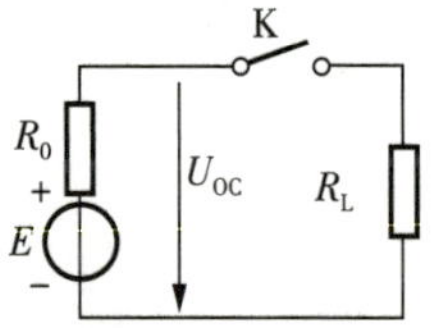

图 2－9　开路状态

在如图 2－9 所示的电路中，当开关 K 断开时，电源处于开路状态。开路时，电路中电流为零，电源不输出能量，电源两端的电压称为开路电压，用 U_{OC} 表示，其值等于电源电动势 E，即

$$U_{OC}=E$$

2. 短路状态

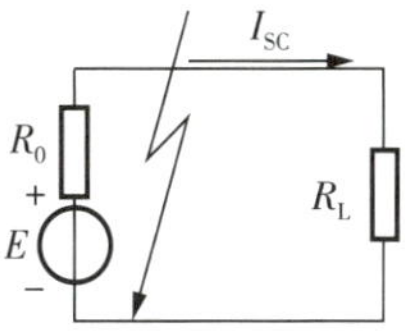

图 2-10　短路状态

在如图 2-10 所示的电路中，当电源两端由于某种原因短接在一起时，电源则被短路。短路电流 $I_{SC}=\dfrac{E}{R_0}$ 很大，此时电源所产生的电能全被内阻 R_0 所消耗。

短路通常是严重的事故，应尽量避免发生。为了防止短路事故，通常在电路中接入熔断器或断路器，以便在发生短路时能迅速切断故障电路。

3. 负载状态(通路状态)

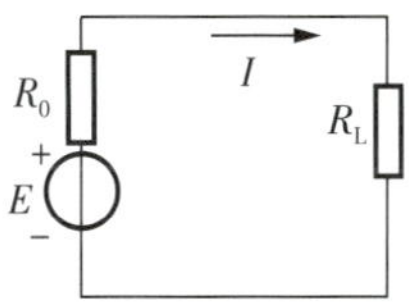

图 2-11　负载工作状态

电源与一定大小的负载接通称为负载状态。这时电路中流过的电流称为负载电流。负载工作状态如图 2-11 所示。

负载的大小是以消耗功率的大小来衡量的。当电压一定时，负载的电流越大，消耗的功率亦越大，则负载也越大。

为使电气设备正常运行，在电气设备上都标有额定值，额定值是生产厂为了使产品能在给定的工作条件下正常运行而规定的允许值。常用的额定值有额定电压、额定电流、额定功率，并分别用 U_N、I_N、P_N 表示。

需要指出，电气设备实际消耗的功率不一定等于额定功率。当实际消耗的功率 P 等于额定功率 P_N 时称为满载运行；当 $P < P_N$ 时称为轻载运行；当 $P > P_N$ 时称为过载运行。

知识拓展：

为什么小鸟站在高压线上不会触电？

为什么小鸟站在高压线上不会触电

任务二　电路的基本元件

学习目标：

掌握电路元件的电压、电流特性。

了解常用的无源元件。

学习内容：

如今的生活，我们处处离不开电。有电气设备就有电路元件。电路元件是电气设备组成的基础。正确认识和了解电路元件的基本特性可以使我们更好地利用电气设备，改善我们的学习和生活。

一、电阻元件

1. 电阻与电导的概念

流过线性电阻的电流与其两端的电压成正比，即

$$\frac{U}{I}=R(u,i\ 关联) \tag{2-9}$$

$$-\frac{u}{i}=R(u,i\ 非关联) \tag{2-10}$$

式中，R—— 电阻，单位为欧姆(Ω)。

导体的电阻不仅和材质有关，还和尺寸有关。实验证明，同一材料导体的电阻和截面积成反比，而和电阻的长度成正比。

为了方便计算，我们常常把电阻的倒数用电导 G 来表示，即

$$G=\frac{1}{R} \tag{2-11}$$

在国际单位制(SI) 中，电导 G 的单位为西门子(S)。

2. 电阻的伏安特性

对于线性电阻元件，其电路模型如图 2-12 所示。其特性方程为

$$u=Ri(u,i\ 关联) \tag{2-12}$$

$$u=-Ri(u,i\ 非关联) \tag{2-13}$$

或

$$i=Gu(u,i\ 关联) \tag{2-14}$$

$$i = -Gu\text{（}u,i\text{ 非关联）} \tag{2-15}$$

可以把电阻两端的电压与电流的关系标在坐标平面上，用一条曲线（直线）表示其关系，这条曲线（直线）就称为电阻的伏安特性曲线。

根据上述公式可知，线性电阻的伏安特性曲线是一条过原点的直线。一般的电阻元件，均为线性电阻元件。

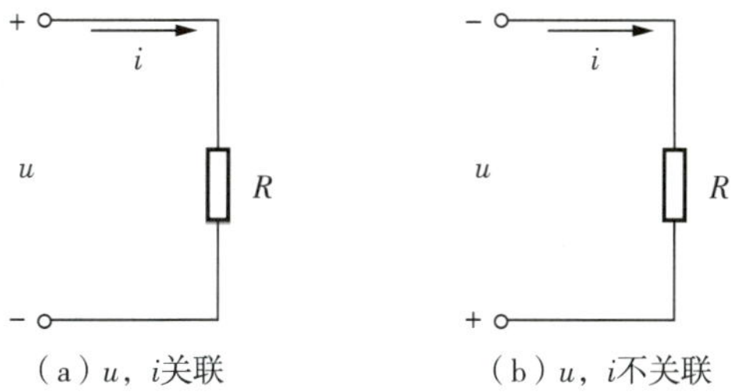

图 2－12　线性电阻元件的电路模型

由图 2－13 可以看出，非线性电阻的伏安特性曲线是一条曲线，例如二极管就是一个典型的非线性电阻元件。

由线性元件组成的电路称为线性电路，由非线性元件组成的电路称为非线性电路。

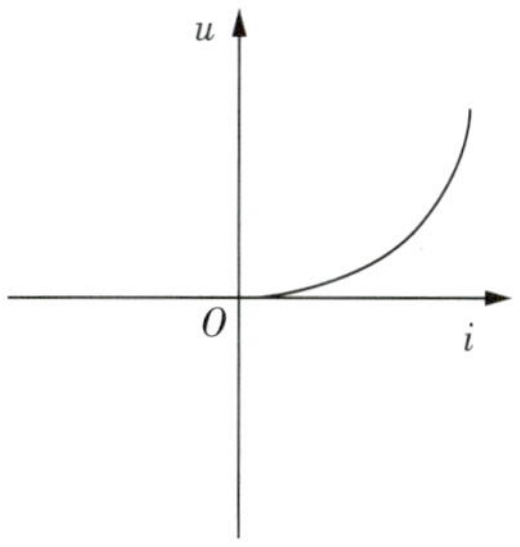

图 2－13　非线性电阻的伏安特性曲线

3. 电能

电阻元件在通电过程中要消耗电能，是一个耗能元件。电阻所吸收的功率为

$$P = ui = Ri^2 = \frac{u^2}{R} \tag{2-16}$$

则 t_1 到 t_2，电阻元件吸收的能量 W 全部转化为热能。即

$$W = \int_{t_1}^{t_2} Ri^2 \mathrm{d}t \tag{2-17}$$

在直流电路中，

$$P = UI = I^2R = \frac{U^2}{R} \tag{2-18}$$

$$W = PT \tag{2-19}$$

在国际单位制（SI）中，电能的单位是焦[耳]（J），或千瓦·时（kW·h），俗称为度。1 kW·h 是指功率为 1 kW 的电源（负载）在 1 h 内所输出（消耗）的电能。

例 2－5　在 220 V 的电源上，接一个电加热器，已知通过电加热器的电流是 3.5 A，问 4 h 内该电加热器用了多少度电？

解：电加热器的功率是

$$P = UI = 220 \times 3.5 = 770(\text{W}) = 0.77(\text{kW})$$

4 h 中电加热器消耗的电能是

$$W = PT = 0.77 \times 4 = 3.08(\mathrm{kW \cdot h}) = 3.08 \text{ 度}$$

即该电加热器用了 3.08 度电。

二、电感元件

电感元件作为储能元件能够储存磁场能量，其电路模型如图 2-14 所示。

从模型图中可以看出，电感器由一个线圈组成，通常将导线绕在一个铁芯上制作成一个电感线圈。

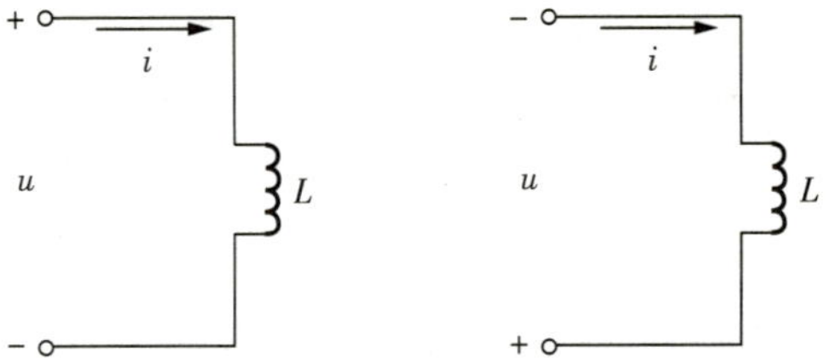

（a）u，i关联　　（b）u，i不关联

图 2-14　电感元件的电路模型

线圈的匝数与穿过线圈的磁通之积为 $N\Phi$，称为磁链。

当电感元件为线性电感元件时，电感元件的特性方程为

$$N\Phi = Li \tag{2-20}$$

式中，L—— 元件的电感系数（简称电感），是一个与电感器自身有关，与电感器的磁通、电流无关的常数，又叫作自感。

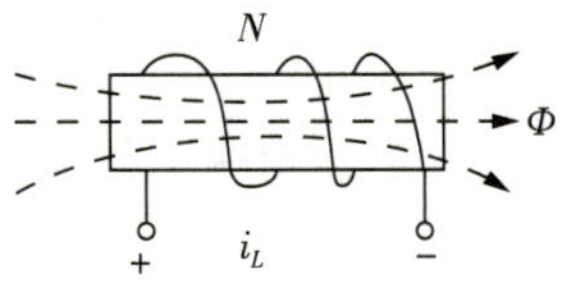

图 2-15　电感线圈

在国际单位制(SI) 中，电感的单位为亨[利](H)，有时也用毫亨(mH)、微亨(μH)，1 mH= 10^{-3} H，1 μH= 10^{-6} H，磁通 Φ 的单位是韦[伯](Wb)。

当通过电感元件的电流发生变化时，电感元件中的磁通也发生变化。根据电磁感应定律，在线圈两端将产生感应电压，假设电压与电流关联时，电感线圈两端将产生感应电压，即

$$u_L = \frac{\mathrm{d}i}{\mathrm{d}t} \tag{2-21}$$

式(2-21) 表示线性电感的电压 u_L 与电流 i 对时间 t 的变化率$\frac{\mathrm{d}i}{\mathrm{d}t}$ 成正比。

在一定的时间内，电流变化越快，感应电压越大；电流变化越慢，感应电压越小。若电流变化为零时(即直流电流)，则感应电压为零，电感元件相当于短路。故电感元件在直流电路中相当于短路。

当流过电感元件的电流为 i 时，它所储存的能量为

$$W_L=\frac{1}{2}Li^2 \tag{2-22}$$

从式(2-22)可以看出，电感元件在某一时的储能仅与当时的电流值有关。

三、电容元件

电容元件作为储能元件能够储存电场能量，其电路模型如图 2-16 所示。

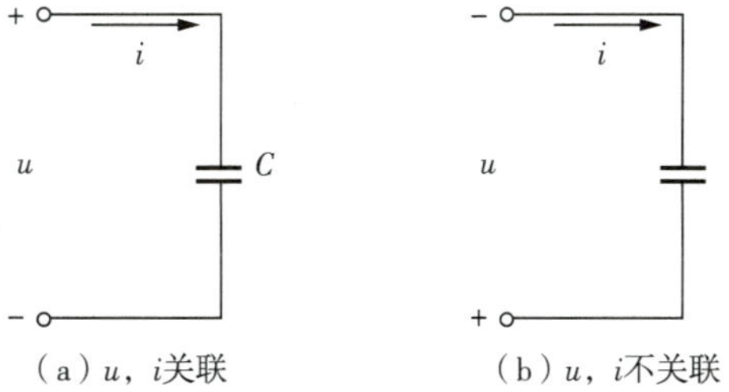

图 2-16　电容器电路模型

当电容为线性电容时，电容元件的特性方程为

$$q=Cu \tag{2-23}$$

式中，C—— 元件的电容，与其本身有关，与电容器两端的电压、电流无关。

在国际单位制(SI)中，其单位为法[拉](F)。微法(μF)、纳法(nF)、皮法(pF)也作为电容的单位，$1\ \mu F=10^{-6}\ F$，$1\ nF=10^{-9}\ F$，$1\ pF=10^{-12}\ F$。

从式(2-23)可以看出，电容的电荷量是随电容的两端电压变化而变化的，由于电荷的变化，电容中就产生了电流，则

$$i_C=\frac{dq}{dt}\quad(设\ u,i\ 关联) \tag{2-24}$$

i_C 是电容由于电荷的变化而产生的电流，将式(2-23)代入式(2-24)中得

$$i_C=C\frac{du}{dt} \tag{2-25}$$

式(2-25)表示线性电容的电流与端电压对时间的变化率成正比。

当 $\frac{du}{dt}=0$ 时，则 $i_C=0$，说明电容元件的两端电压恒定不变，通过电容的电流为零，电容处于开路状态。故电容元件对直流电路来说相当于开路。

电容所储存的电场能为

$$W_C=\frac{1}{2}Cu^2 \tag{2-26}$$

四、常用无源元件

1. 线性电阻元件

(1) 膜式(碳膜、金属膜、金属氧化膜) 电阻

结构:RT、RJ 型膜式电阻如图 2 - 17 所示。

特性:稳定性好、体积小、高频性能好。

用途:多用于家电、通讯、仪器仪表上。

(2)RX 型线绕电阻

结构:用金属电阻丝绕制在陶瓷或其他绝缘材料的骨架上,表面涂以保护漆或玻璃釉,RX 型线绕电阻如图 2 - 18 所示。

优点:阻值精确(5 Ω ~ 56 kΩ)、功率范围大、工作稳定可靠、噪声小、耐热性能好,主要用于精密和大功率场合。

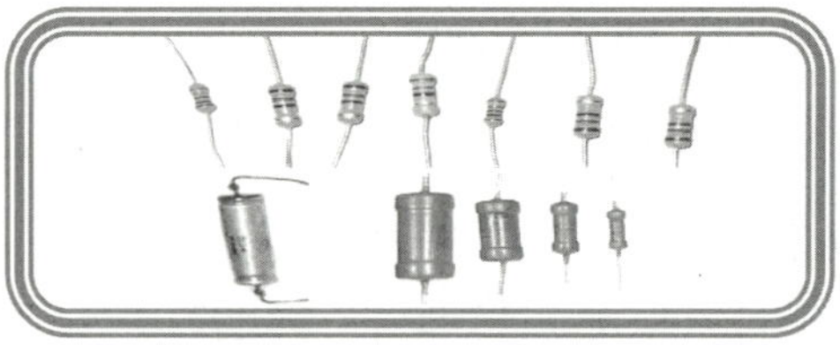

图 2 - 17 RT、RJ 型膜式电阻

图 2 - 18 RX 型线绕电阻

(3)RC、RCW 型磁棒线圈

结构:RC、RCW 型磁棒线圈如图 2 - 19 所示。

特性:输出电流大、价格低、结构结实。

用途:杂波消除、滤波、扼流,广泛用于各种电子电路及电子设备。

(4)TC、TBC 环型线圈

结构:TC、TBC 环型线圈如图 2 - 20 所示。

特性:价格低、电流大、损耗小。

用途:扼流线圈,广泛用于各类开关电源、控制电路及电子设备。

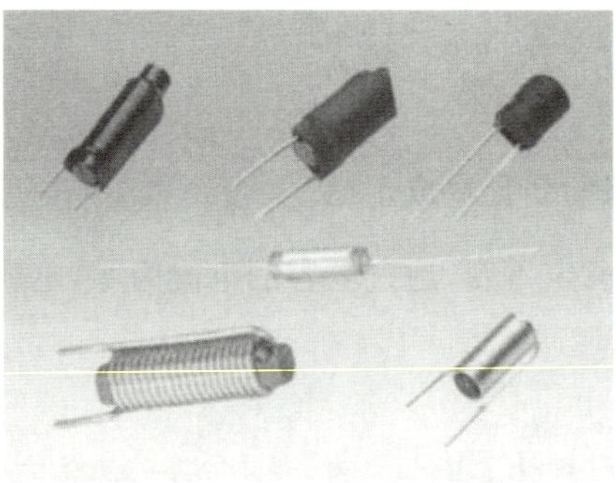

图 2 - 19 RC、RCW 型磁棒线圈

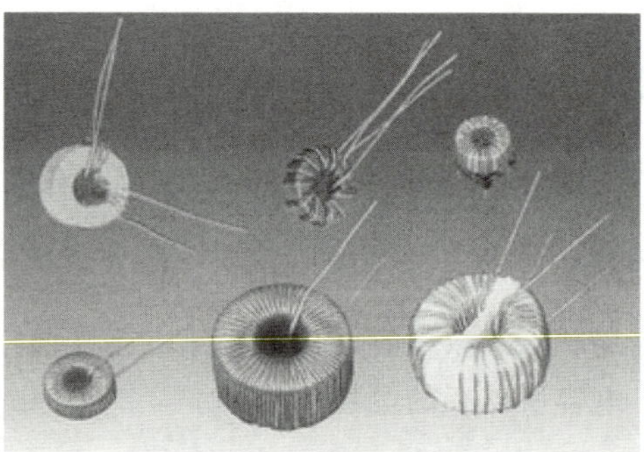

图 2 - 20 TC、TBC 环型线圈

(5) 空心线圈

结构：空心线圈如图 2-21 所示。

特性：体积小、高频特性好、滤波效果好。

用途：电话机、手提电脑等超薄型电器。

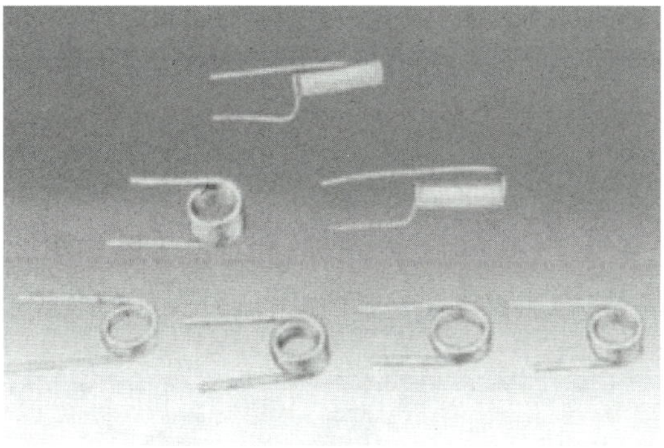

图 2-21　空心线圈

文字符号：R。当电压和电流取关联参考方向时，任何时刻它两端的电压和电流关系服从欧姆定律，消耗有功功率。

图形符号：—▭—。

伏安关系：$R=\dfrac{U}{i}$。

电阻元件是即时元件，是耗能元件。

详解电容

2. 电容元件

(1) 涤纶电容器(CL)

结构：涤纶电容器如图 2-22 所示。

特点：廉价，容量小，主要用于低频电路。

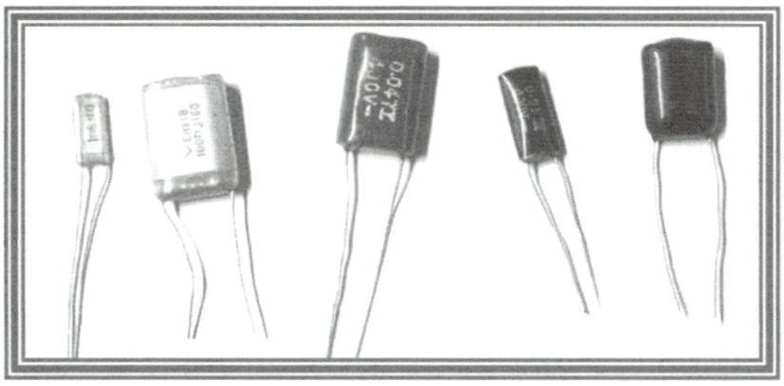

图 2-22　涤纶电容器

(2) 瓷介电容器(CT)

结构：瓷介电容器用陶瓷做介质，在陶瓷基体两面喷涂银层，然后烧成银质薄膜作极板制成，瓷介电容器如图 2-23 所示。

特点：体积小、耐热性好、损耗小、绝缘电阻高，但容量小，适用于高频电路。但铁电陶瓷电容的容量较大，损耗和温度系数却较大，适用于低频电路。

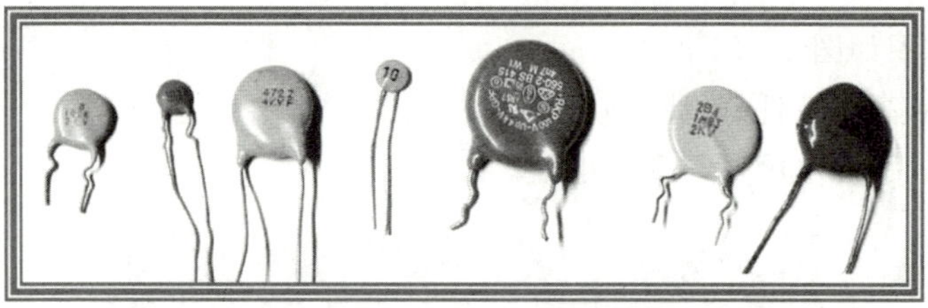

图 2-23 瓷介电容器

(3) 独石电容器(CC)

结构:独石电容器是多层陶瓷电容器的别称,独石电容器如图 2-24 所示。

特点:体积小、质量体积大、寿命长、可靠性高,适合表面安装。

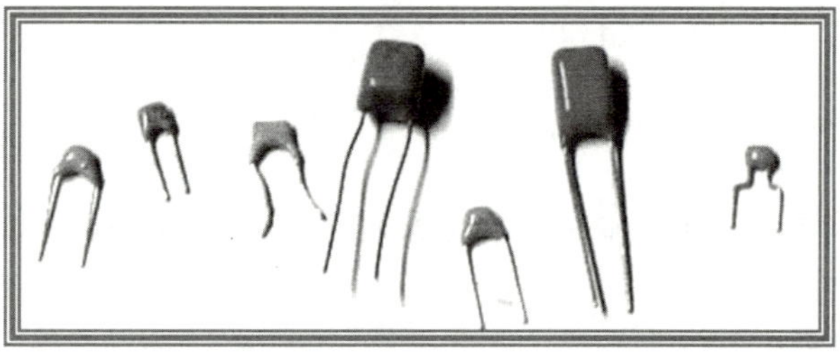

图 2-24 独石电容器

(4) 铝电解电容器(CD)

结构:由铝圆筒做负极、里面装有液体电解质,插入一片弯曲的铝带做正极制成,还需经直流电压处理,在做正极的铝带上形成一层氧化膜做介质,铝电解电容器如图 2-25 所示。

特点:容量大,但是漏电大、稳定性差,有正负极性,适于电源滤波或低频电路中。需注意,使用时正、负极不要接反。

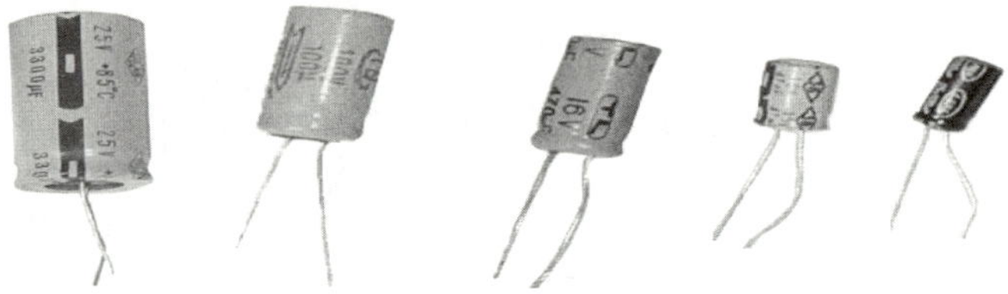

图 2-25 铝电解电容器

(5) 纸介电容器

结构:用两片金属箔做电极,夹在极薄的电容纸中,卷成圆柱形或者扁柱形芯子,然后密封在金属壳或者绝缘材料壳中制成,纸介电容器如图 2-26 所示。

特点:体积较小,容量可以做得较大。但是固有电感和损耗比较大,适用于低频电路。

(6) 金属化纸介电容器

结构:金属化纸介电容器如图 2-27 所示。其结构基本与纸介电容器相同,只是在电容器纸上覆上一层金属膜来代替金属箔。

特点：体积小、容量较大，一般用于低频电路。

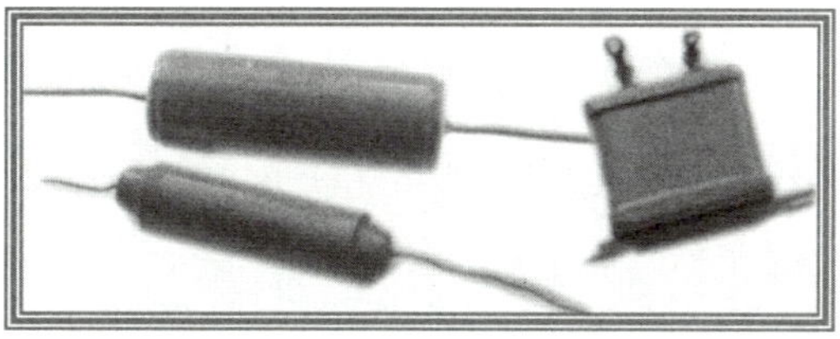

图 2－26　纸介电容器

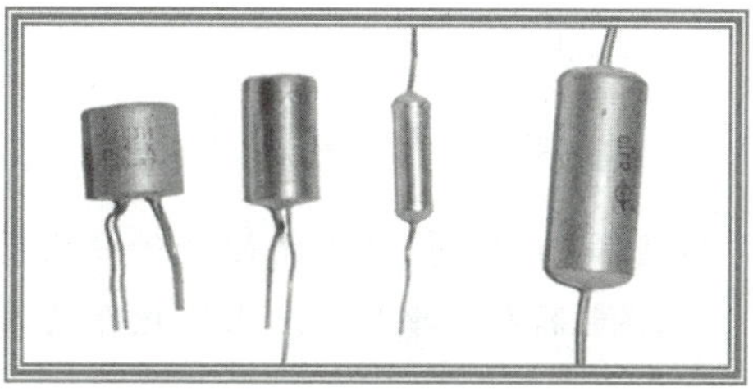

图 2－27　金属化纸介电容器

文字符号：C。电流和电压的变化率成正比。

图形符号：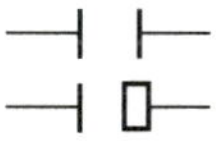。

伏安关系：$i_C = C\dfrac{\mathrm{d}u_C}{\mathrm{d}t}$。

电容元件是动态元件，是储能元件，不消耗有功功率。

知识拓展：

1. 电容器的充放电视频

电容器的充放电

2. 电容选型七要素

电容选型七要素

任务三　电路的基本连接

学习目标：

掌握电阻串、并、混联电路的等效化简与计算。
理解电容及电感串、并、混联电路的简单计算。

学习内容：

在对电路进行分析和计算时，有时可以把电路中某一部分简化，即用一个较为简单的电路代替该电路。因此，掌握电路中电阻、电感、电容等的基本连接方式及等效计算是非常重要的。

一、电阻的连接

串并联电容器

1. 电阻的串联

在电路中，若干个电阻元件依次相连，这种连接方式称为串联。图 2－28 给出了三个电阻的串联电路。

电阻串联时有以下几个特点：

① 通过各电阻的电流相等。

② 总电压等于各电阻上电压之和，即

$$U=U_1+U_2+U_3$$

③ 等效电阻(总电阻)等于各电阻之和，即

$$R=R_1+R_2+R_3 \tag{2-27}$$

所谓等效电阻是指如果用一个电阻 R 代替串联的所有电阻接到同一电源上，电路中的电流是相同的。

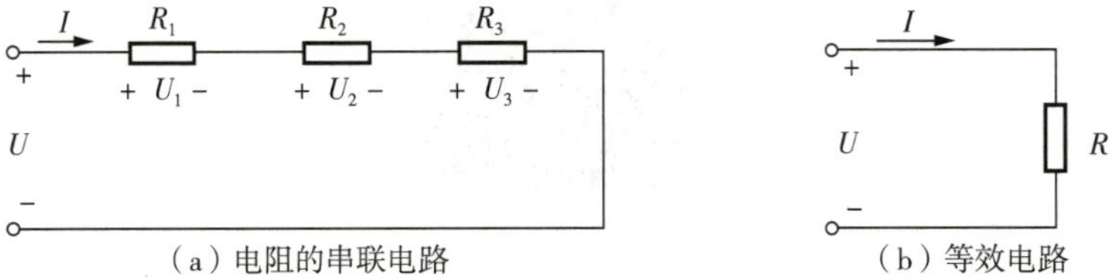

图 2－28　电阻的串联

④ 分压系数。在直流电路中，常用电阻的串联来达到分压的目的。各串联电阻两端的电压与总电压间的关系为

$$\begin{cases} U_1 = R_1 I = \dfrac{R_1}{R} U \\ U_2 = R_2 I = \dfrac{R_2}{R} U \\ U_3 = R_3 I = \dfrac{R_3}{R} U \end{cases} \tag{2-28}$$

式(2-28)中，$\frac{R_1}{R}$、$\frac{R_2}{R}$、$\frac{R_3}{R}$称为分压系数，由分压系数可直接求得各串联电阻两端的电压。

由式(2-28)还可知

$$U_1 : U_2 : U_3 = R_1 : R_2 : R_3$$

即电阻串联时，各电阻两端的电压与电阻的大小成正比。

⑤ 各电阻消耗的功率与电阻成正比，即

$$P_1 : P_2 : P_3 = R_1 : R_2 : R_3$$

例 2-6　多量程直流电压表是由表头、分压电阻和多位开关连接而成的，如图 2-29 所示。如果表头满偏电流 $I_g = 100\ \mu A$，表头电阻 $R_g = 1000\ \Omega$，现在要制成量程为 10 V、50 V、100 V 的三个量程电压表，试确定分压电阻值。

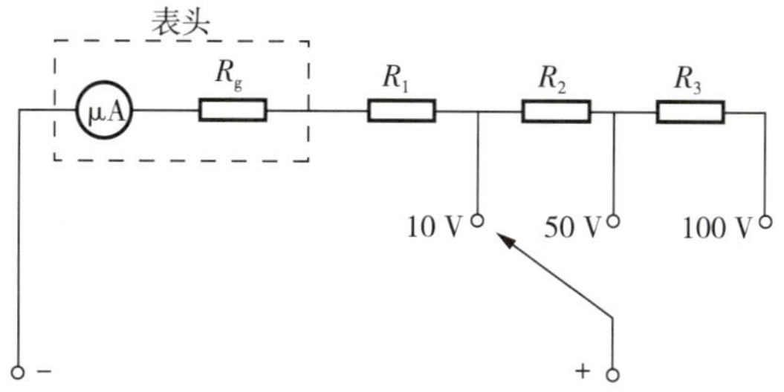

图 2-29　例 2-6 图

解：当 $I_g = 100\ \mu A$ 时，表头两端的电压为

$$U_g = R_g I_g = 1000 \times 100 \times 10^{-6} = 0.1(V)$$

当量程 $U_1 = 10$ V 时，串联电阻 R_1 满足

$$\frac{U_1}{U_g} = \frac{R_1 + R_g}{R_g}$$

$$\frac{10}{0.1} = \frac{R_1 + 1000}{1000}$$

得 $R_1 = 99\ k\Omega$。

当量程 $U_2=50$ V 时，串联电阻 R_2 满足

$$\frac{U_2}{U_1}=\frac{R_2+(R_g+R_1)}{(R_g+R_1)}$$

$$\frac{50}{10}=\frac{R_2+100}{100}$$

得 $R_2=400$ kΩ。

当量程 $U_3=100$ V 时，用上述方法可得 $R_3=500$ kΩ。

2. 电阻的并联

在电路中，将若干个电阻一端连在一起，另一端也连在一起，使电阻所承受的电压相同，这种连接方式称为电阻的并联（图 2-30）。如图 2-30(a) 所示为三个电阻的并联电路。

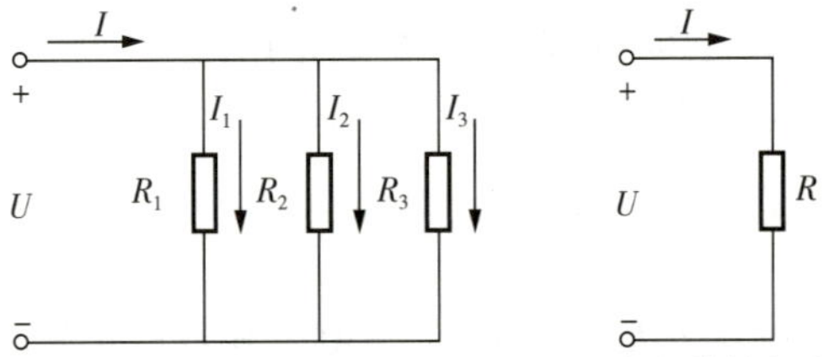

(a) 电阻的并联电路　(b) 等效电路

图 2-30　电路的并联

电路并联时有以下几个特点：

① 各并联电阻两端的电压相等。

② 总电流等于各电阻支路的电流之和，即

$$I=I_1+I_2+I_3$$

③ 等效电阻 R 的倒数等于各并联电阻倒数之和，即

$$\frac{1}{R}=\frac{1}{R_1}+\frac{1}{R_2}+\frac{1}{R_3}$$

上式也可写成

$$G=G_1+G_2+G_3 \tag{2-29}$$

式(2-29) 表明，并联电路的电导等于各支路电导之和。

对只有两个电阻（R_1 和 R_2）并联时，等效电阻为

$$R=\frac{R_1R_2}{R_1+R_2}$$

④ 分流系数

在电路中，常用电阻的并联来达到分流的目的。各并联电阻支路的电流与总电流的关

系为

$$\begin{cases} I_1 = G_1U = \dfrac{G_1}{G}I \\ I_2 = G_2U = \dfrac{G_2}{G}I \\ I_3 = G_3U = \dfrac{G_3}{G}I \end{cases} \tag{2-30}$$

式(2-30)中，$\frac{G_1}{G}$、$\frac{G_2}{G}$、$\frac{G_3}{G}$ 称为分流系数，由分流系数可直接求得各并联电阻支路的电流。

由式(2-30)还可知 $I_1 : I_2 : I_3 = G_1 : G_2 : G_3$，即电阻并联时，各电阻支路的电流与电导的大小成正比。也就是说电阻越大，分流作用就越小。

当两个电阻并联时

$$I_1 = \frac{R_2}{R_1 + R_2}I$$

$$I_2 = \frac{R_1}{R_1 + R_2}I$$

⑤ 各电阻消耗的功率与电导成正比，即

$$P_1 : P_2 : P_3 = G_1 : G_2 : G_3$$

例 2-7　将例 2-6 的表头制成量程为 10 mA 的电流表。

解：要将表头改制成量程较大的电流表，可将电阻 R_F 与表头并联，如图 2-31 所示。

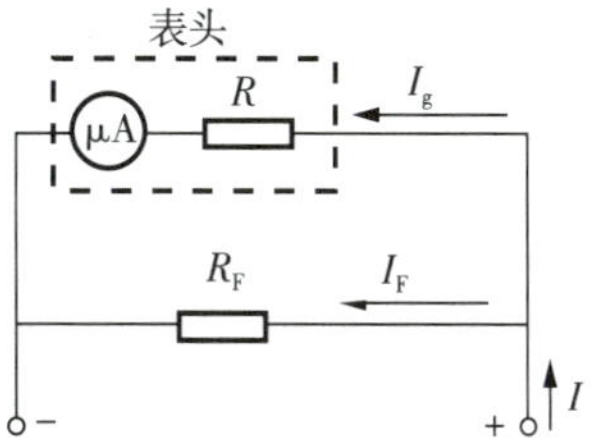

图 2-31　例 2-7 图

并联电阻 R_F 支路的电流为 I_F，则有

$$I_F = I - I_g = 10 \times 10^3 - 100 \times 10^{-6} = 9.9 \times 10^{-3}(\text{A})$$

因为 $I_FR_F = I_gR_g$，所以

$$R_F = \frac{I_gR_g}{I_F} = \frac{100 \times 10^{-6}}{9.9 \times 10^{-3}} = 10.1(\Omega)$$

即用一个 10.1 Ω 的电阻与该表头并联，即可得到一个量程为 10 mA 的电流表。

3. 电阻的混联

电阻的串联和并联相结合的连接方式称为电阻的串、并联或混联。只有一个电源作用的电阻串、并联电路，可用电阻串、并联化简的办法，化简成一个等效电阻和电源组成的单回路，称为简单电路。反之，不能用串联、并联等效变换化简为单回路的电路则称为复杂电路。简单电路中各物理量的计算步骤如下：首先将电阻

混联电路视频

逐步化简成一个总的等效电阻,算出总电流或总电压,然后用分压、分流的办法逐步计算出化简前原电路中各电阻的电流和电压,再计算出功率。通过下面例题说明计算的过程。

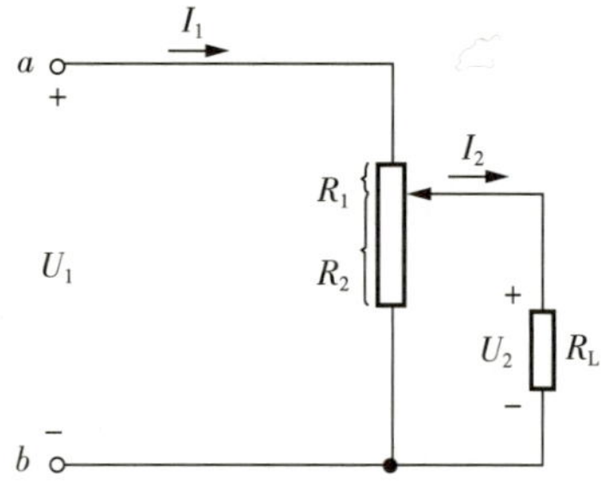

图 2-32　例 2-8 图

例 2-8　电工实验时,常用滑线变阻器接成分压器电路来调节负载电阻上电压的高低。图 2-32 中 R_1 和 R_2 是滑线变阻器,R_L 是负载电阻。已知滑线变阻器的额定电阻值为 100 Ω、额定电流为 3 A,端钮 a、b 上输入电压 $U_1=220$ V,$R_L=50$ Ω。试问:

(1) 当 $R_2=50$ Ω 时,输出电压 U_2 是多少?

(2) 当 $R_2=75$ Ω 时,输出电压 U_2 是多少?滑线变阻器能否安全工作?

解:(1) 当 $R_2=50$ Ω 时,R_2 和 R_L 并联后与 R_1 串联而成,故端钮 a、b 的等效电阻 R_{ab} 为

$$R_{ab}=R_1+\frac{R_2R_L}{R_2+R_L}=50+\frac{50\times 50}{50+50}=75(\Omega)$$

滑线变阻器 R_1 段流过的电流为

$$I_1=\frac{U_1}{R_{ab}}=\frac{220}{75}=2.93(\text{A})$$

负载电阻流过的电流可由电流分配公式求得,即

$$I_2=\frac{R_2}{R_2+R_L}I_1=\frac{50}{50+50}\times 2.93=1.47(\text{A})$$

$$U_2=R_LI_2=50\times 1.47=73.5(\text{V})$$

(2) 当 $R_2=75$ Ω 时,计算方法同上,可得

$$R_{ab}=25+\frac{75\times 50}{75+50}=55(\Omega)$$

$$I_1=\frac{220}{55}=4(\text{A}),I_2=\frac{75}{75+50}\times 4=2.4(\text{A})$$

$$U_2=50\times 2.4=120(\text{V})$$

因 $I_1=4$ A,大于滑线变阻器额定电流 3 A,R_1 段电阻有被烧坏的危险。

求解简单电路的关键是判断哪些电阻串联,哪些电阻并联,一般情况下,通过观察可以判断。当电阻串、并联的关系不易看出时,可以在不改变元件间连接关系的条件下将电路画成比较容易判断的串、并联形式。这时无电阻的导线最好缩成一点,并且尽量避免相互交叉。重画时可以先标出各节点代号,再将各元件连在相应的节点间,下面用一个例子来说明。

例 2-9　如图 2-33 所示，求图 2-33(a) 中 a、b 两点间的等效电阻 R_{ab}。

解：(1) 先将无电阻导线 d、d' 缩成一点，用 d 表示，则得图 2-33(b)。

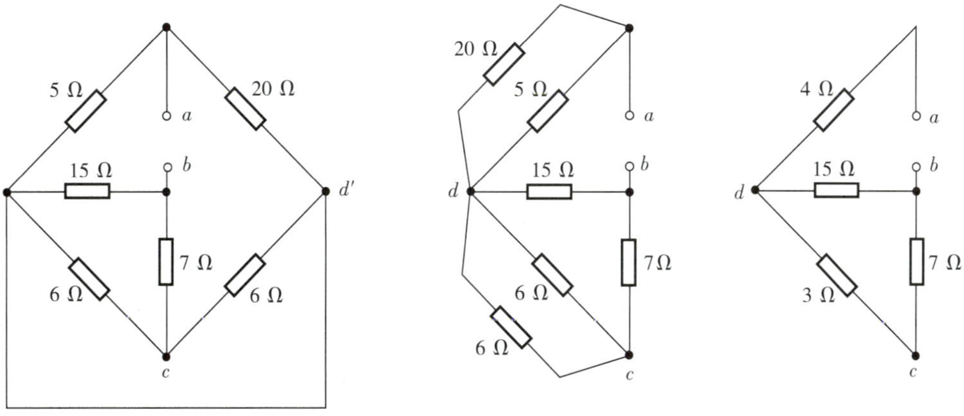

(a)　　(b)　　(c)

图 2-33　例 2-9 图

(2) 并联化简，将图 2-33(b) 变为图 2-33(c)。

(3) 由图 2-33(c) 求得 a、b 两点间的等效电阻为

$$R_{ab}=4+\frac{15\times(3+7)}{15+(3+7)}=4+6=10(\Omega)$$

电阻星形联结与三角形联结的等效变换

4. 电阻的星形连接与三角形连接

三个电阻元件首尾相连，连成一个三角形，就叫作三角形连接，简称△形连接，如图 2-34(a) 所示。三个电阻元件的一端连接在一起，另一端分别连接到电路的三个节点，这种连接方式叫作星形连接，简称 Y 形连接，如图 2-34(b) 所示。

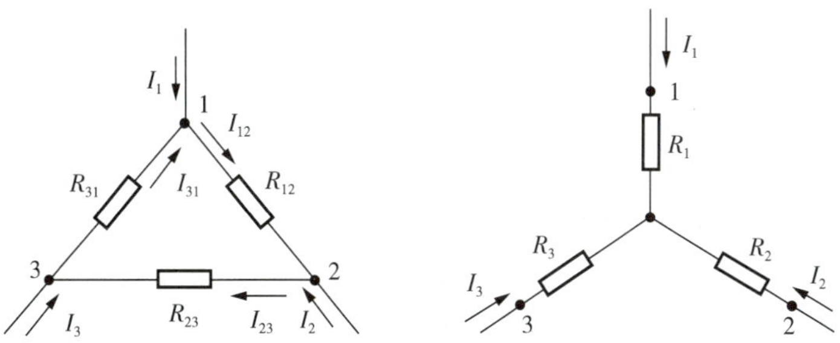

(a) 三角形连接　　(b) Y形连接

图 2-34　电阻的三角形和星形连接

常利用 Y 形网络与△形网络的等效变换来简化电路的计算。根据等效网络的定义，在图所示的△形网络与 Y 形网络中，若电压 U_{12}、U_{23}、U_{31} 和电流 I_1、I_2、I_3 都分别相等，则两个网络对外是等效的。据此，可导出 Y 形连接电阻 R_1、R_2、R_3 与△形连接电阻 R_{12}、R_{23}、R_{31} 之

间的等效关系。

应用 KVL 于图 2 - 34(a) 的回路 1231 中,有

$$R_{12}I_{12}+R_{23}I_{23}+R_{31}I_{31}=0$$

由 KCL 有

$$I_{23}=I_2=I_{12},I_{31}=I_{12}-I_1$$

代入上式,得

$$R_{12}I_{12}+R_{23}(I_2+I_{12})+R_{31}(I_{12}-I_1)=0$$

经过整理后,得

$$I_{12}=\frac{R_{31}}{R_{12}+R_{23}+R_{31}}I_1-\frac{R_{23}}{R_{12}+R_{23}+R_{31}}I_2$$

$$U_{12}=R_{12}I_{12}=\frac{R_{31}R_{12}}{R_{12}+R_{23}+R_{31}}I_1-\frac{R_{12}+R_{23}}{R_{12}+R_{23}+R_{31}}I_2 \tag{2-31}$$

同理可求得

$$U_{23}=\frac{R_{12}R_{23}}{R_{12}+R_{23}+R_{31}}I_2-\frac{R_{23}+R_{31}}{R_{12}+R_{23}+R_{31}}I_3 \tag{2-32}$$

$$U_{31}=\frac{R_{23}R_{31}}{R_{12}+R_{23}+R_{31}}I_3-\frac{R_{12}+R_{31}}{R_{12}+R_{23}+R_{31}}I_1 \tag{2-33}$$

对于图 2 - 34(b) 有

$$\begin{cases}U_{12}=R_1I_1-R_2I_2\\U_{23}=R_2I_2-R_3I_3\\U_{31}=R_3I_3-R_1I_1\end{cases} \tag{2-34}$$

比较式(2-34)和式(2-31)～式(2-33)可知:若满足等效条件,两组方程式 I_1、I_2、I_3 前面的系数必须相等,即

$$\begin{cases}R_1=\dfrac{R_{12}R_{31}}{R_{12}+R_{23}+R_{31}}\\R_2=\dfrac{R_{23}R_{12}}{R_{12}+R_{23}+R_{31}}\\R_3=\dfrac{R_{31}R_{23}}{R_{12}+R_{23}+R_{31}}\end{cases} \tag{2-35}$$

式(2 - 35) 就是从已知的 △ 形连接电阻变换为等效 Y 形连接电阻的计算公式。解方程组式(2 - 35) 得

$$\begin{cases} R_{12}=\dfrac{R_1R_2+R_2R_3+R_3R_1}{R_3}=R_1+R_2+\dfrac{R_1R_2}{R_3} \\ R_{23}=\dfrac{R_1R_2+R_2R_3+R_3R_1}{R_1}=R_2+R_3+\dfrac{R_2R_3}{R_1} \\ R_{31}=\dfrac{R_1R_2+R_2R_3+R_3R_1}{R_2}=R_3+R_1+\dfrac{R_3R_1}{R_2} \end{cases} \tag{2-36}$$

式(2-36)就是从已知的Y形连接电阻变换为等效△形连接电阻的计算公式。

若△形(或Y形)连接的3个电阻相等，则变换后的Y形(或△形)连接的3个电阻也相等。设△形连接的3个电阻 $R_{12}=R_{23}=R_{31}=R_{\triangle}$，则等效Y形连接的3个电阻为

$$R_Y=R_1=R_2=R_3=\frac{R_{\triangle}}{3} \tag{2-37}$$

反之

$$R_{\triangle}=R_{12}=R_{23}=R_{31}=3R_Y \tag{2-38}$$

例2-10　如图2-35所示，在图2-35(a)的电路中，已知 $U_S=225$ V、$R_0=1\ \Omega$、$R_1=40\ \Omega$、$R_2=36\ \Omega$、$R_3=50\ \Omega$、$R_4=55\ \Omega$、$R_5=10\ \Omega$，试求各电阻的电流。

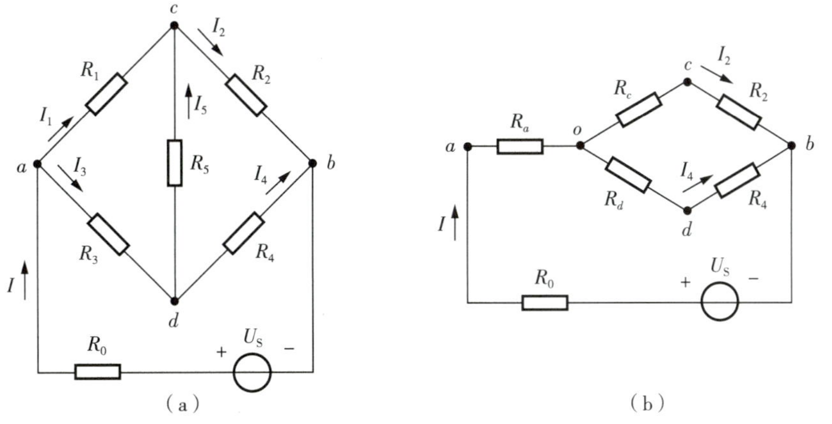

图2-35　例2-10图

解：将△形连接的 R_1、R_3、R_3 等效变换为Y形连接的 R_a、R_c、R_d[图2-35(b)]。由式(2-36)求得

$$R_a=\frac{R_3R_1}{R_5+R_3+R_1}=\frac{50\times40}{10+50+40}=20(\Omega)$$

$$R_c=\frac{R_1R_5}{R_5+R_3+R_1}=\frac{40\times10}{10+50+40}=4(\Omega)$$

$$R_d=\frac{R_5R_3}{R_5+R_3+R_1}=\frac{10\times50}{10+50+40}=5(\Omega)$$

图 2-35(b)是电阻混联网络,串联的 R_c、R_2 的等效电阻 $R_{c2}=40\ \Omega$,串联的 R_d、R_4 的等效电阻 $R_{d4}=60\ \Omega$,两者并联的等效电阻为

$$R_{ob}=\frac{40\times 60}{40+60}=24(\Omega)$$

R_a 与 R_{ob} 串联,a、b 间桥式电阻的等效电阻为

$$R_i=20+24=44(\Omega)$$

桥式电阻的端口电流为

$$I=\frac{U_S}{R_0+R_i}=\frac{225}{1+44}=5(A)$$

R_2 和 R_4 的电流分别为

$$I_2=\frac{R_{d4}}{R_{c2}+R_{d4}}I=\frac{60}{40+60}\times 5=3(A)$$

$$I_4=\frac{R_{c2}}{R_{c2}+R_{d4}}I=\frac{0}{40+60}\times 5=2(A)$$

为了求得 R_1、R_3、R_5 的电流,从图 2-34(b) 可得

$$U_{ac}=R_aI+R_cI_2=20\times 5+4\times 3=112(V)$$

回到如图 2-35(a) 所示的电路中,得

$$I_1=\frac{U_{ac}}{R_1}=\frac{112}{40}=2.8(A)$$

并由 KCL 得

$$I_3=I-I_1=5-2.8=2.2(A)$$

$$I_5=I_3-I_4=2.2-2=0.2(A)$$

二、电容的连接

1. 电容器的串联

将几个电容器首尾相连的连接方式称为电容器的串联,如图 2-36 所示。多个电容构成的串联电路,也可以用一个等效电容来代替,如图 2-37 所示。

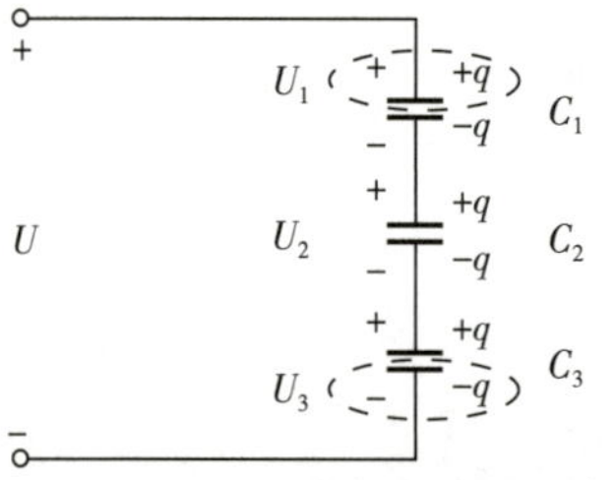

图 2-36　电容器的串联

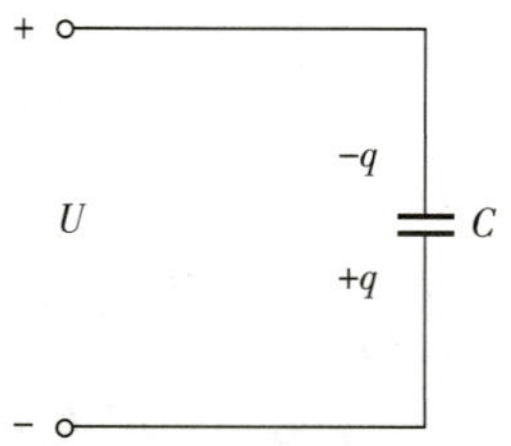

图 2-37　等效电容

电容器串联电路的特点如下。

(1) 电荷量特点：$q=q_1+q_2+q_3$。

(2) 电压特点：$U=U_1+U_2+U_3$，总电压等于各个电容器上的电压之和。

(3) 电容特点：$\frac{1}{C}=\frac{1}{C_1}+\frac{1}{C_2}+\frac{1}{C_3}$，总电容的倒数等于各个电容器的电容的倒数之和。

例 2-11　有两个电容器，C_1 容量为 2 μF，额定工作电压为 160 V；C_2 容量为 10 μF，额定工作电压为 250 V。若将它们串联后接在 300 V 的直流电源上使用，求等效电容量和每只电容器上分配的电压，这样使用是否安全？

解：等效电容量为

$$C=\frac{C_1C_2}{C_1+C_2}=\frac{2\times 10}{2+10}=1.67(\mu\text{F})$$

由于

$$Q_1=Q_2=Q=CU=1.67\times 10^{-6}\times 300=5\times 10^{-4}(\text{C})$$

故

$$U_1=\frac{Q_1}{C_1}=\frac{5\times 10^{-4}}{2\times 10^{-6}}=250(\text{V}),U_2=\frac{Q_2}{C_2}=\frac{5\times 10^{-4}}{10\times 10^{-6}}=50(\text{V})$$

由于电容器 C_1 所承受的电压是 250 V，超过了它的耐压，所以 C_1 将会被击穿，导致 C_2 承受着全部电源电压 300 V，而 300 V 远大于 C_2 的耐压 250 V，C_2 也会被击穿。所以，这样是不安全的。

例 2-12　如图 2-38 所示，$C_1=C_2=C_3=C_0=200$ μF，额定工作电压为 50 V，电源电压 $U=120$ V，求这组串联电容器的等效电容是多少？每只电容器两端的电压是多少？在此电压下工作是否安全？

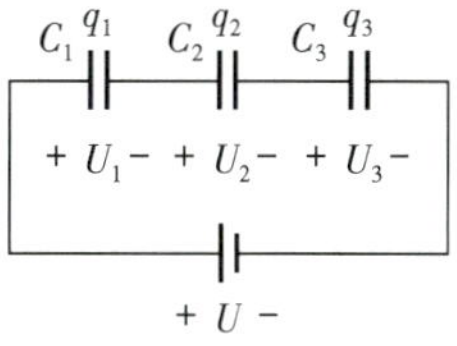

图 2-38　例 2-12 图

解：3 只电容串联后的等效电容为

$$C=\frac{C_0}{3}=\frac{200}{3}\ \mu F\approx 66.67(\mu\text{F})$$

每只电容器上所带的电荷量为

$$q=q_1=q_2=q_3=CU=66.67\times 10^{-6}\times 120\approx 8\times 10^{-3}(\text{C})$$

每只电容上的电压为

$$U_1=U_2=U_3=\frac{q}{C}=\frac{8\times 10^{-3}}{200\times 10^{-6}}=40(\text{V})$$

电容器上的电压小于它的额定电压，因此电容在这种情况下工作是安全的。

2. 电容器的并联

将几个电容器的一个极板连在一起，另一个极板也连在一起的连接方式称为电容器的并联。

电容器的并联电路的特点如下。

(1) 电压特点:$U=U_1=U_2=U_3$,每个电容器两端的电压相等,并等于外加电压。

(2) 电荷量特点:$q=q_1+q_2+q_3$,总电荷量等于各个电容器的带电荷量之和。

(3) 电容特点:$C=C_1+C_2+C_3$,总电容等于各个电容器的电容之和。

例 2-13 如图 2-39 所示,电容器 $C_1=10\ \mu F$,充电后电压为 30 V,电容器 $C_2=20\ \mu F$,充电后电压为 15 V,把它们并联在一起,其电压是多少?

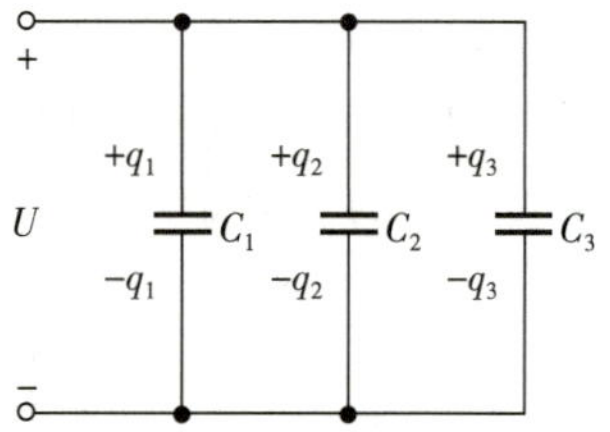

图 2-39 例 2-13 图

解:电容器 C_1、C_2 并联前的带电量分别为

$$Q_1=C_1U_1=10\times10^{-6}\times30=3\times10^{-4}(C)$$

$$Q_2=C_2U_2=20\times10^{-6}\times15=3\times10^{-4}(C)$$

它们所带的总电量为

$$Q=Q_1+Q_2=3\times10^{-4}+3\times10^{-4}=6\times10^{-4}(C)$$

并联后的总电容量为

$$C=C_1+C_2=10\times10^{-6}+20\times10^{-6}=30\times10^{-6}(F)$$

并联后的共同电压为

$$U=\frac{Q}{C}=\frac{6\times10^{-4}}{30\times10^{-6}}=20(V)$$

例 2-14 标有"10 μF,500 V"和"50 μF,200 V"的电容器并联,等效电容是多少?并联后的电路电压最高是多少?当电路的电压为所加的最高电压时,每个电容器所带的电量是多少?

解:并联后的总电容为

$$C=C_1+C_2=6\times10^{-5}\ F$$

因为电容器"50 μF,200 V"的额定电压低,所以并联后的电路电压最高是 200 V。电路电压是 200 V 时,每只电容器的电量各为

$$Q_1=C_1U=10\times10^{-6}\times200=2\times10^{-3}(C)$$

$$Q_2=C_2U=50\times10^{-6}\times200=1\times10^{-2}(C)$$

3. 电容器的混联

既有串联又有并联的电容器组合称为电容器的混联。

例 2-15 如图 2-40 所示,C_1 为 100 μF、耐压为50 V,C_2 为 50 μF、耐压为 100 V,C_3 为

50 μF、耐压为 50 V。求总电容量 C 及最大安全工作电压 U。

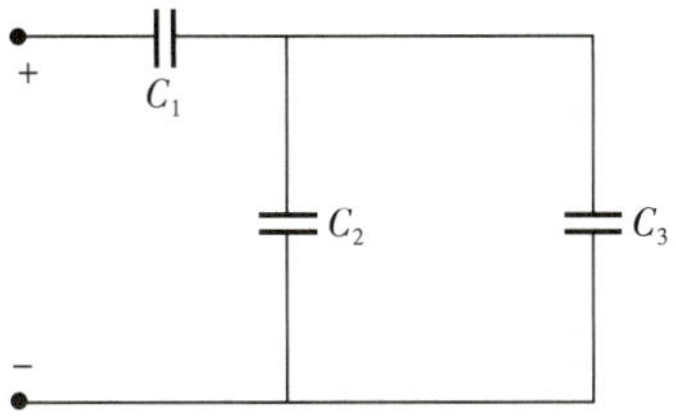

图 2-40 例 2-15 图

解:由图可看出,3 个电容器的连接关系是 C_2 和 C_3 并联后再与 C_1 串联。

(1) 总电容量为

$$C=\frac{C_1(C_2+C_3)}{C_1+(C_2+C_3)}=\frac{100\times(50+50)}{100+(50+50)}=50(\mu\text{F})$$

(2) 因为 C_2 和 C_3 并联后可看作一个电容器,其等效电容量为 100 μF、耐压为 50 V,而 C_1 也是 100 μF、耐压为 50 V,这样相当于两个电容为 100 μF、耐压为 50 V 的电容器串联。所以说,该混联电路承受的最大安全工作电压为 100 V。

例 2-16 小李在维修电路时,碰到了以下情况:有一实际电路需要用到一个电容为 16 μF、耐压为 800 V 的电容器,而手边只有若干个电容为 16 μF、耐压为 450 V 的电容器,该怎么办? 四种选项选择哪个。

A:2 个电容为 16 μF 的电容器串联后接入电路;

B:2 个电容为 16 μF 的电容器并联后接入电路;

C:4 个电容为 16 μF 的电容器先两两并联,再串联接入电路;

D:4 个电容为 16 μF 的电容器先两两串联,再并联接入电路。

解:电容并联总容量直接相加,耐压等于其中电压最低的一个;相同电容串联总容量减半,耐压相加。

先由 2 个电容为 16 μF 的电容器并联,形成电容为 32 μF、耐压为 450 V 的电容器,再由形成的两组并联电容器进行串联,形成电容为16 μF、耐压为 900 V 的电容器,以满足电容为 16 μF、耐压为 800 V 的需求。

三、电感的连接

1. 电感的串联

把两个或两个以上的电感以首尾相连的方式连接起来称为电感的串联。多个电感构成的串联电路,也可以用一个等效电感来代替。

若有两个电感相串联,则其等效电感为 $L=L_1+L_2$。

2. 电感的并联

把两个或两个以上的电感并列的连接在两点之间,使每个电感两端所承受的电压相同的连接方式称为电感的并联。多个电感构成的并联电路,也可以用一个等效电感来代替。

若有两个电感并联，则其等效电感为$\frac{1}{L}=\frac{1}{L_1}+\frac{1}{L_2}$。

知识拓展：

1. 并联电容器视频

并联电容器

2. LC 振荡电路视频

LC 振荡电路

同步思考：

1. 填空题

(1) 电路一般由________、________、________ 3 个部分组成，它的功能有________、________两种。

(2) 在电路中，如果 $I_{ab}=-8$ A，则表示实际方向与参考方向________，从________。

(3) 电位的大小与参考点的选择________，电压的大小与参考点的选择________。

(4) 通过某个元件的电压为 12 V，电流为 −2 A，电压与电流为非关联参考方向，则此元件的功率为________，在电路中是________元件。

2. 判断题

(1) 电源电动势的大小由电源本身的性质决定，与外电路无关。(　　)

(2) 导体的长度和横截面积都增大一倍，其电阻值也增大一倍。(　　)

(3) 电阻两端的电压为 8 V 时，电阻值为 10 Ω；当电压升至 16 V 时，电阻值将为 20 Ω。(　　)

(4) 几个电阻并联后的总电阻值一定小于其中任意一个电阻的阻值。(　　)

(5) 在电阻分压电路中，电阻值越大，其两端的电压就越高。(　　)

(6) 在电阻分流电路中，电阻值越大，流过它的电流就越大。(　　)

3. 计算题：

(1) 长 100 m，截面积为 2.5 mm 的铜导线，电阻是多少？

(2) 如图 2-41 所示，已知 $U_{2\Omega}=1$ V，求 $U_{ab}=$? V。

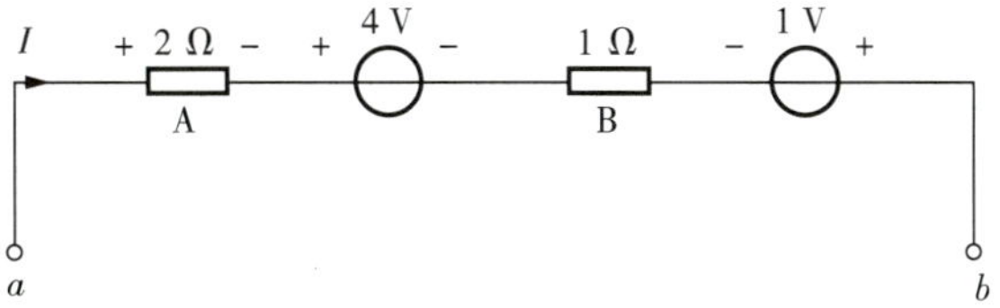

图 2-41　计算题图

任务四　电路元件伏安特性的测绘

一、实验目的

1. 学会识别常用电路元件的方法。
2. 掌握线性电阻、非线性电阻元件伏安特性的测绘。
3. 掌握实验台上直流电工仪表和设备的使用方法。

二、原理说明

任何一个二端元件的特性可用该元件上的端电压 U 与通过该元件的电流 I 之间的函数关系 $I=f(U)$ 来表示，即用 I-U 平面上的一条曲线来表征，这条曲线称为该元件的伏安特性曲线。

1. 线性电阻器的伏安特性曲线是一条通过坐标原点的直线，如图 2-42 中 a 所示，该直线的斜率等于该电阻器的电阻值。

2. 一般的白炽灯在工作时灯丝处于高温状态，其灯丝电阻随着温度的升高而增大，通过白炽灯的电流越大，其温度越高，阻值也越大。一般灯泡的“冷电阻”与“热电阻”的阻值可相差几倍至十几倍，所以它的伏安特性如图 2-42 中 b 曲线所示。

3. 一般的半导体二极管是一个非线性电阻元件，其伏安特性如图 2-42 中 c 所示。

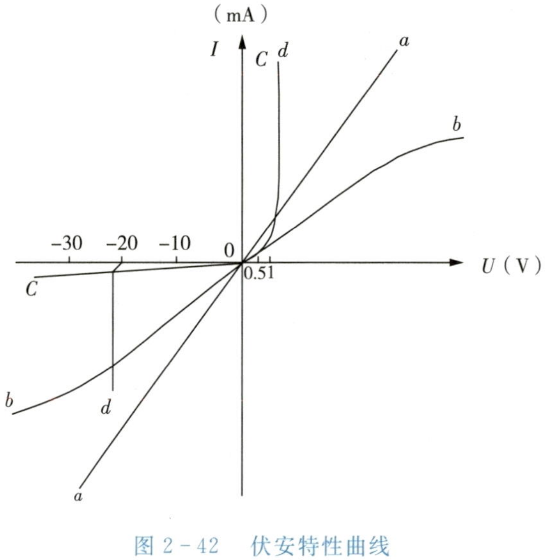

图 2-42　伏安特性曲线

正向压降很小（一般的锗管约为 0.2～0.3 V，硅管约为 0.5～0.7 V），正向电流随正向压降的升高而急骤上升，而反向电压从零一直增加到十多至几十伏时，其反向电流增加很小，粗略地可视为零。可见，二极管具有单向导电性，但反向电压加得过高，超过管子的极限值，则会导致管子击穿损坏。

4. 稳压二极管是一种特殊的半导体二极管，其正向特性与普通二极管类似，但其反向特性较特别，如图 2-42 中 d 所示。在反向电压开始增加时，其反向电流几乎为零，但当电压增加到某一数值时（称为管子的稳压值，有各种不同稳压值的稳压管）电流将突然增加，以后它的端电压将基本维持恒定，当外加的反向电压继续升高时其端电压仅有少量增加。

注意：流过二极管或稳压二极管的电流不能超过管子的极限值，否则管子会被烧坏。

三、实验设备(表 2-1)

表 2-1　实验设备

序　号	名　称	型号与规格	数　量	备　注
1	可调直流稳压电源	0 ～ 30 V	1	
2	万用表	FM-47 或其他	1	自备
3	直流数字毫安表	0 ～ 200 mA	1	
4	直流数字电压表	0 ～ 200 V	1	
5	二极管	IN4007	1	DGJ-05
6	稳压管	2CW51	1	DGJ-05
7	白炽灯	12 V，0.1 A	1	DGJ-05
8	线性电阻器	200 Ω，1 kΩ/8W	1	DGJ-05

四、实验内容

1. 测定线性电阻器的伏安特性

按图 2-43 接线，调节稳压电源的输出电压 U，从 0 伏开始缓慢地增加，一直到 10 V，记下相应的电压表和电流表的读数 U_R、I（表 2-2）。

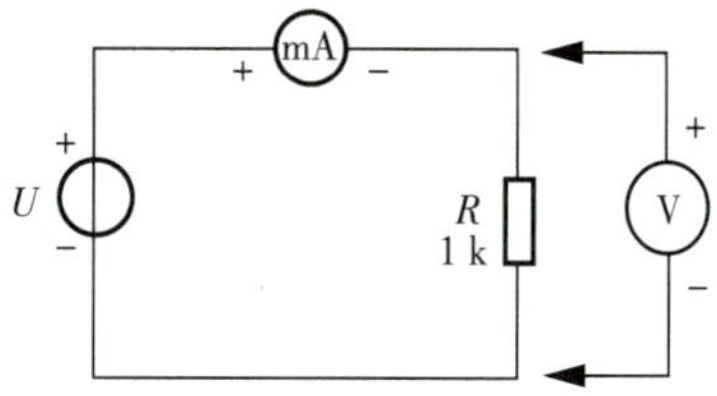

图 2-43　实验接线图

表 2-2　实验数据

U_R(V)	0	2	4	6	8	10
I(mA)						

2. 测定非线性白炽灯泡的伏安特性

将图 2-43 中的 R 换成一只 12 V、0.1 A 的灯泡，重复步骤 1，将结果记于表 2-3。U_L 为灯泡的端电压。

表 2-3　实验数据

U_L(V)	0.1	0.5	1	2	3	4	5
I(mA)							

3. 测定半导体二极管的伏安特性

按图2-44接线，R为限流电阻器。测二极管的正向特性时，其正向电流不得超过35 mA，二极管D的正向施压U_{D+}可在0～0.75 V之间取值。在0.5～0.75 V之间应多取几个测量点。测反向特性时，只需将图2-44中的二极管D反接，且其反向施压U_{D-}可达30 V。

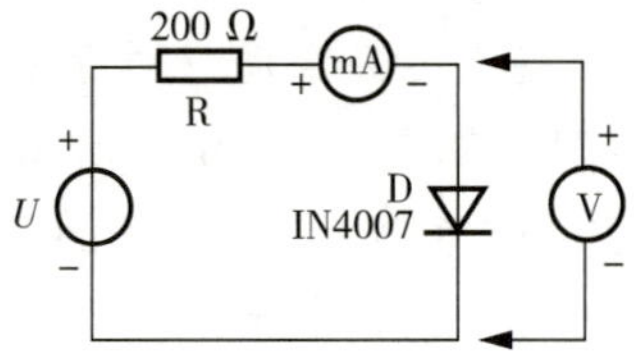

图2-44

表2-4 正向特性实验数据

U_{D+}(V)	0.10	0.30	0.50	0.55	0.60	0.65	0.70	0.75
I(mA)								

表2-5 反向特性实验数据

U_{D-}(V)	0	−5	−10	−15	−20	−25	−30
I(mA)							

4. 测定稳压二极管的伏安特性

(1) 正向特性实验：将图2-44中的二极管换成稳压二极管2CW51，重复实验内容3中的正向测量，将结果填于表2-6中。U_{Z+}为2CW51的正向施压。

表2-6 正向特性实验数据

U_{Z+}(V)	
I(mA)	

(2) 反向特性实验：将图2-44中的R换成1 kΩ、2CW51反接，测量2CW51的反向特性，结果填于表2-7中。稳压电源的输出电压U_0从0～20 V，测量2CW51二端的电压U_{Z-}及电流I，由U_{Z-}可看出其稳压特性。

表2-7 反向特性实验数据

U_0(V)	
U_{Z-}(V)	
I(mA)	

五、实验注意事项

1. 测二极管正向特性时，稳压电源输出应由小至大逐渐增加，应时刻注意电流表读数不得超过35 mA。

2. 如果要测定2AP9的伏安特性，则正向特性的电压值应取0,0.10,0.13,0.15,0.17,0.19,0.21,0.24,0.30(V)，反向特性的电压值取0,2,4,…,10(V)。

3. 进行不同实验时，应先估算电压和电流值，合理选择仪表的量程，勿使仪表超量程，仪表的极性亦不可接错。

六、思考题

1. 线性电阻与非线性电阻的概念是什么？电阻器与二极管的伏安特性有何区别？

2. 设某器件伏安特性曲线的函数式为 $I=f(U)$，试问在逐点绘制曲线时，其坐标变量应如何放置？

3. 稳压二极管与普通二极管有何区别，其用途如何？

4. 在图 2-44 中，设 $U=2$ V，$U_{D+}=0.7$ V，则 mA 表读数为多少？

七、实验报告

1. 根据各实验数据，分别在方格纸上绘制出光滑的伏安特性曲线。（其中二极管和稳压管的正、反向特性均要求画在同一张图中，正、反向电压可取为不同的比例尺）

2. 根据实验结果，总结、归纳被测各元件的特性。

3. 必要的误差分析。

4. 心得体会及其他。

项目二 PPT

项目三

直流电路的分析与计算

本章导读

本章在直流电路概念的基础上介绍了电路分析和计算的基本方法，包括电路的等效变换、支路电流法、网孔电流法、节点电压法、叠加定理等运算定律。这些方法常用在分析计算结构较复杂的电路中，使读者对直流电路的知识有一个全面的了解。

学习要点

掌握基尔霍夫定律，会用支路电流法求解简单的电路。

理解电压源、电流源概念，了解电压源、电流源的连接方法，并掌握其等效变换法。

任务一　电压源与电流源

学习目标：

掌握电压源、电流源概念。

了解电压源、电流源的连接方法。

学习内容：

电源是将其他形式的能量（如化学能、机械能、太阳能、风能等）转换成电能后提供给电路的设备的，没有电源电路就无法工作。本节主要介绍电路分析中两种基本电源：电压源和电流源。

一、电压源和电流源

我们所讲的电压源和电流源都是理想化的电压源和电流源。

1. 电压源

电压源是指理想电压源，即内阻为零，且电源两端的端电压值恒定不变（直流电压），如图 3－1 所示。

它的特点是电压的大小取决于电压源本身的特性，与流过的电流无关。流过电压源的电流大小与电压源外部电路有关，由外部负载电阻决定。因此，它被称为独立电压源。

电压为U_S的直流电压源的伏安特性曲线，是一条平行于横坐标的直线，如图3-2所示，特性方程为

$$U = U_S \tag{3-1}$$

如果电压源的电压$U_S = 0$，则此时电压源的伏安特性曲线就是横坐标，也就是电压源相当于短路。

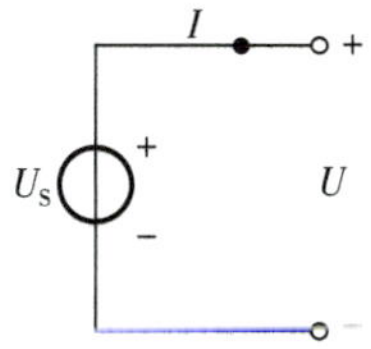

图3-1 电压源

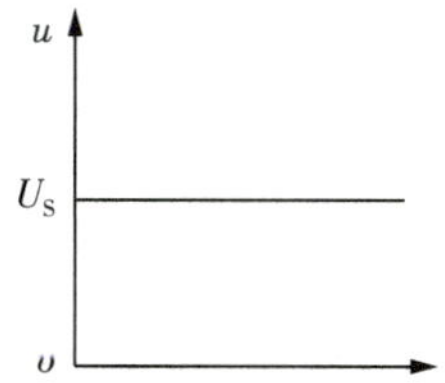

图3-2 直流电压源的伏安特性曲线

2. 电流源

电流源是指理想电流源，即内阻为无限大、输出恒定电流I_S的电源，如图3-3所示。

它的特点是电流的大小取决于电流源本身的特性，与电源的端电压无关。端电压的大小与电流源外部电路有关，由外部负载电阻决定。因此，也称为独立电流源。

电流为I_S的直流电流源的伏安特性曲线，是一条垂直于横坐标的直线，如图3-4所示，特性方程为

$$I = I_S \tag{3-2}$$

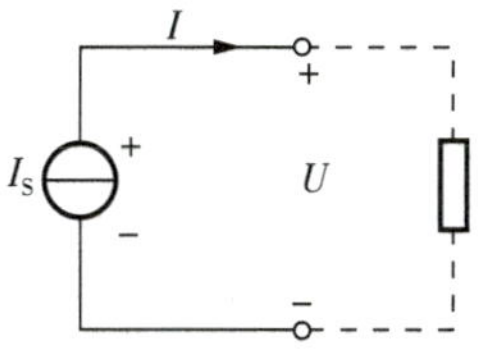

图3-3 电流源

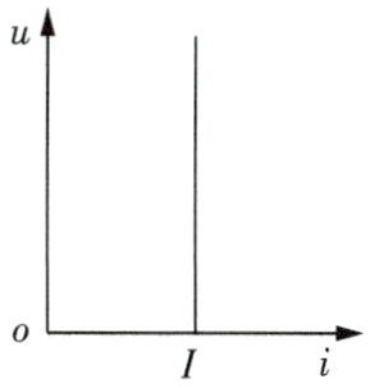

图3-4 直流电流源的伏安特性曲线

如果电流源短路，流过短路线路的电流就是I_S，而电流源的端电压为零。

二、实际电源的模型

1. 实际电压源

实际电压源可以用一个理想电压源U_S与一个理想电阻r串联组成一个电路来表示，如图3-5所示，特征方程为

$$U = U_S - Ir \tag{3-3}$$

实际电压源的伏安特性曲线如图3-6所示，可见电源输出的电压随负载电流的增加而下降。

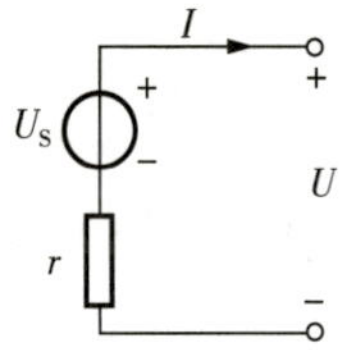

图 3-5 实际电压源

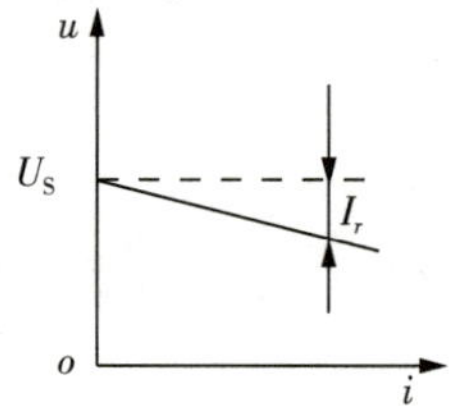

图 3-6 实际电压源的伏安特性曲线

2. 实际电流源

实际电压源可以用一个理想电流源 I_S 与一个理想电阻 G 并联组成的电路来表示，如图 3-7 所示，特征方程为

$$I = I_S - UG \tag{3-4}$$

实际电流源的伏安特性曲线如图 3-8 所示，可见电源输出的电流随负载电压的增加而减少。

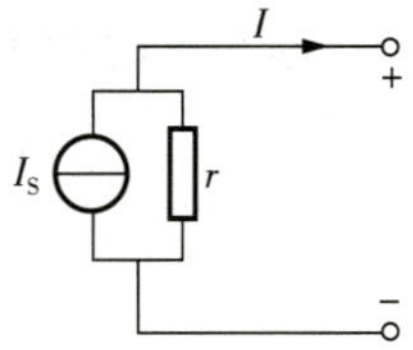

图 3-7 实际电流源

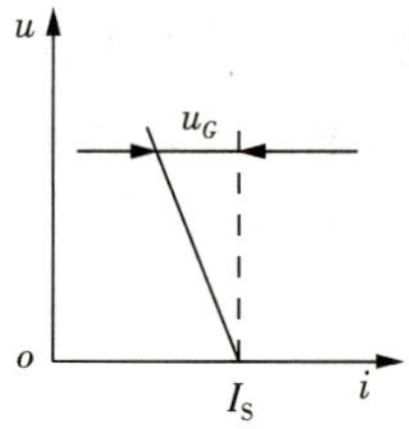

图 3-8 实际电流源的伏安特性曲线

例 3-1 在图 3-5 中，设 $U_S = 20$ V，$r = 1\ \Omega$，外接电阻 $R = 4\ \Omega$，求电阻 R 上的电流 I。

解：根据式(3-3)，则

$$U = U_S - Ir = IR$$

则有

$$I = \frac{U_S}{R + r} = \frac{20}{4 + 1} = 4(\text{A})$$

例 3-2 在图 3-7 中，设 $I_S = 5$ A，$r = 1\ \Omega$，外接电阻 $R = 9\ \Omega$，求电阻 R 上的电压 U。

解：根据式(3-4)，则

$$I = I_S - \frac{U}{r} = \frac{U}{R}$$

则有

$$U = \frac{Rr}{R + r} I_S = \frac{1 \times 9}{1 + 9} \times 5 = 4.5(\text{V})$$

知识拓展：

电源等效变换视频

电源等效变换

任务二　电路的分析与计算

学习目标：

掌握基尔霍夫定律。

掌握叠加定理。

掌握戴维南定理。

学习内容：

电路中有一些基本定律和定理可以分析电路。基尔霍夫定律是分析和计算较为复杂电路的基础，它既可以用于直流电路的分析，也可以用于交流电路的分析；既适用于线性电路的分析，也适用于非线性电路的分析。叠加定理和戴维南定理主要适用于线性电路的分析。

一、电路基本定律和定理

复杂电路

1. 基尔霍夫定律

本节将介绍基尔霍夫电流定律与电压定律，它们分别反映了电路中各个支路的电流以及各个部分电压之间的关系，还介绍支路电流法来求解简单的电路。

(1) 几个相关的电路名词

① 支路：电路中通过同一个电流的每一个分支。如图 3-9 中有 3 条支路，分别是 BAF、BCD 和 BE。支路 BAF、BCD 中含有电源，称为含源支路。支路 BE 中不含电源，称为无源支路。

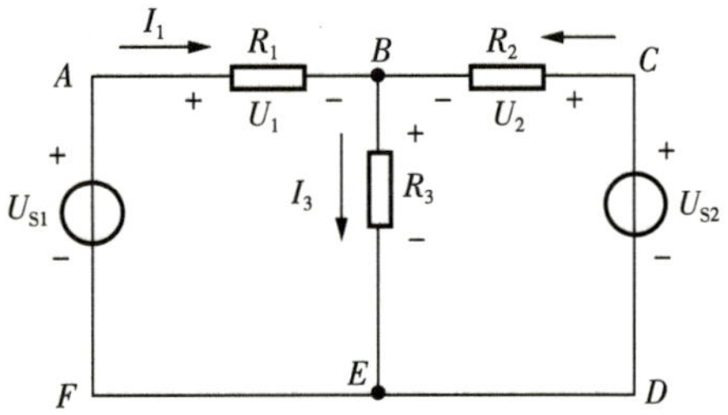

图 3-9　复杂电路

② 节点：电路中 3 条或 3 条以上支路的连接点。如图 3-9 中 B、E(F、D) 为两个节点。

③ 回路：电路中的任意闭合路径。如图 3-9 中有 3 个回路，分别是 $ABEFA$、$BCDEB$、$ABCDEFA$。

④ 网孔：内部不含支路的回路。如图 3-9 中 $ABEFA$ 和 $BCDEB$ 都是网孔，而 $ABCDEFA$ 则不是网孔。

(2) 基尔霍夫电流定律(KCL)

基尔霍夫电流定律指出：任意时刻，流入电路中任意节点的电流之和等于流出该节点的电流之和。基尔霍夫电流定律简称为 KCL，反映了节点处各支路电流之间的关系。

在如图 3－9 所示电路中，对于节点 B 可以写出

$$I_1 + I_2 = I_3$$

或改写为

$$I_1 + I_2 - I_3 = 0$$

即

$$\sum I = 0 \tag{3-5}$$

由此，基尔霍夫电流定律也可表述为任意时刻，流入电路中任意节点电流的代数和恒等于零。

基尔霍夫电流定律不仅适用于节点，也可推广应用到包围几个节点的闭合面(也称广义节点)。如图 3－10 所示的电路中，可以把三角形 ABC 看作广义的节点，用 KCL 可列出

$$I_A + I_B + I_C = 0$$

即

$$\sum I = 0$$

可见，在任一时刻，流过任一闭合面电流的代数和恒等于零。

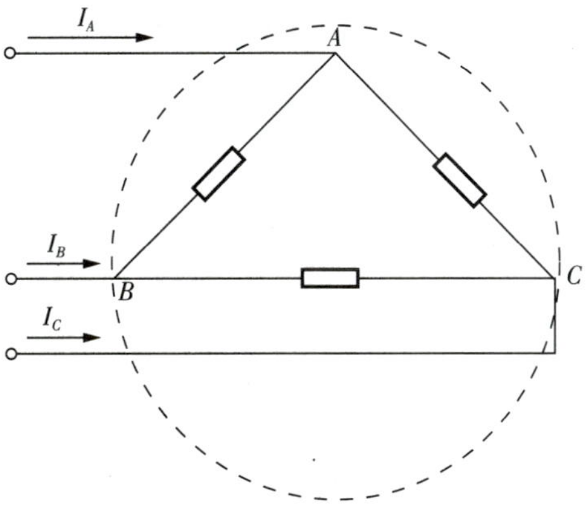

图 3－10　KCL 的推广

例 3－3　如图 3－11 所示电路，电流的参考方向已标明。若已知 $I_1 = 2$ A、$I_2 = -4$ A、$I_3 = -8$ A，试求 I_4。

解：根据 KCL 可得

$$I_1 - I_2 + I_3 - I_4 = 0$$

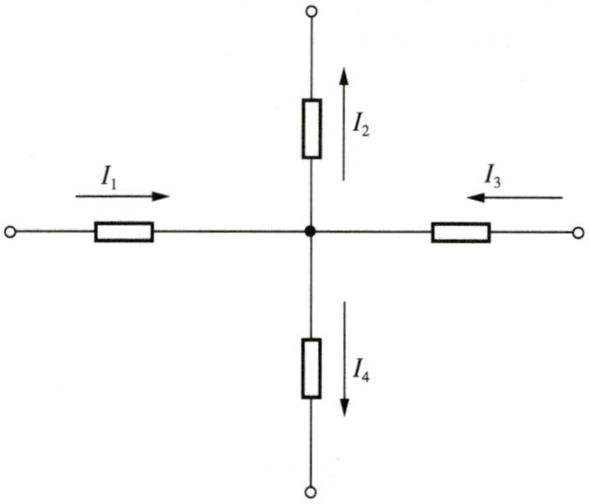

图 3-11　例 3-3 图

$$I_4 = I_1 - I_2 + I_3 = 2 - (-4) + (-8) = -2(\mathrm{A})$$

(3) 基尔霍夫电压定律(KVL)

基尔霍夫电压定律指出:在任何时刻,沿电路中任一闭合回路,各段电压的代数和恒等于零。基尔霍夫电压定律简称 KVL,其一般表达式为

$$\sum U = 0 \tag{3-6}$$

应用上式列电压方程时,首先假定回路的绕行方向,然后选择各部分电压的参考方向,凡参考方向与回路绕行方向一致者,该电压前取正号;凡参考方向与回路绕行方向相反者,该电压前取负号。

在图 3-9 中,对于回路 $ABCDEFA$,若按顺时针绕行方向,根据 KVL 可得

$$U_1 - U_2 + U_{S2} - U_{S1} = 0$$

根据欧姆定律,上式还可表示为

$$I_1R_1 - I_2R_2 - U_{S2} + U_{S1} = 0$$

即

$$\sum IR = \sum U_S \tag{3-7}$$

式(3-8)表示沿回路绕行方向,各电阻电压降的代数和等于各电源电动势升的代数和。

基尔霍夫电压定律不仅应用于回路,也可推广应用于一段不闭合电路。如图 3-12 所示电路中,A、B 两端未闭合,若设 A、B 两点之间的电压为 U_{AB},按逆时针绕行方向可得

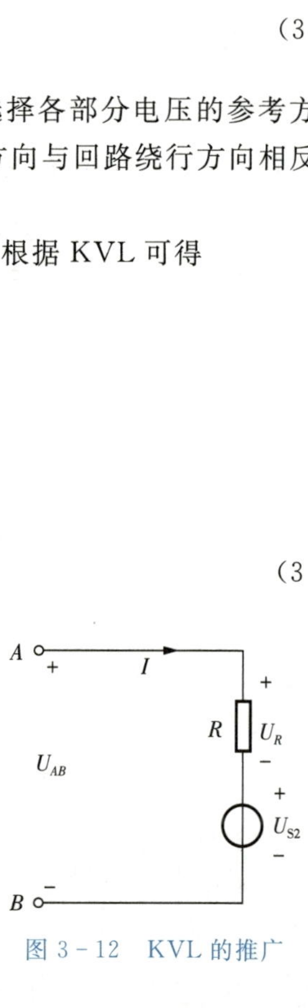

图 3-12　KVL 的推广

$$U_{AB} - U_S - U_R = 0$$

则有

$$U_{AB} = U_S + IR$$

上式表明，开口电路两端的电压等于该两端点之间各段电压降之和。

例 3-4　求如图 3-13 所示电路中电阻为 10 Ω 的 R 两端的电压及电流源的端电压。

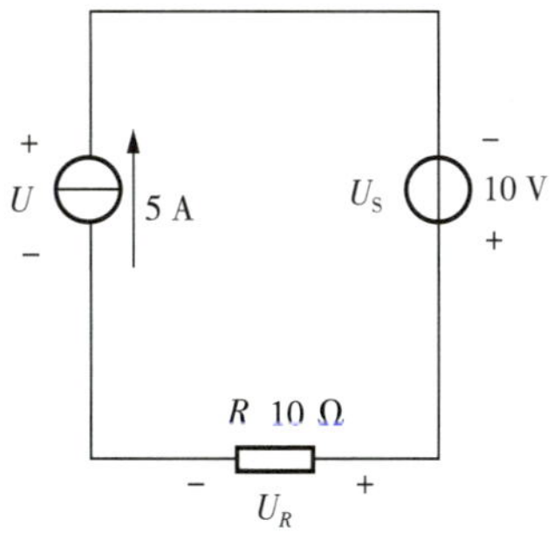

图 3-13　例 3-4 图

解：按图示方向得

$$U_R = 5 \times 10 = 50(\text{V})$$

按顺时针绕行方向，根据 KVL 得

$$-U_S + U_R - U = 0$$

$$U = -U_S + U_R = -10 + 50 = 40(\text{V})$$

例 3-5　在图 3-14 中，已知 $R_1 = 4\ \Omega$、$R_2 = 6\ \Omega$、$U_{S1} = 10\ \text{V}$、$U_{S2} = 20\ \text{V}$，试求 U_{AC}。

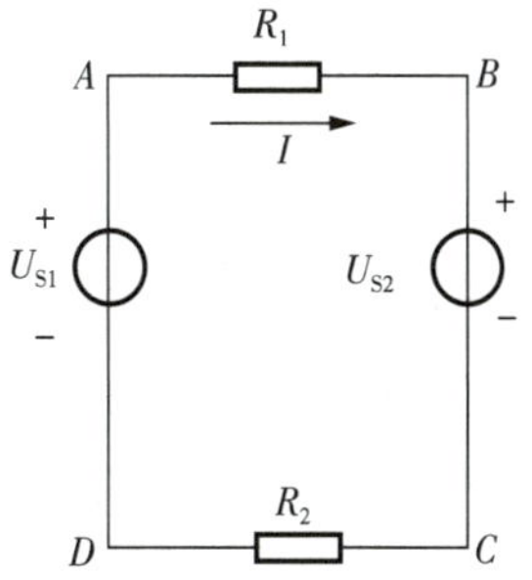

图 3-14　例 3-5 图

解：由 KVL 得

$$IR_1 + U_{S2} + IR - U_{S1} = 0$$

$$I = \frac{U_{S1} - U_{S2}}{R_1 + R_2} = \frac{-10}{10} = -1(\text{A})$$

由 KVL 的推广形式得

$$U_{AC} = IR_1 + U_{S2} = -4 + 20 = 16(\text{V})$$

或

$$U_{AC} = U_{S1} + IR_2 = 10 - (-6) = 16(\text{V})$$

由本例可见，电路中某段电压和路径无关。因此，计算时应尽量选择较短的路径。

例 3-6　求如图 3-15 所示电路中的 U_2、I_2、R_1、R_2 及 U_S。

解：$I_2 = \frac{3}{2} = 1.5\ \text{A}$，由 KVL 可得

$$U_2 - 5 + 3 = 0$$

$$U_2 = 2(\text{V})$$

$$R_2 = \frac{U_2}{I_2} = \frac{2}{1.5} = 1.33(\Omega)$$

由 KCL 可得

$$I_1 + I_2 = 2\ \text{A}$$

$$I_1 = 2 - 1.5 = 0.5(\text{A})$$

$$R_1=\frac{5}{0.5}=10(\Omega)$$

对于左边的网孔，由 KVL 可得

$$3\times2+5-U_S=0$$

$$U_S=11\ \text{V}$$

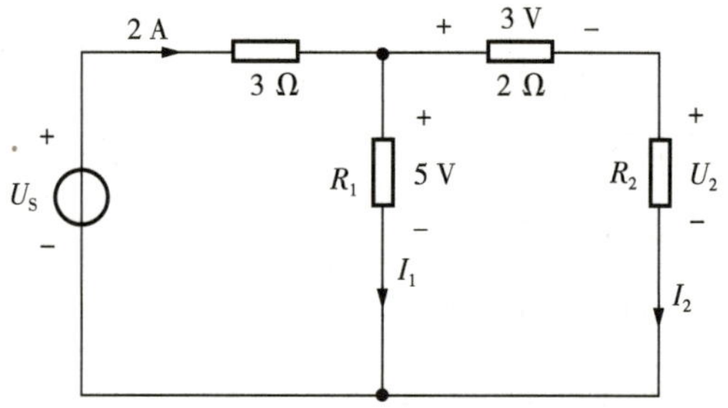

图 3-15　例 3-6 图

二、叠加定理

叠加定理是线性电路的一个基本定理。叠加定理可表述如下：在线性电路中，当有两个或两个以上的独立电源起作用，则任意支路的电流或电压都可以认为是电路中各个电源单独作用而其他电源不作用时，在该支路中产生的各电流分量或电压分量的代数和。下面通过图 3-16 中支路电流 I 为例说明叠加定理在线性电路中的体现。

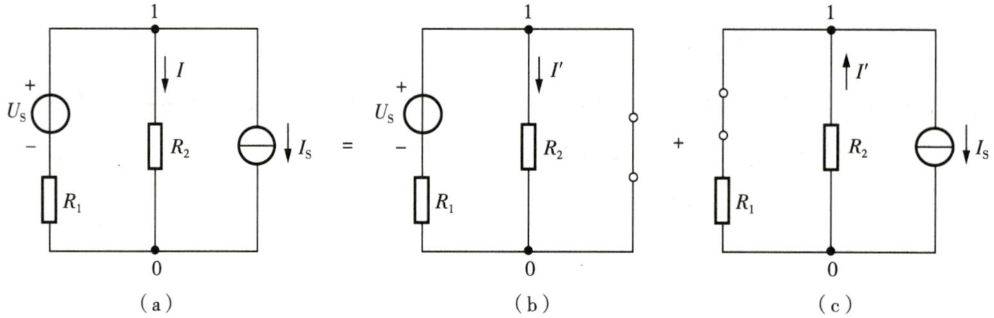

图 3-16　叠加定理举例

如图 3-16(a) 所示是含有两个独立源的线性电路，根据弥尔曼定理，可得到这个电路中两个节点间的电压为

$$U_{10}=\frac{\dfrac{U_S}{R_1}-I_S}{\dfrac{1}{R_1}+\dfrac{1}{R_2}}=\frac{R_2U_S-R_1R_2I_S}{R_1+R_2}$$

R 支路电流为

$$I=\frac{U_{10}}{R_2}=\frac{U_S-R_1 I_S}{R_1+R_2}=\frac{U_S}{R_1+R_2}-\frac{R_1}{R_1+R_2}I_S$$

如图 3-16(b) 所示是电压源 U_S 单独作用下的情况。此情况下电流源的作用为零，零电流源相当于无限大电阻(开路)。在 U_S 单独作用下 R_2 支路电流为

$$I'=\frac{U_S}{R_1+R_2}$$

如图 3-16(c) 所示是电流源 I_S 单独作用下的情况。此情况下电压源的作用为零，零电压源相当于零电阻(短路)。在 I_S 单独作用下 R_2 支路电流为

$$I''=\frac{R_1}{R_1+R_2}I_S$$

求所有独立源单独作用下 R_2 支路电流的代数和，得

$$I=I'-I''=\frac{U_S}{R_1+R_2}-\frac{R_1}{R_1+R_2}I_S$$

对 I' 取正号，是因为它的参考方向选择的与 I 的参考方向一致；对 I'' 取负号，是因为它的参考方向选择的与 I 的参考方向相反。

使用叠加定理时，应注意以下几点：

(1) 只能用来计算线性电路的电流和电压，对非线性电路，叠加定理不适用。

(2) 叠加时要注意电流和电压的参考方向，求其代数和。

(3) 化为几个单独电源的电路来进行计算时，所谓电压源不作用，就是在该电压源处用短路代替，所谓电流源不作用，就是在该电流源处用开路代替。

(4) 不能用叠加定理直接来计算功率。

叠加定理在线性电路分析中起重要作用，它是分析线性电路的基础。线性电路的许多定理可从叠加定理导出。

独立电源代表外界对电路的作用，并称其为激励。激励在电路中产生的电流和电压称为响应。由线性电路的性质得知：当电路中只有一个激励时，网络的响应与激励成正比。这个关系称为齐次定理。用齐次定理分析梯形电路比较方便。

例 3-7　如图 3-17 所示，在图 3-17(a) 的桥形电路中，$R_1=2\ \Omega$、$R_2=1\ \Omega$、$R_3=3\ \Omega$、$R_4=0.5\ \Omega$、$U_S=4.5\ \Omega$、$I_S=1$ A。试用叠加定理求电压源的电流 I 和电流源的端电压 U。

解：(1) 当电压源单独作用时，电流源开路，如图 3-17(b) 所示，各支路电流分别为

$$I_1'=I_3'=\frac{U_S}{R_1+R_3}=\frac{4.5}{2+3}=0.9(\text{A})$$

$$I_2'=I_4'=\frac{U_S}{R_2+R_4}=\frac{4.5}{1+0.5}=3(\text{A})$$

$$I'=I_1'+I_2'=0.9+3=3.9(\text{A})$$

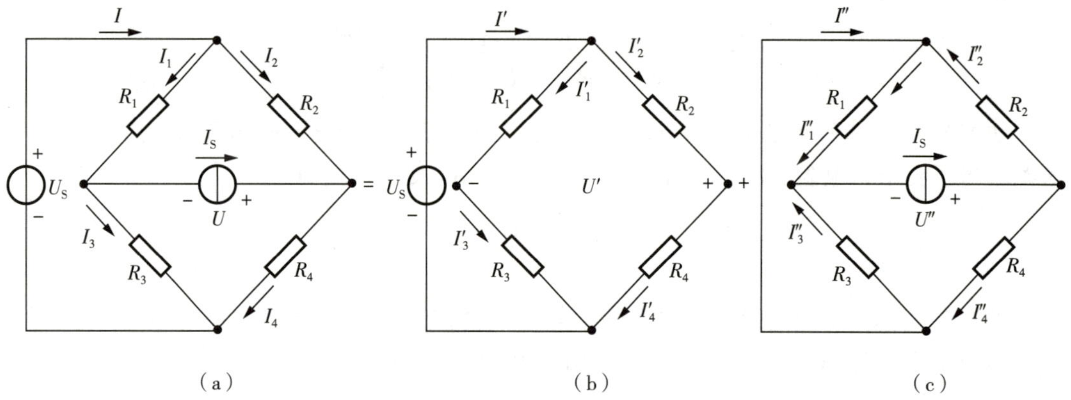

图 3-17 例 3-7 图

电流源的端电压为

$$U'=R_4I'_4-R_3I'_3=0.5\times3-3\times0.9=-1.2(\text{V})$$

(2) 当电流源单独作用时，电压源短路，如图 3-17(c) 所示，各支路电流分别为

$$I''_1=\frac{R_3}{R_1+R_3}I_S=\frac{3}{2+3}\times1=0.6(\text{A})$$

$$I''_2=\frac{R_4}{R_2+R_4}I_S=\frac{0.5}{1+0.5}\times1=0.333(\text{A})$$

$$I''=I''_1-I''_2=0.6-0.333=0.267(\text{A})$$

电流源的端电压为

$$U''=R_1I''_1+R_2I''_2=2\times0.6+1\times0.333=1.533(\text{V})$$

(3) 两个独立源共同作用时，电压源的电流为

$$I=I'+I''=3.9+0.267=4.167(\text{A})$$

电流源的端电压为

$$U=U'+U''=-1.2+1.533=0.333(\text{V})$$

例 3-8 求如图 3-18 所示的梯形电路中支路电流 I_5。

解：此电路是简单电路，可以用电阻串并联的方法化简，求出总电流，再由分流、分压公式求出电流 I_5，但这样很烦琐。为此，可应用齐次定理采用“倒推法”来计算。

先给 I_5 一个假定值，用加撇(′)的符号表示。设 $I'_5=1$ A，然后依次推算出其他电压、电流的假定值：$U'_{ef}=2$ V、$I'_3=I'_4+I'_5=3$ A、$U'_{cd}=U'_{ce}+U'_{ef}=5$ V、$I'_1=I'_2+I'_3=8$ A、$U'_{ab}=U'_{ac}+U'_{cd}=13$ V。

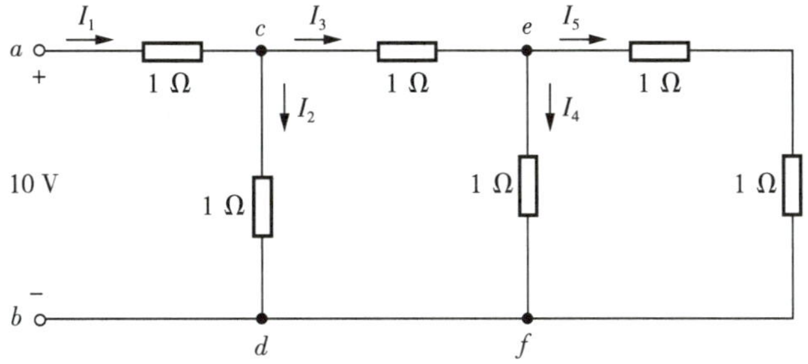

图 3-18　例 3-8 图

由于实际电压为 10 V，根据齐次定理可计算得

$$I_5 = 1 \times \frac{10}{13} = 0.769(\mathrm{A})$$

三、戴维南定理

戴维南定理是阐明线性有源二端网络外部性能的一个重要定理。若只需分析计算某一支路的电流或电压，则应用戴维南定理具有特殊的优势。

戴维南定理指出：含独立源的线性二端电阻网络，对其外部而言，都可以用电压源和电阻串联组合等效代替，该电压源的电压等于网络的开路电压，该电阻等于网络内部所有独立源作用为零情况下的网络的等效电阻。

戴维南定理

下面对戴维南定理给出一般证明。

如图 3-19 所示，在图 3-19(a) 的电路中，a、b 两端的左边是任意线性有源二端网络，右边是二端元件。设端口处的电压、电流分别为 U、I。首先，将二端元件用电流为 I 的电流源代替，如图 3-19(b) 所示，网络端口电压、电流仍为 U、I。其次，应用叠加定理将图 3-19(b) 看成是图 3-19(c) 和图 3-19(d) 所示电路的叠加。图 3-19(c) 是有源二端网络内部的独立源单独作用，外部电流源不作用的情况，即有源二端网络处于开路状态。若令有源二端网络开路电压为 U_{oc} 这时有

$$I' = U' = U_{oc}$$

图 3-19(d) 是外部的电流源单独作用，有源二端网络内部的独立源不起作用的情况。也就是把有源二端网络化为一个无源网络，对外部而言，它可用等效电阻 R_i 替代。这时有

$$I'' = I, U'' = -R_i I'' = -R_i I$$

将图 3-19(c) 和图 3-19(d) 叠加得

$$I = I' + I'' = I'', U = U' + U'' = U_{oc} - R_i I$$

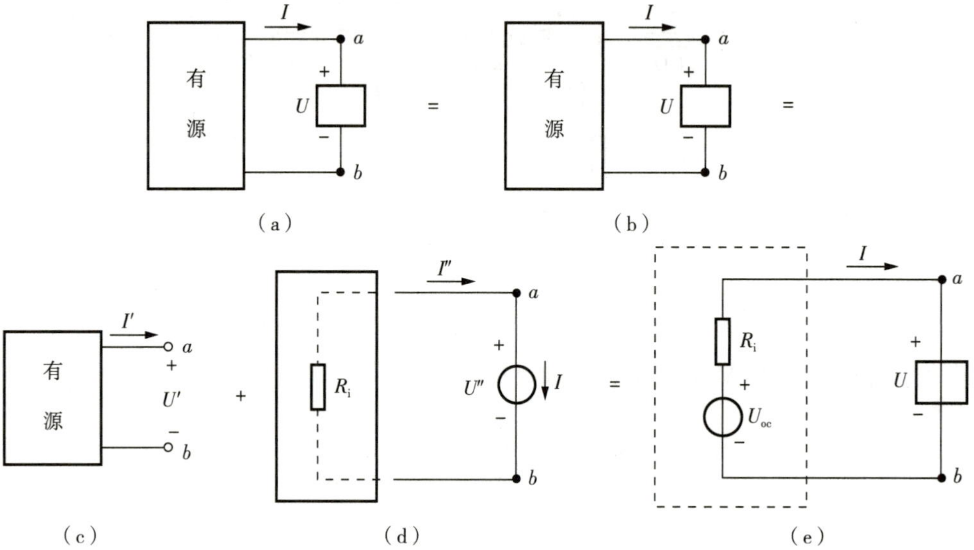

图 3-19 戴维南定理的证明

由上式得出的等效电路正好是一个由电压源 U_{oc} 与电阻 R_i 的串联组合，如图 3-19(e) 所示。也就是说，图 3-19(e) 和图 3-19(a) 所示电路对外部电路而言是等效的。

将图 3-19(e) 所示电路中的电压源与电阻串联组合又可等效变换为电流源与电阻并联组合，这就是诺顿定理。诺顿定理在本书中不讨论。等效电阻的计算方法有以下三种：

(1) 设网络内所有电源为零，用电阻串、并联或 △ 形网络与 Y 形网络变换加以化简，计算端口 ab 的等效电阻。

(2) 设网络内所有电源为零，在端口 a、b 处施加电压 U，计算或测量输入端口的电流 I，则等效电阻 $R_i = \dfrac{U}{I}$。

(3) 用实验方法测量，或用计算方法求得该有源二端网络开路电压 U_{oc} 和短路电流 I_{sc}，则等效电阻 $R_i = \dfrac{U_{oc}}{I_{sc}}$。

用电压源电阻串联组合等效代替有源二端电阻网络的电路称为戴维南等效电路。在使用戴维南定理时，应特别注意电压源 U_{oc} 在等效电路中的正确连接。

给定一线性有源二端网络，如接在它两端的负载电阻不同，从二端网络传输给负载的功率也不同。可以证明，当外接电阻 R 等于二端网络的戴维南等效电路的电阻 R_i 时，外接电阻获得的功率最大。满足 $R=R_i$ 时，称为负载与电源匹配。在电信工程中，由于信号一般很弱，常要求从信号源获得最大功率，因而必须满足匹配条件。但此时传输效率很低，这在电力工程中是不允许的。在电力系统中，输送功率很大，效率非常重要，故应使电源内阻(以及输电线路电阻) 远小于负载电阻。

例 3-9 如图 3-20 所示为一不平衡电桥电路，试求图 3-20(a) 中检流计的电流 I。

解：将检流计从 a、b 处断开，对端钮 a、b 来说，余下的电路是一个有源二端网络。用戴维

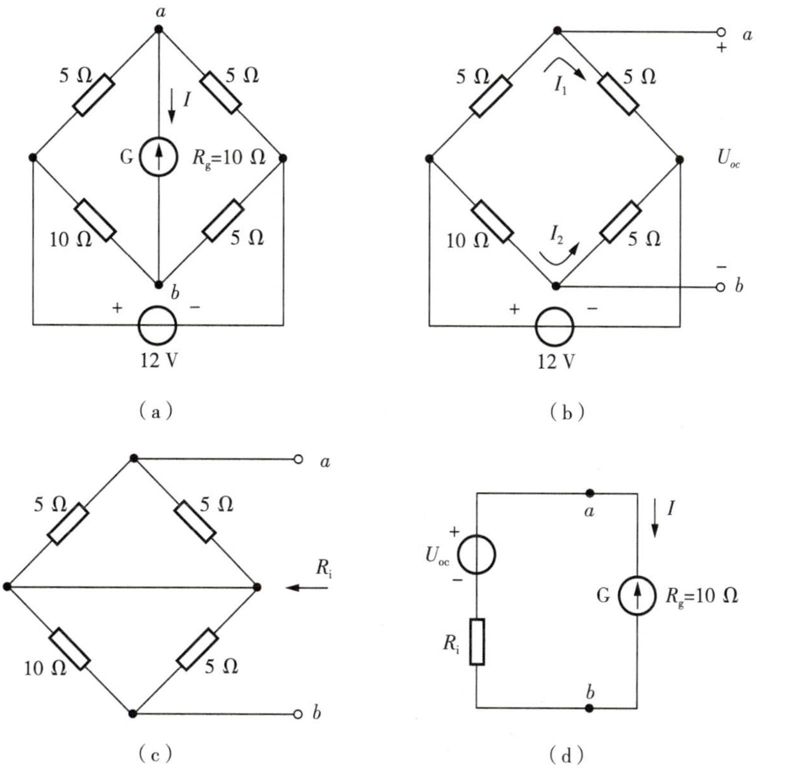

图 3-20　例 3-9 图

南定理求其等效电路。如图 3-20(b) 所示,开路电压 U_{oc} 为

$$U_{oc}=5I_1-5I_2=5\times\frac{12}{5+5}-5\times\frac{12}{10+5}=2(\text{V})$$

如图 3-20(c) 所示,将 12 V 电压源短路,可求得端钮 a、b 的输入电阻 R_i 为

$$R_i=\frac{5\times5}{5+5}+\frac{10\times5}{10+5}=5.83(\Omega)$$

如图 3-20(a) 所示的电路可简化为如图 3-20(d) 所示的等效电路,因而可求得

$$I=\frac{U_{oc}}{R_i+R_g}=\frac{2}{5.83+10}=0.126(\text{A})$$

在应用戴维南定理时,必须要注意电压源 U_{oc} 在等效电路中的正确连接:如计算开路电压时选择 U_{oc} 的参考方向由 a 到 b,则戴维南等效电路中等于 U_{oc} 的电压源电压的参考正极性应接于 a。

戴维南定理的解题步骤如下:

(1) 将待求支路与原有源二端网络分离,对断开的两个端钮分别标以记号(如 a,b);

(2) 应用所学过的各种电路求解方法，对有源二端网络求解其开路电压 U_{oc}；

(3) 把有源二端网络进行除源处理(恒压源短路、恒流源开路)，对无源二端网络求其入端电阻 R_{ab} 即 R_O；

(4) 让开路电压等于等效电源的 U_{oc}，入端电阻等于等效电源的内阻 R_0，则戴维南等效电路求出。此时再将断开的待求支路接上(注意电压 U_{oc} 参考方向)，最后根据欧姆定律或分压、分流关系求出电路的待求物理量。

知识拓展：

1. 直桥电流视频

直桥电流

2. 戴维南等效参数的实验测量文档

戴维南等效参数的试验检测法

3. 戴维南定理的仿真测试

戴维南定理的仿真测试

任务三　复杂电路的分析与计算

学习目标：

会用支路电流法求解复杂电路。
掌握节点电压法求解复杂电路。

学习内容：

复杂电路的分析与计算主要有以支路电流为求解对象的支路电流法和以节点电压为求解对象的节点电压法，以及以网孔电流为求解对象的网孔电流法。这三种方法都是电路中最常用的分析方法。

一、支路电流法

支路电流法是最基本的分析方法。它是以支路电流为求解对象，应用基尔霍夫电流定律和基尔霍夫电压定律分别对节点和回路列出所需要的方程组，然后再解出各未知的支路电流。

支路电流法

支路电流法求解电路的步骤如下：

(1) 标出支路电流参考方向和回路绕行方向。

(2) 根据 KCL 列写节点的电流方程式。

(3) 根据 KVL 列写回路的电压方程式。

(4) 解方程组，求取未知量。

例 3-10　如图 3-21 所示，为两台发电机并联运行共同向负载 R_L 供电。已知 $E_1=130\ V$、$E_2=117\ V$、$R_1=1\ \Omega$、$R_2=0.6\ \Omega$、$R_L=24\ \Omega$，求各支路的电流及发电机两端的电压。

解：(1) 选各支路电流参考方向如图 3-10 所示，回路绕行方向均为顺时针方向。

(2) 列写 KCL 方程。

节点 A 的 KCL 方程为

$$I_1+I_2=I$$

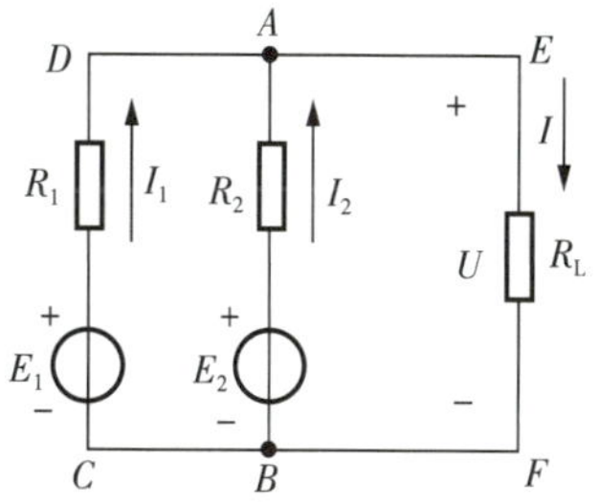

图 3-21　例 3-10 图

(3) 列写 KVL 方程。

$ABCDA$ 回路的 KVL 方程为

$$E_1-E_2=R_1I_1-R_2I_2$$

$AEFBA$ 回路的 KVL 方程为

$$E_2=R_2I_2+R_LI$$

其基尔霍夫定律方程组为

$$\begin{cases} I_1 + I_2 = I \\ E_1 - E_2 = R_1 I_1 - R_2 I_2 \\ E_2 = R_2 I_2 + R_L I \end{cases}$$

将数据代入各式后得

$$\begin{cases} I_1 + I_2 = I \\ 130 - 117 = I_1 - 0.6 I_2 \\ 117 = 0.6 I_2 + 24 I \end{cases}$$

解此联立方程得

$$I_1 = 10\ \text{A}, I_2 = -5\ \text{A}, I = 5\ \text{A}$$

电机两端电压 U 为

$$U = R_L I = 24 \times 5 = 120(\text{V})$$

二、节点电压法

节点电压法是以电路的节点电压为未知量来分析电路的一种方法，它不仅适用于平面电路，同时也适用于非平面电路。鉴于这一优点，在计算机辅助电路分析中，一般也采用节点电压法求解电路。

在电路的 n 个节点中，任选一个为参考点，把其余 $n-1$ 个节点对参考点的电压分别叫作该节点的节点电压。电路中所有支路电压都可以用节点电压来表示。电路中的支路分成两种，一种是接在独立节点和参考节点之间，它的支路电压就是节点电压；另一种是接在各独立节点之间，它的支路电压则是两个节点电压之差。

如能求出各节点电压，就能求出各支路电压及其他待求量。要求 $n-1$ 个节点电压，需列 $n-1$ 个独立方程。用节点电压代替支路电压，已经满足 KVL 的约束，只需列 KCL 的约束方程即可，而所能列出的独立的 KCL 方程正好是 $n-1$ 个。

以如图 3-22 所示电路为例，独立节点数为 $n-1=2$。选取各支路电流的参考方向，对节点 1 和 2 分别由 KCL 列出节点电流方程：

$$I_1 + I_3 + I_4 - I_{S1} - I_{S3} = 0$$

$$I_2 - I_3 - I_4 - I_{S2} + I_{S3} = 0$$

设以节点 3 为参考点，则节点 1、节点 2 的节点电压分别为 U_1、U_2。

将支路电流用节点电压表示为

$$I_1 = G_1 U_1$$

$$I_2 = G_2 U_2$$

$$I_3 = G_3 U_{12} = G_3 (U_1 - U_2) = G_3 U_1 - G_3 U_2$$

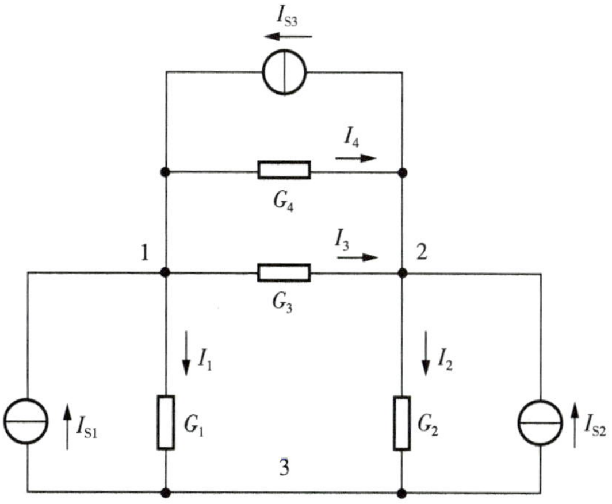

图 3-22　节点电压法举例

$$I_4 = G_4 U_{12} = G_4 (U_1 - U_2) = G_4 U_1 - G_4 U_2$$

代入两个节点电流方程中，经移项整理后得

$$\begin{cases} (G_1 + G_3 + G_4)U_1 - (G_3 + G_4)U_2 = I_{S1} + I_{S2} \\ -(G_3 + G_4)U_1 + (G_2 + G_3 + G_4)U_2 = I_{S2} - I_{S3} \end{cases} \tag{3-8}$$

式(3-9)就是如图 3-22 所示电路以节点电压 U_1、U_2 为未知变量列出的节点电压方程，简称节点方程。

将式(3-9)写成如下形式：

$$\begin{cases} G_{11}U_1 + G_{12}U_2 = I_{S11} \\ G_{12}U_1 + G_{22}U_2 = I_{S22} \end{cases} \tag{3-9}$$

这就是当电路具有三个节点时电路的节点方程的一般形式。式(3-10)中左边的 $G_{11} = (G_1 + G_3 + G_4)$、$G_{22} = (G_2 + G_3 + G_4)$ 分别是节点 1、节点 2 相连接的各支路电导之和，称为各节点的自电导，自电导总是正的。$G_{12} = G_{21} = -(G_3 + G_4)$ 是连接在节点 1 与节点 2 之间的各公共支路的电导之和的负值，称为两相邻节点的互电导，互电导总是负的。式(3-10)中右边的 $I_{S11} = (I_{S1} + I_{S3})$、$I_{S22} = (I_{S2} - I_{S3})$ 分别是流入节点 1 和节点 2 的各电流源电流的代数和，称为节点电源电流，流入节点取正号，流出节点取负号。

上述关系可推广到一般电路。对具有 n 个节点的电路，其节点方程的规范形式为

$$\begin{cases} G_{11}U_1 + G_{12}U_2 + \cdots + G_{1(n-1)}U_{n-1} = I_{S11} \\ G_{21}U_1 + G_{22}U_2 + \cdots + G_{2(n-1)}U_{n-1} = I_{S22} \\ \cdots\cdots \\ G_{(n-1)1}U_1 + G_{(n-2)2}U_2 + \cdots + G_{(n-1)(n-1)}U_{(n-1)} = I_{S(n-n)(n-1)} \end{cases} \tag{3-10}$$

当电路中含有电压源和电阻串联组合的支路时，先把电压源和电阻串联组合变换成电

流源和电阻并联组合，然后再依式(3-11)列方程。

当电路中含有电压源支路时，这时可以采用以下措施：

(1) 尽可能地取电压源支路的负极性端作为参考点。这时该支路的另一端电压成为已知量，等于该电压源电压，因而不必再对这个节点列写节点方程。

(2) 把电压源中的电流作为变量列入节点方程，并将其电压与两端节点电压的关系作为补充方程一并求解。

对于只有一个独立节点的电路，如图3-23(a)所示，可用节点电压法直接求出独立节点的电压。先把图3-23(a)中电压源和电阻串联组合变为电流源和电阻并联组合，如图3-23(b)所示，则有

$$U_{10}=\frac{\dfrac{U_{S1}}{R_1}-\dfrac{U_{S2}}{R_2}+\dfrac{U_{S3}}{R_3}}{\dfrac{1}{R_1}+\dfrac{1}{R_2}+\dfrac{1}{R_3}+\dfrac{1}{R_4}}=\frac{G_1U_{S1}+G_2U_{S2}+G_3U_{S3}}{G_1+G_2+G_3+G_4}$$

写成一般形式为

$$U_{10}=\frac{\sum(G_kU_{Sk})}{\sum G_k} \tag{3-11}$$

式(3-12)称为弥尔曼定理。代数和$\sum(G_kU_{Sk})$中，当电压源的正极性端接到节点1时，G_kU_{Sk}前取“+”号，反之取“−”号。

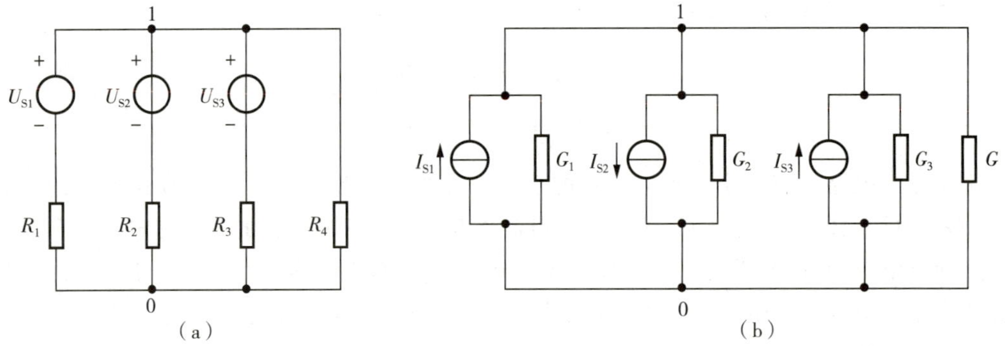

图3-23　弥尔曼定理举例

三、网孔电流法

用支路电流法分析计算电路时，若电路的支路数较多，所列方程数就较多，不便于求解。为了减少方程数量，可以采用方程数较少的网孔电流法。

如图3-24所示，图中共有三条支路、两个网孔。设想在每个网孔中，都有一个电流沿着网孔的边界环流，其参考方向如图中所示，这样一个在网孔中环行的假想电流就叫作网孔电流。电路中所有的支路电流都可以用网孔电流表示。从图3-24中可以看出，各支路电流与

网孔电流的关系为 $I_1=I_{m1}$、$I_2=I_{m2}-I_{m1}$、$I_3=-I_{m2}$，即所有支路电流都可以用网孔电流表示，只要求出各网孔电流，就可以确定所有支路电流。

网孔电流法就是以电路的网孔电流为电路变量(未知量)，按 KVL 列出网孔电压方程联立求解，再根据网孔电流从网孔电路中求出支路电流及其他量。

用网孔电流法列写 KVL 方程时，因为电路变量(未知量)是网孔电流而不是支路电流，所以要先用网孔电流表示支路电流，进而表示电阻电压。通常，选取网孔的绕行方向与网孔电流的参考方向一致。仍以图 3-24 所示电路为例，两个网孔利用网孔电流可列出 KVL 方程如下：

$$R_1I_{m1}+R_2I_{m1}-R_2I_{m2}=U_{S1}-U_{S2}\quad 即\quad (R_1+R_2)I_{m1}-R_2I_{m2}=U_{S1}-U_{S2}$$

$$R_2I_{m2}-R_2I_{m1}+R_3I_{m2}=U_{S2}-U_{S3}\quad 即\quad -R_2I_{m1}+(R_2+R_3)I_{m2}=U_{S2}-U_{S3}$$

这就是以网孔电流为未知量时列写的 KVL 方程，称为网孔方程。

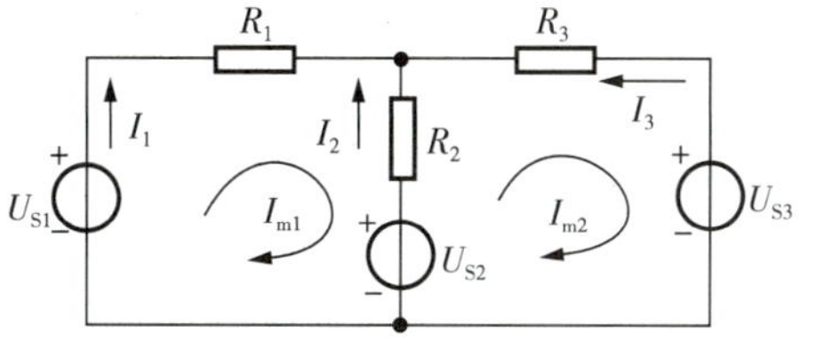

图 3-24　支路电流与网孔电流的关系

网孔电流法的一般步骤：

把上述结论推广到具有 m 个网孔的电路，可将网孔电流法的步骤归纳如下：

(1) 选定各网孔电流的绕行方向，它们也是列方程式时的绕行方向，通常各网孔电流的绕行方向选择一致。

(2) 以回路电流为未知数，根据 KVL 列网孔方程。

列网孔方程时注意：

① 当某一电阻上有几个回路电流流过时，该电阻上的电压必须写成几个回路电流与电阻乘积的代数和，其正负号按如下方式确定：自身回路电流与该电阻的乘积取正，相邻回路电流和方向若与自身回路电流方向一致时乘积项取正，相反时取负。

② 若回路中有电压源，一般把 U_S 写在等号的右边，电压源电压方向与回路电流的绕行方向一致时，U_S 取负号，否则取正号。

(3) 求解网孔方程，解出各网孔电流。

(4) 指定支路电流的参考方向，支路电流为相关网孔电流的代数和。

(5) 如果电路中存在电流源与电阻并联的组合，可先将它们等效变换为电压源与电阻串联的组合，然后列写方程。

例 3-11　用网孔电流法求图 3-25 所示电路中的各支路电流。

解：

首先选择各网孔电流的参考方向如图3-25 所示。设各网孔电流为 I_{m1}、I_{m2}、I_{m3}。

根据 KVL 列出各网孔的 KVL 方程组：

$$3I_{m1}-2I_{m2}-I_{m3}=10$$

$$-2I_{m1}+3I_{m2}=-5$$

$$-I_{m1}+3I_{m3}=5$$

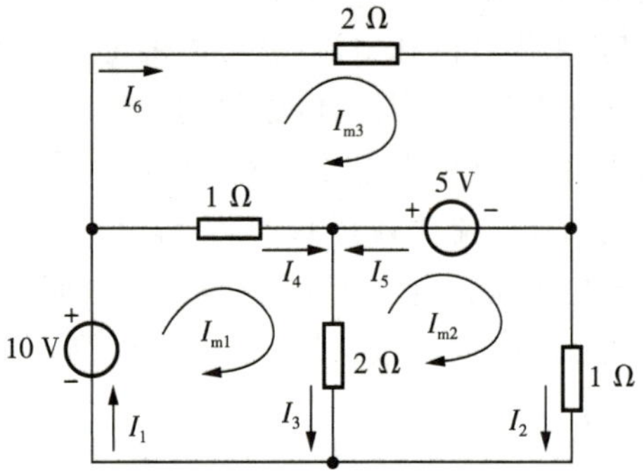

图 3-25　例 3-11 图

求解网孔方程组，得

$$I_{m1}=6.25\ \text{A},I_{m2}=2.5\ \text{A},I_{m3}=3.75\ \text{A}$$

选择各支路电流的参考方向如图 3-25 所示，由网孔电流求出各支路电流：

$$I_1=I_{m1}=6.25\ \text{A},I_2=I_{m2}=2.5\ \text{A}$$

$$I_3=I_{m1}-I_{m2}=3.75\ \text{A},I_4=I_{m1}-I_{m3}=2.5\ \text{A}$$

$$I_5=I_{m3}-I_{m2}=1.75\ \text{A},I_6=I_{m3}=3.75\ \text{A}$$

知识拓展：

网孔电流法视频

网孔电流法

任务四　电源的仿真测试

一、实验目的

1. 测试电源两端电压与外电路的电流的关系。
2. 进一步掌握虚拟仪器仪表的使用方法。

二、实验原理

理想电压源是一个理想元件，简称电压源。电压源能为外电路提供固定不变的电压或提供随时间按一定规律变化的电压。实际的电压源，其端电压都随着电流变化而变化，用一个电阻与电压源串联组合来表示，这个电阻叫电源的内阻 r，其外电路端电压与电流的关系可以用 $U=U_S-Ir$ 来表示。

三、实验设备和器材

1. 直流稳压电压源，1 个。
2. 470 Ω 电位器，1 个。
3. 电压表，2 个。
4. 电流表，1 个。
5. 200 Ω 电阻，1 个。
6. 开关 1 个。

四、实验内容及步骤

1. 按图 3-26 接线。

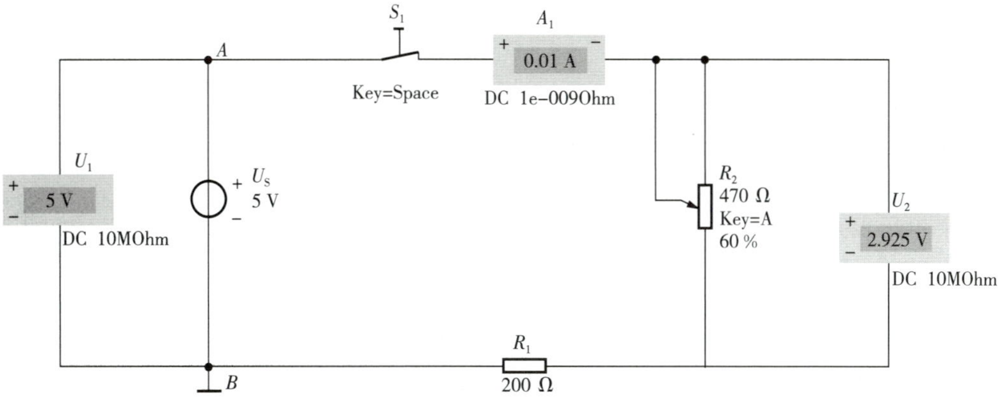

图 3-26　电源测试电路图

2. 按图 3-23 接好电路，注意先将开关断开。观测电路中的电流表的电流值并填入表 4-1，然后用虚拟电压表的直流电压挡测量电路中 A、B 两点间的电压，并填入表 4-1 中。

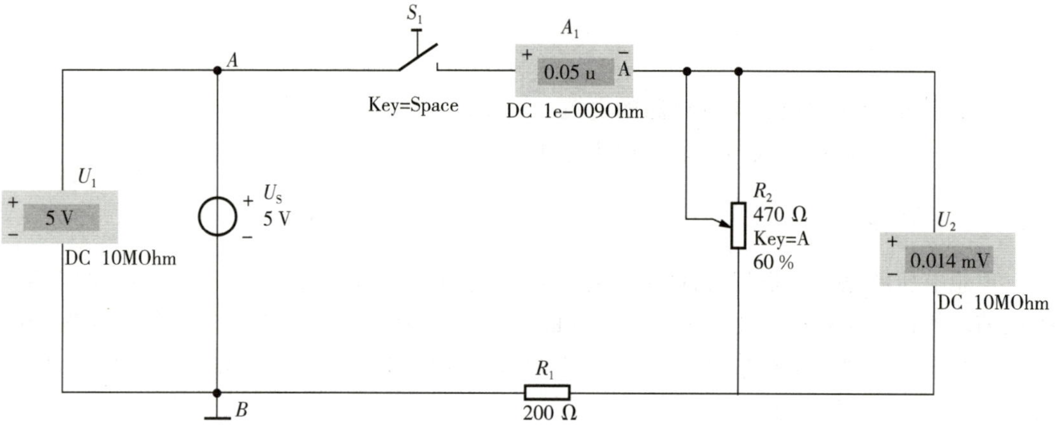

图 3-27　电源测试电路图

3. 闭合开关 S，调节电位器 R_W 的阻值，使电路中虚拟电流表的电流分别如表 4-1 所示，并用虚拟电压表分别对应测量表 3-1 中的各电压值，填入表 3-1。

表 3-1　实验数据

电流(mA)	0	10	15	20	25
电压(U_{AB})					
电压(U_2)					

五、实验预习

1. 实验注意事项

(1) 调节电位器时，可将电位器增量调为 1%。

(2) 电流表串接入待测电路。

(3) 电压表并接在待测对象两端。

2. 预习思考题

(1) 从表 3-1 中的电压 U_{AB} 可以观察到电源的端电压有什么特点？

(2) 当外部电路的电流变化时，对电源的端电压有影响吗？

(3) 当外部电路的电流变化时，电阻上的电压 U_R 有什么变化？为什么？

六、实验考核评价(表 3-2)

表 3-2　实验考核评价表

<table>
<tr><td colspan="6">班　级：　　　　姓　名：　　　　学　号：　　　　组　号：</td></tr>
<tr><th>操作项目</th><th>考核要求</th><th>分数配比</th><th>评分标准</th><th>自 评</th><th>互 评</th></tr>
<tr><td>仪器的使用</td><td>能正确使用稳压电源、数字式万用表、直流电压(电流)表</td><td>20</td><td>不能正确使用或数值错误的，每处扣 5 分</td><td></td><td></td></tr>
<tr><td>电路的连接</td><td>按要求连接电路，要求正确连接、接线牢固</td><td>20</td><td>电路连接错误、接线不牢固的，每个扣 2 分</td><td></td><td></td></tr>
<tr><td>测量记录</td><td>及时、正确地做好实验记录</td><td>30</td><td>不做记录不给分，不及时记录扣 4 分，测量数据错误每个扣 2 分</td><td></td><td></td></tr>
<tr><td>实验数据分析</td><td>按实验要求验证基尔霍夫定律的正确性，计算误差并分析产生误差的原因</td><td>20</td><td>不能按实验要求验证基尔霍夫定律和叠加定理的正确性的，扣 5 到 10 分，不会进行实验数据分析的，每处酌情扣 4 到 8 分</td><td></td><td></td></tr>
<tr><td>安全文明操作</td><td>工作台工具摆放整齐，严格遵守安全操作规程，符合管理要求</td><td>10</td><td>对工作台上脏乱、违反安全操作规程、不符合管理要求的酌情扣 3 到 10 分</td><td></td><td></td></tr>
<tr><td colspan="4">合计</td><td></td><td></td></tr>
<tr><td colspan="6">学生交流改进：</td></tr>
<tr><td colspan="6">教师签名：</td></tr>
</table>

任务五　基尔霍夫定律、叠加定理、戴维南定理的验证

一、实验目的

1. 验证基尔霍夫定律的正确性，加深对基尔霍夫定律的理解。

2. 验证线性电路中叠加原理的正确性及其适用范围，加深对线性电路的叠加性和齐次性的认识和理解。

3. 验证戴维南定理的正确性及其适用范围，加深对戴维南定理的认识和理解。

4. 进一步掌握仪器仪表的使用方法。

二、实验原理

1. 基尔霍夫定律

基尔霍夫定律是电路的基本定律，它包括基尔霍夫电流定律(KCL) 和基尔霍夫电压定律(KVL)。

(1) 基尔霍夫电流定律(KCL)

在电路中，对任一节点，各支路电流的代数和恒等于零，即$\sum I=0$。

(2) 基尔霍夫电压定律(KVL)

在电路中，对任一回路，所有支路电压的代数和恒等于零，即$\sum U=0$。

基尔霍夫定律表达式中的电流和电压都是代数量，运用时，必须预先任意假定电流和电压的参考方向。当电流和电压的实际方向与参考方向相同时，取值为正；相反时，取值为负。

基尔霍夫定律与各支路元件的性质无关，无论是线性的或非线性的电路，还是含源的或无源的电路，它都是普遍适用的。

2. 叠加定理

在线性电路中，有多个电源同时作用时，任一支路的电流或电压都是电路中每个独立电源单独作用时在该支路中所产生的电流或电压的代数和。某独立源单独作用时，其他独立源均需置零。(电压源用短路代替，电流源用开路代替)

3. 戴维南定理

含独立源的线性二端电阻网络，对其外部而言，都可以用电压源和电阻串联组合等效代替，该电压源的电压等于网络的开路电压，该电阻等于网络内部所有独立源作用为零情况下的网络的等效电阻。

用电压源电阻串联组合等效代替有源二端电阻网络的电路，称为戴维南等效电路。在使用戴维南定理时，应特别注意电压源 U_{oc} 在等效电路中的正确连接。

三、实验设备和器材

1. 直流稳压电源，2 台。

2. 直流电流表，3 块。
3. 数字万用表，1 块。
4. 实验电路板，1 块。
5. 510 Ω 电阻 3 个，1000 Ω、330 Ω 的电阻各 1 个。
6. 102 电位器 1 个。
7. 导线若干。

四、实验内容及步骤

1. 基尔霍夫定律验证实验

按图 3－28 接线。

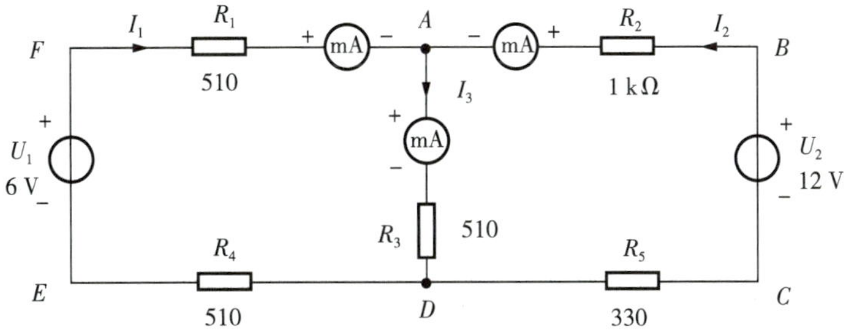

图 3－28　基尔霍夫定律验证电路图

(1) 实验前，可任意假定三条支路电流的参考方向及三个闭合回路的绕行方向。图 5－1 中的电流 I_1、I_2、I_3 的方向已设定，三个闭合回路的绕行方向可设为 *ADEFA*、*BADCB* 和 *FBCEF*。

(2) 分别将两路直流稳压电源接入电路，令 $U_1=6$ V，$U_2=12$ V。

(3) 将电路实验箱上的直流数字毫安表分别接入三条支路中，测量支路电流，数据记入表 3－3。此时应注意毫安表的极性应与电流的假定方向一致。

(4) 用直流数字电压表分别测量两路电源及电阻元件上的电压值，数据记入表 3－3。

表 3－3　基尔霍夫定律实验数据

被测量	I_1(mA)	I_2(mA)	I_3(mA)	U_{AB}(V)	U_{BC}(V)	U_{BE}(V)	U_{DE}(V)	U_{EF}(V)	U_1(V)	U_2(V)
计算值										
测量值										
相对误差										

2. 叠加定理验证实验

(1) 线性电路

按图 3－29 接线，此时开关 K 投向 *R*(330 Ω) 侧。

① 分别将两路直流稳压电源接入电路，令 $U_1=6$ V，$U_2=12$ V。

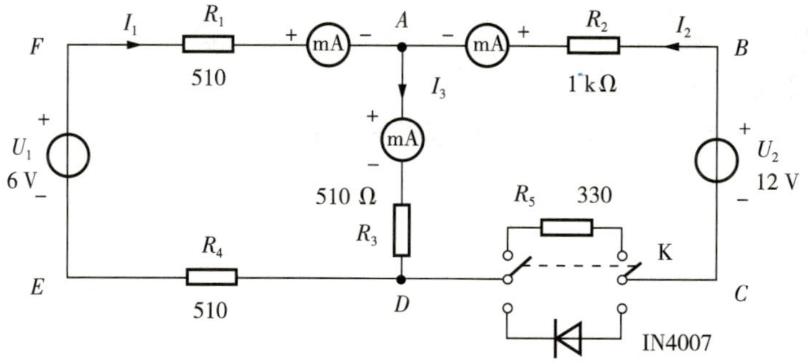

图 3-29　叠加定理电路图

② 令电源 U_1 单独作用，BC 短接，用毫安表和电压表分别测量各支路电流及各电阻元件两端电压，数据记入表 3-4。

表 3-4　叠加定理实验数据(线性电阻电路)

测量项目 实验内容	U_1 (V)	U_2 (V)	I_1 (mA)	I_2 (mA)	I_3 (mA)	U_{R1} (V)	U_{R2} (V)	U_{R3} (V)	U_{R4} (V)	U_{R5} (V)
U_1 单独作用										
U_2 单独作用										
U_1、U_2 共同作用										
2 个电源串接在一起单独作用										

③ 令 U_2 单独作用，此时 FE 短接。重复实验步骤 ② 的测量，数据记入表 5-2。

④ 令 U_1 和 U_2 共同作用，重复上述测量，数据记入表 5-2。

⑤ 取 $U_2=18$ V，重复步骤 ③ 的测量，数据记入表 5-2。

(2) 非线性电阻电路

按图 3-29 接线，此时开关 K 投向二极管 IN4007 侧。重复上述步骤 ①～⑤ 的测量过程，数据记入表 5-2，比较与线性电路的区别。

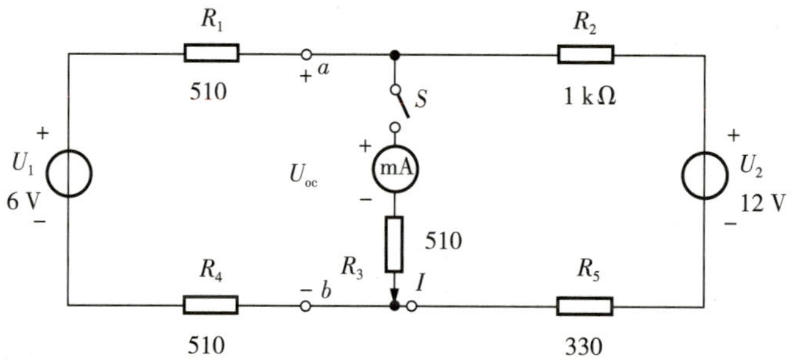

图 3-30　戴维南定理电路图

3. 戴维南定理验证实验

(1) 按图 3-30 连接电路。实验前，可任意假定待求支路电流的参考方向。图 5-3 中的电流 I 的参考方向已设定。

(2) 分别将两路直流稳压电源接入电路，令 $U_1=6$ V，$U_2=12$ V。

(3) 将电路实验箱上的直流数字毫安表分别接入待求支路中，闭合开关 S，测量待求支路电流，数据记入表中。此时应注意毫安表的极性应与电流的假定方向一致。

(4) 用直流数字电压表分别测量两路电源和 R_3 上的电压 U_{R3}，数据记入表 5-3。

(5) 断开开关 S，用万用表测出有源二端网络 ab 两端的开路电压 U_{oc}，数据填入表 5-3。

(6) 去掉电压源，按图 3-31 改接电路，用万用表的电阻挡测出 R_O，并将结果填入表 5-3。

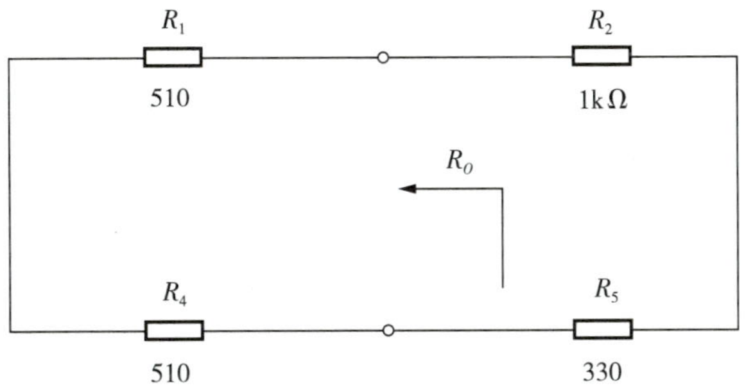

图 3-31　无源二端网络电路图

(7) 按图 3-32 正确连接电路，调节电位器 R_P 使其接入电路中的电阻等于 R_O，调节稳压电源，使其输出电压为 U_{oc}，接通电源，读出对应的电流 I' 和 U'_{R3}。并将结果填入表 3-5。

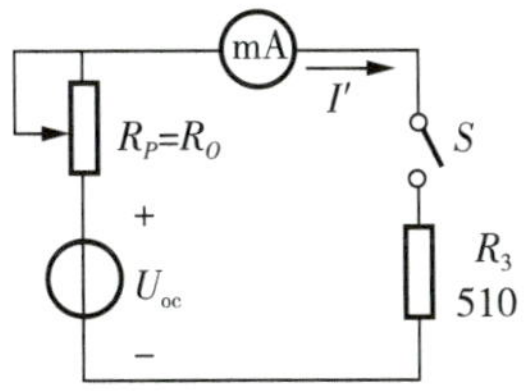

图 3-32　U_{oc} 测量电路图

表 3-5　戴维南定理验证实验数据

被测量	U_1(V)	I(mA)	U_{R3}(V)	U_{oc}(V)	R_O(Ω)	I'(mA)	U'_{R3}(V)
计算值							
测量值							
相对误差							

五、实验预习

1. 实验注意事项

(1) 需要测量的电压值,均以电压表测量的读数为准。U_1、U_2 也需测量,不应取电源本身的显示值。

(2) 防止稳压电源两个输出端碰线短路。

(3) 用指针式电压表或电流表测量电压或电流时,如果仪表指针反偏,则必须调换仪表极性,重新测量。此时指针正偏,可读得电压或电流值。若用数显电压表或电流表测量,则可直接读出电压或电流值。但应注意:所读得的电压或电流值的正确正、负号应根据设定的电流参考方向来判断。

(4) 仪表量程应及时更换。

2. 预习思考题

(1) 根据图 5-1 的电路参数,计算出待测的电流 I_1、I_2、I_3 和各电阻上的电压值,记入表 5-1 中,以便实验测量时,可正确地选定毫安表和电压表的量程。

答:根据基尔霍夫定律列方程如下:

$$I_1 + I_2 = I_3 \quad (\text{KCL}) \tag{1}$$

$$(510 + 510)I_1 + 510I_3 = 6 \quad (\text{KVL}) \tag{2}$$

$$(1000 + 330)I_2 + 510I_3 = 12 \quad (\text{KVL}) \tag{3}$$

由方程(1)、(2)、(3) 解得:

$$I_1 = 0.00193\ \text{A} = 1.93\ \text{mA}$$

$$I_2 = 0.00599\ \text{A} = 5.99\ \text{mA}$$

$$I_3 = 0.00792\ \text{A} = 7.92\ \text{mA}$$

$$U_{R1} = 510 \times 0.00193 = 0.98(\text{V})$$

$$U_{R2} = \times 1000 \times 0.00599 = -5.99(\text{V})$$

$$U_{R3} = 510 \times 0.00792 = 4.04(\text{V})$$

$$U_{R4} = 510 \times 0.00193 = 0.98(\text{V})$$

$$U_{R5} = -330 \times 0.00599 = -1.97(\text{V})$$

(2) 实验中,若用指针式万用表直流毫安档测各支路电流,在什么情况下可能出现指针反偏,应如何处理?在记录数据时应注意什么?若用直流数字毫安表进行测量时,则会有什么显示呢?

答:指针式万用表作为电流表使用,应串接在被测电路中,并注意电流的方向,即将红表笔接电流流入的一端("+"端),黑表笔接电流流出的一端("—"端)。如果不知被测电流的方向,可以在电路的一端先接好一支表笔,另一支表笔在电路的另一端轻轻地碰一下,如果指针向右摆动，说明接线正确；如果指针向左摆动（低于零点，反偏），说明接线不正确，应把万用表的两支表笔位置调换。若用直流数字毫安表进行测量时，则可直接读出电流值。但应注意：所读得电流值的正、负号应根据设定的电流参考方向来判断。

记录数据时应注意电流的参考方向。若电流的实际方向与参考方向一致，则电流取正号；若电流的实际方向与参考方向相反，则电流取负号。

（3）实验电路中，若有一个电阻器改为二极管，试问叠加定理的叠加性还成立吗？为什么？

答：电阻改为二极管后，叠加定理不成立。因为二极管是非线性元件，含有二极管的非线性电路，不符合叠加性。

（4）根据图5-3的电路参数，计算出戴维南定理验证实验中待测的电流 I 和 R_3 电阻上的电压值 U_{R3}，记入表5-3中，以便实验测量时，可正确地选定毫安表和电压表的量程。

答：有源二端网络 ab 开路电压 U_{oc} 的计算值

$$\frac{U_2-U_1}{R_1+R_2+R_4+R_5}\times(R_1+R_2)+U_1=\frac{12-6}{510+510+1000+510}\times(510+510)+6=8.4(\mathrm{V})$$

无源二端网络的等效电阻 R_o 的计算值

$$(510+510)/(1000+330)=577.3(\Omega)$$

$$I=8.4/(577.3+510)=7.7(\mathrm{mA})$$

$$U_{R3}=I_{R3}=4.4\ \mathrm{V}$$

六、实验考核评价（表3-6）

表3-6　实验考核评价表

班　级		姓　名		学　号		组　号	
操作项目	考核要求	分数配比	评分标准			自评	互评
仪器的使用	能正确使用稳压电源、数字式万用表、直流电压（电流）表	20	不能正确使用或数值错误的，每处扣5分				
电路的连接	按要求连接电路，要求正确连接、接线牢固	20	电路连接错误、接线不牢固的，每个扣2分				
测量记录	及时、正确地做好实验记录	30	不做记录不给分，不及时记录扣4分，测量数据错误每个扣2分				
实验数据分析	按实验要求验证基尔霍夫定律和叠加戴维南定理的正确性，计算误差并分析产生误差的原因	20	不能按实验要求验证基尔霍夫定律和叠加定理的正确性的，扣5到10分，不会进行实验数据分析的，每处酌情扣4到8分				

（续表）

操作项目	考核要求	分数配比	评分标准	自 评	互 评
安全文明操作	工作台工具摆放整齐，严格遵守安全操作规程，符合管理要求	10	对工作台上脏乱、违反安全操作规程、不符合管理要求的酌情扣3到10分		
合计					
学生交流改进：					
教师签名：					

同步思考：

1. 求图 3－33 所示电路的等效电阻 R_{ab}，图中各电阻的单位均为 Ω。

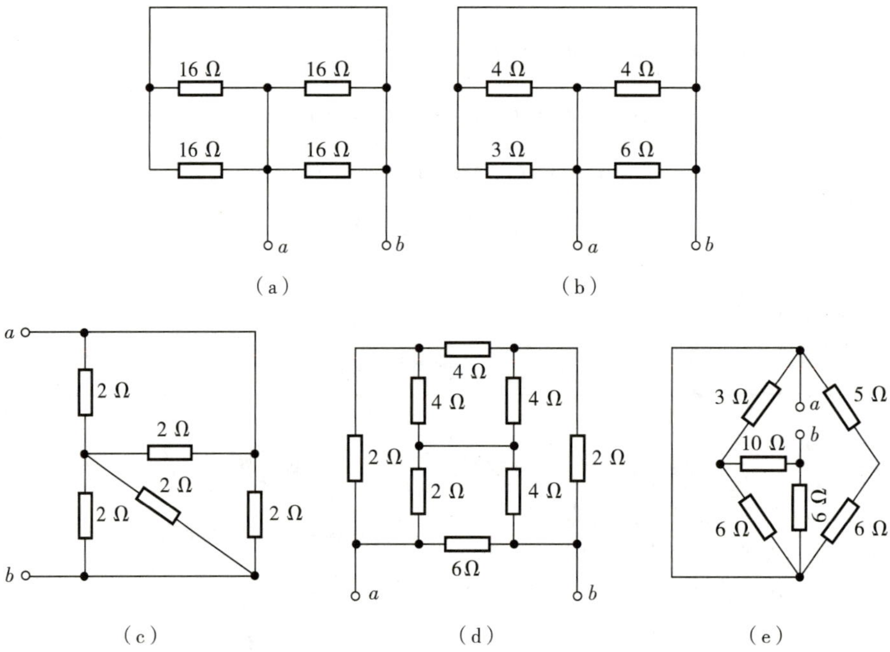

图 3－33　第 1 题图

2. 电阻 R_1、R_2 串联后接在电压为 36 V 的电源上，电流为 4 A；并联后接在同一电源上，电流为 18 A。

(1) 求电阻 R_1 和 R_2。

(2) 并联时，每个电阻吸收的功率为串联时的几倍？

3. 试求如图 3－34 所示电路中的开路电压 U_{ab}。

4. 电路如图 3－35 所示，试求：

(1)$R=0$ 时的电流 I；

(2)$I=0$ 时的电阻 R；

(3)$R=\infty$ 时的电流 I。

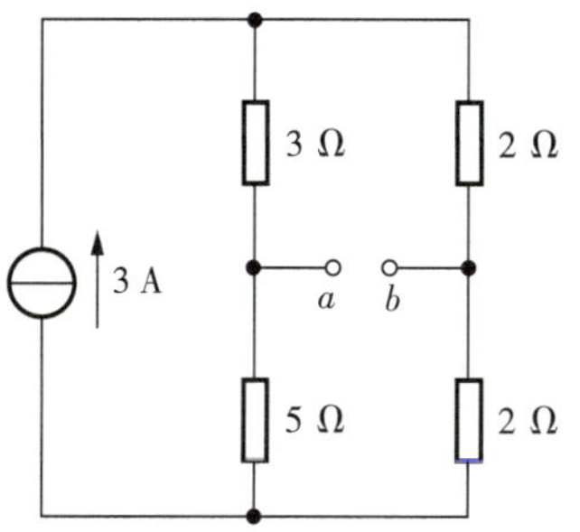

图 3-34　第 3 题图

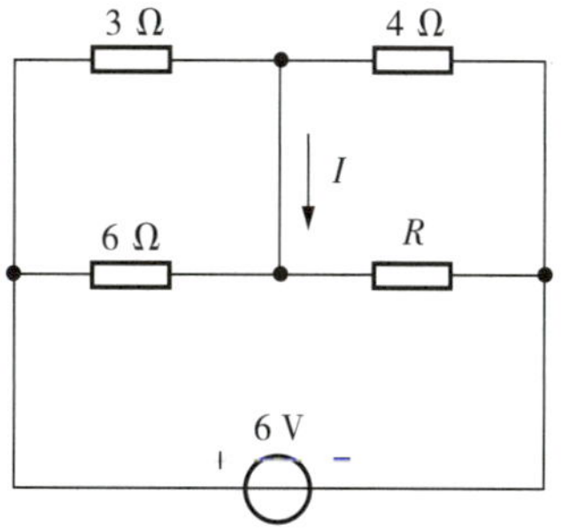

图 3-35　第 4 题图

5. 如图 3-36 所示，有一滑线电阻器作为分压器使用，其电阻 $R=500\ \Omega$，额定电流为 1.8 A，已知外加电压 $U_1=220$ V，$R_1=100\ \Omega$。

(1) 求输出电压 U_2。

(2) 用内阻为 5 kΩ 的电压表去测量输出电压[见图 3-36(b)]，求电压表读数。

(3) 若误将内阻为 0.1 Ω，量程为 2 A 的电流表当作电压表去测量输出电压[如图 3-36(c) 所示]，将会产生什么后果？

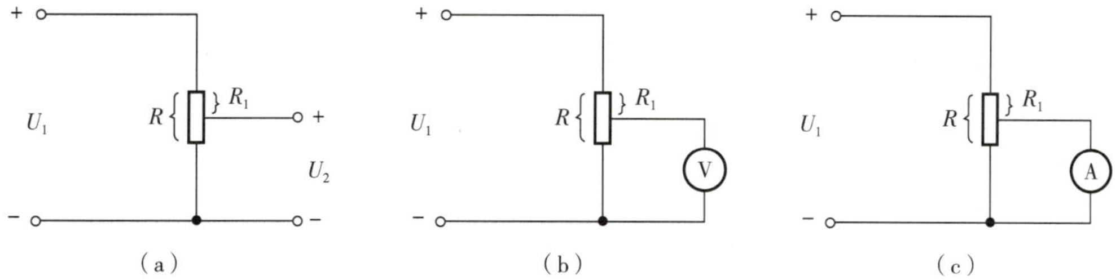

图 3-36　第 5 题图

6. 求如图 3-37 所示电路中的等效电阻 R_{ab}。

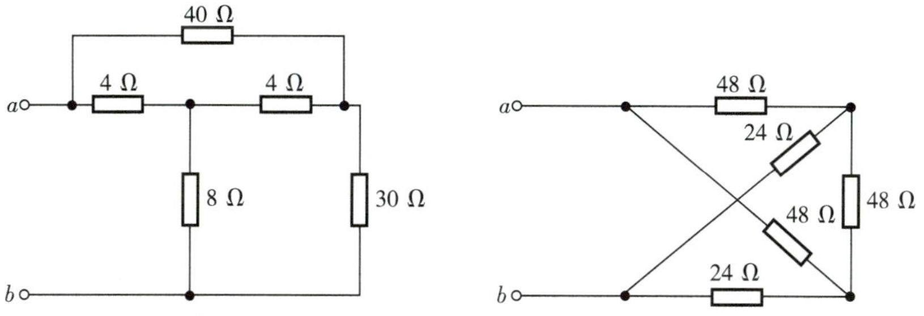

图 3-37　第 6 题图

7. 求如图 3 - 38 所示电路中 4 Ω 电阻的电流。

8. 求如图 3 - 39 所示电路中的电流。

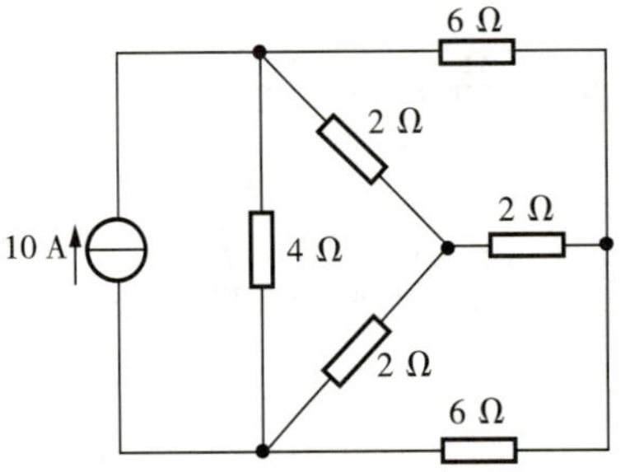

图 3 - 38　第 7 题图

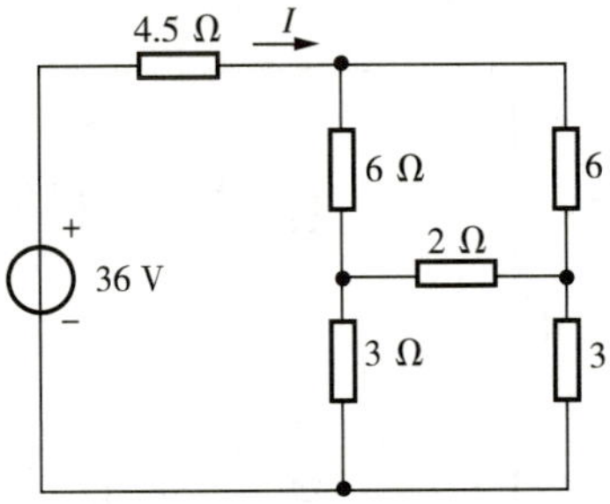

图 3 - 39　第 8 题图

9. 等效简化图 3 - 40 所示各网络。

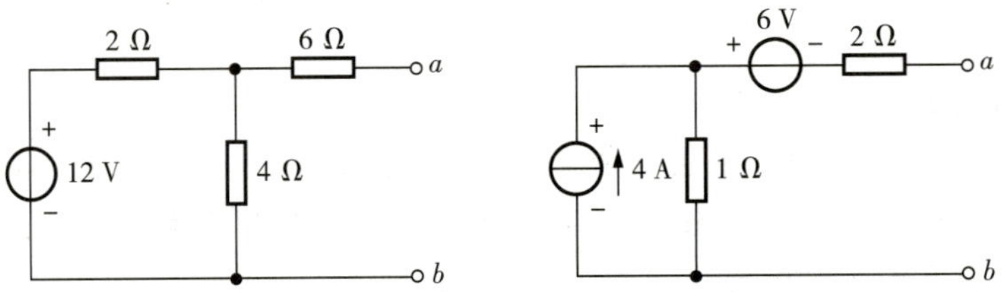

(a)　(a)

图 3 - 40　第 9 题图

10. 电路如图 3 - 41 所示，试求：

(1) 图 3 - 41(a) 中电压 U 和电流 I；

(2) 串入一个电阻 10 kΩ[图 3 - 41(b)]，重求电压 U 和电流 I；

(3) 再并联一个 2 mA 的电流源[图 3 - 41(c)]，重求电压 U 和电流 I。

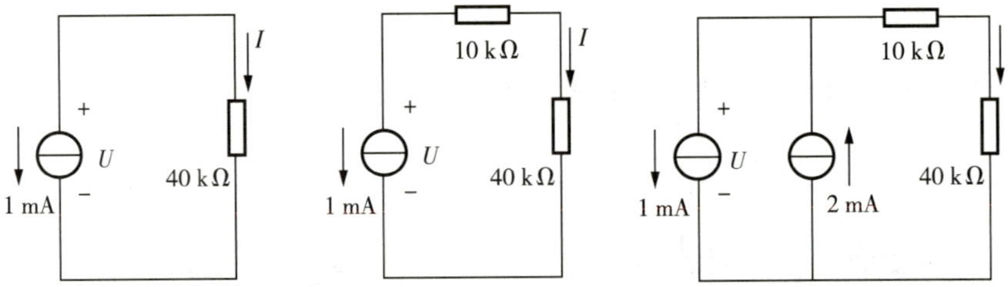

(a)　(b)　(c)

图 3 - 41　第 10 题图

11. 如图 3-42 所示电路，在指定的电压 U 和电流 I 参考方向下，写出各元件 U 和 I 的关系式。

12. 求图 3 - 43 所示电路中的电压 U 和电流 I。

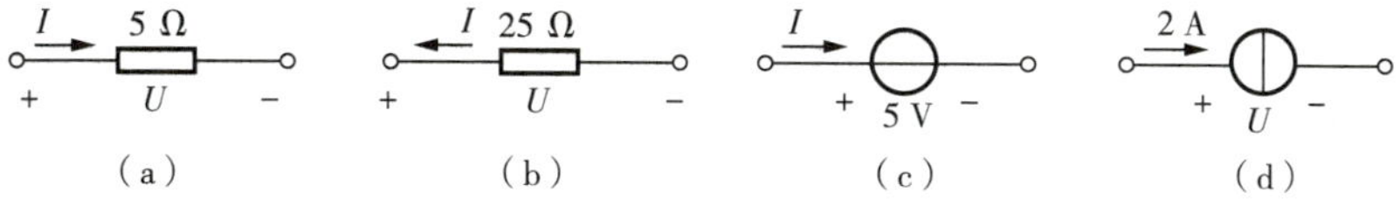

图 3-42　第 11 题图

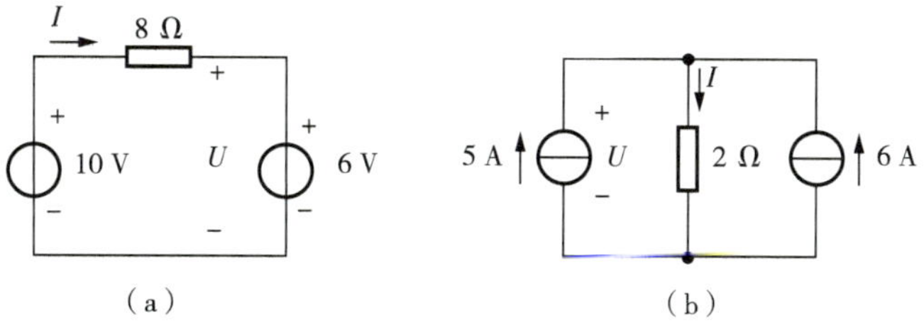

图 3-43　第 12 题图

13. 如图 3-44 所示电路中，根据 KCL 列出方程，有几个是独立的？根据 KVL 列出所有的网孔方程。

14. 根据不闭合回路的 KVL，求电路中 a、b 两点间的电压 U_{ab}。

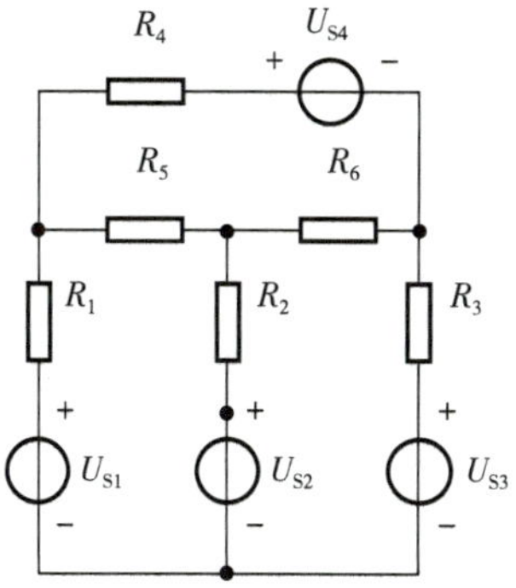

图 3-44　第 13 题图

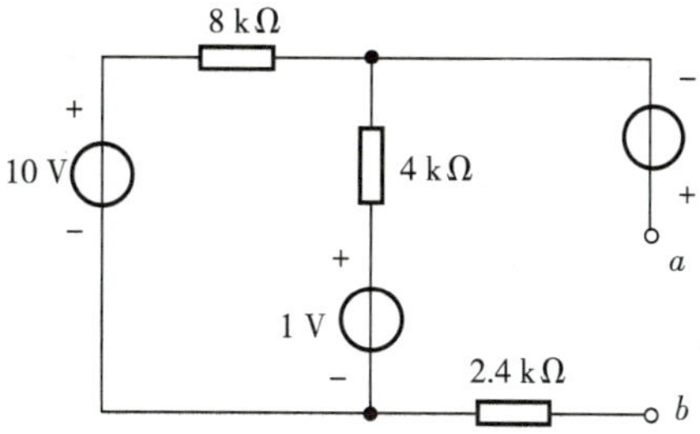

图 3-45　第 14 题图

15. 在图 3-46 所示电路中，已知 $I_{S1}=2$ A，$I_{S2}=3$ A，$R_1=1$ Ω，$R_2=2$ Ω，$R_3=2$ Ω，求 I_3、U_{ab} 和两理想电流源的端电压 U_{cb} 和 U_{ab}。

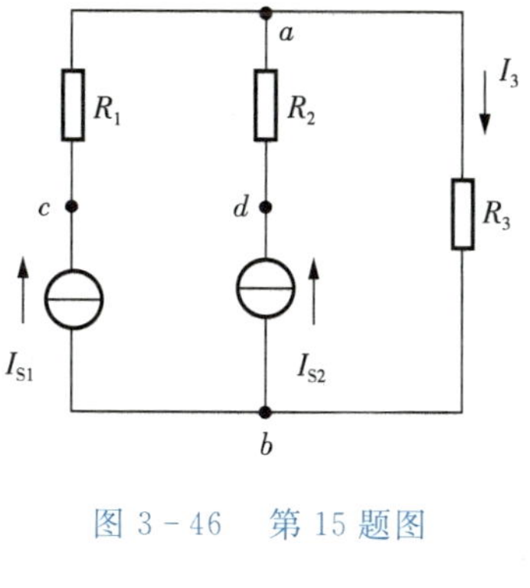

图 3-46　第 15 题图

16. 如图 3－47 所示各有源支路中的未知量。图(d) 中 P_{IS} 表示电流源的功率。

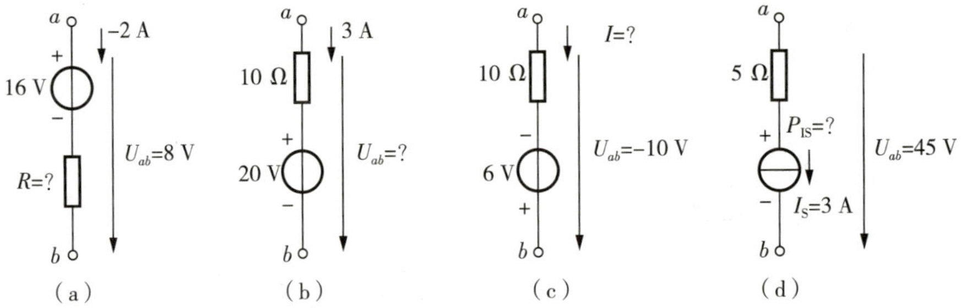

图 3－47　第 16 题图

17. 求图 3－48 中各无源二端网络的等效电阻。

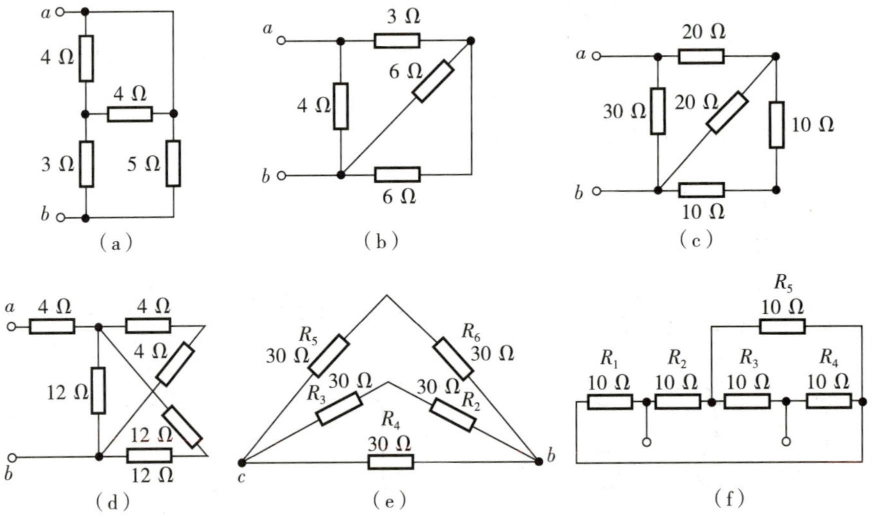

图 3－48　第 17 题图

18. 电路如图 3－49 所示，试用叠加定理求 40 Ω 电阻上的电压。

19. 如图 3-50 所示电路，(1) 将开关 S 闭合于 a 点，求电流 I_1，I_2 和 I_3；(2) 将开关 S 闭合于 b 点，利用(1) 的结果，再求电流 I_1，I_2 和 I_3。

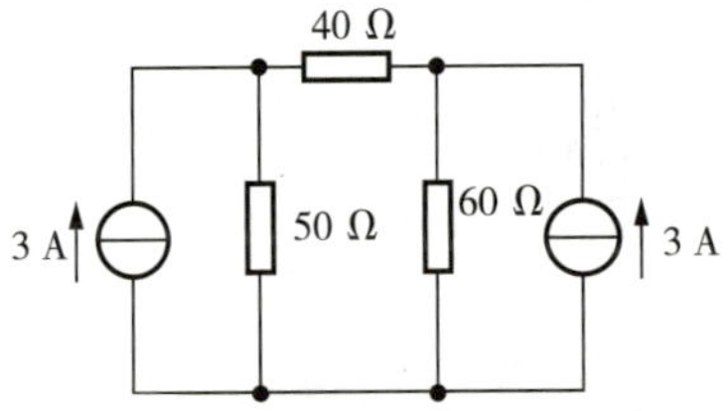

图 3－49　第 18 题图

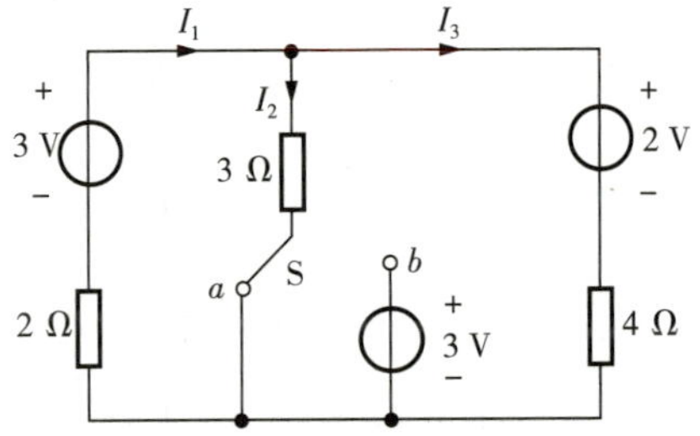

图 3－50　第 19 题图

20. 如图 3－51 所示的电路，试用叠加定理计算 5 Ω 电阻上的电压及功率。

21. 电路如图 3－52 所示，使用支路电流法求各支路电流，并求出两个电源的功率，并说明它们是吸收功率还是发出功率。

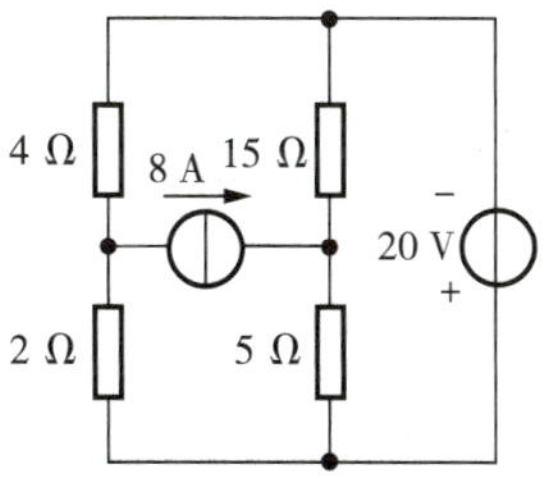

图 3－51　第 20 题图

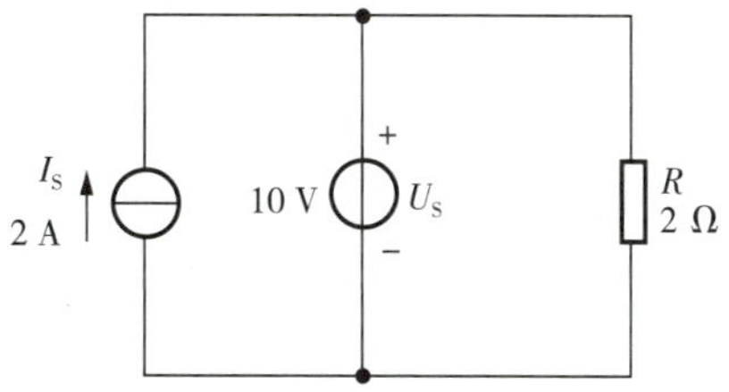

图 3－52　第 21 题图

22. 电路如图 3－53 所示，$U_{S1}=15$ V，$R_1=5$ Ω，$U_{S2}=5$ V，$R_2=10$ Ω，$R_3=20$ Ω，用支路电流法求各支路电流。

23. 找出电路中的节点与支路，用支路电流法列出其中独立的节点方程和独立的回路方程。

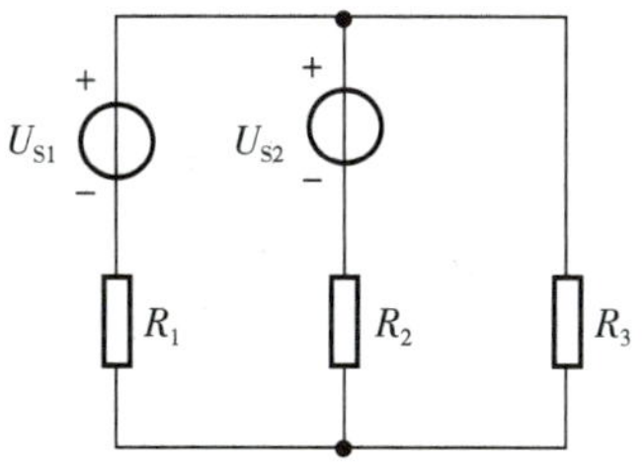

图 3－53　第 22 题图

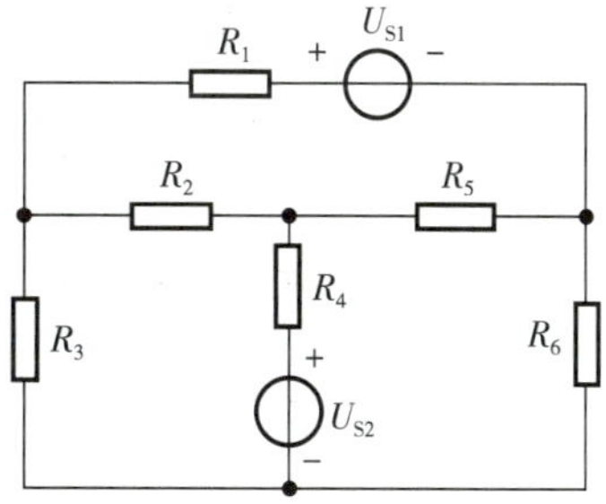

图 3－54　第 23 题图

24. 已知图 3－55 中各电阻阻值均为 10 Ω，电压源电压为 80 V，试利用叠加定理的原理分析电路中各支路电流的值。

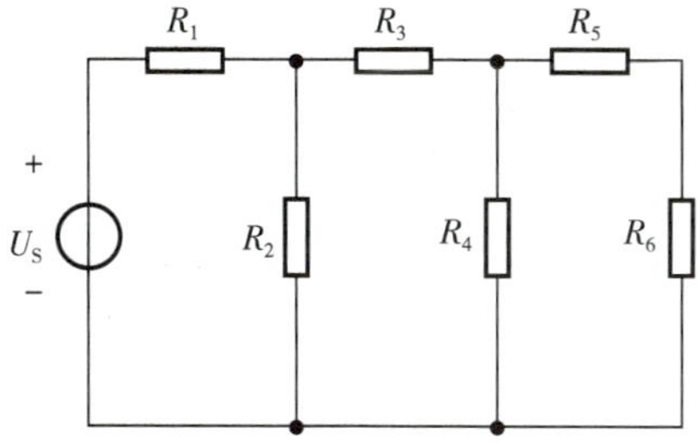

图 3－55　第 24 题图

25. 求图 3-56 中所示的各电路的戴维南等效电路，用 U、I 和 R 表达出戴维南等效电路的开路电压 U_{oc} 和等效电阻 R_O。

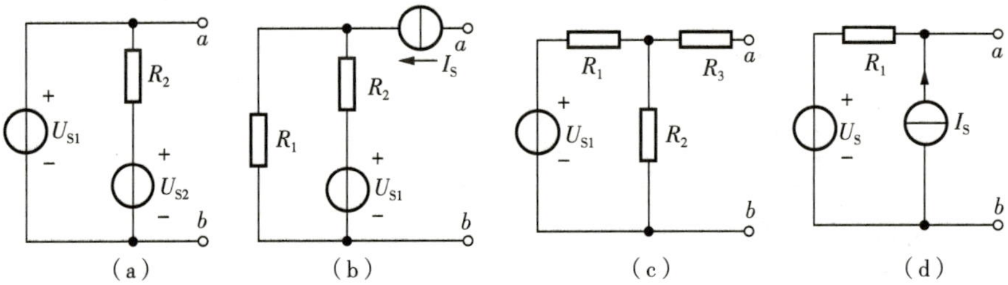

图 3-56　第 25 题图

26. 今测得一含源二端网络的开路电压为 9 V，短路电流为 0.9 A，试画出其戴维南等效电路。若外接一个 $R=20\ \Omega$ 的电阻，试求 R 上的电压和电流。

27. 用戴维南定理求解如图 3-57 的两个电路：已知图 3-57(a) 中两个电流源的电流均为 6 A，$R_1=4\ \Omega$，$R_2=2\ \Omega$，$R_3=2\ \Omega$，求电路中的 U 的值。已知图 3-57(b) 中 $U_S=12$ V，$R_1=8\ \Omega$，$R_2=2\ \Omega$，$R_3=6\ \Omega$，$R_4=3\ \Omega$，求 R_4 上的电压 U 的值。

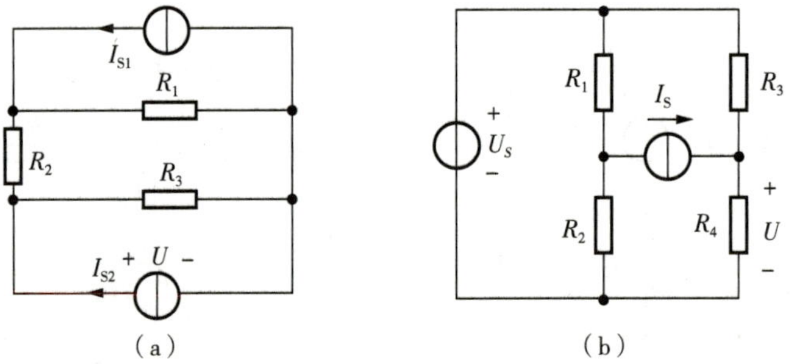

图 3-57　第 27 题图

28. 用戴维南定理求图 3-58 中所示二端网络的等效含源支路(即戴维南等效电路)。

29. 试分别用叠加定理和戴维南定理求图 3-59 所示电路中标出的电压 U 的值。

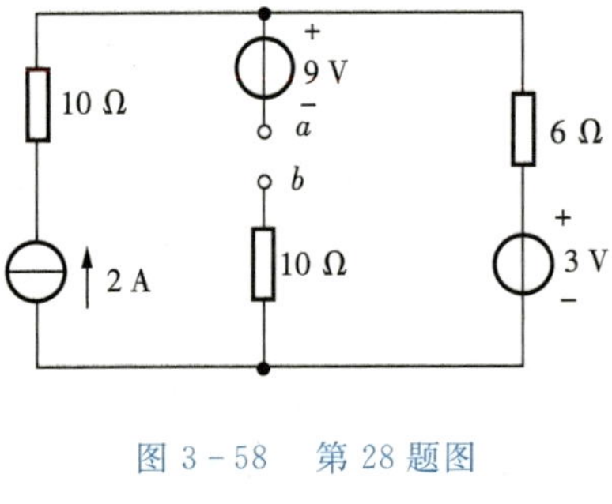

图 3-58　第 28 题图

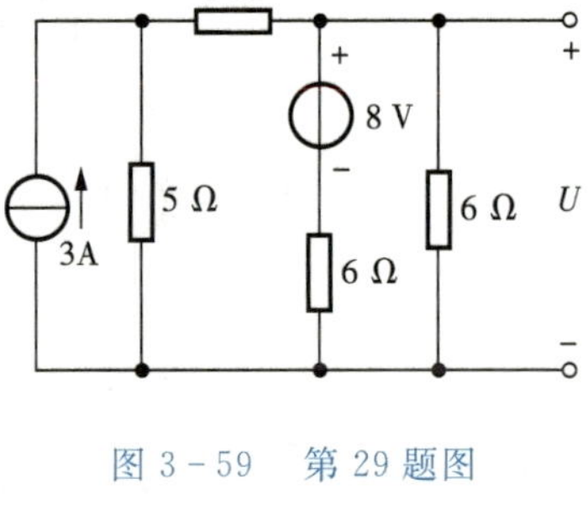

图 3-59　第 29 题图

30. 如图 3-60 所示的电路中，已知 $R_1=30\ \Omega$，$R_2=60\ \Omega$，$R_3=18\ \Omega$，$R_4=40\ \Omega$，$R_5=160\ \Omega$，$R_6=10\ \Omega$，$U_{S1}=6\ V$，$U_{S2}=10\ V$，$U_{S3}=14\ V$。请利用戴维南定理求电流 I。

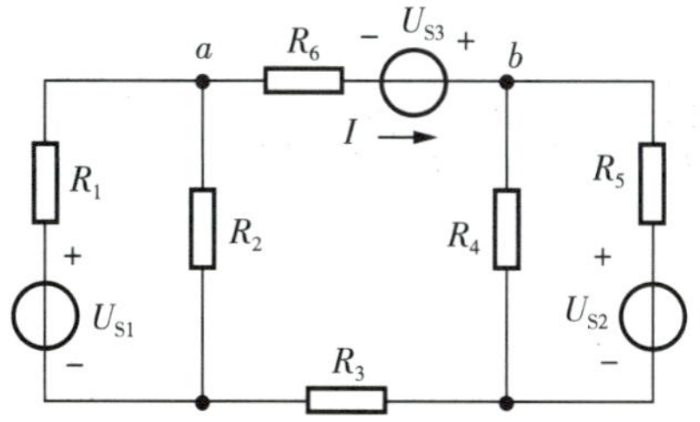

图 3-60　第 30 题图

项目三 PPT

项目四

正弦交流电路

本章导读

本模块主要介绍正弦交流电路的基本概念，交流电路的基本元件（电阻、电容、电感元件）的特性，阻抗串联、并联的特点，交流电路的有功功率、无功功率和视在功率，交流电路功率因数及提高功率的意义和方法。

学习要点

掌握正弦交流电路的基本概念、正弦量的表示方法。

掌握R、L、C三种元件的电压、电流的关系；掌握R、L、C串联和R、L与C并联电路的相量分析法。

掌握正弦交流电路中的功率计算，熟悉功率因数的提高方法。了解正弦交流电路负载获得最大功率的条件。

任务一　正弦交流电路的基本概念

学习目标：

掌握正弦交流电路的基本概念、正弦量的表示方法。

学习内容：

正弦交流电路的相关知识。

电路中的电流及电压等电量，就其随时间变化规律来看，主要分两大类：一类是直流电量，其大小和方向都不随时间变化；另一类是交流电量，其大小和方向都随时间作周期性变化，且在一个周期内，其平均值为零。在交流电量中，正弦交流电量的应用最为广泛，其大小随时间按正弦规律变化，其波形如图4-1所示。

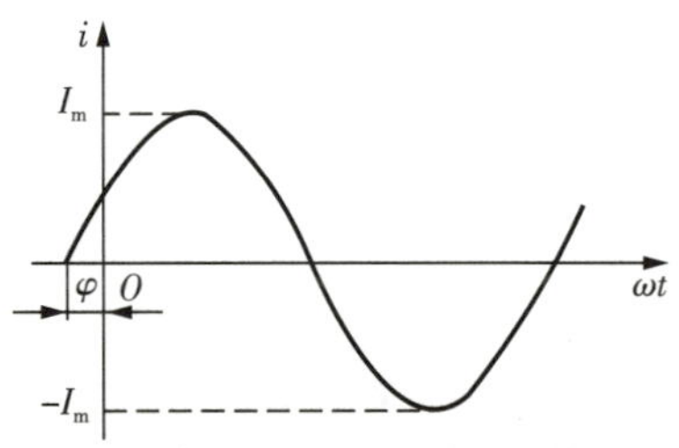

图4-1　正弦交流波形

以正弦交流电源为例，正弦交流电流流过的电路称为正弦交流电路。下面叙述的交流电和交流电路，如无特殊说明，通常指的是正弦交流电和正弦交流电路。正弦交流电获得广泛应用的原因有：第一，交流电容易产生、转化和传输，即交流发电机构造简单、性能良好、效率高。交流电可使用变压器改变电压的大小，既能方便、经济地实现远距离输电（升高交流电电压），又能保证用电安全（降低交流电压）。第二，利用电子整流设备可以很方便地将交流电转化成直流电。第三，从分析计算的角度看，正弦周期函数是最简单的周期函数。其他非正弦周期电量均可按傅里叶级数分解为直流分量及一系列不同频率的正弦分量之和。因此，只要掌握了正弦电路的分析方法，就可以用叠加原理去分析线性非正弦周期电流电路。

一、正弦电流及其三要素

随时间按正弦规律变化的电流称为正弦电流，同样也有正弦电压等。这些按正弦规律变化的物理量统称为正弦量。

设图4-2中通过元件的电流i是正弦电流，其参考方向如图所示。正弦电流的一般表达式为

$$i(t)=I_{m}\sin(\omega t+\varphi) \tag{4-1}$$

式(4-1)表示电流i是时间t的正弦函数，不同的时间有不同的量值，这个量值称为瞬时值，用小写字母i表示。电流的时间函数曲线如图4-3所示，称为波形图。

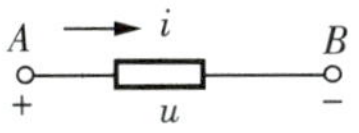

图4-2　电路元件

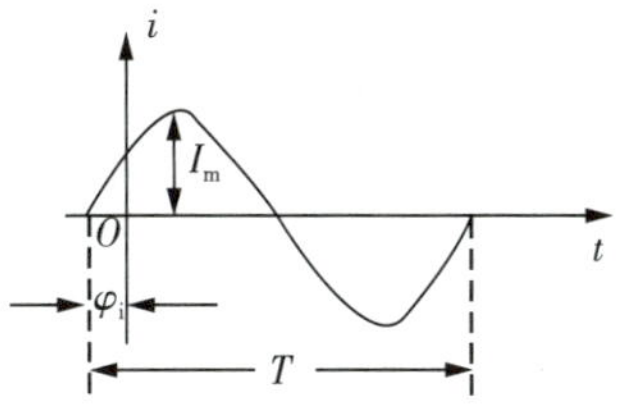

图4-3　正弦电流波形图

在式(4-1)中，I_{m}为正弦电流的最大值（幅值），即正弦量的振幅，用大写字母加下标m表示正弦量的最大值，例如I_{m}、U_{m}、E_{m}等，它反映了正弦量变化的幅度。$\omega t+\varphi$随时间变化，称为正弦量的相位，它描述了正弦量变化的进程或状态。φ为$t=0$时刻的相位，称为初相位（初相角），简称初相，习惯上取$|\varphi|\leqslant 180°$。图4-4(a)和图4-4(b)分别表示初相位为正值和负值时正弦电流的波形图。

(a) 初相为正值　　(b) 初相为负值

图4-4　正弦电流的初相位

正弦电流每重复变化一次所经历的时间间隔即为它的周期，用 T 表示，周期的单位为秒(s)。正弦电流每经过一个周期 T，对应的角度变化了 2π 弧度，所以

$$\omega T = 2\pi$$

$$\omega = \frac{2\pi}{T} = 2\pi f \qquad (4-2)$$

式中，ω—— 角频率，表示正弦量在单位时间内变化的角度，反映正弦量变化的快慢，用弧度 / 秒(rad/s) 作为角频率的单位；

f—— 频率，表示单位时间内正弦量变化的循环次数，用 1/ 秒(1/s) 作为频率的单位，也称为赫兹(Hz)，且 $f = \frac{1}{T}$。

最大值、角频率和初相位称为正弦量的三要素。

二、正弦交流电的相位、有效值

1. 相位差

任意两个同频率的正弦电流

$$i_{1(t)} = I_{m1}\sin(\omega t + \varphi_1)$$

$$i_{2(t)} = I_{m2}\sin(\omega t + \varphi_2)$$

其相位差是

$$\varphi_{12} = (\omega t + \varphi_1) - (\omega t + \varphi_2) = \varphi_1 - \varphi_2 \qquad (4-3)$$

相位差在任何瞬间都是一个与时间无关的常量，其等于它们初相位之差。习惯上取 $|\varphi_{12}| \leqslant 180°$。若两个同频率正弦电流的相位差为零，即 $\varphi_{12} = 0$，则称这两个正弦量为同相位，如图 4-5 所示的 i_1 与 i_3；否则称为不同相位，如图 4-5 所示的 i_1 与 i_2。如果 $\varphi_1 - \varphi_2 > 0$，则称 i_1 超前 i_2，意指 i_1 比 i_2 先到达正峰值；反过来也可以说 i_2 滞后 i_1。超前或滞后有时也需指明超前或滞后多少角度或时间，以角度表示为 $\varphi_1 - \varphi_2$，若以时间表示，则为 $(\varphi_1 - \varphi_2)/\omega$。如果两个正弦电流的相位差为 $\varphi_{12} = \pi$，则称这两个正弦量为反相。如果 $\varphi_{12} = \frac{\pi}{2}$，则称这两个正弦量为正交。

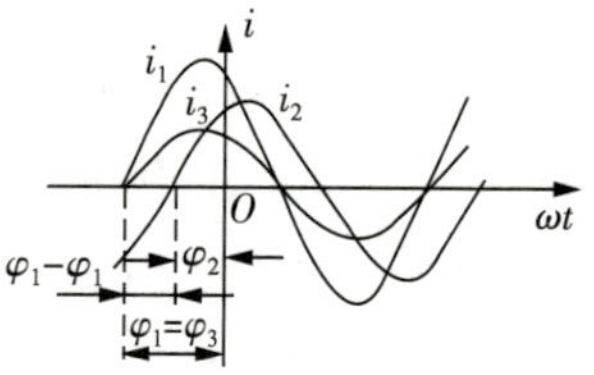

图 4-5 正弦量的相位关系

2. 同频率正弦电量的相位关系

一个正弦交流电路中，电压和电流的频率是相同的，但它们的初相位有可能不同，进行加减运算时，常常要考查它们之间的相位关系。相位差是一个关键参数。两个同频率的正弦量的相位角之差称相位差，用 φ 表示。

设两个同频率的正弦电压和电流分别为

$$u = U_m \sin(\omega t + \varphi_u) = \sqrt{2} U \sin(\omega t + \varphi_u)$$

$$i = I_m \sin(\omega t + \varphi_i) = \sqrt{2} I \sin(\omega t + \varphi_i)$$

它们的相位差为

$$\varphi = (\omega t + \varphi_u) - (\omega t + \varphi_i) = \varphi_u - \varphi_i$$

即同频率的两个正弦量,其相位差等于它们的初相位之差。

在图 4-6(a) 中,$\varphi = \varphi_u - \varphi_i > 0$,称为 u 比 i 超前 φ 角,或称为 i 比 u 滞后 φ 角。

在图 4-6(b) 中,$\varphi = \varphi_u - \varphi_i = 0$,称为 u 和 i 同相。

在图 4-6(c) 中,$\varphi = \varphi_u - \varphi_i = \pm\pi$,称为 u 和 i 反相。

在图 4-6(d) 中,$\varphi = \varphi_u - \varphi_i = \pm\frac{\pi}{2}$,称为 u 和 i 正交。

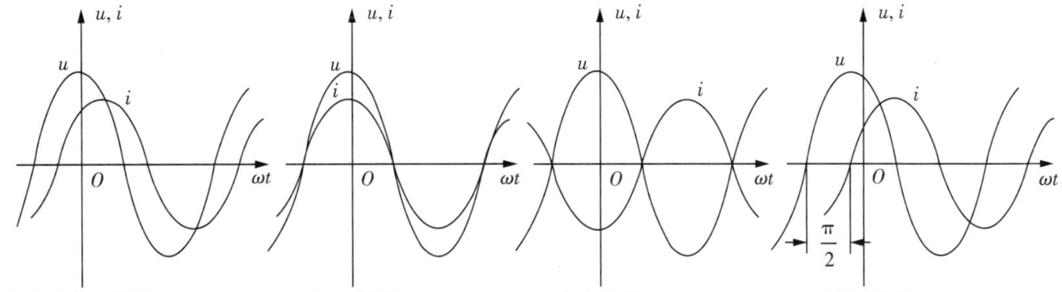

图 4-6　同频率正弦电量的相应关系

3. 有效值

周期电流 i 流过电阻 R 在一个周期所产生的能量与直流电流 I 流过电阻 R 在时间 T 内所产生的能量相等,则此直流电流的量值为此周期性电流的有效值。

周期性电流 i 流过电阻 R,在时间 T 内,电流 i 所产生的能量为

$$W_1 = \int_0^T i^2 R \mathrm{d}t$$

直流电流 I 流过电阻 R 在时间 T 内所产生的能量为

$$W_2 = I^2 RT$$

当两个电流在一个周期 T 内所做的功相等时,有

$$I^2 RT = \int_0^T i^2 R \mathrm{d}t$$

于是,得

$$I = \sqrt{\frac{1}{T}\int_0^T i^2 \mathrm{d}t} \tag{4-4}$$

对正弦电流则有

$$I=\sqrt{\frac{1}{T}\int_0^T i^2\mathrm{d}t}=\sqrt{\frac{1}{T}\int_0^T I_\mathrm{m}\sin(\omega t+\varphi)\,\mathrm{d}t}=\frac{I_\mathrm{m}}{\sqrt{2}}=0.707I_\mathrm{m} \tag{4-5}$$

同理可得

$$U=\frac{U_\mathrm{m}}{\sqrt{2}}$$

$$E=\frac{E_\mathrm{m}}{\sqrt{2}}$$

在工程上的周期性电流或电压、电动势等量值，凡无特殊说明总是指有效值，一般电气设备铭牌上所标明的额定电压值和额定电流值都是指有效值。

三、正弦量的相量表示

由上一节中可知，正弦量可以用瞬时表达式（三角函数式）来表示，如 $i=I_\mathrm{m}\sin(\omega t+\varphi)$ $u=U_\mathrm{m}\sin(\omega t+\varphi)$，还可以用波形图表示。但是在正弦电路的分析计算中，经常需要将几个同频率的正弦电量进行加减、乘除、微分和积分等运算。用上述两种方法描述正弦电量并进行运算十分烦琐，很不方便。为了简化计算，在电路理论中，通常用相量来表示正弦电量。

相量表示法就是用复数表示正弦电量。

1. 复数及其运算

(1) 复数及其表示形式

一个复数由实部和虚部组成，即

$$A=a+\mathrm{j}b \tag{4-6}$$

式(4-6)是复数的代数形式，式中 $\mathrm{j}=\sqrt{-1}$ 称为虚数单位。在数学中通常是用小写字母 i 来表示，但是在电路理论中，为了避免与电流符号混淆，而改用 j 来表示。

通常用直角坐标的横轴表示复数的实部，简称为实轴，以 +1 作为单位；纵轴表示复数的虚部，简称虚轴，以 +j 为单位。实轴和虚轴构成复数坐标平面，简称复平面。于是任意一个复数都可以用复平面上一个确定的点来表示。例如，式(4-6)所表示的复数与 $A(a,b)$ 点相对应，如图 4-7 所示。用有向线段连接坐标原点和 A 点，在线段末端带有箭头符号，成为一个矢量，该矢量就与复数 A 对应。这种表示复数的矢量称为复数矢量。图 4-7 中矢量 $\mathbf{A}$ 的模为

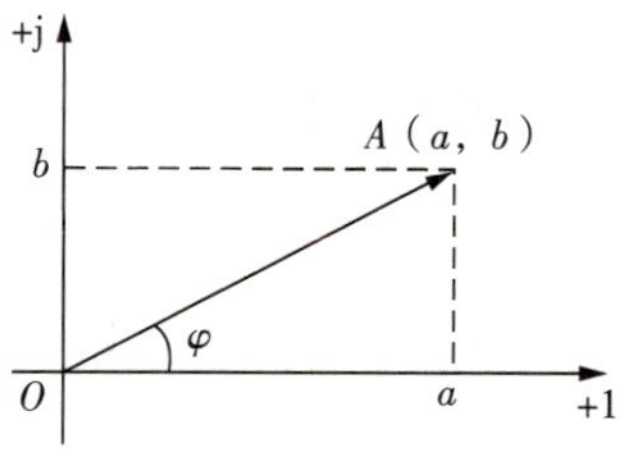

图 4-7　复数的表示

$$|\mathbf{A}|=\sqrt{a^2+b^2} \tag{4-7}$$

矢量与实轴的夹角 φ 称为幅角，则

$$\varphi = \arctan\frac{b}{a} \tag{4-8}$$

复数的实部与虚部分别是复数矢量在实轴和虚轴上的投影，有

$$\begin{cases} a = |\boldsymbol{A}|\cos\varphi \\ b = |\boldsymbol{A}|\sin\varphi \end{cases} \tag{4-9}$$

把式(4 - 9) 代入式(4 - 6) 中，就得到复数的三角函数形式为

$$A = a + \mathrm{j}b = |\boldsymbol{A}|(\cos\varphi + \mathrm{j}\sin\varphi) \tag{4-10}$$

根据欧拉公式有

$$\cos\varphi = \frac{\mathrm{e}^{\mathrm{j}\varphi} + \mathrm{e}^{-\mathrm{j}\varphi}}{2}, \sin\varphi = \frac{\mathrm{e}^{\mathrm{j}\varphi} - \mathrm{e}^{-\mathrm{j}\varphi}}{2} \tag{4-11}$$

可以得出复数的指数形式为

$$A = |\boldsymbol{A}|\mathrm{e}^{\mathrm{j}\varphi} \tag{4-12}$$

在电路计算中，为了简化书写，常将复数的指数形式写成

$$A = |\boldsymbol{A}|\mathrm{e}^{\mathrm{j}\varphi} = |\boldsymbol{A}|\angle\varphi \tag{4-13}$$

式(4 - 13) 称为复数的极坐标形式。

因此，一个复数可用上述几种形式来表示，不同形式之间可以相互转换。在复数的四种表示形式中，代数形式和极坐标形式应用最多，且经常需要在代数形式和极坐标形式之间进行相互转换。例如，复数的加减运算可用代数形式，复数的乘除运算可用指数形式或极坐标形式。

实数和虚数可以看成是复数的特例：实数是虚部为零、幅角为零或 180° 的复数，虚数是实部为零、幅角为 90° 或 −90° 的复数。

实部相等、虚部大小相等而异号的两个复数叫作共轭复数。用 A^* 表示 A 的共轭复数，即

$$A = a + \mathrm{j}b, A^* = a - \mathrm{j}b$$

例 4 - 1　写出下列复数的直角坐标形式。

① $5\angle 48°$；② $1\angle 90°$；③ $5.5\angle -90°$；④ $22\angle 180°$。

解：① $5\angle 48° = 5\cos 48° + \mathrm{j}5\sin 48° = 3.35 + \mathrm{j}3.72$；

② $1\angle 90° = \cos 90° + \mathrm{j}\sin 90° = \mathrm{j}$；

③ $5.5\angle 90° = 5.5\cos(-90°) + \mathrm{j}5.5\sin(-90°) = -5.5\mathrm{j}$；

④ $22\angle 180° = 22\cos 180° + j22\sin 180° = -22$。

例 4-2 写出下列复数的极坐标形式。

① $3+j4$；② $j5$；③ $-4+j3$；④ 10。

解：① $|\mathbf{A}| = \sqrt{3^2+4^2} = 5$，$\varphi = \arctan\frac{4}{3} = 53.13°$，故得 $3+j4 = 5\angle 53.13°$。

同理，可得 ②～④：

② $j5 = 5\angle 90°$；

③ $-4+j3 = 5\angle 143.13°$；

④ $10 = 10\angle 0°$。

(2) 复数运算

设有两个复数：

$$A_1 = a_1 + jb_1 = |\mathbf{A}|\angle\varphi_1$$

$$A_2 = a_2 + jb_2 = |\mathbf{A}|\angle\varphi_2$$

① 加、减运算。复数的加、减运算使用代数形式比较方便，即将各复数的实部和虚部分别相加或相减，即

$$A_1 \pm A_2 = (a_1 \pm a_2) + j(b_1 \pm b_2) \tag{4-14}$$

对于复数 A_1 和 A_2 的加减运算，也可在复平面上用作图法进行，如图 4-8(a) 所示。首先画出 A_1A_2 对应的复数矢量，然后按照平行四边形法则画出对角线，即得到一个新的复数矢量 $\mathbf{A}$，该复数矢量 $\mathbf{A}$ 就是和矢量($\mathbf{A}_1+\mathbf{A}_2$)。显然，该矢量 $\mathbf{A}$ 在实轴的投影是(a_1+a_2)，在虚轴上的投影是(b_1+b_2)。减法运算亦可以用平行四边形法则进行，因为 $\mathbf{A}_1-\mathbf{A}_2=\mathbf{A}_1+(-\mathbf{A}_2)$，把矢量 $\mathbf{A}_1$ 和 $\mathbf{A}_2$ 用平行四边形法则相加，所得的矢量即为 $\mathbf{A}_1-\mathbf{A}_2$，如图 4-8(b) 所示。

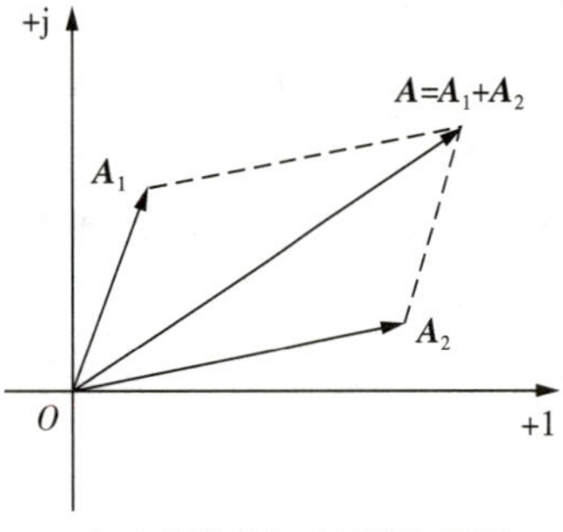

(a) 复数的加法运算矢量图

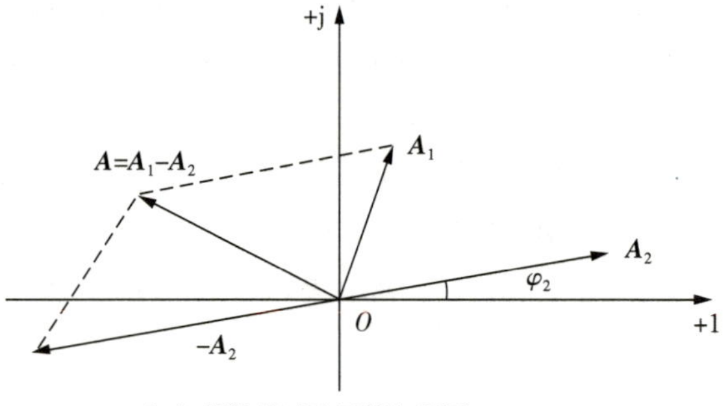

(b) 复数的减法运算矢量图

图 4-8　复数代数和的图解法

② 乘、除运算。两个复数进行乘、除运算时，采用极坐标形式较为方便。其中乘法的运算法则是模相乘、幅角相加，除法的运算法则是模相除，幅角相减，即

$$\mathbf{A}_1 \cdot \mathbf{A}_2 = |\mathbf{A}_1|\angle\varphi_1 \cdot |\mathbf{A}_2|\angle\varphi_2 = |\mathbf{A}_1| \cdot |\mathbf{A}_2|\angle(\varphi_1+\varphi_2)$$

$$\frac{\boldsymbol{A}_1}{\boldsymbol{A}_2}=\frac{|\boldsymbol{A}_1|\underline{\varphi_1}}{|\boldsymbol{A}_2|\underline{\varphi_2}}=\frac{|\boldsymbol{A}_1|}{|\boldsymbol{A}_2|}\angle(\varphi_1-\varphi_2)$$

一个复数乘以 +j 或 −j 是复数乘法的一个特例。

+j 和 −j 可以写成下面的形式，有

$$+\mathrm{j}=0+\mathrm{j}=1\angle 90^\circ$$

$$-\mathrm{j}=0-\mathrm{j}=1\angle -90^\circ$$

任意复数乘以 +j，有

$$\boldsymbol{A}\cdot(+\mathrm{j})=|\boldsymbol{A}|\angle\varphi\cdot 1\angle 90^\circ=|\boldsymbol{A}|\angle(\varphi+90^\circ)$$

上式表明，任意一个复数矢量乘以 +j，该矢量的模不变，幅角增加90°，相当于矢量逆时针方向旋转90°。

同理，任意一个复数矢量乘以 −j，该矢量的模不变，幅角减小90°，相当于矢量顺时针方向旋转90°。因此，j 称为旋转 90° 的旋转因子。

2. 正弦量的相量表示方法

(1) 相量法的定义

在正弦交流电路中，用复数表示正弦量，并用于正弦交流电路分析计算的方法称为相量法。

设有一个正弦电压 $u=U_{\mathrm{m}}\sin(\omega t+\varphi)$，其波形如图 4-9(b) 所示。如图 4-9(a) 所示的是一条旋转有向线段 A，该有向线段的长度为正弦量的振幅 U_{m}，它的初始位置($t=0$ 时的位置)与横轴正方向之间的夹角等于正弦量的初相位 φ，A 以 ω 的角速度绕坐标原点逆时针旋转。可以看出，A 在纵轴上的投影就是正弦电压 u。同时，该有向线段 A 具有正弦量的三个要素，故可用来表示正弦量。

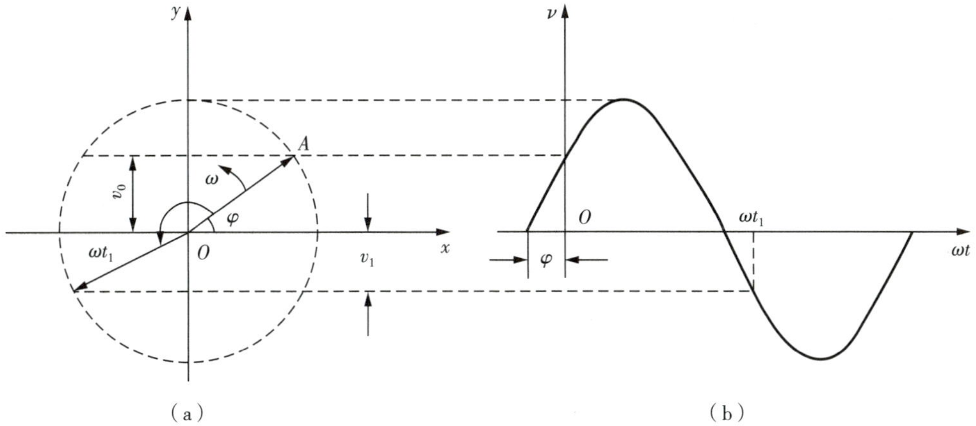

图 4-9　正弦量和相量的关系

正弦量可用旋转有向线段表示，而有向线段可用复数表示，因此正弦量也可用复数来表示。如果用复数来表示正弦量的话，则复数的模即为正弦量的幅值或有效值，复数的幅角即为正弦量的初相位。

(2) 正弦量的相量表示法

为了与一般的复数相区别，把表示正弦量的复数称为相量，并用大写的字母上加“•”表示，于是表示正弦电压 $u=U_m\sin(\omega t+\varphi)$ 的相量为

$$\dot{U}_m=U_m(\cos\varphi+j\sin\beta\varphi)=\dot{U}_m\angle\varphi \tag{4-15}$$

或为

$$\dot{U}=U(\cos\varphi+j\sin\beta\varphi)=\dot{U}\angle\varphi \tag{4-16}$$

式(4－15)和式(4－16)中，$\dot{U}_m$ 是电压的幅值相量，$\dot{U}$ 是电压的有效值相量。

注意：相量只是用来表示正弦量，而不等于正弦量。

相量在复平面上的几何表示称为相量图。在相量图上能形象地看出各个正弦量的大小和相互之间的相位关系。

已知正弦电压 $v=100\sqrt{2}\sin(\omega t+60°)$，则相应的电压相量为 $\dot{I}=100\angle60°$，正弦电流 $i=10\sqrt{2}\sin(\omega t-45°)$，相应的电流相量为 $\dot{I}=10\angle45°$。正弦量的相量图如图 4-10 所示。

只有正弦量才能用相量表示，相量不能表示非正弦周期量。只有同频率的正弦量才能画在同一相量图上，不同频率的正弦量不能画在同一相量图上，否则无法比较和计算。

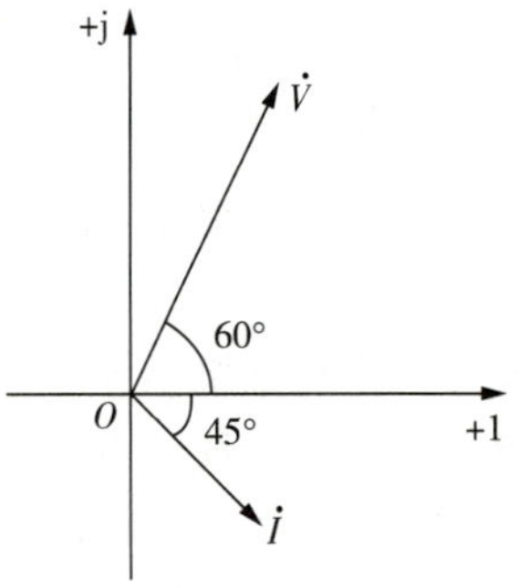

图 4－10 正弦量的相量图

例 4－3 试写出表示 $u_A=220\sqrt{2}\sin314t$、$u_B=220\sqrt{2}\sin(314t-120°)$ 和 $u_C=220\sqrt{2}\sin(314t+120°)$ 的相量，并画出相量图。

解：一般用如下有效值相量表示：

$$\dot{U}_A=220\angle0°$$

$$\dot{U}_B=220\angle-120°$$

$$\dot{U}_C=220\angle120°$$

相量图如图 4－11 所示。

例 4－4 已知 $i_A=10\sqrt{2}\sin(314t+53.13°)$、$i_B=5\sqrt{2}\sin(314t-36.87°)$，求 $i=i_A+i_B$ 并作出相量图。

解：把 i_A、i_B 用对应的相量表示，即

$$\dot{I}_A=10\angle53.13°=(6+j8)$$

$$\dot{I}_B=5\angle-36.87°=(4-j3)$$

设 i 对应的相量为 $\dot{I}$ 则有 $\dot{I}=\dot{I}_A+\dot{I}_B=10+j5=11.18\angle 26.57°$，可得 $i=11.18\sqrt{2}\sin(314t+26.57°)$。相量图如图 4-12 所示。

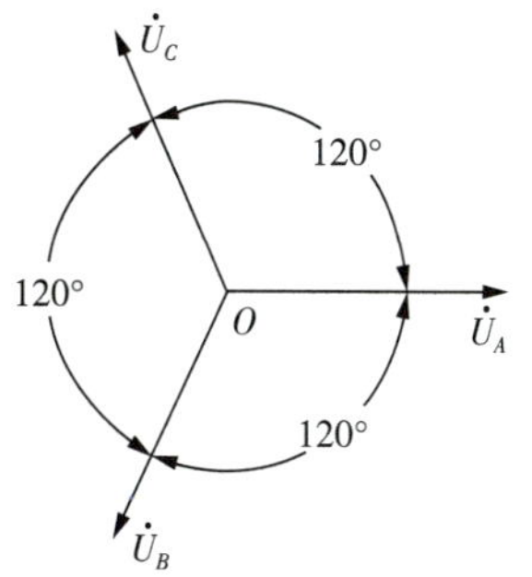

图 4-11　例题 4-3 的相量图

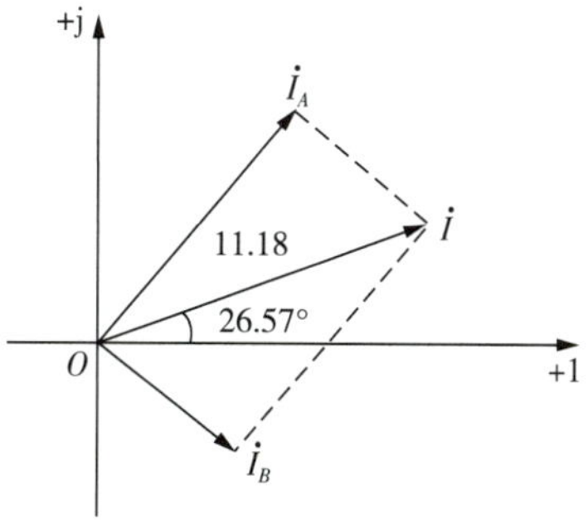

图 4-12　例题 4-4 的相量图

任务二　正弦交流电路的表示方法

学习目标：

掌握 R、L、C 三种元件的电压、电流的关系；掌握 R、L、C 串联和 R、L 与 C 并联电路的相量分析法。

学习内容：

R、L、C 三种元件参数。

分析各种交流电路时，只要掌握了单一理想元件的电压与电流之间的相量关系、相量图，那么其他各种类型的交流电路也是这些单一理想元件的不同组合。

由于正弦交流电路稳态工作时的电流、电压都是随时间按正弦规律变化的，因此，正弦交流电路的分析计算不仅与电阻元件 R 有关，而且与电容元件 C 和电感元件 L 有关，即在分析计算正弦交流电路时，R、C、L 这 3 种电路元件参数都必须考虑。

一、电阻元件

在交流电路中，通过线性电阻的电流和它两端的电压，在任意瞬时都遵守欧姆定律。如图 4－13 所示的电阻元件 R，电压、电流为关联参考方向，则有

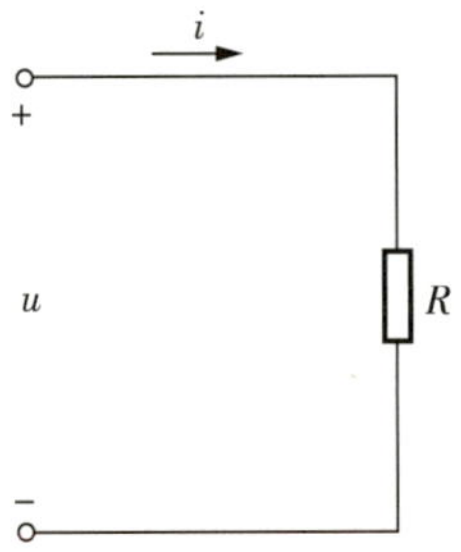

图 4－13　电阻元件

$$u = iR$$

若电流为

$$i(t) = I_m \sin(\omega t + \varphi)$$

则

$$u(t) = iR = RI_m \sin(\omega t + \varphi) \qquad (4-17)$$

式(4－17)表明，电阻元件中的电流及其两端电压都是同频率的正弦量。下面分别讨论它们之间的数值及相位关系。

1. 数值关系

由式(4－17)可得电压、电流最大值之间的关系为

$$U_m = RI_m$$

有效值之间的关系为

$$U = RI$$

2. 相位关系

如图 4－14 所示，电压 U 与电流 I 同相位，波形图为图 4－14(a)。同时可得电阻元件电

压、电流之间的相量关系式为

$$\dot{U}=R\dot{I} \tag{4-18}$$

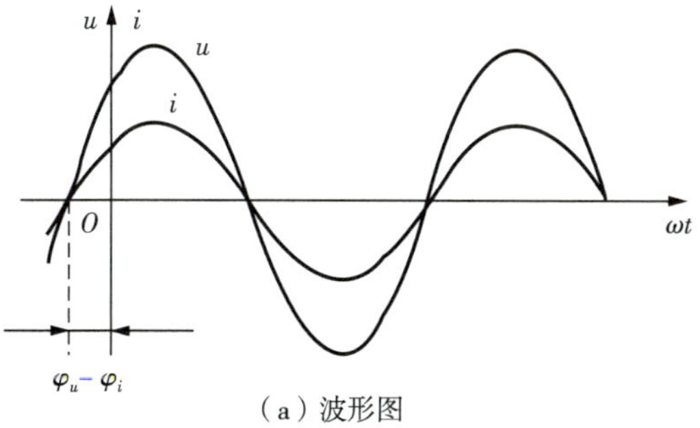

（a）波形图

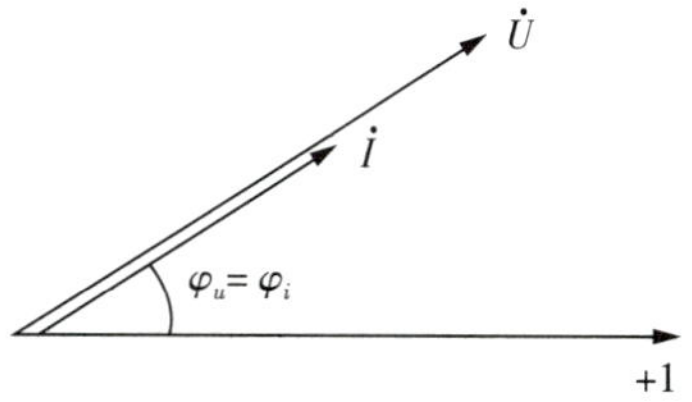

（b）相量图

图 4－14　电阻元件电压、电流的波形图及相量图

式(4－18)同时表示了电压与电流之间的数值与相位之间的关系，相应的相量图如图 4－14(b) 所示。在相量法中，电阻元件常用如图 4－15 所示的相量模型表示。

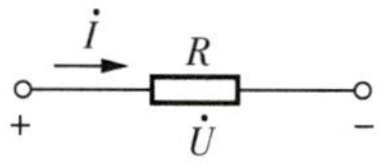

图 4－15　电阻元件的相量模型

二、电感元件

在如图 4－16 所示的电感元件中，其电压、电流采用关联参考方向，已知其伏安关系为

$$u=L\frac{\mathrm{d}i}{\mathrm{d}t}$$

假定通过电感元件的电流是正弦电流

$$i(t)=I_{\mathrm{m}}\sin(\omega t+\varphi_i)$$

则电感元件两端的电压为

$$u=L\frac{\mathrm{d}i}{\mathrm{d}t}=\omega LI_{\mathrm{m}}\sin(\omega t+\varphi_i+90^\circ)=U_{\mathrm{m}}\sin(\omega t+\varphi_u) \tag{4-19}$$

由此可见，电感元件的电压和电流也是同频率的正弦量，下面分别讨论它们之间的数值和相位关系。

1. 数值关系

由式(4－19) 可得电压、电流最大值以及有效值之间的关系分别为

$$U_{\mathrm{m}}=\omega LI_{\mathrm{m}},U=\omega LI,I_{\mathrm{m}}=\frac{U_{\mathrm{m}}}{\omega L},I=\frac{U}{\omega L}$$

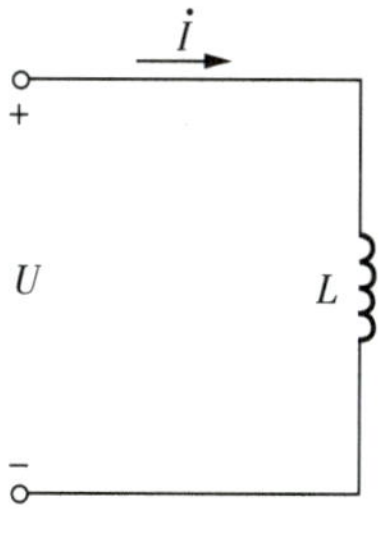

图 4－16　电感元件

式中，ωL—— 电感电压和电流有效值(或最大值) 的比值，称为电感的电抗，简称感抗，用 X_L 表示，单位是 Ω。

可以认为，感抗与电源的频率 f 成正比，这也是表征电感元件对交流电流呈现阻力作用

的一个物理量。利用电感线圈在高频时感抗大的特点，可做成扼流线圈，以阻止高频电流通过。

对于直流电流，因为 $f=0$，其感抗 $X_L=0$，所以在直流稳态时，电感元件相当于处在短路状态。

2. 相位关系

由式(4－19)可知，$\varphi_u=\varphi_i+90°$ 即电感上的电压与电流之间出现了相位差，且电压超前电流90°，或者说电感电流滞后电压90°，其波形图如图 4－17(a) 所示。同时可得出相量式

$$\dot{U}=\omega LI\angle\varphi_i+90°=I\angle\varphi_i\cdot\omega L\angle 90°=\dot{I}\cdot\mathrm{j}\omega L=\dot{I}\mathrm{j}X_L$$

即

$$\dot{U}=\dot{I}\mathrm{j}X_L$$

电感元件电压、电流的相量图如图 4－17(b) 所示。在相量法中，电感元件常用如图 4－18 所示相量模型表示。

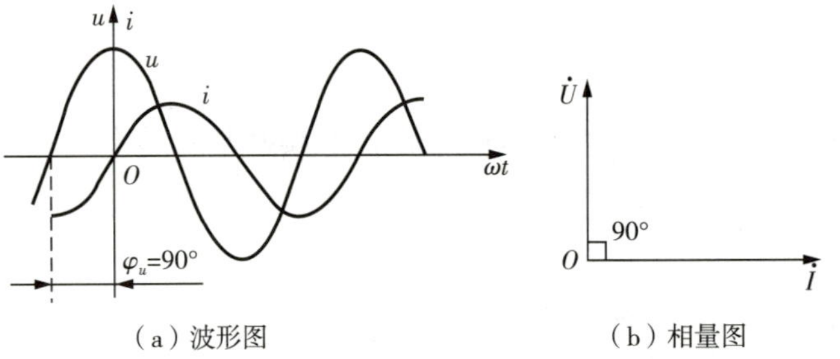

图 4－17 电感元件电压、电流的波形图及相量图

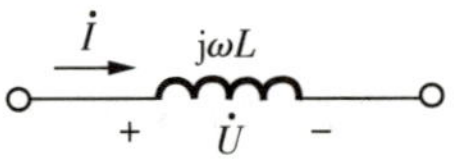

图 4－18 电感元件相量模型

三、电容元件

如图 4－19 所示为电容元件，在电压、电流为关联参考方向时，其伏安关系式为

$$i=C\frac{\mathrm{d}u}{\mathrm{d}t}$$

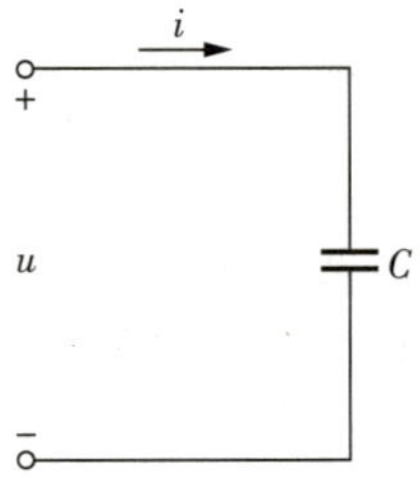

图 4－19 电容元件

若电容两端接入正弦电压 $u(t)=U_{\mathrm{m}}\sin(\omega t+\varphi_u)$，则通过电容元件的电流为

$$i=C\frac{\mathrm{d}u}{\mathrm{d}t}=\omega CU_{\mathrm{m}}\sin(\omega t+\varphi_u+90°)=I_{\mathrm{m}}\sin(\omega t+\varphi_i) \tag{4-20}$$

由式(4－20)可知，电容元件的电压和电流是同频率的正弦量。它们的数值关系和相位关系下面将详细介绍。

1. 数值关系

由式(4－20)可得

$$I_m = \omega C U_m$$

用有效值表示为

$$I = \omega C U = \frac{U}{X_C}$$

式中，X_C—— 电容电压与电流有效值(或最大值)的比值，称为电容的电抗，简称容抗，其单位是 Ω，且 $X_C = \frac{1}{\omega C}$。

容抗与电容 C、频率 f 成反比，是表征电容元件对交流电呈现阻力的物理量。

电容元件对于高频电流呈现的容抗较小，使较高频率的电流易于通过。对于直流电流其频率 $f=0$，所呈现的容抗 $X \to \infty$，可视为开路。因此，电容元件具有隔断直流的作用，在电子电路设计中经常用到这种特性。

2. 相位关系

由式(4－20)可以看出，$\varphi_i = \varphi_u + 90°$，即电容电流超前电压 90°，或称电容电压滞后电流 90°，波形图如图 4－20(a)所示。同时可得相量式为

$$\dot{U} = \dot{I}\ \frac{1}{j\omega C} = \dot{I}(-jX_C) \tag{4-21}$$

式(4－21)同时表示出了电容电流与电压有效值之间及相位之间的关系，其相量图如图 4－20(b)所示。在相量法中，电容元件的相量模型如图 4－21 所示。

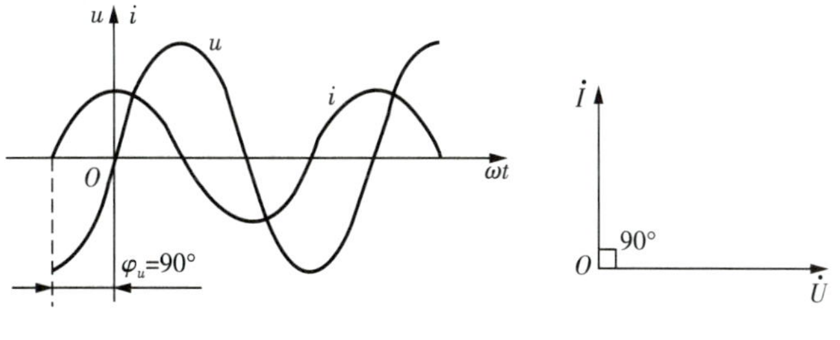

(a) 波形图　　(b) 相量图

图 4－20　电容元件电压电流波形图及相量图

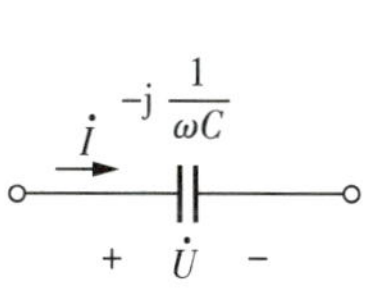

图 4－21　电容元件的相量模型

例 4－5　如图 4－22(a)所示电路，已知 $R=3\ \Omega$、$L=2$ H、$i_S=\sqrt{2}\sin 2t$，试求电压 u_1、u_2、u。

解：根据图 4－22(a)，可画出如图 4－22(b)所示相量模型。已知

$$\dot{I} = \dot{I}_S = 1\angle 0°$$

则有

$$\dot{U}_1 = R\dot{I} = R\dot{I}_S = 3\angle 0^\circ$$

$$\dot{U}_2 = j\omega L\dot{I} = j\omega L\dot{I}_S = j4V = 4\angle 90^\circ$$

$$\dot{U} = \dot{U}_1 + \dot{U}_2 = 3 + j4 = 5\angle 53.1^\circ$$

相应电压的瞬时值表达式为

$$u_1 = 3\sqrt{2}\sin 2t$$

$$u_2 = 4\sqrt{2}\sin(2t + 90^\circ)$$

$$u = 5\sqrt{2}\sin(2t + 53.1^\circ)$$

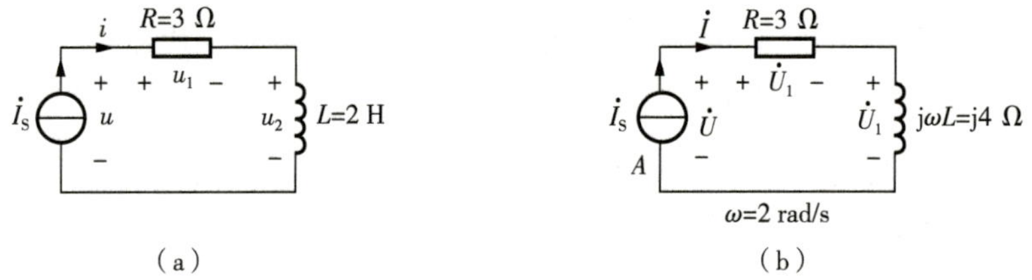

图 4-22　例 4-5 电路图

四、正弦交流电路的功率

1. 正弦交流电路的功率计算

如图 4-23(a) 所示的二端网络 N，设电流 $i=\sqrt{2}I\sin\omega t$，电压 $u=\sqrt{2}U\sin(\omega t+\varphi)$，其中 φ 为阻抗角，且 $\varphi=\varphi_u-\varphi_i$，则 u、i 为关联参考方向时，负载吸收的瞬时功率为

$$\begin{aligned} p = ui &= \sqrt{2}U\sin(\omega t+\varphi)\cdot\sqrt{2}I\sin\omega t \\ &= 2UI\sin(\omega t+\varphi)\cdot\sin\omega t \\ &= 2UI\cdot\frac{1}{2}[\cos\cdot(\omega t-\omega t+\varphi)-\cos(\omega t+\omega t+\varphi)] \\ &= UI[\cos\varphi-\cos(2\omega t+\varphi)] \end{aligned}$$

可见，瞬时功率有恒定分量 $UI\cos\varphi$ 和正弦分量 $UI\cos(2\omega t+\varphi)$ 两部分，正弦分量的频率是电源频率的两倍。

p 随时间变化的波形图见图 4-23(b)，可见，瞬时功率 p 的数值有正有负，在 u、i 取关联参考方向的条件下，若 $p>0$，说明在该段时间内电路从电源吸收电功率；若 $p<0$，说明电路发出电能，即电路将电功率返还给电源。这表明电路中的储能元件电感 L 和电容 C 与电源之间存在着能量交换。

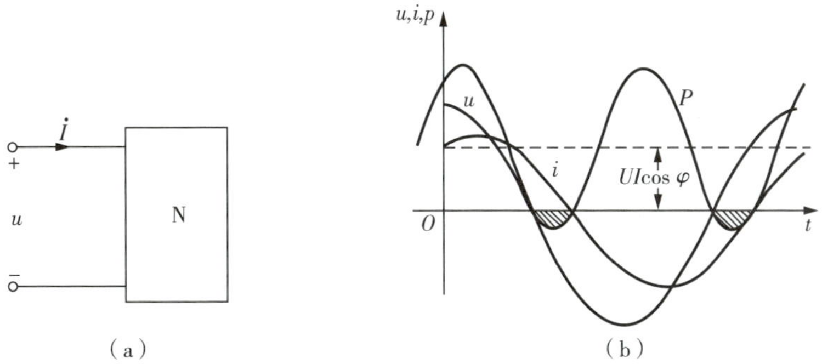

图 4-23　正弦交流电路的瞬时功率

(1) 平均功率 P

从瞬时功率的波形图可以看出，在一个周期内，$p>0$ 的部分大于 $p<0$ 的部分，这表明电路在一个周期内吸收的能量大于输出的能量。那么，如何衡量吸收的能量的大小呢？通常用瞬时功率在一个周期内的平均值来衡量，定义为平均功率，又称为有功功率，用大写字母 P 表示，即

$$P=\frac{1}{T}\int_0^T UI\left[\cos\varphi-\cos(2\omega t+\varphi)\right]\mathrm{d}t=UI\cos\varphi \tag{4-22}$$

与直流电路中的功率表达式 $P=UI$ 比较，正弦交流电路的平均功率除了与电压、电流有效值的乘积有关，还多了一个系数 $\cos\varphi$，这个系数称为功率因数，用 λ 表示。其中，φ 是电路的阻抗角，又称为功率因数角。电源频率及电路参数确定后 φ 就是确定值，功率因数 λ 也就确定了。功率因数 λ 与电路的电压和电流的大小无关。

不难证明，若电路中含有 R、L、C 元件，由于电感、电容上的平均功率为零，即 $P_L=0$、$P_C=0$，因而平均功率等于各电阻消耗的平均功率之和，即

$$P=UI=I^2R \tag{4-23}$$

(2) 无功功率 Q

在由 R、L、C 组成的正弦交流电路中，存在储能元件 LC 与电源之间的能量交换，通常用无功功率 Q 来衡量这种能量交换的规模。

无功功率定义为

$$Q=UI\sin\varphi$$

无功功率是瞬时功率可逆部分的振幅，这部分功率没有被消耗掉，其单位用 Var(乏)表示。

电路的无功功率由两部分组成：一部分是电感中的无功功率，另一部分是电容中的无功功率。当电感吸收能量时，电容一定在放出能量，反之亦然。与电源进行交换的只是它们之间的差值。

(3) 视在功率 S

正弦交流电路中电压与电流有效值的乘积 VI，称为视在功率，用大写字母 S 表示，即 $S=VI$。视在功率 S 虽然具有功率的形式，有功率的量纲，但并不是电路实际消耗的功率，所以它的单位不用瓦，而用伏·安(V·A) 或千伏·安(kV·A)。

视在功率具有实际意义。如交流电源都有确定的额定电压 V_N 及额定电流 I_N，其视在功率 $V_N I_N$ 就表示了该电源可能提供的最大有功功率，称为电源的容量。

(4) 功率三角形

P、Q、S 之间的关系可以用一个直角三角形来表示。其中 P、Q 是两个直角边，S 是斜边。此直角三角形称为功率三角形，如图 4-24 所示。

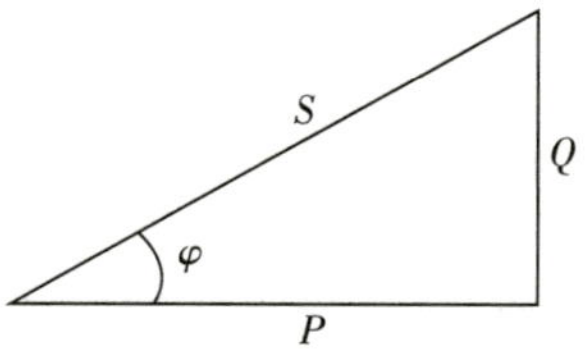

图 4-24　功率三角形

由图 4-24 可得

$$S=\sqrt{P^2+Q^2}, \tan\varphi=\frac{Q}{P} \tag{4-24}$$

2. 功率因数的提高

电源的额定输出功率为 $P_N=S_N\cos\varphi$，它除了取决于本身容量(即额定视在功率)，还与负载功率因数有关。若负载功率因数降低，则电源输出功率减小，这显然是不利的。因此为了充分利用电源设备的容量，应该设法提高负载网络的功率因数。

另外，若负载功率因数降低，电源在供给有功功率的同时，还要提供足够的无功功率，致使供电线路电流增大，从而造成线路上能耗增大。可见，提高功率因数有很大的经济意义。

功率因数不高，是因为大量电感性负载的存在。工厂生产中广泛使用的三相异步电动机就相当于电感性负载。可以从两个基本方面提高功率因数：一方面是改进用电设备的功率因数，但这主要涉及更换或改进设备；另一方面是在感性负载的两端并联适当大小的电容器。

下面分析利用并联电容器来提高功率因数的方法。

原负载为感性负载，其功率因数为 $\cos\varphi$，电流为 I_1，在其两端并联电容器 C，电路如图 4-25 所示，并联电容以后，并不影响原负载的工作状态。从相量图可知由于电容电流补偿了负载中的无功电流。使总电流减小，电路的总功率因数提高了。

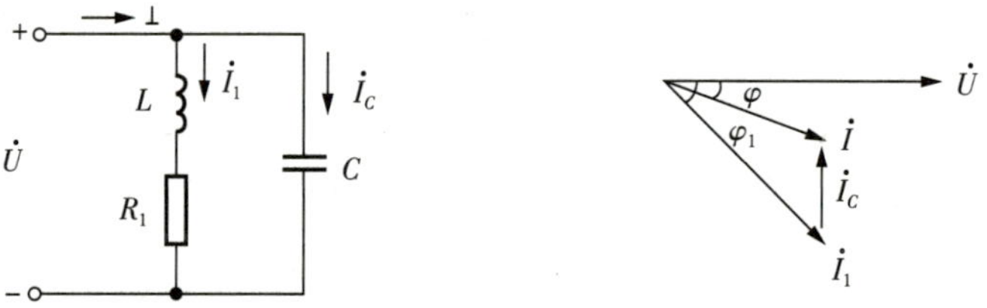

(a) 电路图　　(b) 相量图

图 4-25

设有一感性负载的端电压为 U、功率为 P、功率因数为 $\cos\varphi_1$，为了使功率因数提高到 $\cos\varphi$，可推导所需并联电容 C 的计算公式为

$$I_1\cos\varphi_1 = I\cos\varphi = \frac{P}{U}$$

流过电容的电流为

$$I_C = I_1\sin\varphi_1 - I\sin\varphi = \frac{P}{U}(\tan\varphi_1 - \tan\varphi)$$

又因

$$I_C = U\omega C$$

所以

$$C = \frac{P}{\omega U^2}(\tan\varphi_1 - \tan\varphi_2) \tag{4-25}$$

例 4-6　两个负载并联，接到 220 V、50 Hz 的电源上。一个负载的功率 $P_1 = 2.8$ kW、功率因数 $\cos\varphi_1 = 0.8$（感性），另一个负载的功率 $P_2 = 2.42$ kW、功率因数 $\cos\varphi_2 = 0.5$（感性）。试求：

(1) 电路的总电流和总功率因数；

(2) 电路消耗的总功率；

(3) 要使电路的功率因数提高到 0.92，需并联多大的电容？此时，电路的总电流为多少？

(4) 再把电路的功率因数从 0.92 提高到 1，需并联多大的电容？

解：(1) 依据题意可得

$$I_1 = \frac{P_1}{U\cos\varphi_1} = \frac{2800}{220 \times 0.8} = 15.9(\text{A})$$

$$I_2 = \frac{P_2}{U\cos\varphi_2} = \frac{2420}{220 \times 0.5} = 22(\text{A})$$

根据 $\cos\varphi_1 = 0.8$ 可得 $\varphi_1 = 36.9°$；根据 $\cos\varphi_2 = 0.5$ 可得 $\varphi_2 = 60°$。

设电源电压为 $\dot{U} = 220\angle 0°$ V，则

$$\dot{I}_1 = 15.9\angle -36.9° \text{ A}$$

$$\dot{I}_2 = 22\angle -60° \text{ A}$$

$$\dot{I} = \dot{I}_1 + \dot{I}_2 = 15.9\angle -36.9° + 22\angle -60° = 37.1\angle -50.3°(\text{A})$$

$$I = 37.1 \text{ A}$$

$$\varphi' = 50.3°, \cos\varphi' = 0.64$$

(2) $P = P_1 + P_2 = 2.8 + 2.42 = 5.22(\text{kW})$。

(3) 根据 $\cos\varphi=0.92$ 可得 $\varphi=23.1°$；根据 $\cos\varphi'=0.64$ 可得 $\varphi'=50.3°$。则有

$$C=\frac{P}{\omega U^2}(\tan 50.3°-\tan 23.1°)=0.00034(1.2-0.426)=263(\mu\text{F})$$

$$I=\frac{P}{U\cos\varphi}=\frac{5220}{220\times 0.92}=25.8(\text{A})$$

(4) 根据 $\cos\varphi=0.92$ 可得 $\varphi=23.1°$；根据 $\cos\varphi=1$ 可得 $\varphi=0°$。则有

$$C'=\frac{P}{\omega U^2}(\tan 23.1°-\tan 0°)=0.00034(0.426-0)=144.8(\mu\text{F})$$

由上例可以看出，将功率因数从 0.92 提高到 1，虽然仅提高了 0.08，但是补偿电容需要 144.8 μF，这将增大设备的投资。

在实际生产中并不要把功率因数提高到 1，因为这样做需要并联的电容较大，只能在比较具体的技术经济之后才能决定功率因数提高到什么程度为宜。通常只将功率因数提高到 0.9 ~ 0.95。

3. 正弦交流电路负载获得最大功率的条件

在如图 4-26 所示电路中，$\dot{U}_S$ 为信号源的电压相量，$Z_i=R_i+jX_i$ 为信号源的内阻抗，$Z=R+jX$ 为负载阻抗。

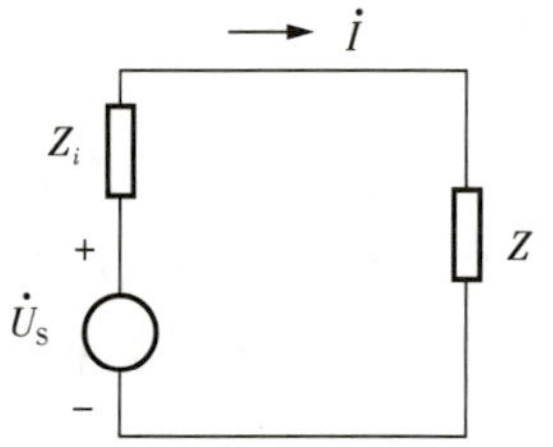

图 4-26 电路图

负载中的电流为

$$\dot{I}=\frac{\dot{U}_S}{Z_i+Z}=\frac{\dot{U}_S}{(R_i+R)+j(X_i+X)}$$

于是，电流的有效值为

$$I=\frac{U_S}{\sqrt{(R_i+R)^2+(X_i+X)^2}}$$

负载吸取的平均功率为

$$P=I^2R=\frac{U_S^2R}{(R_i+R)^2+(X_i+X)^2} \tag{4-26}$$

如果负载的电抗 X 和电阻 R 均可调，则首先选择负载电抗 $X=-X_i$，使功率为

$$P=\frac{U_S^2R}{(R_i+R)^2}$$

其次是确定 R 值，将 P 对 R 求导数得

$$\frac{dP}{dR}=U_S^2\left[\frac{1}{(R_i+R)^2}-\frac{2R}{(R_i+R)^3}\right]$$

令 $\frac{dP}{dR}=0$，解得 $R=R_i$。

因而负载能获得最大功率的条件为

$$X=-X_i, R=R_i$$

即

$$Z=Z_i \tag{4-27}$$

当上式成立时，也称负载阻抗与电源阻抗匹配。

负载所得最大功率为

$$P_{\max}=\frac{U_S^2}{4R_i} \tag{4-28}$$

在阻抗匹配电路中，负载得到的最大功率仅是电源输出功率的一半。即阻抗匹配电路的传输效率为50%，所以阻抗匹配电路只能用于一些小功率电路，而对于电力系统来说，首要的问题是效率，所以不能考虑匹配。

任务三　三相交流电路

学习目标：

掌握正弦交流电路中的功率计算，熟悉功率因数的提高的方法。了解正弦交流电路负载获得最大功率的条件。

微课：三相电源的连接

学习内容：

三相电源是具有三个频率相同、幅值相等但相位不同的电动势的电源，用三相电源供电的电路就称为三相电路。

一、对称三相电源

1. 对称三相电源

在电力工业中，三相电路中的电源通常是三相发电机，由它可以获得三个频率相同、幅值相等、相位互差120°的电动势，这样的发电机称为对称三相电源。图4-27是三相同步发电机原理图。

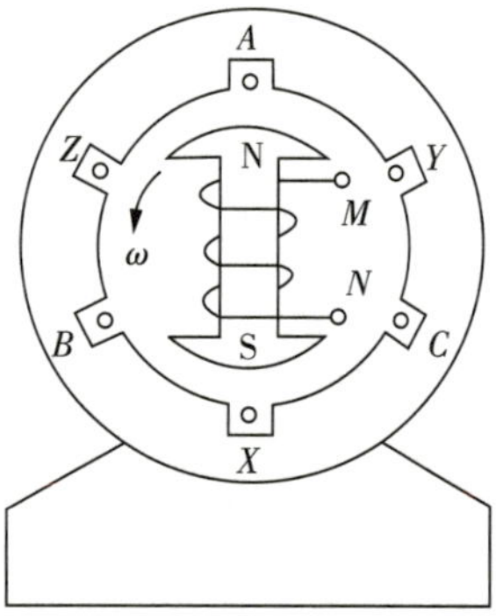

图4-27　三相同步发电机原理图

三相发电机中转子上的励磁线圈 MN 内通有直流电流，使转子成为一个电磁铁。在定子内侧面、空间相隔120°的槽内装有3个完全相同的线圈 $A-X$，$B-Y$，$C-Z$。转子与定子间磁场被设计成正弦分布。当转子以角速度 ω 转动时，三个线圈中便感应出频率相同、幅值相等、相位互差120°的3个电动势。有这样的3个电动势的发电机便构成对称三相电源。

对称三相电源的瞬时值表达式（以 u_A 为参考正弦量）为

$$\begin{cases} u_A = \sqrt{2}U\sin(\omega t) \\ u_B = \sqrt{2}U\sin(\omega t - 120°) \\ u_C = \sqrt{2}U\sin(\omega t + 120°) \end{cases} \tag{4-29}$$

三相发电机中3个线圈的首端分别用 A、B、C 表示，尾端分别用 X、Y、Z 表示。三相电压的参考方向为首端指向尾端。对称三相电源的电路符号如图4-28所示。

它们的相量形式为

$$\begin{cases} \dot{U}_A = U\angle 0^\circ \\ \dot{U}_B = U\angle -120^\circ \\ \dot{U}_C = U\angle +120^\circ \end{cases} \tag{4-30}$$

对称三相电压的波形图和相量图如图 4-29 和图 4-30 所示。

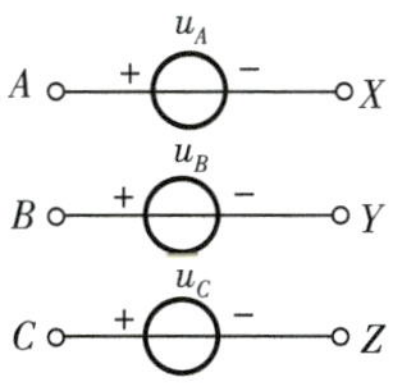

图 4-28　对称三相电源

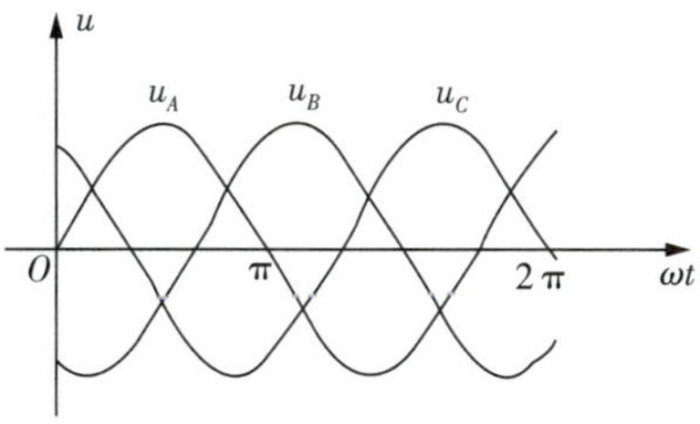

图 4-29　波形图

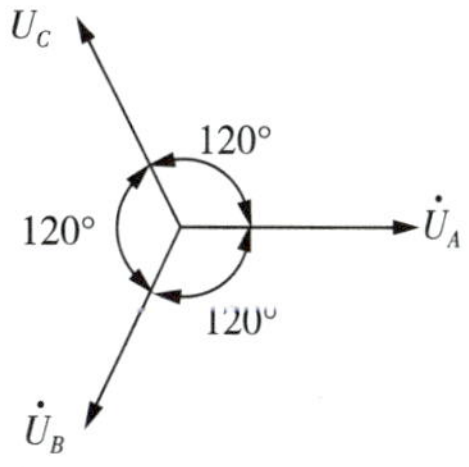

图 4-30　相量图

对称三相电压 3 个电压的瞬时值之和为零,即

$$u_A + u_B + u_C = 0 \tag{4-31}$$

3 个电压的相量之和亦为零,即

$$\dot{U}_A + \dot{U}_B + \dot{U}_C = 0 \tag{4-32}$$

这是对称三相电源的重要特点。

通常三相发电机产生的都是对称三相电源。若无特殊说明,书中提到的三相电源均为对称三相电源。

2. 相序

三相电源中每一相电压经过同一值(如正的最大值)的先后次序称为相序。从图 4-29 可以看出,其三相电压到达最大值的次序依次为 u_A、u_B、u_C,其相序为 $A—B—C—A$,此时称为顺序或正序。若将发电机转子反转,则

$$u_A = \sqrt{2}U\sin\omega t$$

$$u_C = \sqrt{2}U\sin(\omega t - 120^\circ)$$

$$u_B = \sqrt{2}U\sin(\omega t + 120^\circ)$$

则相序为 $A—C—B—A$,此时称为逆序或负序。

工程上常用的相序是顺序,如果不加以说明,都是指顺序。工业上通常在交流发电机的三相引出线及配电装置的三相母线上,涂有黄、绿、红 3 种颜色,分别表示 A、B、C 三相。

3. 三相电源的连接

将三相电源的 3 个绕组以一定的方式连接起来就构成了三相电路的电源。通常的连接方式

是星形(也称 Y 形) 连接和三角形(也称 △ 形) 连接。对三相发电机来说,通常采用星形连接。

(1) 三相电源的星形连接

将对称三相电源的尾端 X、Y、Z 连在一起,首端 A、B、C 引出作为输出线,这种连接称为三相电源的星形连接,如图 4-31 所示。

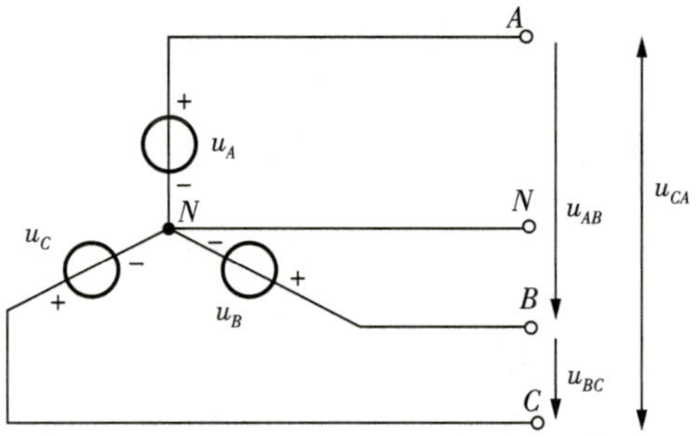

图 4-31　星形连接的三相电源

连接在一起的 X、Y、Z 点称为三相电源的中点,用 N 表示,从中点引出的线称为中线。三个电源首端 A、B、C 引出的线称为端线(俗称火线)。

电源每相绕组两端的电压称为电源的相电压,电源相电压用符号 u_A、u_B、u_C 表示;而端线之间的电压称为线电压,用 u_{AB}、u_{BC}、u_{CA} 表示。规定线电压的方向是由 A 线指向 B 线,B 线指向 C 线,C 线指向 A 线。下面分析星形连接时对称三相电源线电压与相电压的关系。

根据图 4-31,由 KVL 可得,三相电源的线电压与相电压有如下关系:

$$u_{AB}=u_A-u_B$$

$$u_{BC}=u_B-u_C$$

$$u_{CA}=u_C-u_A \tag{4-33}$$

假设 $\dot{U}_A=U\angle 0°$、$\dot{U}_B=U\angle -120°$、$\dot{U}_C=U\angle 120°$,则相量形式分别为

$$\begin{cases}\dot{U}_{AB}=\dot{U}_A-\dot{U}_B=\sqrt{3}U\angle 30°=\sqrt{3}\dot{U}_A\angle 30° \\ \dot{U}_{BC}=\dot{U}_B-\dot{U}_C=\sqrt{3}U\angle -90°=\sqrt{3}\dot{U}_B\angle 30° \\ \dot{U}_{CA}=\dot{U}_C-\dot{U}_A=\sqrt{3}U\angle 150°=\sqrt{3}\dot{U}_C\angle 30°\end{cases} \tag{4-34}$$

由上式可以看出,星形连接的对称三相电源的线电压也是对称的。线电压的有效值(U_L) 是相电压有效值(U_P) 的$\sqrt{3}$ 倍,即 $U_L=\sqrt{3}U_P$,式中各线电压的相位超前于相应的相电压 30°。其相量图如图 4-32 所示。

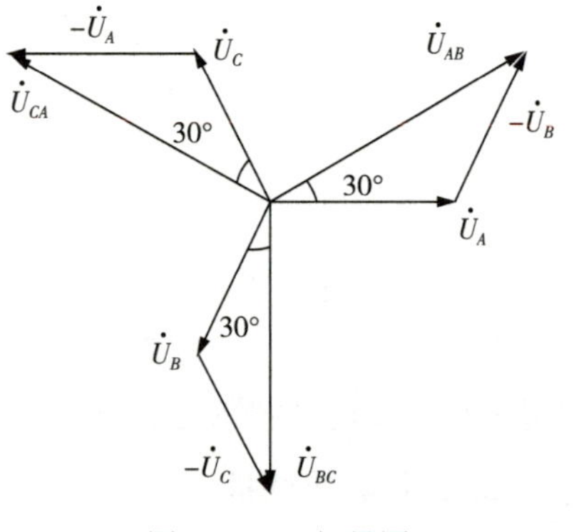

图 4-32　相量图

三相电源星形连接的供电方式有两种:一种是三相四线制(三条端线和一条中线),另一种是三相三线制,即无中线。目前电力网的低压供电系统(又称民用电) 为三相四线制,此系统供电的

线电压为 380 V、相电压为 220 V，通常写作电源电压 380/220 V。

(2) 三相电源的三角形连接

将对称三相电源中的 3 个单相电源首尾相接，由 3 个连接点引出三条端线就形成三角形连接的对称三相电源，如图 4－33 所示。

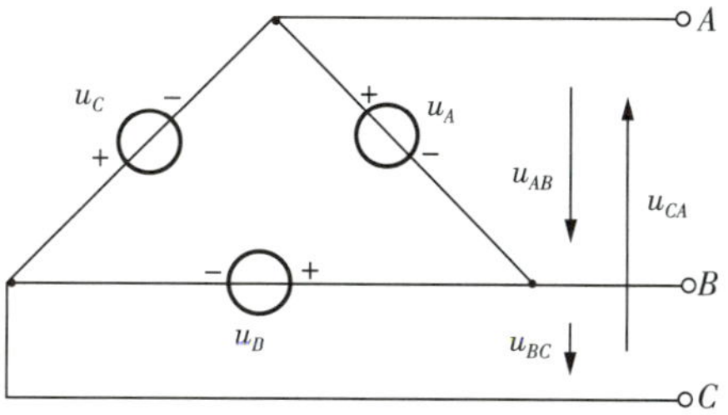

图 4－33　三角形连接的三相电源

对称三相电源三角形连接时，只有三条端线，没有中线，它一定是三相三线制。在图 4－33 中可以明显地看出，线电压就是相应的相电压，即

$$\begin{cases} u_{AB}=U_A \\ u_{BC}=U_B \\ u_{CA}=U_C \end{cases} \quad 或 \quad \begin{cases} \dot{U}_{AB}=\dot{U}_A \\ \dot{U}_{BC}=\dot{U}_B \\ \dot{U}_{CA}=\dot{U}_C \end{cases}$$

上式说明三角形连接的对称三相电源，线电压等于相应的相电压。

三相电源三角形连接时，形成一个闭合回路。由于对称三相电源 $U_A+U_B+U_C=0$，所以回路中不会有电流。但若有一相电源极性接反，造成三相电源电压之和不为零，将会在回路中产生很大的电流，所以三相电源作为三角形连接时，连接前必须检查。

二、对称三相电路

组成三相交流电路的每一相电路是单相交流电路。整个三相交流电路则是由 3 个单相交流电路所组成的复杂电路，它的分析方法是以单相交流电路为基础的。

对称三相电路是由对称三相电源和对称三相负载连接组成。一般电源均为对称电源，因此只要负载是对称三相负载，则该电路为对称三相电路。所谓对称三相负载是指三相负载的 3 个复阻抗相同。三相负载一般也接成星形或三角形，如图 4－34 所示。

1. 负载 Y 形连接的对称三相电路

在图 4－35 中，三相电源为星形连接。三相负载也为星形连接，且有中线。这种连接称为 Y－Y 连接的三相四线制。

设每相负载阻抗均为 $Z=|Z|\angle\varphi$，N 为电源中点，n 为负载的中点，N_n 为中线。设中线的阻抗为 Z_N。每相负载上的电压称为负载相电压，用 $\dot{U}_{an}$、$\dot{U}_{bn}$、$\dot{U}_{cn}$ 表示；负载端线之间的电压称为负载的

微课：负载的星形连接

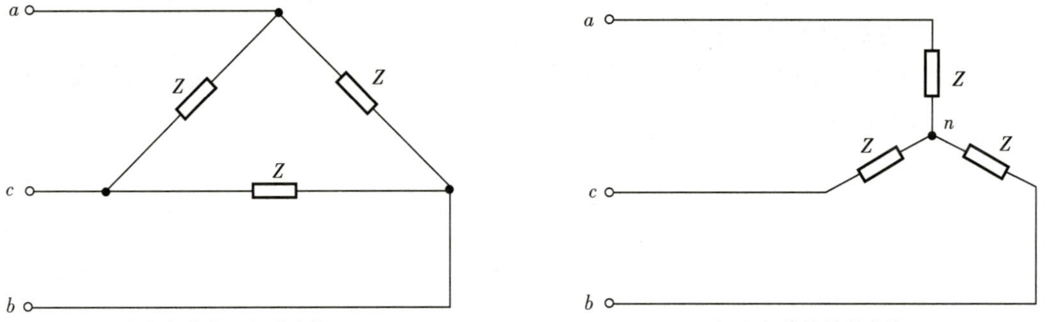

（a）负载的三角形连接　（b）负载的星形连接

图 4 - 34　对称三相负载的连接

线电压，用 $\dot{U}_{ab}$、$\dot{U}_{bc}$、$\dot{U}_{ca}$ 表示。各相负载中的电流称为相电流，用 $\dot{I}_a$、$\dot{I}_b$、$\dot{I}_c$ 表示；火线中的电流称为线电流，用 $\dot{I}_A$、$\dot{I}_B$、$\dot{I}_C$ 表示。线电流的参考方向从电源端指向负载端，中线电流 $\dot{I}_N$ 的参考方向从负载端指向电源端。对于负载 Y 形连接的电路，线电流 $\dot{I}_A$ 就是相电流 $\dot{I}_a$。

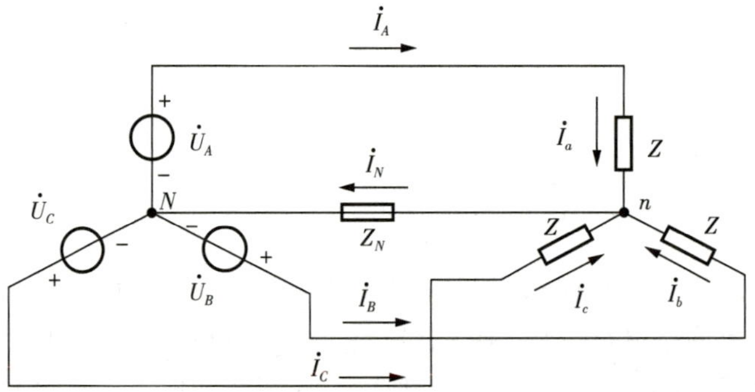

图 4 - 35　三相四线制

三相电路实际上是一个复杂正弦交流电路，采用节点法分析此电路可得

$$U_{nN}=0$$

负载中点与电源中点等电位，它与中线阻抗的大小无关，由此可得

$$\begin{cases}\dot{U}_{an}=\dot{U}_A\\ \dot{U}_{bn}=\dot{U}_B\\ \dot{U}_{cn}=\dot{U}_C\end{cases}\tag{4-35}$$

式(4 - 35)表明：负载相电压等于电源相电压（在忽略输电线阻抗时），即负载三相电压也为对称三相电压。若以 $\dot{U}_A$ 为参考相量，则线电流为

$$\dot{I}_A=\frac{\dot{U}_{an}}{Z}=\frac{\dot{U}_A}{Z}=\frac{U_P}{|Z|}\angle-\varphi$$

$$\dot{I}_B=\frac{\dot{U}_{bn}}{Z}=\frac{\dot{U}_B}{Z}=\frac{U_P}{|Z|}\angle-\varphi-120^\circ \tag{4-36}$$

$$\dot{I}_C=\frac{\dot{U}_{cn}}{Z}=\frac{\dot{U}_C}{Z}=\frac{U_P}{|Z|}\angle-\varphi+120^\circ$$

由式(4－36)可见，三相电流也是对称的。因此，对称 Y－Y 连接电路有中线时的计算步骤可归结如下：

(1) 先计算一个相(如 A 相)，根据电源找到该相的相电压，算出 $\dot{I}_A$。

(2) 根据对称性，推知其他两相电流 $\dot{I}_B$、$\dot{I}_C$。

(3) 根据三相电流对称，中线电流 $\dot{I}_N=\dot{I}_A+\dot{I}_B+\dot{I}_C=0$。

若对称 Y－Y 连接电路中无中线，即 $Z_N=\infty$ 时，由节点法分析可知 $\dot{U}_{nN}=0$ 即负载中点与电源中点仍然等电位，此时相当于三相四线制。即每相电路看成是独立的，计算时采用如上的三相四线制的计算方法。可见，对称 Y－Y 连接的电路，不论有无中线以及中线阻抗的大小，都不会影响各相负载的电流和电压。

由于 $\dot{U}_{nN}=0$，所以负载的线电压与相电压的关系同电源的线电压与相电压的关系相同，则

$$\begin{cases}\dot{U}_{ab}=\sqrt{3}\,\dot{U}_{an}\angle30^\circ\\ \dot{U}_{bc}=\sqrt{3}\,\dot{U}_{bn}\angle30^\circ\\ \dot{U}_{ca}=\sqrt{3}\,\dot{U}_{ca}\angle30^\circ\end{cases} \tag{4-37}$$

即

$$U'_L=\sqrt{3}U'_P \tag{4-38}$$

式中，U'_L—— 负载的线电压；

U'_P—— 负载的相电压。

当忽略输电线阻抗时，$U'_L=U_L$、$U'_P=U_P$。

综上可知，负载星形连接的对称三相电路其负载电压、电流有如下特点：

(1) 每相负载的线电压、相电压、线电流、相电流都是对称的。

(2) 线电流等于相电流。

(3) 线电压等于相电压的$\sqrt{3}$ 倍。

例 4－7　某对称三相电路的负载为 Y 形连接，采用三相三线制，其电源线电压为 380 V，每相负载阻抗 $Z=(8+j6)\Omega$，忽略输电线路阻抗。求负载每相电流，画出负载电压和电流相量图。

解：已知 $U_L=380$ V，负载为 Y 形连接，其电源无论是 Y 形连接还是△形连接，都可用等效的 Y 形连接的三相电源进行分析。

电源相电压

$$U_P = \frac{380}{\sqrt{3}} = 220(\text{V})$$

设$\dot{U}_A = 220\angle 0°$ V,则$\dot{I}_A = \frac{\dot{U}_A}{Z} = \frac{220\angle 0°}{8+\text{j}6} = 22\angle -36.9°(\text{A})$,

根据对称性可得

$$\dot{I}_B = 22\angle(-36.9° - 120°) = 22\angle -156.9°(\text{A})$$

$$\dot{I}_C = 22\angle(-36.9° + 120°) = 22\angle 83.1°(\text{A})$$

相量图如图 4-36 所示。

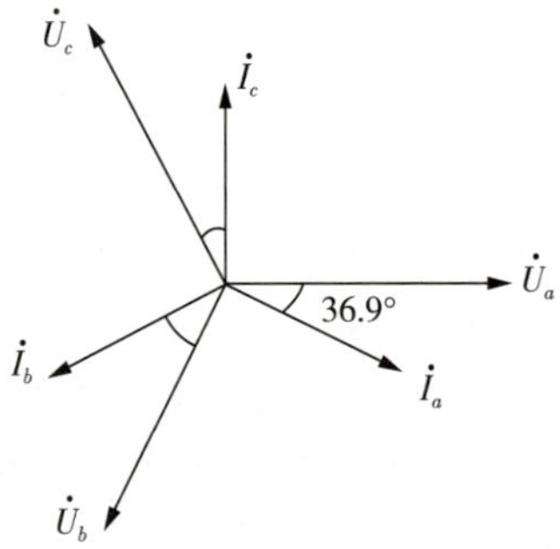

图 4-36 例 4-7 相量图

例 4-8 如图 4-37 所示为一对称三相电路,对称三相电源的线电压为 380 V,每相负载的阻抗 $Z = 80\angle -30°\ \Omega$,输电线阻抗 $Z_1 = (1+\text{j}2)\Omega$,求三相负载的相电压、线电压、相电流。

解:电源相电压 $U_P = \frac{380}{\sqrt{3}} = 220$ V,设 $\dot{U}_A = 220\angle 0°$ V,则

$$\dot{I}_A = \frac{\dot{U}_A}{Z+Z_1} = \frac{220\angle 0°}{80\angle 30° + 1 + \text{j}2} = \frac{220\angle 0°}{81.9\angle 30.9°} = 2.69\angle -30.9°(\text{A})$$

由对称性得

$$\dot{I}_B = 2.69\angle -150.9°\ \text{A}, \dot{I}_C = 2.69\angle 89.1°\ \text{A}$$

三相负载的相电压为

$$\dot{U}_{an} = Z\dot{I}_A = 80\angle 30° \times 2.69\angle -30.9 = 215.2\angle -0.9°(\text{V})$$

$$\dot{U}_{bn} = 215.2\angle -120.9°\ \text{V}$$

$$\dot{U}_{cn} = 215.2\angle 119.1°\ \text{V}$$

三相负载的线电压

$$\dot{U}_{ab} = \sqrt{3}\dot{U}_{an}\angle 30° = 372.7\angle 29.1°\ \text{V}$$

$$\dot{U}_{bc} = 372.7\angle -90.9°\ \text{V}$$

$$\dot{U}_{ca} = 372.7\angle 149.1°\ \text{V}$$

由于输电线路阻抗的存在,造成负载的相电压、线电压与电源的相电压、线电压不相等,但仍是对称的。

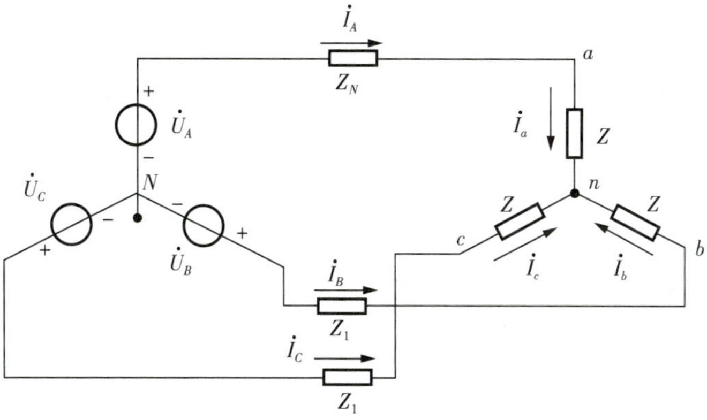

图 4-37　例 4-8 电路图

2. 负载△形连接的对称三相电路

负载为三角形连接，如图 4-38 所示。由图可以看出，与负载相连的三个电源一定是线电压，不管电源是星形连接还是三角形连接。

设 $Z=|Z|\angle\varphi$，三相负载相同，其负载线电流为 I_A、I_B、I_C，相电流为 I_{ab}、I_{bc}、I_{ca}。

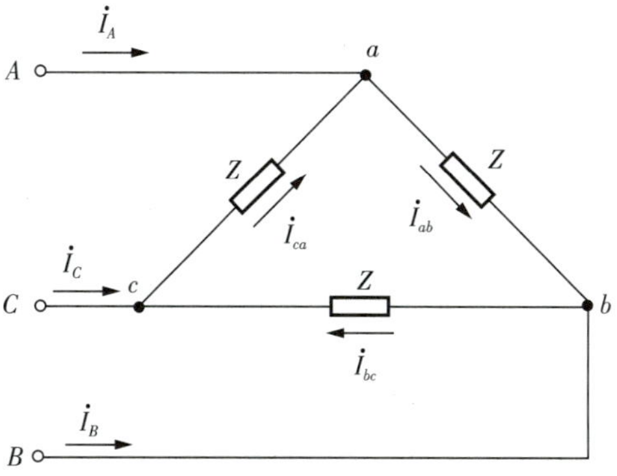

图 4-38　负载三角形连接的对称三相电路

设 $\dot{U}_{AB}=U_1\angle 0^\circ$ V，当忽略输电线阻抗时，负载线电压等于电源线电压。

负载的相电流为

$$
\begin{aligned}
\dot{I}_{ab}&=\frac{\dot{U}_{ab}}{Z}=\frac{\dot{U}_{AB}}{Z}=\frac{U_1}{|Z|}\angle-\varphi\\
\dot{I}_{bc}&=\frac{\dot{U}_{bc}}{Z}=\frac{\dot{U}_{BC}}{Z}=\frac{U_1}{|Z|}\angle-\varphi-120^\circ\\
\dot{I}_{ca}&=\frac{\dot{U}_{ca}}{Z}=\frac{\dot{U}_{CA}}{Z}=\frac{U_1}{|Z|}\angle-\varphi+120^\circ
\end{aligned}
\tag{4-39}
$$

线电流为

$$\dot{I}_A = \dot{I}_{ab} - \dot{I}_{ca} = \sqrt{3}\,\dot{I}_{ab}\angle -30^\circ$$

$$\dot{I}_B = \dot{I}_{bc} - \dot{I}_{ab} = \sqrt{3}\,\dot{I}_{bc}\angle -30^\circ \qquad (4-40)$$

$$\dot{I}_C = \dot{I}_{ca} - \dot{I}_{bc} = \sqrt{3}\,\dot{I}_{ca}\angle -30^\circ$$

综上所述,负载△形连接的对称三相电路,其负载电压、电流有如下特点:

(1) 相电压、线电压,相电流、线电流均对称。

(2) 每相负载上的线电压等于相电压。

(3) 线电流大小的有效值等于相电流有效值的$\sqrt{3}$倍。即$I_l=\sqrt{3}I_P$,且线电流滞后相应的相电流30°。电压、电流相量图如图4-39所示。

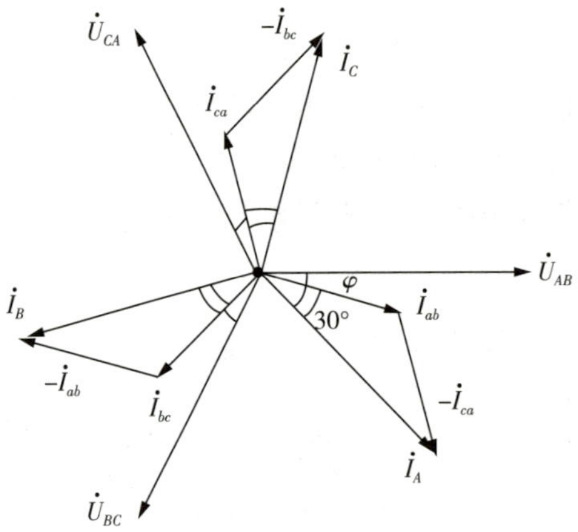

图4-39 电压、电流相量图

例4-9 已知负载△形连接的对称三相电路,电源为Y形连接,其相电压为110 V,负载每相阻抗$Z=(4+j3)\Omega$。求负载的相电压和线电流。

解:电源线电压为

$$U_l=\sqrt{3}U_P=\sqrt{3}\times 110=190(\text{V})$$

设$\dot{U}_{AB}=190\angle 0^\circ$,则相电流为

$$\dot{I}_{ab}=\frac{\dot{U}_{AB}}{Z}=\frac{190\angle 0^\circ}{4+j3}=38\angle -36.9(\text{A})$$

根据对称性得

$$\dot{I}_{bc}=38\angle -156.9^\circ\ \text{A}$$

$$\dot{I}_{ca}=38\angle 83.1^\circ\ \text{A}$$

线电流为

$$\dot{I}_A=\sqrt{3}\,\dot{I}_{ab}\angle-30^\circ=\sqrt{3}\times38\angle-36.9^\circ-30^\circ=66\angle-66.9^\circ(\mathrm{A})$$

$$\dot{I}_B=66\angle-186.9^\circ=66\angle173.1^\circ\ \mathrm{A}$$

$$\dot{I}_C=66\angle53.1^\circ\ \mathrm{A}$$

负载三角形连接的电路，还可以利用阻抗的 Y 形连接与 △ 的等效变换，将负载变换为星形连接，再按 Y－Y 连接的电路进行计算。

例 4－10　一对称三相电路如图 4－40(a) 所示，对称三相电源相电压 $\dot{U}_A=220\angle0^\circ$ V。每相负载阻抗 $Z=90\angle30^\circ\ \Omega$，线路阻抗 $Z_1=(1+\mathrm{j}2)\Omega$，求负载的相电压、相电流和线电流。

解：将 △ 形连接的对称三相负载变换成 Y 形连接的对称三相负载。经变换后的电路中的一相等效电路，如图 4－40(b) 所示。

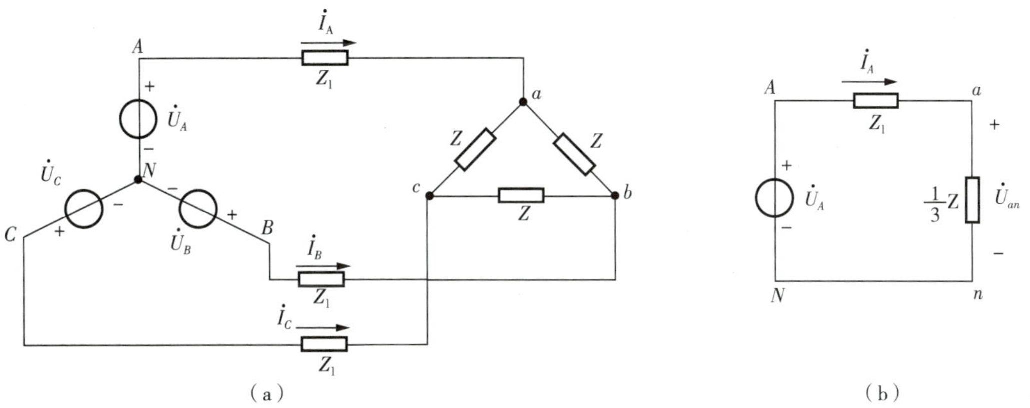

图 4－40　例 4－10 图

线电流为

$$\dot{I}_A=\frac{\dot{U}_A}{Z_1+Z/3}=\frac{220\angle0^\circ}{1+\mathrm{j}2+30\angle30^\circ}=\frac{220\angle0^\circ}{31.9\angle32.2^\circ}=6.9\angle-32.2^\circ(\mathrm{A})$$

负载相电流为

$$\dot{I}_{ab}=\frac{1}{\sqrt{3}}\dot{I}_A\angle30^\circ=\frac{1}{\sqrt{3}}\times6.9\angle-32.2^\circ=3.89\angle-32.2^\circ(\mathrm{A})$$

三角形连接负载的相电压等于负载线电压，根据图 4－40(a) 可得

$$\dot{U}_{ab}=Z\dot{I}_{ab}=90\angle30^\circ\times3.89\angle-32.2^\circ=358.2\angle-2.2^\circ(\mathrm{A})$$

根据对称性可得其他两相的相电压、相电流和线电流。

三、不对称三相电路

在三相电路中，电源和负载只要有一个不对称，则三相电路就不对称。一般来说，三相电源可以认为是对称的。不对称主要是指负载不对称，日常照明电路就属于这种电路。

如图 4-41 所示三相四线制电路中，负载不对称，假设中线阻抗为零，则每相负载上的电压一定等于该相电源的相电压，而三相电流由于负载阻抗不同而不对称。

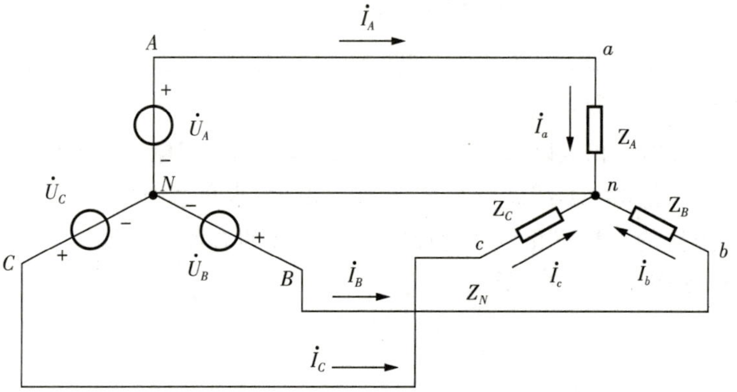

图 4-41　三相四线制电路

即负载相电压对称为

$$\dot{U}_{an}=\dot{U}_A,\dot{U}_{bn}=\dot{U}_B,\dot{U}_{cn}=\dot{U}_C \tag{4-41}$$

负载相电流不对称为

$$\dot{I}_A=\frac{\dot{U}_{an}}{Z_A},\dot{I}_B=\frac{\dot{U}_{bn}}{Z_B},\dot{I}_C=\frac{\dot{U}_{cn}}{Z_C} \tag{4-42}$$

此时中线电流为

$$\dot{I}_N=\dot{I}_A+\dot{I}_B+\dot{I}_C\neq 0 \tag{4-43}$$

如将如图 4-41 所示中的中线去掉，形成三相三线制，如图 4-42 所示。

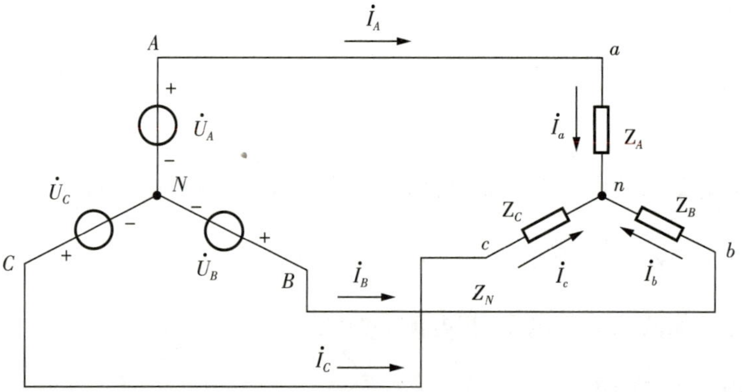

图 4-42　三相三线制

根据节点电压法可知 $\dot{U}_{nN}$ 一般不等于零，即负载中点 n 的电位与电源中点 N 的电位不相等，发生了中点位移，相量图如图 4-43 所示。由相量图可以看出，中点位移标志着负载

$$\dot{I}_A=\frac{\dot{U}_{an}}{Z_A},\dot{I}_B=\frac{\dot{U}_{bn}}{Z_B},\dot{I}_C=\frac{\dot{U}_{cn}}{Z_C}$$

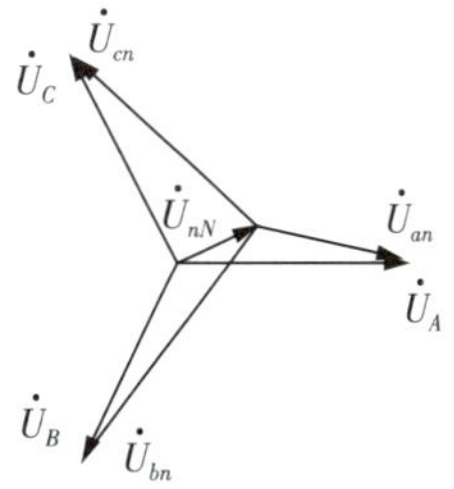

图 4-43　相量图

相电压 $\dot{U}_{an}$、$\dot{U}_{bn}$、$\dot{U}_{cn}$ 是不对称的，而三相负载的电流也是不对称的。

综上所述，在不对称三相电路中，如果有中线，且输电线阻抗 $Z\approx 0$，则中线可迫使 $U_{nN}=0$，尽管电路不对称，但可使负载相电压对称，以保证负载正常工作；若无中线，则中点位移，造成负载相电压不对称，从而可能使负载不能正常工作。可见，中线至关重要，且不能断开。实际接线中，中线的干线必须要求有足够的机械强度，且不允许安装开关和熔丝。

例 4-11　电路如图 4-44 所示，每只灯泡的额定电压为 220 V，额定功率为 100 W，电源系 220/380 V 电网，试求：

(1) 有中线时(即三相四线制)，各灯泡的亮度是否一样；

(2) 中线断开时(即三相三线制)，各灯泡能正常发光吗？

解：(1) 尽管三相负载不对称，但是有中线，加在各相灯泡上的电压均为 220 V，各灯泡正常发光，亮度一样。

(2) 中线断开时，由节点电压法得

$$\dot{U}=\frac{\dfrac{\dot{U}_A}{R_a}+\dfrac{\dot{U}_B}{R_b}+\dfrac{\dot{U}_C}{R_c}}{\dfrac{1}{R_a}+\dfrac{1}{R_b}+\dfrac{1}{R_c}}$$

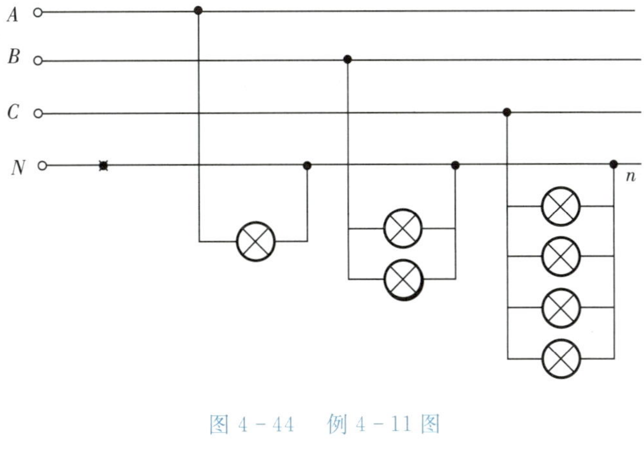

图 4-44　例 4-11 图

每盏灯泡电阻为

$$R=\frac{U_P^2}{P}=\frac{220^2}{100}=484(\Omega)$$

各相负载电阻为

$$R_a = R = 484\ \Omega$$

$$R_b = \frac{R}{2} = \frac{484}{2} = 242(\Omega)$$

$$R_C = \frac{R}{4} = \frac{484}{4} = 121(\Omega)$$

$$\dot{U} = \frac{\dfrac{220\angle 0^\circ}{484} + \dfrac{220\angle -120^\circ}{242} + \dfrac{220\angle 120^\circ}{121}}{\dfrac{1}{484} + \dfrac{1}{242} + \dfrac{1}{121}} = 83.13\angle -19^\circ(\text{V})$$

各负载相电压为

$$\dot{U}_{an} = \dot{U}_A - \dot{U}_{nN} = 220\angle 0^\circ - 83.13\angle -19^\circ = 144\angle 10.9^\circ(\text{V})$$

$$\dot{U}_{bn} = \dot{U}_B - \dot{U}_{nN} = 220\angle -120^\circ - 83.13\angle -19^\circ = 249\angle 139^\circ(\text{V})$$

$$\dot{U}_{cn} = \dot{U}_C - \dot{U}_{nN} = 220\angle 120^\circ - 83.13\angle -19^\circ = 288\angle 130.9^\circ(\text{V})$$

从计算可以看出，A 相灯泡上的电压只有 144 V，发光不足，而 C 相灯泡上的电压远超过额定电压，很可能被烧坏。

四、三相电路的功率

在三相电路中，三相负载的有功功率、无功功率分别等于每相负载上的有功功率、无功功率之和，即

$$P = P_A + P_B + P_C$$

$$Q = Q_A + Q_B + Q_C$$

微课：三相负载功率

三相负载对称时，各相负载吸收的功率相同，根据负载星形连接及三角形连接法时线电压、相电压和线电流、相电流的关系，则三相负载的有功功率、无功功率分别表示为

$$P = 3P_A = 3U_P I_P \cos\varphi = \sqrt{3} U_L I_L \cos\varphi$$

$$Q = 3Q_A = 3U_P I_P \sin\varphi = \sqrt{3} U_L I_L \sin\varphi$$

式中，U_L—— 负载的线电压；

I_L—— 负载的线电流；

U_P—— 负载的相电压；

I_P—— 负载的相电流；

φ—— 每相负载的阻抗角。

对称三相电路的视在功率和功率因素分别定义如下：

$$S=\sqrt{P^2+Q^2}$$

$$\cos\varphi=\frac{P}{S}$$

根据对称三相负载的功率表达式关系，则

$$S=\sqrt{3}U_L I_L$$

对称三相正弦交流电路的瞬时功率经公式推导等于平均功率 P，它是不随时间变化的常数。瞬时功率恒定意味着电动机转动平稳，这是三相制的重要优点之一。

例 4-12　某三相异步电动机每相绕组的等值阻抗 $|Z|=27.74\ \Omega$，功率因数 $\cos\varphi=0.8$，正常运行时绕组为三角形连接，电源线电压为 380 V。试求：

(1) 正常运行时相电流、线电流和电动机的输入功率；

(2) 为了减小起动电流，在起动时改接成星形，试求此时的相电流、线电流及电动机输入功率。

解：(1) 正常运行时，电动机为三角形连接，则

$$I_P=\frac{U_l}{|Z|}=\frac{380}{27.74}=13.7(\mathrm{A})$$

$$I_L=\sqrt{3}I_P=\sqrt{3}\times 13.7=23.7(\mathrm{A})$$

$$P=\sqrt{3}U_L I_L\cos\varphi=\sqrt{3}\times 380\times 23.7=12.51(\mathrm{kW})$$

(2) 起动时，电动机为星形连接，则

$$I_P=\frac{U_P}{|Z|}=\frac{380/\sqrt{3}}{27.74}=7.9(\mathrm{A})$$

$$I_L=I_P=7.9\ \mathrm{A}$$

$$P=\sqrt{3}U_L I_L\cos\varphi=\sqrt{3}\times 380\times 7.9\times 0.8=4.17(\mathrm{kW})$$

可以看出，同一个对称三相负载接于一电路，当负载为 △ 形连接时的线电流是 Y 形连接时线电流的 3 倍，负载为 △ 形连接时的功率也是 Y 形连接时功率的 3 倍。即

$$P_\triangle=3P_Y$$

任务四　三相交流电路电压、电流的测量

一、实验目的

1. 练习三相负载的星形联接和三角形联接。
2. 了解三相电路线电压与相电压，线电流与相电流之间的关系。
3. 了解三相四线制供电系统中中线的作用。
4. 观察线路故障时的情况。

二、原理说明

电源用三相四线制向负载供电，三相负载可接成星形（又称“Y”形）或三角形（又称“△”形）。

当三相对称负载作“Y”形联接时，线电压 U_L 是相电压 U_P 的$\sqrt{3}$倍，线电流 I_L 等于相电流 I_P，即：$U_L=\sqrt{3}U_P$，$I_L=I_P$，流过中线的电流 $I_N=0$；作“△”形联接时，线电压 U_L 等于相压 U_P，线电流 I_L 是相电流 I_P 的$\sqrt{3}$倍，即：

$$I_L=\sqrt{3}I_P, U_L=U_P$$

不对称三相负载作“Y”联接时，必须采用‘Y_O’接法，中线必须牢固联接，以保证三相不对称负载的每相电压等于电源的相电压（三相对称电压）。若中线断开，会导致三相负载电压的不对称，致使负载轻的那一相的相电压过高，使负载遭受损坏，负载重的一相相电压又过低，使负载不能正常工作；对于不对称负载作“△”联接时，$I_L\neq\sqrt{3}I_P$，但只要电源的线电压 U_L 对称，加在三相负载上的电压仍是对称的，对各相负载工作没有影响。

本实验中，用三相调压器调压输出作为三相交流电源，用三组白炽灯作为三相负载，线电流、相电流、中线电流用电流插头和插座测量。

三、实验设备

1. NDG-01（交流仪表）。
2. QS-DY03（交流电源）。
3. NDG-10（三相交流电路）。

四、实验内容

1. 三相负载星形联接（三相四线制供电）

实验电路如图 4-45 所示将白炽灯按图所示，连接成星形接法。用三相调压器调压输出作为三相交流电源，具体操作如下：将三相调压器

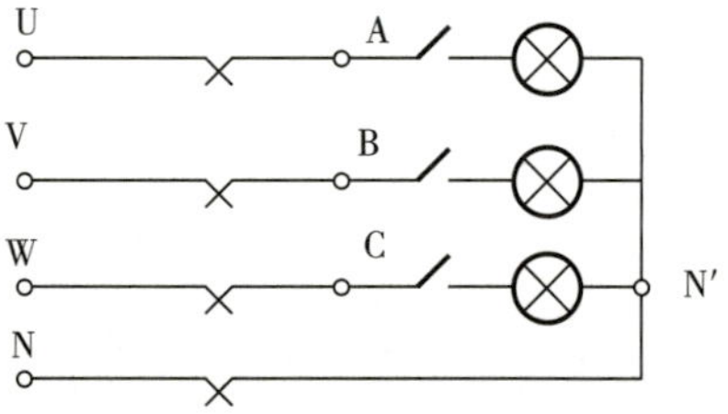

图 4-45　实验电路图

的旋钮置于三相电压输出为 0 V 的位置(即逆时针旋到底的位置),然后旋转旋钮,调节调压器的输出,使输出的三相线电压为 220V。测量线电压和相电压,并记录数据。

(1) 在有中线的情况下,测量三相负载对称和不对称时的各相电流、中线电流和各相电压,将数据记入表 4-1 中,并记录各灯的亮度。

(2) 在无中线的情况下,测量三相负载对称和不对称时的各相电流、各相电压和电源中点 N 到负载中点 N' 的电压 $U_{NN'}$,将数据记入表 4-2 中,并记录各灯的亮度。

表 4-1　负载星形联接实验数据

中线连接	每相灯数			负载相电压(V)			电流(A)				$U_{NN'}$ (V)	亮度比较 A、B、C
	A	B	C	U_A	U_B	U_C	I_A	I_B	I_C	I_N		
有	1	1	1									
	1	2	1									
	1	断开	2									
无	1	断开	2									
	1	2	1									
	1	1	1									
	1	短路	3									

表 4-2　负载星形联接实验数据

中线连接	每相灯数			负载相电压(V)			电流(A)				U_{NN} (V)	亮度比较 A、B、C
	A	B	C	U_A	U_B	U_C	I_A	I_B	I_C	I_N		
有	1	1	1									
	1	2	1									
	1	断开	2									
无	1	断开	2									
	1	2	1									
	1	1	1									

2. 三相负载三角形联接

实验电路如图 4-46 所示,将白炽灯按图所示,连接成三角形接法。调节三相调压器的输出电压,使输出的三相线电压为 220 V。测量三相负载对称和不对称时的各相电流、线电流和各相电压,将数据记入表 4-3 中,并记录各灯的亮度。

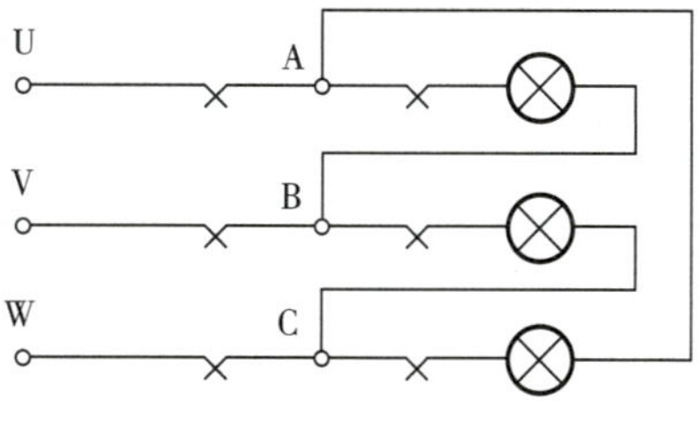

图 4-46　实验电路图

表 4－3　负载三角形联接实验数据

每相灯数			相电压(V)			线电流(A)			相电流(A)			
$A—B$	$B—C$	$C—A$	U_{AB}	U_{BC}	U_{CA}	I_A	I_B	I_C	I_{AB}	I_{BC}	I_{CA}	亮度比较
1	1	1										
1	2	3										

表 4－4　负载三角形联接实验数据

每相灯数			相电压(V)			线电流(A)			相电流(A)			
$A—B$	$B—C$	$C—A$	U_{AB}	U_{BC}	U_{CA}	I_A	I_B	I_C	I_{AB}	I_{BC}	I_{CA}	亮度比较
1	1	1										
1	2	1										

五、实验注意事项

1. 每次接线完毕，同组同学应自查一遍，然后由指导教师检查后，方可接通电源，必须严格遵守先接线、后通电，先断电、后抓线的实验操作原则。

2. 星形负载作短路实验时，必须首先断开中线，以免发生短路事故。

3. 测量、记录各电压、电流时，注意分清它们是哪一相、哪一线，防止记错。

六、预习与思考题

1. 三相负载根据什么原则作星形或三角形连接？本实验为什么将三相电源线电压设定为 220 V？

2. 三相负载按星形或三角形连接，它们的线电压与相电压、线电流与相电流有何关系？当三相负载对称时又有何关系？

3. 说明在三相四线制供电系统中中线的作用，中线上能安装保险丝吗？为什么？

七、实验报告要求

1. 根据实验数据，在负载为星形连接时，$U_L=\sqrt{3}U_P$ 在什么条件下成立？在三角形连接时，$I_L=\sqrt{3}I_P$ 在什么条件下成立？

2. 用实验数据和观察到的现象，总结三相四线制供电系统中中线的作用。

3. 不对称三角形联接的负载，能否正常工作？实验是否能证明这一点？

根据不对称负载三角形联接时的实验数据，画出各相电压、相电流和线电流的相量图，并证实实验数据的正确性。

知识拓展：

1. 交流电

交流电

2. 三相交流电源供电的电路

三相交流电源供电的电路

同步思考：

1. 已知 $A=6+\mathrm{j}8$，$B=4-\mathrm{j}3$，请分别计算 $A+B$，$A-B$，$A\times B$，$A\div B$。

答：

2. 判断下列各表达式的正误，若有错误，请改正。

(1) $i=(5-3\mathrm{j})\mathrm{A}$；

(2) $\dot{U}=220\sin(\omega t+60^\circ)\ \mathrm{V}$；

(3) $u=5\sin(\omega t-20^\circ)\ \mathrm{V}=5\angle-20^\circ\mathrm{V}$；

(4) $\dfrac{u}{i}=X_\mathrm{L}$；

(5) $\dfrac{U}{I}=X_\mathrm{L}$；

(6) $\dfrac{\dot{U}}{I}=X_\mathrm{L}$。

3. 已知 $u_1=\sqrt{2}U\sin(\omega t+\varphi_1)$，$u_2=\sqrt{2}U\sin(\omega t+\varphi_2)$，试讨论两个电压在什么情况下会出现超前、滞后、同相、反相的情况。

答：

4. 在 20 Ω 的电阻上加上 $u=4.76\sin(1000t)$ V 的电压，写出通过电阻的电流瞬时值表达式，并求出电阻消耗的功率大小。

答：

5. 在 $L=10$ mH 的电感上通有 $i=10\sqrt{2}\sin(314t)$ mA 的电流，求此时电感的感抗 X_{L}、电感两端的电压相量 $\dot{V}_{\mathrm{L}}$、电路的无功功率 Q；若电源频率增加 5 倍，则以上量值有何变化？

答：

6. 在一个 10 μF 的电容器上加有 60 V、50 Hz 的正弦电压，问此时的容抗 X_{C} 有多大？写出该电容的电压、电流瞬时值表达式及相量表达式，画出相量图，并求电容电路的无功功率 Q_{C}。

答：

7. 一个电感线圈接到 120 V 的直流电源上，电流为 20 A；若接到 50 Hz、220 V 的交流电源上，则电流为 28.2 A，求该线圈的电阻和电感。

答：

8. 一个纯电感线圈和一个 30 Ω 的电阻串联后，接到 220 V、50 Hz 的交流电源上，这时电路中的电流为 2.5 A，求电路的阻抗 Z，电感 L、V_R、V_L，视在功率 S，有功功率 P，无功功率 Q。

答：

项目四 PPT

项目五

变压器及三相电机

本章导读

在前面几章中已讨论、分析并计算各种电路的基本定律和基本方法。但在很多电工设备(电工测量仪表、变压器、电机、电磁铁和电磁阀及其他各种铁磁元件)中,不仅有电路问题的分析,同时还有磁路问题的分析。只有同时掌握了电路和磁路的基本理论,才能对各种电工设备做全面的分析。

知识要点

磁性物质的特征和磁路定律;磁路的计算;三相异步电动机及其转动原理交、直流铁芯线圈和电磁铁;电动机基本原理和使用方法。

学习要点

了解铁磁材料的磁性能,铁磁材料的分类、磁滞回线、磁化曲线。

了解交流铁心线圈等效电路,掌握交直流铁心线圈的工作特点,掌握交流铁心线圈电路的电压平衡方程式。

熟悉直流电磁铁、交流电磁铁的特点、吸力特性。

熟悉变压器工作原理,掌握电压、电流、电阻的变换公式及其来源和条件,在多绕组变压器中应掌握正确判断同名端方法,并学会利用同名端的概念确定正确的连接方法。

任务一　磁路的基本概念

学习目标:

了解磁路的基本概念。

掌握铁磁材料的分类、特点及应用。

理解磁路定律。

学习内容:

磁路概念、铁磁性材料、磁路定律。

一、磁路系统介绍

1. 磁路的基本概念

大多数电气设备都是运用电与磁及其相互作用等物理过程实现能量的传递和转换的，例如直流电机、异步电机是运用载流导体在磁场中产生电磁力这种物理现象实现将电能转换成机械能。因此在上述电气设备中都必须具备一个磁场，这个磁场是线圈通以电流产生的，通过线圈的电流叫作励磁电流。

要使较小的励磁电流能够产生足够大的磁通，在变压器、电机及各种电磁元件中常用铁磁物质做成一定形状的铁心。由于铁心的磁导率比周围其他物质的磁导率高很多，因此磁通差不多全部通过铁芯而形成一个闭合回路，这部分磁通称为主磁通 Φ，所经过的路径叫作磁路，如图 5-1 所示。另外还有很少一部分经过空气而形成闭合路径，这部分磁通叫漏磁通 Φ_σ。

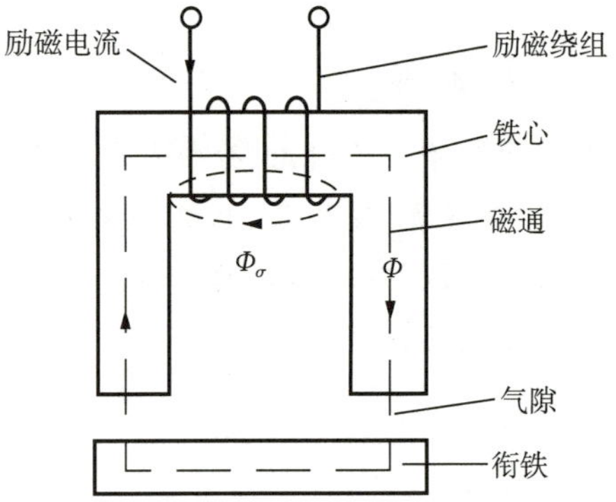

图 5-1 磁路

(1) 磁感应强度

磁感应强度是表示磁场内某点的磁场强弱和方向的物理量，它是一个矢量，用 $\boldsymbol{B}$ 表示。它的方向就是该点磁场的方向，它与电流之间的方向可用右手螺旋定则来确定，其大小是用一根电导线在磁场中受力的大小来衡量的(该导线与磁场方向垂直)，即

$$\boldsymbol{B}=\frac{F}{Il} \tag{5-1}$$

式中，F—— 磁力，单位为牛顿(N)；

I—— 通过导线的电流，单位为(A)；

l—— 导线的长度，单位为米(m)；

B—— 磁感应强度，在国际单位制中，B 的单位为特斯拉(韦伯 / 米^2)，简称特，用 T($\mathrm{Wb/m^2}$) 表示。

磁感应强度的大小也可用通过垂直于磁场方向单位面积的磁力线数来表示。

(2) 磁通

在磁场中，磁感应强度 B 与垂直于磁场方向的某一截面积 S 的乘积称为磁通 Φ，即

$$\Phi=\boldsymbol{B}S,\boldsymbol{B}=\frac{\Phi}{S} \tag{5-2}$$

也就是说，磁通 Φ 是垂直穿过某一截面磁力线的总数。

根据电磁感应定律的公式有

$$e=-N\frac{\mathrm{d}\Phi}{\mathrm{d}t} \tag{5-3}$$

在国际单位制中，Φ 的单位为伏·秒（V·s），通常称为韦伯，用 Wb 表示。

(3) 磁场强度

磁场强度是进行磁场计算时引用的一个辅助计算量，也是矢量，用 $\boldsymbol{H}$ 表示。通过它来确定磁场与电流间的关系。

要确定通过励磁绕组的电流用其产生磁通之间的关系是工程计算的重要内容之一。例如电磁铁的吸力大小就取决于铁芯中磁通的多少，而磁通的多少又与通入线圈的励磁电流的大小有关。对空心线圈要计算磁场与电流之间的关系比较简单，因为介质是空气，它的磁导率是个常数，所以空心线圈产生的磁通是与励磁电流成正比的。

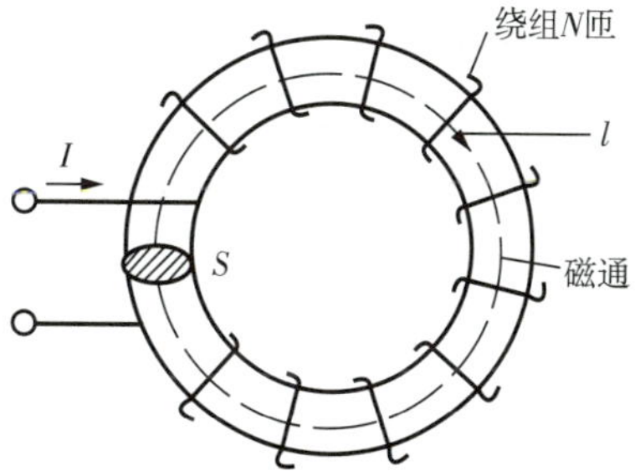

图 5-2　磁路的磁场强度

当线圈中具有铁心时，因为铁磁物质的磁饱和现象、磁导率不是常数，磁通与励磁电流之间不再是正比关系，这样在研究与计算磁路时就比较麻烦，为了简化起见，引入磁场强度这样一个辅助量，当磁路由一种磁性材料组成，且各处截面积 S 相等，如图 5-2 所示，根据磁路的安培环路定律，可计算出磁路的磁场强度为

$$\boldsymbol{H}=\frac{IN}{l} \tag{5-4}$$

式中，I—— 励磁电流；

N—— 线圈匝数；

l—— 磁路的平均长度；

H—— 磁场强度，单位为安培每米，用 A/m 表示。

(4) 磁导率

磁导率 μ 是一个用来表示磁场介质磁性的物理量，也就是用来衡量物质导磁能力的物理量。在国际单位制中，μ 的单位为亨 / 米，用 H/m 表示。真空的磁导率是一个常量，用 μ_0 表示。$\mu_0=4\pi\times10^{-7}$ H/m，任意一种物质的磁导率 μ 和真空的磁导率 μ_0 的比值，称为该物质的相对磁导率 μ_r，即

$$\mu_r=\frac{\mu}{\mu_0} \tag{5-5}$$

引入磁导率 μ 后，磁感应强度 B 的大小等于磁导率 μ 与磁场强度 H 的乘积，即

$$B=\mu H \tag{5-6}$$

这说明在相同磁场强度的情况下，物质的磁导率愈高，整体的磁场效应愈强。

2. 铁磁性物质

(1) 铁磁性物质的磁化

实验表明：将铁磁性物质（如铁、镍、钴等）置于某磁场中，会大大加强原磁场。这是由于铁磁性物质会在外加磁场的作用下产生一个与外磁场同方向的附加磁场，这个附加磁场促使了总磁场的强化，这种现象叫作磁化。

铁磁性物质的这种性质是由其内部结构决定的。研究表明铁磁性物质内部是由许多叫作磁畴的天然磁化区域所组成的。虽然每个磁畴的体积很小，但却包含数亿个分子，每个磁畴中的分子电流排列整齐，因此每个磁畴就构成一个永磁体，具有很强的磁性。但未被磁化的铁磁性物质，磁畴排列是紊乱的，各个磁畴的磁场相互抵消，不显磁性，如 5－3(a) 所示。

如果把铁磁性物质放入外磁场中，这时大多数磁畴都趋向于沿外磁场方向规则地排列，因而在铁磁性物质内部形成了很强的与外磁场同方向的“附加磁场”，从而大大地加强了磁感应强度，即铁磁性物质被磁化了，如图 5－3(b) 所示。当外加磁场进一步加强时，所有磁畴的磁轴都几乎转向外加磁场方向，这时附加磁场不再加强，这种现象叫作磁饱和，如图 5－3(c) 所示。非铁磁性物质（如铝、铜、木材等）由于没有磁畴结构，磁化程度微弱。

铁磁性物质具有很强的磁化作用，因而具有良好的导磁性能，广泛用于电器设备中，如电机、变压器、电磁铁、电工仪表等，利用铁磁性物质的磁化特性，可以使这些设备体积小、重量轻、结构简单、成本降低。因此，铁磁性物质对电气设备的工作影响很大。

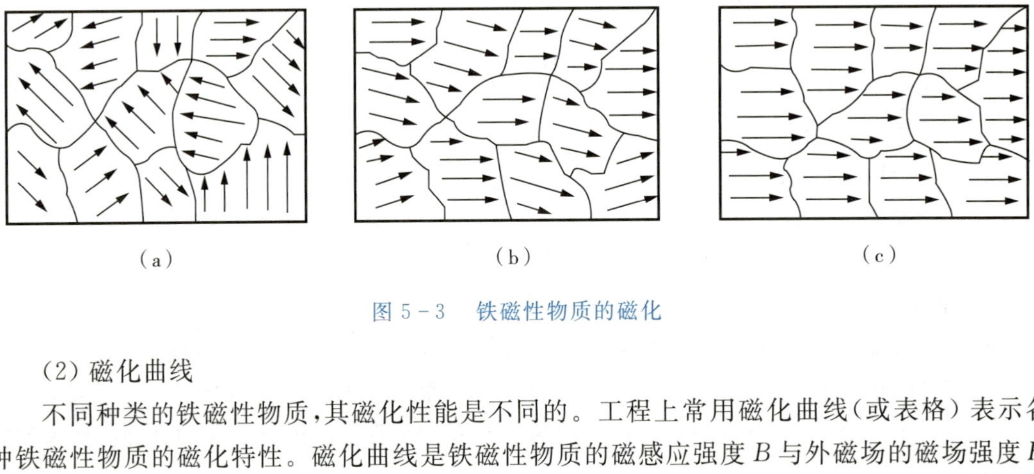

(a) (b) (c)

图 5－3 铁磁性物质的磁化

(2) 磁化曲线

不同种类的铁磁性物质，其磁化性能是不同的。工程上常用磁化曲线（或表格）表示各种铁磁性物质的磁化特性。磁化曲线是铁磁性物质的磁感应强度 B 与外磁场的磁场强度 H 之间的关系曲线，所以又叫作 B－H 曲线。这种曲线一般由实验得到，B－H 曲线的测量电路如图 5－4 所示。

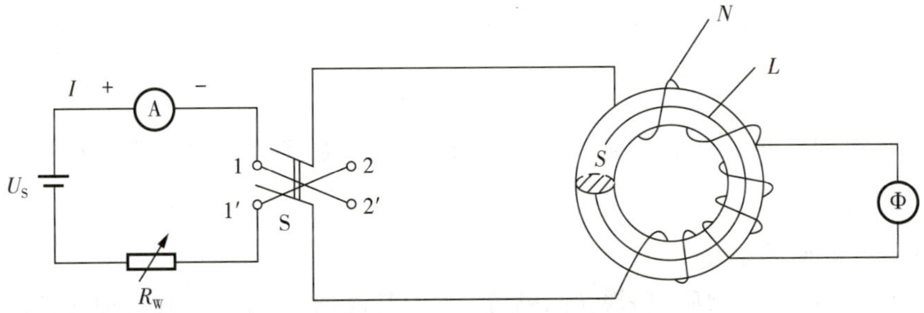

图 5－4 B－H 曲线的测量电路

图5-4中，U_S为直流电源；R_W为可变电阻，用来调节回路电流I的大小；双刀双掷开关S用来改变流过线圈的电流方向；右边的圆环是由被测铁磁性物质制成的，其截面积为S，平均长度为L；线圈绕在圆环上，匝数为N；磁通计Ⓕ，用来测量磁路中磁通的大小。

由于$B=\Phi/S$、$H=IN/L$，依次改变测量Φ值和I值，可分别计算出B和H，其B-H曲线如图5-5(a)所示。由于$B=\mu H$，所以μ-H曲线如图5-5(b)所示。

① 起始磁化曲线

图5-5(a)所示的B-H曲线是在铁芯原来没有被磁化即B和H均从零开始增加时所测得的。这种情况下作出的BH曲线叫作起始磁化曲线。起始磁化曲线大体上可以分为4段，即OP段、PQ段、QR段和R点以后，下面分别加以说明。

(a) B-H曲线　(b) μ-H曲线

图5-5　起始磁化曲线

OP段：此段斜率较小，当H增加时，B增加缓慢，这反映了磁畴有“惯性”，较小的外磁场不能使它转向为有序排列。

PQ段：此段可以近似看成是斜率较大的一段直线。在这段中，随着H的加大，B增大较快。这是由于原来不规则的磁畴在H的作用下，迅速沿着外磁场方向排列。

QR段：此段的斜率明显减小，即随着H的加大，B增大缓慢。这是由于绝大部分磁畴已转向为外磁场方向，所以B增大的空间不大。Q点附近叫作B-H曲线的膝部，在膝部可以用较小的电流（较小的H）获得较大的磁感应强度（B）。所以电机、变压器的铁芯常设计在膝部，以便用小电流产生较强的磁场。

R点以后：R点后随着H的加大，B几乎不增大。这是由于几乎所有磁畴都已转向为外磁场方向，即使H加大，附加磁场也不可能再增大。这个现象叫作铁磁性物质的磁饱和，R点以后的区域叫作饱和区。

铁磁性物质的B-H曲线是非线性的，$\mu(B/H)$不是常数。而非铁磁性物质的B-H曲线为直线，μ是常数。

② 磁滞回线

起始磁化曲线只反映了铁磁性物质在外磁场（H）由零逐渐增加的磁化过程。在很多实际应用中，外磁场（H）的大小和方向是不断改变的，即铁磁性物质受到交变磁化或反复磁化（图5-6）。

从图5-6可以看出，当铁磁性物质沿起始磁化曲线磁化到a点后，若减小电流（H减

小)，B 也随之减小，但 B 不是沿原来起始磁化曲线减小，而是沿另一路径 ab 减小，特别是当 $I=0(H=0)$ 时，B 并不为零。$B=B_r(Ob$ 段）叫作剩磁，这种现象叫作磁滞，磁滞现象是铁磁性物质所特有的。要消除剩磁（常称为去磁或退磁)，需要反方向加大 H，也就是 bc 段，当 $H=-H_c(Oc$ 段）时，$B=0$，剩磁才被消除，此时的 $|-H_c|$ 叫作材料的矫顽力。$|-H_c|$ 的大小反映了材料保持剩磁的能力。

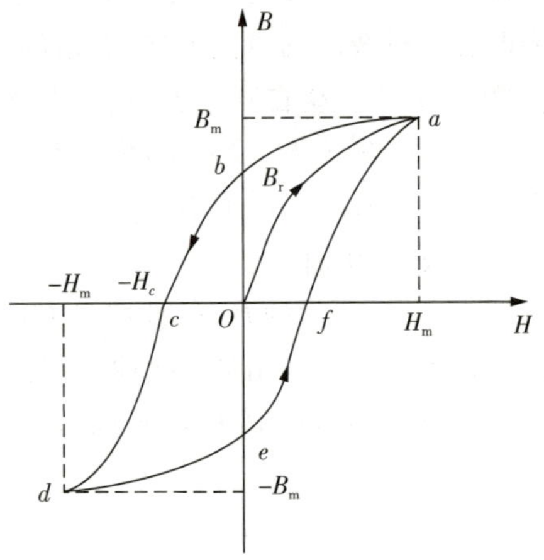

图 5-6　交变磁化曲线

如果我们继续反向加大 H，使 $H=-H_m$，$B=-B_m$，再让 H 减小到零(de 段)，再加大 H，使 $H=H_m$，$B=B_m$(efa 段)，这样反复，便可得到对称于坐标原点的闭合曲线。如图 5-6 所示即为铁磁性物质的磁滞回线(abcdefa)。

如果改变磁场强度的最大值(即改变实验所取电流的最大值）重复上述实验，就可以得到另外一条磁滞回线。图 5-7 给出了不同 H_m 时的磁滞回线族。这些曲线的 B_m 顶点连线称为铁磁性物质的基本磁化曲线。对于某一种铁磁性物质来说，基本磁化曲线是完全确定的，它与起始磁化曲线差别很小，基本磁化曲线所表示的磁感应强度 B 和磁场强度 H 的关系具有平均的意义，因此工程上常用到它。

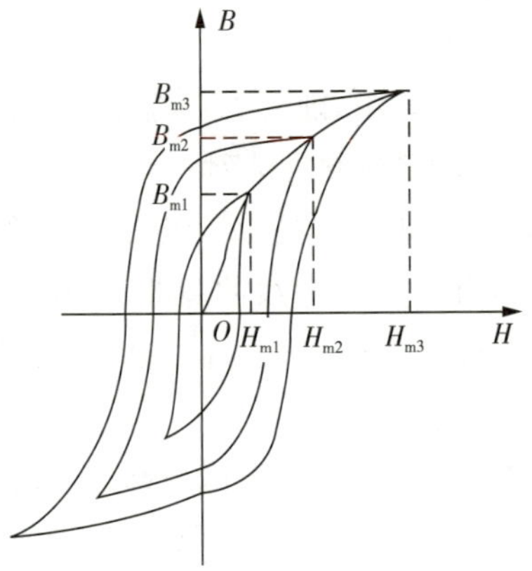

图 5-7　磁滞回线族

(3) 铁磁性物质的分类

铁磁性物质根据磁滞回线的形状及其在工程上的用途可以分为两大类：一类是硬磁（永磁）材料，另一类是软磁材料。

硬磁材料的特点是磁滞回线较宽，剩磁和矫顽力都较大。这类材料在磁化后能保持很强的剩磁，适宜制作永久磁铁。常用的有铁镍钴合金、镍钢、钴钢、镍铁氧体、锻铁氧体等。在磁电式仪表、电声器材、永磁发电机等设备中所用的磁铁就是用其制作的。软磁材料的特点是磁导率高，磁滞回线狭长，磁滞损耗小。软磁材料又分为低频和高频两种。用于高频的软磁材料要求具有较大的电阻率，以减小高频涡流损失。常用的高频软磁材料有铁氧体等，如收音机中的磁棒、无线电设备中变压器的磁芯等。用于低频的有铸钢、硅钢、坡莫合金等。电机、变压器等设备中的铁芯多为硅钢片，录音机中的磁头铁芯多用坡莫合金。由于软磁材料的磁滞回线狭长，一般用基本磁化曲线代表其磁化特性，如图 5-8 所示是软磁和硬磁材料的磁滞回线。

如图 5-9 所示是常用铁磁性材料的基本磁化曲线，电气工程中常利用它来进行磁路计算。

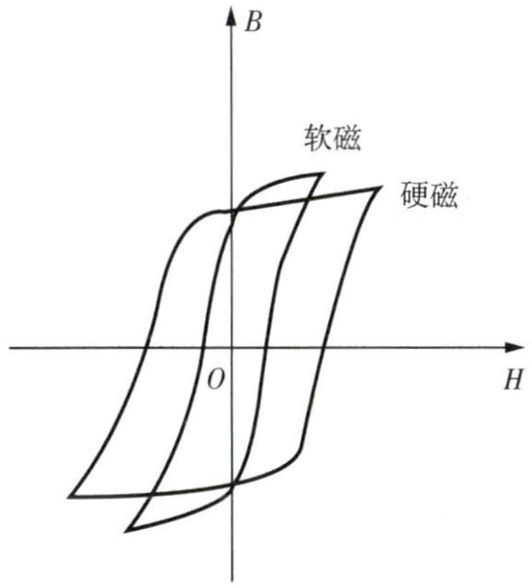

图 5-8　软磁和硬磁材料的磁带回线

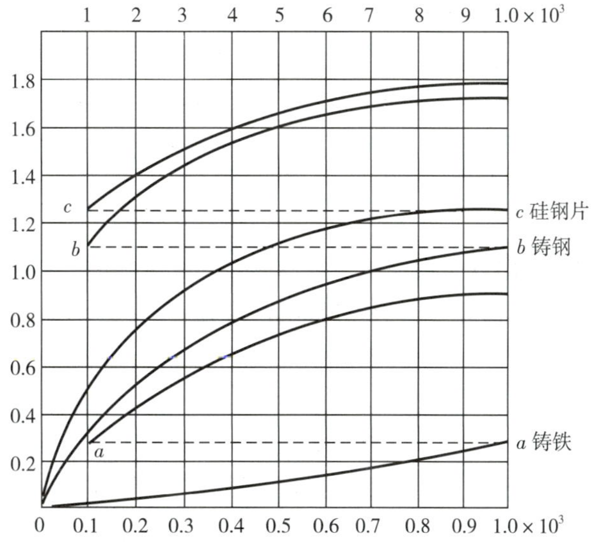

图 5-9　常用铁磁性材料的基本磁化曲线

二、磁路和磁路定律

1. 磁路

线圈中通过电流就会产生磁场，磁感应线会分布在线圈周围的整个空间。如果我们把线圈绕在铁芯上，鉴于铁磁性物质的优良导磁性能，电流所产生的磁感应线基本上都局限于铁芯内。如前所述，有铁芯的线圈在同样大小电流的作用下，所产生的磁通将大大增加。这就是电磁器件中经常采用铁芯线圈的原因。由于铁磁性材料的磁导率很高，磁通几乎全部集中在铁芯中，这个磁通称为主磁通。主磁通通过铁芯所形成的闭合路径叫作磁路。

法拉第电磁感应

由于制造和结构上的原因，磁路中常会含有空气隙，当空气隙很小时，空气隙里的磁力线大部分是平行而均匀的，只有极少数磁力线扩散出去造成所谓的边缘效应，如图 5-10 所示。

另外，还会有少量磁力线不经过铁芯而经过空气形成磁回路，这种磁通称为漏磁通。漏磁通相对于主磁通来说，所占的比例很小，所以一般可忽略不计。与电路相类似，磁路也可分为无分支磁路和有分支磁路两种。

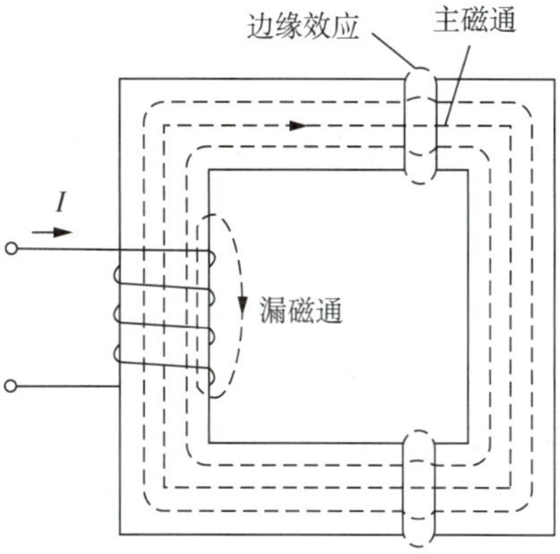

图 5-10　主磁通、漏磁通和边缘效应

2. 磁路定律

与电路类似，磁路也存在着固定的规律，利

用基尔霍夫定律推算可以得到有关磁路。

(1) 磁路的基尔霍夫第一定律

根据磁通的连续性，在忽略了漏磁通以后，在磁路的一条支路中，处处都有相同的磁通。进入包围磁路分支点闭合曲面的磁通与穿出该曲面的磁通是相等的。因此，磁路分支点(节点) 所连各支路磁通的代数和为零，即

$$\sum \Phi = 0 \tag{5-7}$$

这就是磁路基尔霍夫第一定律的表达式。如图 5-11 所示，对于节点 A，若把进入节点的磁通取正号，离开节点的磁通取负号，则 $\Phi_1 + \Phi_2 - \Phi_3 = 0$。

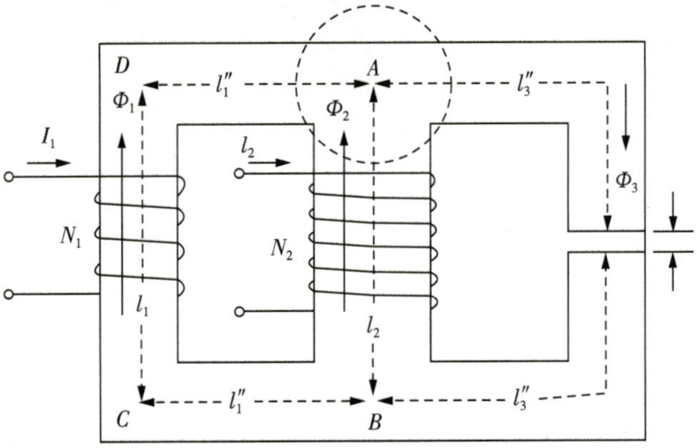

图 5-11　磁路示意图

(2) 磁路的基尔霍夫第二定律

在磁路计算中，为了找出磁通和励磁电流之间的关系，必须应用安培环路定律。为此我们把磁路中的每一支路，按各处材料和截面的不同分成若干段。在每一段中因其材料和截面积是相同的，所以 B 和 H 处处相等。应用安培环路定律表达式的积分$\oint H\mathrm{d}i$，对任意闭合回路，可得到

$$\sum (Hl) = \sum (IN) \tag{5-8}$$

式(5-8) 是磁路的基尔霍夫第二定律。对于如图 5-11 所示的 $ABCDA$ 回路，可以得出

$$H_1 l_1 + H_1' l_1' + H_1'' l_1'' - H_2 l_2 = I_1 N_1 - I_2 N_2$$

上式中的符号规定如下：当某段磁通的参考方向(即 H 的方向) 与回路的参考方向一致时，该段的 Hl 取正号，否则取负号；励磁电流的参考方向与回路的绕行方向符合右手螺旋法则时，对应的 IN 取正号，否则取负号。

为了和电路相对应，把式(5-8) 右边的 IN 称为磁通势，简称磁势。它是磁路产生磁通的原因，用 F_m 表示，单位是安。等式左边的 Hl 可看成是磁路在每一段上的磁位差(磁压降)，用 U_m 表示。所以磁路的基尔霍夫第二定律可以叙述为磁路沿着闭合回路的磁位差 U_m

的代数和等于磁通势 F_m 的代数和，记作

$$\sum U_m = \sum F_m$$

（3）磁路的欧姆定律

在上述的每一分段中均有 $B=\mu H$，即，$\Phi/S=\mu H/$，所以

$$\Phi=\mu HS=\frac{Hl}{l/\mu S}=\frac{U_m}{l/\mu S}=\frac{U_m}{R_m} \tag{5-9}$$

式（5-9）叫作磁路的欧姆定律。式中，$U=Hl$ 是磁压降，在 SI 单位制中，U_m 的单位为 A，$R=l/\mu S$ 的单位为 1/H，则 Φ 的单位为 Wb。

由上述分析可知，磁路与电路有许多相似之处。磁路定律是电路定律的扩展。但应注意，磁路和电路具有本质的区别，绝不能混为一谈。这主要表现在磁通并不像电流那样代表某种质点的运动；磁通通过磁阻时，并不像电流通过电阻那样要消耗能量，因此维持恒定磁通也并不需要消耗任何能量，即不存在与电路中的焦耳定律类似的磁路定律。

3. 交流铁芯线圈

交流铁芯线圈是用交流电来励磁的，其电磁关系与直流铁芯线圈有很大不同。在直流铁芯线圈中，因为励磁电流是直流，其磁通是恒定的，在铁芯和线圈中不会产生感应电动势。而交流铁芯线圈的电流是变化的，变化的电流会产生变化的磁通，于是会产生感应电动势，电路中电压、电流的关系也与磁路情况有关。影响交流铁芯线圈工作的因素有铁芯的磁饱和、磁滞和涡流、漏磁通、线圈电阻等，其中，磁饱和、磁滞和涡流的影响最大。

（1）电压为正弦量

在忽略线圈电阻及漏磁通时，选择线圈电压 U、电流 I、磁通 Φ 及感应电动势 E 的参考方向如图 5-12 所示。可见，电压的相位比磁通的相位超前90°，并且电压及感应电动势的有效值与主磁通的最大值的关系为

$$U=E=\frac{\omega N\Phi_m}{\sqrt{2}}=\frac{2\pi fN\Phi_m}{\sqrt{2}}=4.44fN\Phi_m \tag{5-10}$$

式（5-10）是一个重要的公式，它表明：当电源的频率及线圈匝数一定时，若线圈电压的有效值不变，则主磁通的最大值 Φ_m（或磁感应的强度最大值 B_m）不变；线圈电压的有效值改变时，Φ_m 与 U 成正比变化，而与磁路情况（如铁芯材料的磁导率、气隙的大小等）无关。这与直流铁芯线圈不同，因为直流铁芯线圈若电压不变，电流就不变，因而磁势不变，磁路情况变化时，磁通随之改变。

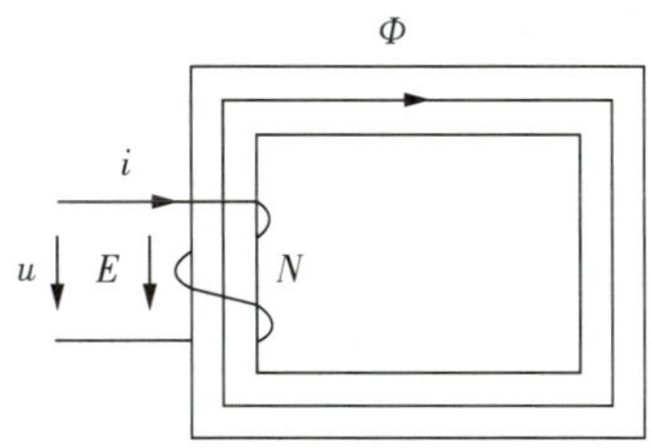

图 5-12　交流铁芯线圈各电磁量参考方向

考虑交流铁芯线圈的电流时 i 和 Φ，不是线性关系，也就是说磁通正弦变化时，电流不是正弦变化的。因为在略去磁滞和涡流影响时，铁芯材料的 $B-H$ 曲线即是基本磁化曲线。在 $B-H$ 曲线上，H 正比于 i，B 正比于 Φ，所以可以将

$B-H$ 曲线转化为 $\Phi-i$ 曲线(图 5-13)。

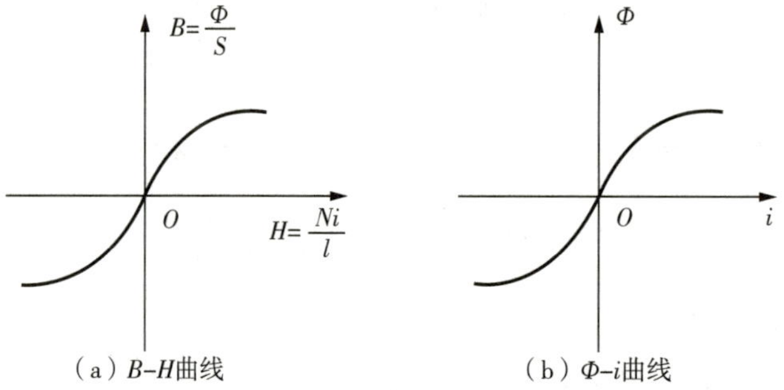

图 5-13　$B-H$ 曲线与 $\Phi-i$ 曲线

交流铁芯线圈在考虑了磁滞和涡流时，除了电流的波形畸变严重外，还要引起能量的损耗，分别叫作磁滞损耗和涡流损耗。产生磁滞损耗的原因是磁畴在交流磁场的作用下反复转向，引起铁磁性物质内部的摩擦，这种摩擦使铁芯发热。产生涡流损耗是由于交变磁通穿过块状导体时，在导体内部产生感应电动势，并形成漩涡状的感应电流(涡流)，这个电流通过导体自身电阻时会消耗能量，结果也是使铁芯发热。

理论和实践证明，铁芯的磁滞损耗 P_Z 和涡流损耗 P_W(单位为 W) 可分别由下式计算：

$$P_Z = K_Z f B_m^n V$$

$$P_W = K_W f^2 B_m^2 V$$

式中，f—— 磁场每秒交变的次数(即频率)，单位为 Hz；

B_m—— 磁感应强度的最大值，单位为 T；

n——指数，由 B_m 的范围决定，当 $0.1\ \mathrm{T} < B_m < 1.0\ \mathrm{T}$ 时 $n \approx 1.6$，当 $0 < B_m < 0.1\ \mathrm{T}$ 和 $1\ \mathrm{T} < B_m < 1.6\ \mathrm{T}$ 时 $n \approx 2$；

V—— 铁磁性物质的体积，单位为 m^3；

K_Z，K_W—— 与铁磁性物质性质结构有关的系数，由实验确定。

实际工程应用中，为降低磁滞损耗，常选用磁滞回线较狭长的铁磁性材料制造铁芯，如硅钢就是制造变压器、电机的常用铁芯材料，其磁滞损耗较小。为了降低涡流损耗，常用的方法有两种：一种是选用电阻率大的铁磁性材料，如无线电设备中就选择电阻率很大的铁氧体，而电机、变压器则选用导磁性好、电阻率较大的硅钢；另一种方法是设法提高涡流路径上的电阻值，如电机、变压器使用片状硅钢片且两面涂绝缘漆。

交流铁芯线圈的铁芯既存在磁滞损耗，又存在涡流损耗，在电机、电器的设计中，常把这两种损耗合称为铁损(铁耗)P_{Fe}，单位为 W，即

$$P_{Fe} = P_Z + P_W$$

在工程手册上，一般给出“比铁损”(P_{FeO}，单位为 W/kg)，它表示每千克铁芯的铁损瓦值。例如，设计一个交流铁芯线圈的铁芯，使用了 G kg 的某种铁磁性材料，如从手册上查出了某种铁磁性材料的比铁损 P_{FeO} 值，则该铁芯的总铁耗为 $P_{FeO}G$。

任务二　电磁铁与变压器

学习目标：

掌握变压器的基本结构与工作原理。
能对变压器进行一般检测和一般故障分析。
能初步具有查阅变压器有关资料和手册的能力。

学习内容：

直流电磁铁和交流电磁铁，变压器的结构、原理及其特性。

一、电磁铁

利用通电线圈在铁芯里产生磁场，由磁场产生吸力的机构统称为电磁铁。电磁铁是把电能转换为机械能的一种设备，通过电磁铁的衔铁可以获得直线运动和某一定角度的回转运动。电磁铁是一种重要的电器设备。工业上经常利用电磁铁完成起重、制动力、吸持及开闭等机械动作。在自动控制系统中经常利用电磁铁附上触头及相应部件做成各种继电器、接触器、调整器及驱动机构等。

电磁铁可分为线圈、铁芯及衔铁三部分，它的结构通常有图 5 - 14 所示的几种。

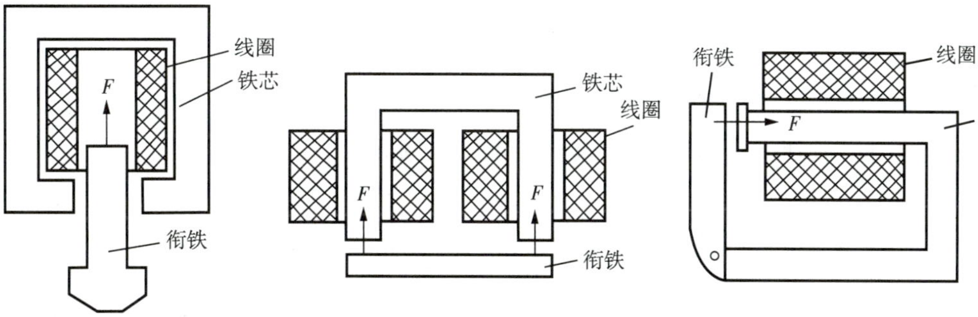

图 5 - 14　电磁铁的几种形式

1. 直流电磁铁

电磁铁的吸力是它的主要参数之一。吸力的大小与气隙的截面积 S_0 及气隙中磁感应强度 B_0 的平方成正比。计算吸力的基本公式为

$$F = \frac{10^7}{8\pi} B_0^2 S_0 \tag{5-11}$$

式中，B_0—— 磁感应强度，单位是 T；

S_0—— 截面积,单位是 m^2;

F—— 吸力,在国际单位制中,F 的单位是 N。

直流电磁铁的特点:

(1) 铁心中的磁通恒定,没有铁损,铁芯用整块材料制成。

(2) 励磁电流 $I=U/R$,与衔铁的位置无关,外加电压全部降在线圈电阻 R 上,R 的电阻值较大。

(3) 当衔铁吸合时,由于磁路气隙减小,磁阻随之减小,磁通 Φ 增大,因而衔铁被牢牢吸住。衔铁吸合过程中励磁电流 I、吸力 F 与气隙长度 l_0 的关系曲线如图 5-15 所示。

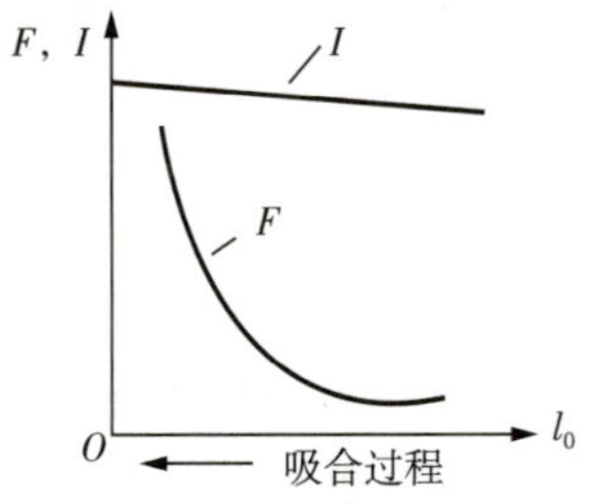

图 5-15 励磁电流的关系曲线

2. 交流电磁铁

当交流电通过线圈时,在铁芯中产生交变磁通,因为电磁力与磁通的平方成正比,所以当电流改变方向时,牵引力的方向并不改变,而是朝一个方向将衔铁吸向铁芯,正如永久磁铁无论 N 极或 S 极都因磁感应会吸引衔铁一样。

交流电磁铁中磁场是交变的,设气隙中的磁感应强度为 $B_0=B_m\sin\omega t$,则吸力为

$$f=\frac{10^7}{8\pi}B_0^2S_0\ \sin^2\omega t=\frac{10^7}{8\pi}B_m^2S_0\left(\frac{1-\cos2\omega t}{2}\right)$$

$$=F_m\left(\frac{1-\cos2\omega t}{2}\right)=\frac{1}{2}F_m-\frac{1}{2}F_m\cos2\omega t \qquad (5-12)$$

式中,F_m—— 电磁吸力的最大值,且 $F_m=\frac{10^7}{8\pi}B_0^2S_0$。

由式(5-12)可知,吸力的瞬时值由两部分组成:一部分为恒定分量,另一部分为交变分量。但吸力的大小取决于平均值,设吸力平均值为 F,则有

$$F=\frac{1}{T}\int_0^T f\mathrm{d}t=\frac{1}{2}F_m=\frac{10^7}{16\pi}B_m^2S_0 \qquad (5-13)$$

可见吸力平均值等于最大值的一半,这说明在最大电流值及结构相同的情况下,直流电磁铁的吸力比交流电磁铁的吸力大一倍。如在交流励磁磁感应强度的有效值等于直流励磁磁感应强度的值时,则交流电磁吸力平均值等于直流电磁吸力。

虽然交流电磁铁的吸力方向不变,但它的大小是变动的,如图 5-16 所示。当磁通经过零值时,电磁吸力为零,往复脉动 100 次,即以两倍的频率在 0 与最大值 F_m 之间脉动,因而衔铁以两倍电源频率在颤动,引起噪声,同时触点容易损坏。为了消除这种现象,可在磁极的部分端面上套一个短路环,如图 5-17 所示。于是在短路环中便产生感应电流,以阻碍磁通的变化,使在磁极两部分中的磁通 Φ_1 和 Φ_2 之间产生一相位差,因而磁极各部分的吸力也就不会同时降为零,这就消除了衔铁的颤动,当然也就消除了噪声。

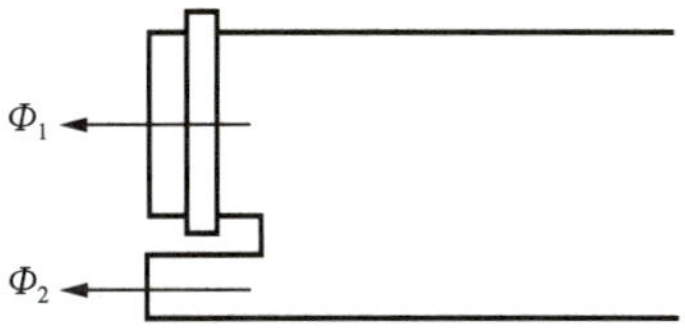

图 5-16　交流电磁铁的吸力

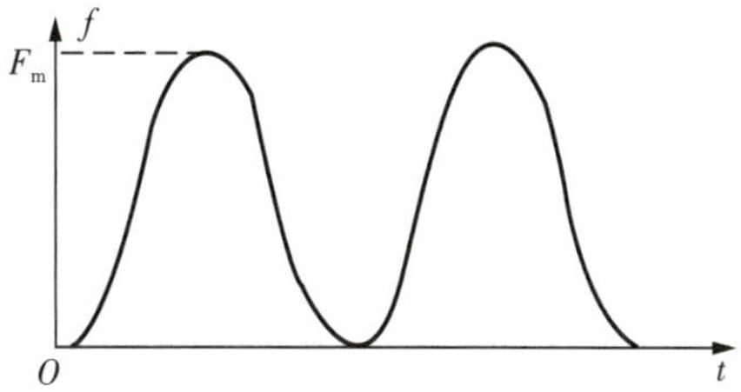

图 5-17　短路环

交流电磁铁的特点如下：

(1) 由于励磁电流 I 是交变的，铁芯中会产生交变磁通，一方面使铁芯中产生磁滞损失和涡流损失；另一方面使线圈中产生感应电动势。

(2) 励磁电流 I 与气隙 l_0 大小有关。在吸合过程中，随着气隙的减小，磁阻减小，因磁通最大值 Φ_m 基本不变，故磁动势 IN 下降，即励磁电流 I 下降。

(3) 因磁通最大值 Φ_m 基本不变，所以平均电磁吸力 F 在吸合过程中基本不变。励磁电流 I、平均电磁吸力 F 和气隙 l_0 的关系如图 5-15 所示。由图 5-15 可知，交流电磁铁通电后，若衔铁被卡住不能吸合，则因气隙大，励磁电流要比衔铁吸合时大得多，这将造成线圈因电流过大而被烧毁。

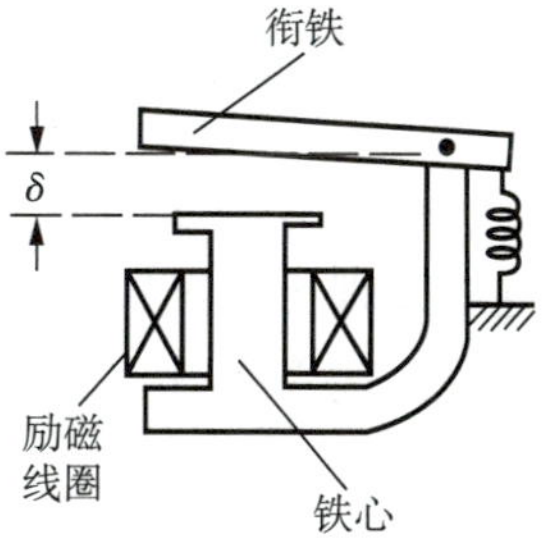

图 5-18　例 5-1 电路图

例 5-1　已知交流电磁铁磁路如图 5-18 所示，衔铁受到弹簧反作用力 10 N，额定电压 $U_N=220$ V，空隙平均为 3 cm，求铁芯截面和线圈匝数。设漏磁系数 $\sigma=1.5$。考虑到线圈电阻及漏抗电压降，线圈上的有效电压取额定电压的 80%。

解： 一般交流电磁铁磁路的磁感应强度 B 可为 0.2 ~ 1 T，在此处选定 $B=0.5$ T，于是铁心截面积 S 可由下式求得

$$F_0=\frac{1}{2}F_m=\frac{B_m^2 S_0}{16\pi}\times 10^7$$

或

$$S_0=\frac{16\pi F_0}{B_m^2}\times 10^7=\frac{16\pi\times 10}{0.25}\times 10^7=2\times 10^{-4}(\text{cm}^2)$$

有效电压为

$$U=0.8\times 220=176(\text{V})$$

磁通为

$$\Phi_m=B_m S_0=0.5\times 2\times 10^{-4}\times 1.5=1.5\times 10^{-4}(\text{Wb})$$

匝数为

$$N=\frac{U}{4.44f\Phi_{\mathrm{m}}}=\frac{176}{4.44\times 50\times 1.5\times 10^{-4}}=5290(\text{匝})$$

二、变压器

变压器是根据电磁感应原理制成的一种静止的电气设备，它的基本作用是变换交流电压，即把电压从某一数值的交流电变为另一数值的交流电。在输电方面，为了节省输电导线的用铜量和减少线路上的电压降及线路的功率损耗，通常利用变压器升高电压；在用电方面，为了用电安全，可利用变压器降低电压。此外，变压器还可用于变换电流大小和变换阻抗大小。

变压器的构造和工作原理

变压器的种类很多，根据其不同用途分为远距离输配电用的电力变压器、机床控制用的控制变压器、电子设备和仪器供电电源用的电源变压器、焊接用的焊接变压器、平滑调压用的自耦变压器、测量仪表用的互感器以及用于传递信号的耦合变压器等。

无论何种变压器，其基本构造和工作原理都是相同的，都由铁磁材料构成的铁芯和绕在铁芯上的线圈(绕组)两部分组成。变压器常见的结构有两类：芯式变压器和壳式变压器。如图 5－19 所示，芯式变压器的特点是绕组包围铁芯，它的用铁量较少，构造简单，绕组的安装和绝缘处理比较容易，因此多用于容量较大的变压器中。壳式变压器如图 5－20 所示，其特点是铁芯包围绕组。这种变压器用铜量较少，多用于小容量的变压器。

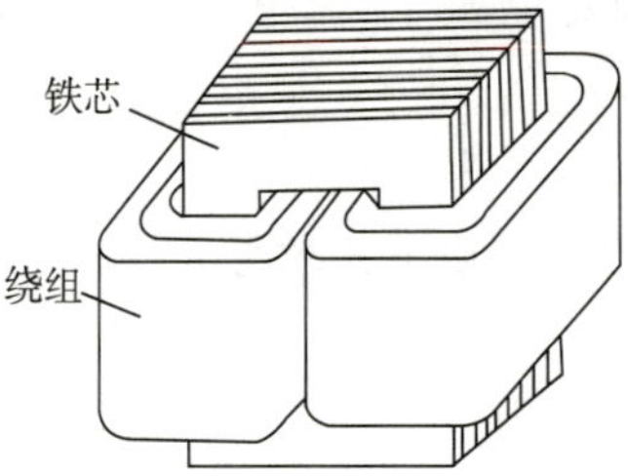

图 5－19　芯式变压器

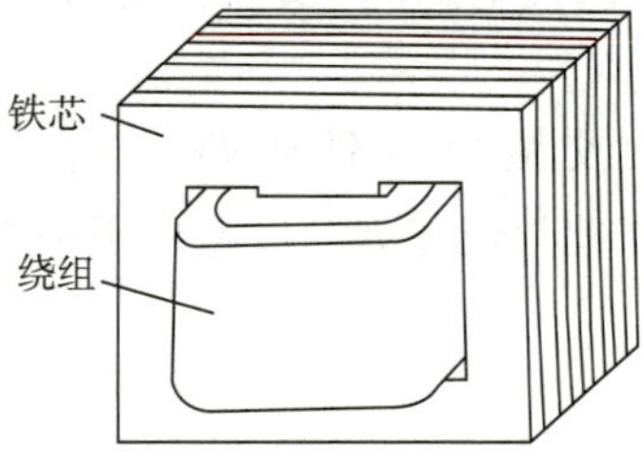

图 5－20　壳式变压器

变压器最基本的结构是铁芯和绕组。

铁芯是变压器的磁路部分，为了减少铁芯中的涡流损耗，铁芯通常用含硅量较高、厚度为 0.35 mm 的硅钢片交叠而成，为了隔绝硅钢片相互之间的电的联系，每一硅钢片的两面都涂有绝缘清漆。

绕组是变压器的电路部分，用绝缘铜导线或铝导线绕制，绕制时多采用圆柱形绕组。通常电压高的绕组称为高压绕组，电压低的绕组称为低压绕组，低压绕组一般靠近铁芯放置，而高压绕组则置于外层。为了防止变压器内部短路，在绕组和绕组之间，绕组和铁芯之间，以及每绕组的各层之间，都必须绝缘良好。

除了铁芯和绕组，变压器一般有外壳，用来保护绕组免受机械损伤，并起散热和屏蔽作用。较大容量的还具有冷却系统、保护装置以及绝缘套管等。大容量变压器通常采用三相变压器。

1. 变压器基本原理

图 5-21 为变压器的空载运行，图 5-22 为变压器的负载运行。为了便于分析，图中将原绕组和副绕组分别画在两边。与电源连接的一侧称为原边(初级)，原边各量均用下脚“1”表示，如 N_1、u_1、i_1 等；与负载连接的一侧称为副边(次级)，副边各量均用下脚“2”表示，如 N_2、u_2、i_2 等。下面分空载和负载两种情况来分析变压器的工作原理。

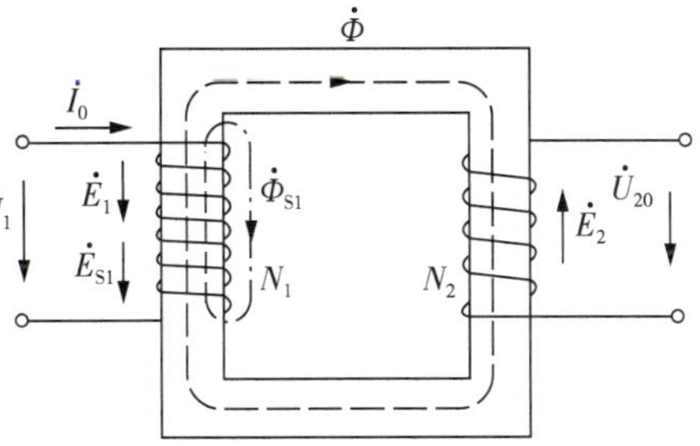

图 5-21　变压器的空载运行

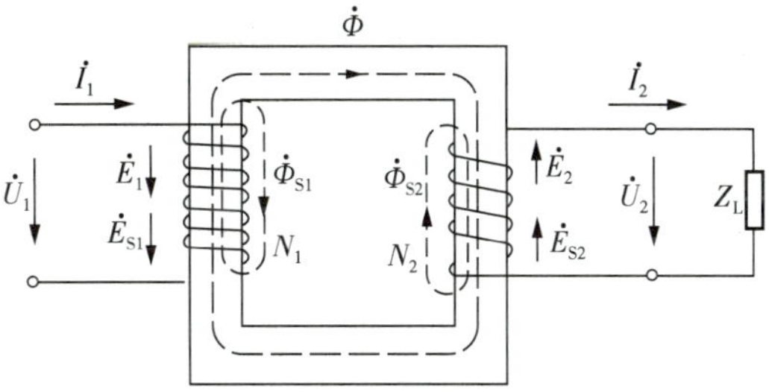

图 5-22　变压器的负载运行

(1) 变压器空载运行及电压变换

变压器空载运行是将变压器的原绕组两端加上交流电压，副绕组不接负载的情况。

在外加正弦交流电压 u_1 作用下，原绕组内有电流 i_0 流过。由于副绕组开路，副绕组内没有电流，故将此时原绕组内的电流 i_0 称为空载电流。该电流通过匝数为 N_1 的原绕组产生磁动势 i_0N_1，并建立交变磁场。由于铁芯的磁导率比空气或油的磁导率大得多，因而绝大部分磁通经过铁芯而闭合，并与原、副绕组交链，这部分磁通称为主磁通，用 Φ 表示。主磁通穿过原绕组和副绕组，并在其中感应产生电动势 e_1 和 e_2。另有一小部分漏磁通 Φ_{S1} 不经过铁芯而通过空气或油闭合，它仅与原绕组本身交链。漏磁通在变压器中感应的电动势仅起电压降的作用，不传递能量。下面讨论中均略去漏磁通及漏磁通产生的电压降。

上述的电磁关系可表示如下：

$$e = -N_1\frac{d\Phi}{dt} \tag{5-14}$$

$$\begin{cases} u_1 \rightarrow i_0 \rightarrow i_0N_1 \rightarrow \Phi \\ e_2 = -N_2\dfrac{d\Phi}{dt} = u_{20} \end{cases} \tag{5-15}$$

式中，u_{20}—— 副绕组的空载端电压。

由基尔霍夫电压定律，按图 5-21 所规定的电压、电流和电动势的正方向，可列出原、副绕组的瞬时电压平衡方程式，即

$$\begin{cases} u_1 = i_0 R_1 - e_1 = i_0 R_1 + N_1 \dfrac{\mathrm{d}\Phi}{\mathrm{d}t} \\ u_{20} = e_2 = -N_2 \dfrac{\mathrm{d}\Phi}{\mathrm{d}t} \end{cases} \tag{5-16}$$

式中，R_1—— 原绕组的电阻。

若用相量形式表示，式(5-16)可写成

$$\begin{cases} \dot{U}_1 = \dot{I}_0 R_1 + (-\dot{E}_1) \\ \dot{U}_{20} = \dot{E}_2 \end{cases} \tag{5-17}$$

由于一般变压器在空载时励磁电流 i_0 很小，通常为原绕组额定电流的 3% ～ 10%，所以原绕组的电阻压降 $i_0 R_1$ 很小，可近似认为

$$u_1 \approx -e_1$$

或

$$\dot{U}_1 \approx -\dot{E}_1$$

因此

$$\frac{\dot{U}_1}{\dot{U}_2} \approx -\frac{\dot{E}_1}{\dot{E}_2} \tag{5-18}$$

其有效值之比为

$$\frac{U_1}{U_2} \approx \frac{E_1}{E_2} = \frac{N_1}{N_2} = K \tag{5-19}$$

式(5-19)中，K 称为变压器的变比，即原、副绕组的匝数比。当 $K < 1$ 时，为升压变压器；当 $K > 1$ 时，为降压变压器。

必需指出，变压器空载时，若外加电压的有效值 U_1 一定，主磁通 Φ_M 的最大值也基本不变，如 $\Phi = \Phi_M \sin\omega t$，则有

$$\dot{U}_1 \approx -\dot{E}_1 = 4.44 f N_1 \Phi_M \tag{5-20}$$

用有效值形式表示为

$$U_1 \approx -E_1 = 4.44 f N_1 \Phi_M \tag{5-21}$$

在式(5-21)中，当 f、N_1 为定值时，主磁通最大值 Φ_M 的大小只取决于外加电压有效值 U_1 的大小，而与是否接负载无关。若外加电压 U_1 不变，则主磁通 Φ_M 也不变。这个关系对分析变压器的负载运行及电动机的工作原理都非常重要。

(2) 变压器负载运行及电流变换

变压器负载运行是将变压器的原绕组接上电源，副绕组接有负载的情况。如图 5-22 所示，副绕组接上负载 Z 后，在电动势 e_2 的作用下，副边就有电流 i_2 流过，即副边有电能输出。原绕组与副绕组之间没有电的直接联系，只有磁通与原、副绕组交链形成的磁耦合来实现能

量传递。那么,原、副绕组电流之间关系怎样呢?

变压器未接负载前其原边电流为 i_0,它在原边产生磁动势 i_0N_1,在铁芯中产生磁通 Φ。接上负载后,副边电流 i_2 产生磁动势 i_2N_2,根据楞次定律,i_2N_2 将阻碍铁芯中主磁通 Φ 的变化,企图改变主磁通的最大值 Φ_M。但是,当电源电压有效值 U_1 和频率 f 一定时,由式 $U_1=E_1=4.44fN_1\Phi_M$ 可知,U_1 和 Φ_M 近似恒定。因而,随着负载电流 i_2 的出现,通过原边电流 i_0 及产生的磁动势 i_0N_1 必然也随之增大至 i_1N_1 以维持磁通最大值 Φ_M 基本不变,即与空载时的 Φ_M 大小接近相等。因此,有负载时产生主磁通的原、副绕组的合成磁动势$(i_1N_1+i_2N_2)$应该与空载时产生主磁通的原绕组的磁动势 i_0N_1 差不多相等,即

$$i_1N_1+i_2N_2\approx i_0N_1$$

用相量表示

$$\dot{I}_1N_1+\dot{I}_2N_2\approx\dot{I}_0N_1 \tag{5-22}$$

式(5-22)称为磁动势平衡方程式。有载时,原边磁动势 $\dot{I}_0N_1$ 可视为两个部分:i_0N_1 用来产生主磁通 Φ;i_2N_2 用来抵消副边电流 i_2 所建立的磁动势,i_2N_2 以维持铁芯中的主磁通最大值 Φ_M 基本不变。

由式(5-22)得到

$$\dot{I}_1\approx\dot{I}_0+\left(-\frac{N_2}{N_1}\dot{I}_2\right) \tag{5-23}$$

一般情况下,空载电流 I_0 只占原绕组额定电流 I_{1N} 的 3% ～ 10%,可以略去不计。于是式(5-23)可写成

$$\dot{I}_1\approx-\frac{N_2}{N_1}\dot{I}_2 \tag{5-24}$$

由式(5-24)可知,原、副绕组的电流关系为

$$\frac{I_1}{I_2}\approx\frac{N_2}{N_1}=\frac{1}{K} \tag{5-25}$$

式(5-25)表明变压器原、副绕组的电流之比近似与它们的匝数成反比。

必须注意,式(5-25)是在忽略空载电流的情况下获得的,若变压器在空载或轻载下运行则不适用。

变压器负载运行时的电磁关系如下:

$$e_1=-N_1\frac{\mathrm{d}\Phi}{\mathrm{d}t}$$

$$u_1\rightarrow i_1(i_1N_1)\rightarrow i_0N_1\rightarrow\Phi$$

$$e_2=-N_2\frac{\mathrm{d}\Phi}{\mathrm{d}t}\rightarrow u_2\rightarrow i_2(i_2N_2)$$

(3) 阻抗变换

变压器除了变换电压和变换电流外，还可进行阻抗变换，以实现“匹配”。

在图 5-23(a) 中，负载阻抗 Z 接在变压器副边，而图 5-23(b) 中的虚线框部分可用一个阻抗 Z' 来等效代替。两者的关系可通过下面计算得出。

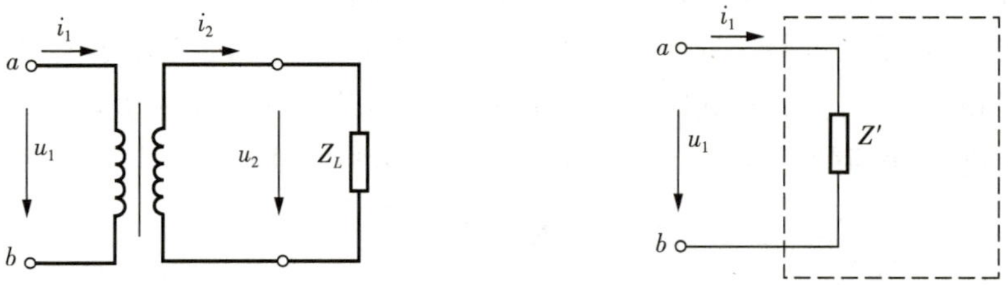

(a) 变压器接负载　　(b) 把负载和副边绕组看成一个等 效电阻

图 5-23　阻抗变换

根据式(5-19) 和式(5-25) 可得出

$$\frac{U_1}{I_1}=\frac{\frac{N_1}{N_2}U_2}{\frac{N_2}{N_1}I_2}=\left(\frac{N_1}{N}\right)^2\frac{U_2}{I_2}=K^2\frac{U_2}{I_2} \tag{5-26}$$

由图 5-23(a) 可知，$\frac{U_1}{I_1}=Z'$；由图 5-23(b) 可知，$\frac{U_2}{I_2}=Z$；代入式(5-26) 后得

$$Z'=K^2Z \tag{5-27}$$

式(5-27) 中 Z' 和 Z 为阻抗的大小，表明在忽略漏磁阻抗影响下，只需调整匝数比，就可把负载阻抗变换为所需要的数值，且负载性质不变，这通常称为阻抗匹配。

例 5-2　有一信号源的电动势为 1.5 V，内阻抗为 300 Ω，负载阻抗为 75 Ω。欲使负载获得最大功率，必须在信号源和负载之间接一阻抗匹配变压器，使变压器的输入阻抗等于信号源的内阻抗，如图 5-24 所示。问变压器的变压比，原、副边的电流各为多少？

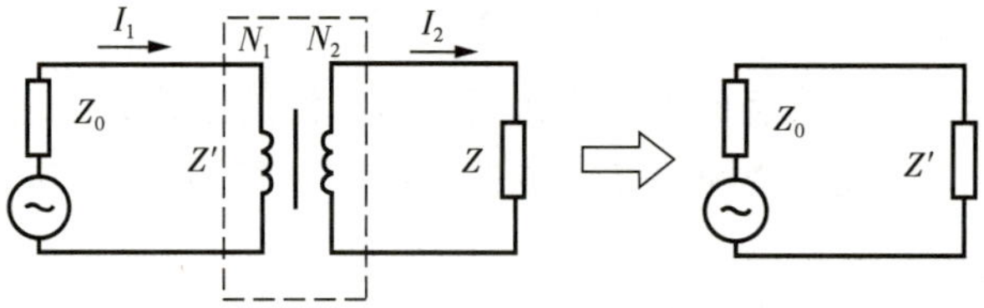

图 5-24　例 5-2 电路图

解：根据题意可知，负载阻抗 $Z=75\ \Omega$，变压器的输入阻抗 $Z'=300\ \Omega$。应用变压器的阻抗变换公式，可求得变比为

$$K=\frac{N_1}{N_2}=\sqrt{\frac{Z'}{Z}}=\sqrt{\frac{300}{75}}=2$$

因此，信号源和负载之间接一个变比为 2 的变压器就能达到阻抗匹配的目的。这时变压器

的原边电流为

$$I_1=\frac{U_S}{Z_0+Z_1}=\frac{1.5}{300+300}=2.5(\mathrm{mA})$$

副边电流为

$$I_2=KI_1=2\times2.5=5(\mathrm{mA})$$

2. 变压器的外特性、功率和效率

(1) 变压器的额定值

使用变压器时，应了解变压器的额定值。变压器正常运行的状态和条件，称为变压器的额定工作情况，而表征变压器额定工作情况的电压、电流和功率等数值，称为变压器的额定值，它一般标在变压器的铭牌上。

额定容量 S_N 变压器的额定容量指它的额定视在功率，以伏安(V·A)或千伏安(kV·A)为单位。在单相变压器中，$S_N=U_{2N}I_{2N}$，在三相变压器中，$S_N=\sqrt{3}U_{2N}I_{2N}$。

原绕组的额定电压 U_{1N} 是指原绕组上应加的电源电压或输入电压，副绕组的额定电压 U_{2N} 是指原绕组加上额定电压时副绕组的空载电压(U_{20})。在三相变压器铭牌上给出的额定电压 U_{1N} 和 U_{2N} 均为原、副绕组的线电压。

变压器的额定电流 I_{1N} 和 I_{2N} 是根据绝缘材料所允许的温度而规定的原、副绕组中允许长期通过的最大电流值。在三相变压器中，I_{1N} 和 I_{2N} 均为原、副绕组的线电流。

变压器的额定值取决于变压器的构造和所用的材料。使用变压器时一般不能超过其额定值。此外，还必须注意：其工作温度不能过高，原、副绕组必须分清，并防止变压器绕组短路，以免烧毁变压器。

(2) 变压器的外特性

变压器的外特性是指电源电压 U_1、f_1 为额定值，负载功率因数 $\cos\varphi_2$ 一定时，U_2 随 I_2 变化的关系曲线，即 $U_2=f(I_2)$，如图 5-25 所示。

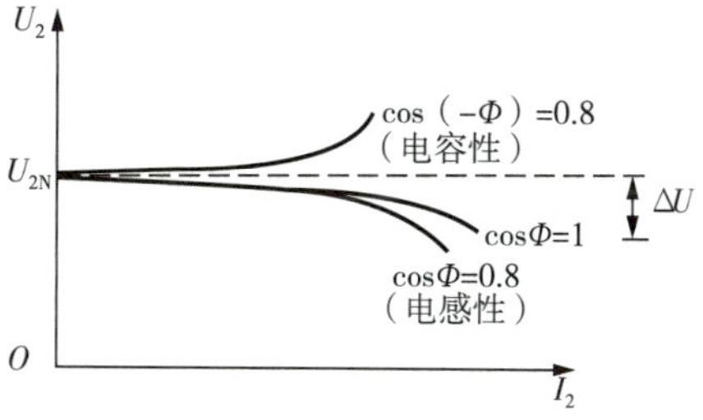

图 5-25　变压器的外特性

从外特性曲线中可清楚地看出，负载变化时所引起的变压器副边电压 U_2 的变化程度既与原、副绕组的漏磁阻抗(包括原副绕组的电阻及漏磁感抗)有关，又与负载的大小及性质有关。对于电阻性和电感性负载而言，U_2 随负载电流 I_2 的增加而下降，其下降程度还与负载的功率因数有关。对电容性负载来说，U_2 可能高于 U_{2N}，外特性曲线是上翘的。由外特性曲线还可以看到，电阻性负载时，U_2 的变化也随之增大。

变压器副边电压 U_2 随 I_2 变化的程度用电压变化率 ΔU 表示，即

$$\Delta U=\frac{U_{20}-U_2}{U_{20}}\times100\%$$

在一般变压器中，由于其绕组电阻和漏磁感抗均甚小，电压变化率不大，为 2% ～ 5%。

变压器的电压变化率表征了电网电压的稳定性，一定程度上反映了变压器供电的质量，是变压器的主要性能指标之一。为了改善电压稳定性，对电感性负载，可在负载两端并联适当容量的电容器，以提高功率因数和减小电压变化率。

(3) 变压器的功率

变压器原绕组的输入功率为

$$P_1 = U_1 I_1 \cos\varphi_1$$

式中，φ_1—— 原绕组电压与电流的相位差。

变压器副绕组的输出功率为

$$P_2 = U_2 I_2 \cos\varphi_2$$

式中，φ_2—— 副绕组电压与电流的相位差。

输入功率与输出功率的差就是变压器所损耗的功率，即

$$\Delta P = P_1 - P_2$$

变压器的功率损耗包括铁损 ΔP_{Fe}(铁芯的磁滞损耗和涡流损耗) 和铜损 ΔP_{Cu}(线圈导线电阻的损耗)。即

$$\Delta P = \Delta P_{Fe} + \Delta P_{Cu}$$

铁损和铜损可以用实验方法测量或计算求出，铜损 $(I_1^2 r_1 + I_2^2 r_2)$ 与负载大小有关，是可变损耗；而铁损与负载大小无关，当外加电压和频率确定后，一般是常数。

(4) 变压器的效率

变压器的效率等于变压器输出功率与输入功率之比的百分值，即

$$\eta = \frac{P_2}{P_1} \times 100\% = \frac{P_2}{P_2 + \Delta P_{Fe} + \Delta P_{Cu}} \times 100\%$$

变压器的效率较高。大容量变压器在额定负载时的效率可达 98% ～ 99%，小型电源变压器的效率为 70% ～ 80%。

变压器的效率还与负载有关，轻载时效率很低，因此应合理选用变压器的容量，避免长期轻载或空载运行。

例 5-3 有一额定容量为 2 kV·A、电压为 380/110 V 的单相变压器。① 求原、副边的额定电流；② 若负载为 110 V、25 W、$\cos\varphi = 0.8$ 的小型单相电动机，问满载运行时可接入多少这样的电动机？

解：① 原、副边的额定电流为

$$I_{1N} = \frac{S_N}{U_{1N}} = \frac{2000}{380} = 5.26(\text{A})$$

$$I_{2N} = \frac{S_N}{U_{2N}} = \frac{2000}{110} = 18.18(\text{A})$$

② 每台小电机的额定电流为

$$I=\frac{P}{U\cos\varphi}=\frac{25}{110\times 0.8}=0.28(\text{A})$$

故可接

$$\frac{18.18}{0.28}=65(\text{台})$$

3. 变压器绕组的极性

同名端的判断生成

变压器在使用中有时需要把绕组串联以提高电压，或把绕组并联以增大电流，但必须注意绕组的正确连接。例如，一台变压器的原绕组有相同的两个绕组，如图 5－26(a) 中的 1—2 和 3—4。假定每个绕组的额定电压为 110 V，当接到 220 V 的电源上时，应把两绕组的异极性端串联，如图 5－26(b)；接到 110 V 的电源上时，应把两绕组的同极性端并联，如图 5－26(c)。如果连接错误，若串联时将 2 和 4 两端联在一起，将 1 和 3 两端接电源，此时两个绕组的磁动势就互相抵消，铁芯中不产生磁通，绕组中也就没有感应电动势，绕组中将流过很大的电流，会把变压器烧毁。

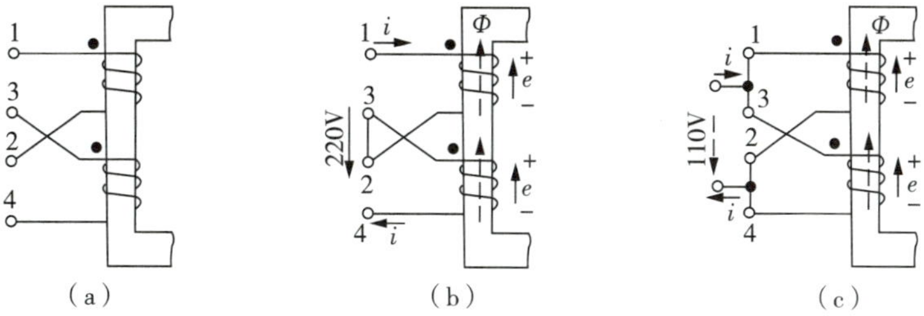

图 5－26　变压器绕组的正确连接

为了正确连接，在线圈上标以记号“·”。标有“·”号的两端称为同极性端，又称同名端。如图 5－26 所示的 1 和 3 是同名端，当然 2 和 4 也是同名端。当电流从两个线圈的同名端流入(或流出) 时，产生的磁通方向相同；或者当磁通变化(增大或减小) 时，在同名端感应电动势的极性也相同。如图 5－26 所示，绕组中的电流是增加的，故感应电动势 e 的极性(或方向) 如图 5－26 所示。

应该指出，只有额定电流相同的绕组才能串联，额定电压相同的绕组才能并联，否则，即使极性连接正确，也可能使其中某一绕组过载。如果将其中一个线圈反绕，如图 5－27 所示，则 1 和 4 两端应为同名端。串联时应将 2 和 4 两端连在一起。可见，同名端的标定，还与绕圈的绕向有关。

当一台变压器引出端未注明极性、标记脱落或绕组经过浸漆及其他工艺处理，从外观上已看不清绕组的绕向时，通常用下述两种实验方法来测定变压器的同名端(图 5－28)。

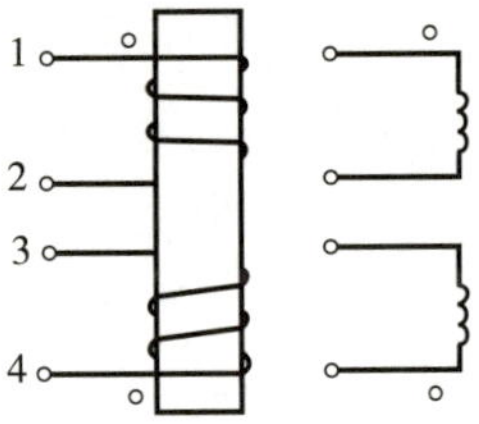

图 5-27　线圈反绕

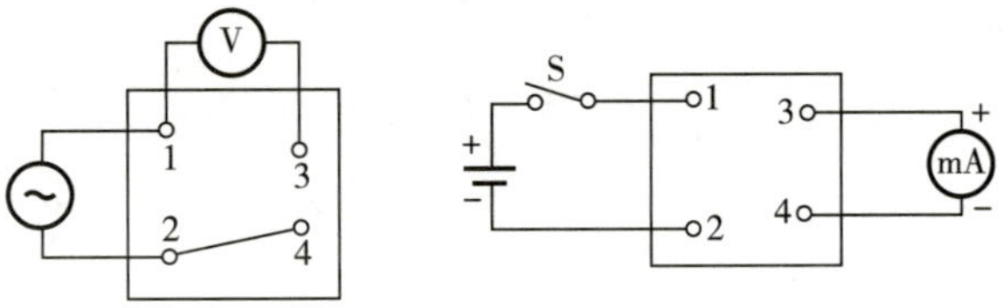

（a）交流法　　（b）直流法

图 5-28　测定变压器的同名端

(1) 交流法

用交流法测定绕组极性的电路如图 5-28(a) 所示。将两个绕组 1—2 和 3—4 的任意两端(如 2 和 4) 连接在一起,在其中一个绕组(如 1—2) 的两端加一个比较低的便于测量的交流电压。用伏特计分别测量 1、3 两端的电压 U_{13}、两绕组的电压 U_{12} 和 U_{34} 的数值。若 U_{13} 是两绕组的电压之差,即 $U_{13}=U_{12}-U_{34}$,则 1 和 3 是同极性端;若 U_{13} 是两绕组的电压之和,即 $U_{13}=U_{12}+U_{34}$,则 1 和 4 是同极性端。

(2) 直流法

用直流法测定绕组极性的电路如图 5-28(b) 所示。当开关 S 闭合瞬间,如果电流计的指针正向偏转,则 1 和 3 是同极性端;若反向偏转,则 1 和 4 的同极性端。

任务三　电动机

学习目标：

掌握三相交流异步电动机的基本结构与工作原理。

能对三相交流异步电动机进行一般检测和一般故障分析。

能初步具有查阅变压器有关资料和手册的能力。

学习内容：

三相交流异步电动机基本结构、工作原理及机械特性；单相交流电动机基础知识。

由于变频器被广泛应用于交流电动机调速，使得交流电动机应用越来越广泛，大有取代直流电动机的趋势。为了说明变频器在交流电动机调速系统中的应用原理，特此先介绍交流电动机的调速知识。

一、三相交流异步电动机基础知识

电动机是电力拖动系统的动力源，电动机的分类如图 5－29 所示。

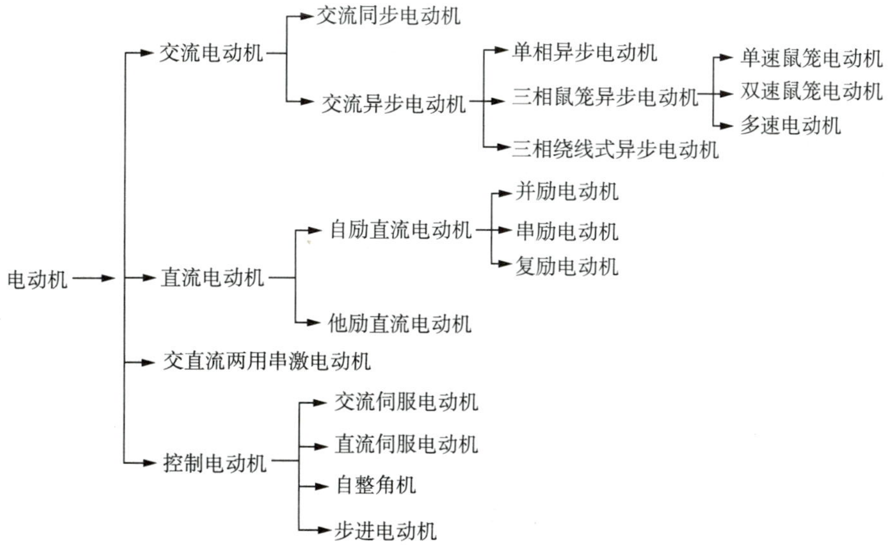

图 5－29　电动机的分类

由图 5－29 可见交流电动机分为单相交流异步电动机和三相交流电动机两类，三相交流电动机又分为同步电动机和异步电动机两种类型。在电力拖动系统中交流电动机应用最为广泛，所以重点介绍交流电动机基本知识。

1. 三相交流异步电动机结构

三相交流异步电动机按结构分为两种，第一种是鼠笼式三相异步电动机，第二种是绕线式三相异步电动机。三相鼠笼式异步电动机有单速电动机、双速电动机和多速电动机等。

三相交流异步电动机按额定电压等级分类，可分为低压和高压电动机两种类型。常用的中小型的电动机，其额定电压为 AC 380 V；而高压大功率电动机（100 kW 以上），其额定电压为 AC 3000 V 或 6000 V。小功率 Y 系列笼型电动机额定电压为 AC 380 V 等级。

鼠笼式和绕线式三相异步电动机的定子结构完全相同，均由定子铁芯和对称三相定子绕组组成，所不同的是转子结构不同，鼠笼式三相异步电动机转子由转子铁芯和鼠笼组成，而绕线式三相异步电动机转子由转子铁芯和对称三相转子绕组组成。

（1）对称三相定子绕组特点

对称三相绕组特点是三相绕组匝数相同、绕组分布相同，三相绕组首和首、尾和尾均相差 120° 电角度，每相绕组首、尾相差 180° 电角度（60° 电角度嵌线）。如图 5－30 所示为三相电动机定子绕组示意图。

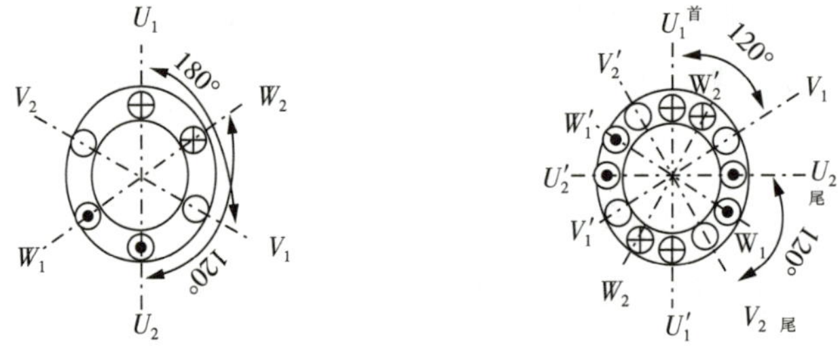

（a）p=1一对极　　（b）p=2两对极

图 5－30　三相电动机定子绕组示意图

（2）三相异步电动机转子绕组

三相异步电动机转子绕组有鼠笼型和绕线型两种类型。笼型转子有单鼠笼、双鼠笼、深鼠笼三种，笼型转子的导条有铜条焊接端环式和铸铝式。绕线型转子经绕组与其定子绕组嵌线相同，分为三相绕组，而且三相绕组为星形（Y 形）连接法，有三个端头与三个转动滑环相连接，三个转动滑环通过电刷与外设三相启动设备相连接，以便提高电动机的启动力矩和调速。有关三相异步电动机转子绕组示意图如图 5－31 所示。

（a）导条焊接鼠笼示意图　（b）铸造铝鼠笼示意图　（c）绕线式转子示意图

图 5－31　三相异步电动机转子绕组示意图

2. 三相异步电动机定子绕组接法和定子旋转磁场

（1）三相异步电动机的定子绕组接法

单速三相异步电动机三相定子绕组的首端和尾端都用引线接于电动机接线盒的接线柱

上，再通过接线柱与三相电源相连接。普通常用的三相异步电动机的定子绕组有星形（Y形）连接法和三角形（△形）连接法两种（图 5－32）。

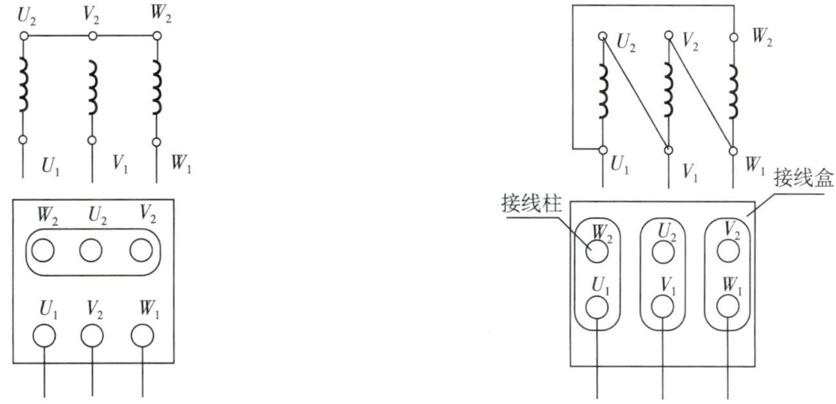

（a）定子绕组星形接法　　（b）定子绕组三角形接法

图 5－32　三相电动机定子绕组星形连接法和三角形连接法示意图

（2）三相异步电动机定子旋转磁场

三相异步电动机对称三相定子绕组接对称三相电压（对称三相电压是指三相电压大小相等，相位相差 120° 角），在三相定子绕组产生三相对称电流（对称三相电流是指三相电流大小相等，相位相差 120° 角），进而在定子腔内产生旋转磁场，定子旋转磁场的转速被称为同步速，又称为电动机同步速，用 n_0 表示。定子旋转磁场的转速与电源电压频率 f_1 成正比，与磁极对数 P 成反比（图 5－33）。

三相交流异步电动机的工作原理

电动机同步速可用下式求出：

$$n_0 = 60f_1/P$$

式中，n_0—— 电动机同步速（定子磁场转速），单位为 r/min（转 / 分）；

f_1—— 定子绕组电压频率，单位为 Hz；

p—— 磁极对数（一个 N 极和一个 S 极称为一对磁极）。

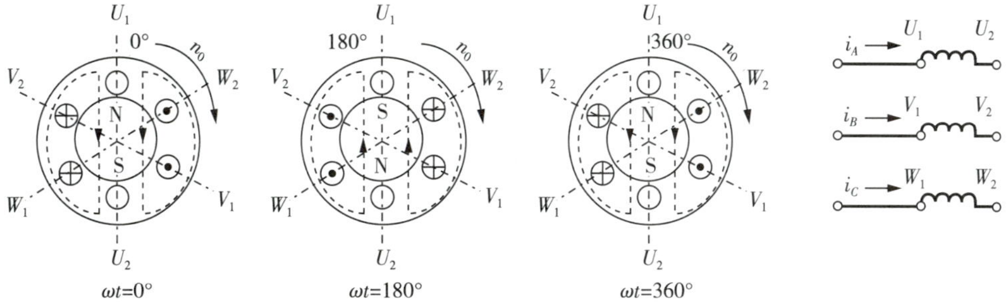

（a）定子绕组与电源第一种接法旋转磁场示意图

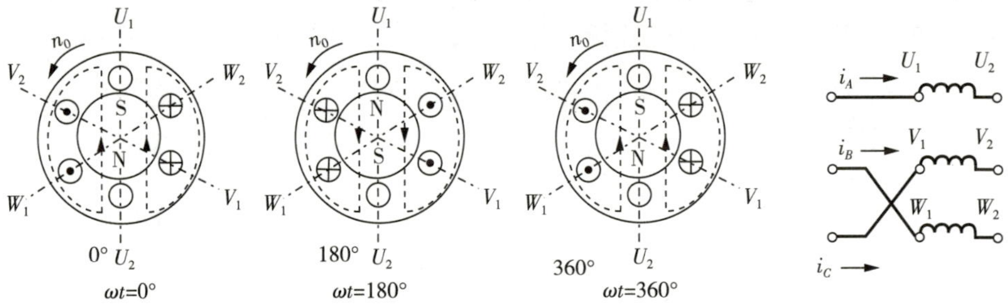

（b）定子绕组与电源接线B相绕组与C相绕组对调后旋转磁场示意图

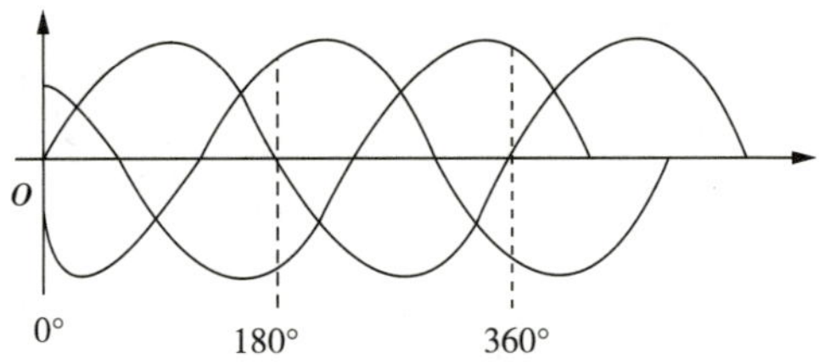

（c）三相对称电流波形图

图 5-33　三相电动机磁场旋转示意图

表 5-1 给出不同电源频率和不同磁极对数对应的电动机同步度。

表 5-1　不同电源频率和不同磁极对数对应的电动机同步度

磁极对数 P	1	2	3	4	5	6
同步速 n_0(30 Hz)	1800	900	600	450	360	300
同步速 n_0(50 Hz)	3000	1500	1000	750	600	500
同步速 n_0(60 Hz)	3600	1800	1200	900	720	600

通过表 5-1 可知电动机的同步速与磁极对数成反比，而与电源频率成正比。当电动机磁极对数确定后，同步转速 n_0 可以通过改变电源频率 f_1 达到改变转速的目的；如果电源频率 f_1 可以从 0 ～ 50 Hz 连续调整，则可实现 n_0 从 0 ～ 3000 r/min 连续调速，这就是变频调速原理。

三相异步电动机定子旋转磁场旋转方向是从电流跃前相绕组至电流滞后相绕组；若要改变定子磁场旋转方向，可以对调定子三相绕组中任意两相绕组与电源的接线即可。

3. 三相异步电动机转动原理

三相异步电动机定子旋转磁场在穿过转子时，因转子绕组相对定子磁场有相对运动，所以在转子绕组产生感应电势，就会产生感应电流。转子绕组的感应电流与定子磁场相互作用，使之产生电磁力矩(M)，转子会跟随定子磁场转动，转子转速为 n，电动机转子旋转示意图如图 5-34 所示。

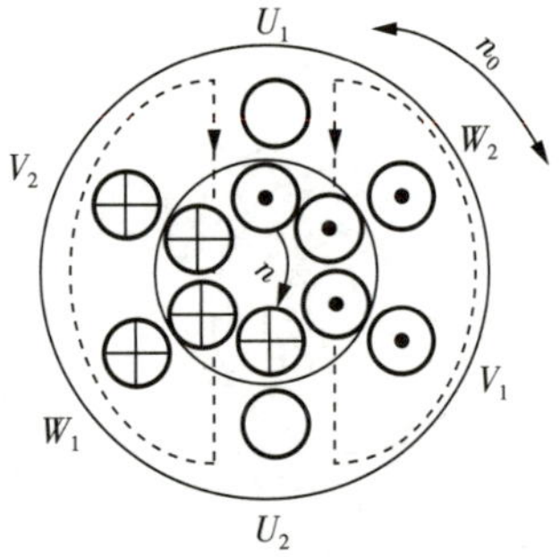

图 5-34　电动机转子旋转示意图

三相异步电动机同步速称 n_0 与转子转速 n 之差($\Delta n = n_0 - n$) 称为转差;转差与同步速百分比称为转差率,用 s 表示,电动机额定状态下 s_N 为 $2\% \sim 6\%$。

$$s = (n_0 - n)/n_0 \times 10\% \tag{5-27}$$

$$n = (1 - s)n_0 = (1 - s) \times f_1/p \tag{5-28}$$

由以上分析可知转子转速 n 与同步转速 n_0 相差很小,电动机工作在电动状态时 $n \leqslant n_0$,电动机工作在发电制动状态时 $n > n_0$。

由式(5-28)可知,改变转子转速 n 可以通过改变电源电压频率 f_1 或者改变定子磁极对数 p 实现。

请注意当 $s = 0$ 时,电动机以同步速运行,也就是说同步电动机转速为 $60f_1/p$。

二、三相异步电动机机械特性

电动机转矩与转速之间的关系称为机械特性,描绘转矩和转速的关系曲线称为机械特性曲线。

1. 三相笼型异步电动机机械特性

同一台笼型异步电动机定子绕组加不同电压可得到不同的机械特性曲线,如图 5-35 所示。

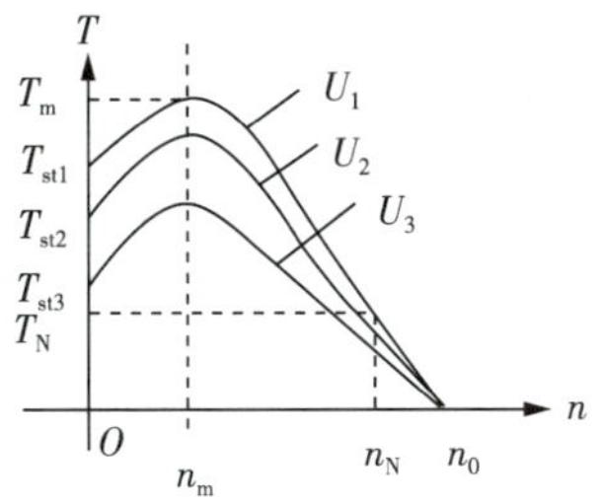

T_m— 最大力矩;T_{st1}— 对应 U_1 电压的启动力矩;T_{st2}— 对应 U_2 电压的启动力矩;T_{st3}— 对应 U_3 电压的启动力矩;T_N— 对应 U_N 电压的启动力矩;n_m— 临界转速;n_N— 额定转速;n_0— 同步转速。

图 5-35　同一台笼型异步电动机不同电压的机械特性

注:$U_1 = U_N > U_2 > U_3$。

由图 5-35 可知,$U_1 > U_2 > U_3$,则启动力矩 $T_{st1} > T_{st2} > T_{st3}$。由图 5-34 还可以看出,在电动机负载力矩不变的状态下,改变定子绕组所加的电压可得到不同的电动机转速,也就是三相异步电动机可以通过调压调速,但其转速调整范围小。目前人们很少采用调压调速。

2. 三相绕线式异步电动机机械特性

三相绕线式异步电动机具有调速性能较好、启动力矩较大、启动快等优点,它主要用于各种起重机。三相绕线式异步电动机在转子绕组中串不同的电阻器,可以得到不同的机械特性曲线(图 5-36)。

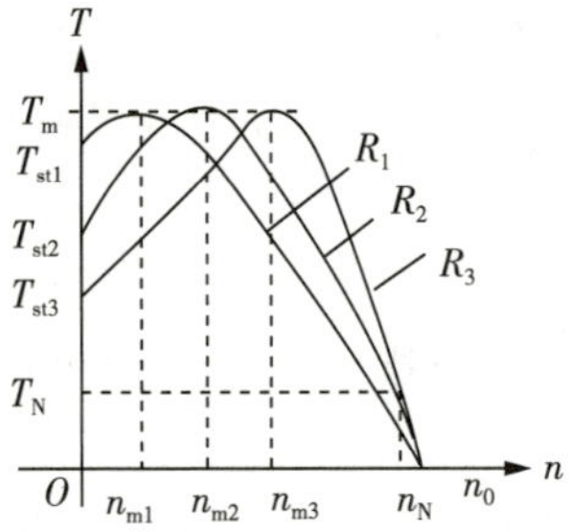

T_m— 最大力矩；T_{st1}— 对应 R_1 电阻的启动力矩；T_{st2}— 对应 R_2 电阻的启动力矩；T_{st3}— 对应 R_3 电阻的启动力矩；
T_N— 额定力矩；n_{m1}、n_{m2}、n_{m3}— 临界转速；n_N— 额定转速；n_0— 同步转速。

图 5-36 绕线式三相异步电动机转子串不同电阻器的机械特性曲线图

注：$R_1 > R_2 > R_3$，$n_{m1} < n_{m2} < n_{m3}$。

绕线式三相异步电动机转子串不同电阻器时，其机械特性曲线就不同，在图 5-36 中，$R_3 = 0\ \Omega$，$R_1 > R_2 > R_3$，R_1、R_2、R_3 所对应的临界转速 $n_{m1} < n_{m2} < n_{m3}$。由图 5-36 可见转子绕组串入适当电阻器可以得到比较合适的启动力矩，另外可以通过转子绕组串入不同电阻值的电阻器，得到不同的转速。绕线式三相异步电动机可以采用改变定绕组电压和改变转子绕组串入不同电阻器相结合的调速方法，使电动机调速性更好。

3. 电磁转矩 T

电动机转子绕组中的感应电流与定子磁场互相作用产生电磁力 F，因而产生电磁力矩 T_0。电磁力矩 T 是主力矩，当 $T > T_c$ 时电动机加速运行，当 $T = T_c$ 时电动机稳动运行，当 $T < T_c$ 时电动机减速运行。其中 T_c 为负载转矩。

电磁力矩 T 用下式求得：

$$T = K_T \Phi I_2 \cos\varphi_2 \tag{5-29}$$

式中，T—— 电磁力矩，单位为 N·m；

K_T—— 电动机结构系数；

I_2—— 转子电流有效值，单位为 A；

Φ—— 主磁通，单位为 Wb；

$\cos\varphi_2$—— 转子电路功率因数。

4. 额定转矩 T_N

电动机在额定电压下，在额定负载长期连续工作在额定功率 P_N 状态下，其轴上输出转矩为额定转矩，用 T_N 表示。

三相异步电动机额定转矩用下式求取：

$$T_N = 9550 \frac{P_N}{n_N} \tag{5-30}$$

式中，P_N—— 异步电动机额定功率，单位为 kW；

n_N—— 异步电动机额定转速，单位为 r/min；

T_N—— 异步电动机额定力矩，单位为 N · m。

5. 最大转矩 T_m 和过载系数

三相异步电动机最大转矩 T_m 是指电动机在临界转速所对应的转矩。电动机的过载系数为最大转矩与额定转矩之比，用 λ 表示：

$$\lambda = T_m / T_N \tag{5-31}$$

一般三相异步电动机过载系数为 1.8 ～ 2.2。

6. 启动转矩 T_{st} 和启动系数

启动转矩 T_{st} 是指电动机刚刚接通电源启动瞬间所对应转矩。启动转矩 T_{st} 必须大于异步电动机的静态阻力矩才能使电动机正常启动。衡量电动机启动能力强弱的系数称为启动系数，它用 T_{st}/T_N 求取；三相异步电动机启动系数为 1.8 ～ 2.2。

注意，如果 $T_{st} < T_L$（电动机静态阻力矩）时，电动机无法启动，会造成堵转现象，电动机定子绕组电流很大，可能造成定子绕组热击穿，俗称烧电动机。

7. 三相异步电动机的铭牌和代号及汉字含义

要想正确地为三相异步电动机的选配变频器，就需要对三相异步电动机的铭牌和代号及汉字意义等了解清楚。表 5 - 2 给出 Y132M - 4 型三相异步电动机铭牌数据。

表 5 - 2　Y132M - 4 型三相异步电动机铭牌数据表

型　号	Y132M - 4	额定功率 P_N	7.5 kW	频　率	50 Hz	额定电压	380 V	额定电流	15.4 A
绕组接法	△	额定转速 n_N	1440 r/min	绝缘等级	B	工作方式	连续 S_1	额定温升	105 ℃
生产厂名	××××× 电动机厂								
出厂日期	×××× 年 ×× 月								

电动机型号 Y132M - 4 各字母、数字所表示的含义：Y 表示系列三相鼠笼型异步电动机；132 表示机座中心距 132 mm；M 表示机座长度代号（S 为短机座，M 为中机座，L 为长机座）；4 表示定子磁极数（4 极）。

表 5 - 3 是常用三相异步电动机产品名称代号及汉字意义。

表 5 - 3　常用三相异步电动机产品名称代号及汉字意义

产品名称	新代号（旧代号）	汉字意义	适用范围
鼠笼型异步电动机	Y，Y - L（J，J°）	异步笼型	一般用途
绕线型异步电动机	YR（JR，JR°）	异步绕线型	启动和矩较大，有调速要求
防爆型异步电动机	YB（JB，JBS）	异步防爆笼型	石油、化工、煤矿井下等

（续表）

产品名称	新代号(旧代号)	汉字意义	适用范围
防爆安全型异步电动机	YA(JA)	异步防爆安全笼型	石油、化工、煤矿井下等(本质安全型场合)
力矩型异步电动机	YQ(JQ,JQ°)	异步力矩笼型	静负荷惯性较大的机器

表中 YL 系列定子绕组为铝线(用得较少)。

(1) 电动机额定电压(U_N)

电动机铭牌上的额定电压是指定子绕组外接工频(50 Hz) 三相交流电源的线电压有效值。中小型三相异步电动机额定电压为 AC 380 V,100 kW 以上大型三相异步电动机额定电压有 AC 3000 V 和 AC 6000 V 两种电压。Y 系列三相异步电动机额定电压为 AC 380 V。

(2) 电动机额定电流(I_N)

电动机铭牌上的额定电流(I_N) 是指定子绕组外接工频(50 Hz) 三相交流电源时,绕组的线电流有效值。

(3) 电动机额定功率(P_N)

电动机铭牌上的额定功率(P_N) 是指电动机工作在额定状态下,其轴上的输出功率。电动机的额定功率 P_N 等于电动机效率 η 与电动机输入功率 P_{1N} 之积。

$$P_{1N}=\sqrt{3}U_N I_N \cos\varphi$$

$$P_N=\eta \cdot P_{1N}$$

三、三相电动机调速概述

根据各种生产机械需要,需要对电动机转速进行调整,这就是调速。根据三相异步电动机转速表达式[$n=n_0(1-s)$,$n=(1-s)60\ f_1/p$] 可知,三相异步电动机可以通过改变频率(f_1) 调速、改变转差率(s) 调速、改变极(p) 调速等 3 种方法。

1. 变频调速

改变电压频率调速即变频调速,因其大功率变频器的功能,使得变频调速被广泛用于三相异步电动机调速。三相异步电动机采用变频器调速,可以达到无级调速,其调速范围广、调速性能好。三相异步电动机变频器调速的主电路如图 5-37 所示。

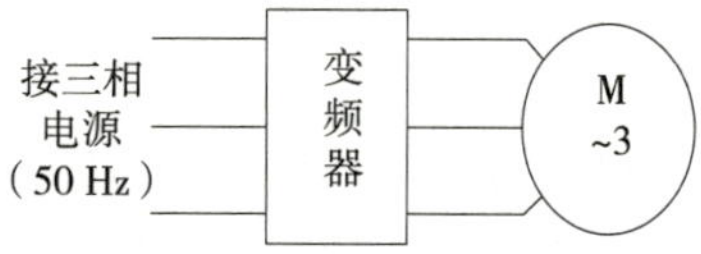

图 5-37　三相异步电动机变频调速的主电路图

2. 改变转差率调速

保持电压源频率 f_1 不变,也就是保持同步转速 n_0 不变,改变转差率(s) 实现调速。改变笼型三相异步电动机电源电压进行调速,属于改变转差率(s) 调速;绕线式三相异步电动机通过改变转子绕组外接电阻调速是改变转差率(s) 调速,这是绕线式三相异步电动机调速的主要方法。

(1) 调压调速

普通三相异步电动机负载分为恒力矩和变力矩两种负载形式，现将改变电源电压所对应的电动机机械特性曲线和负载特性曲线画在同一图上，以便清晰表明调压调速的因果关系。

在图 5－38 中(a) 图为笼型三相异步电动机工作在恒力矩负载状态下调压调速曲线图，其调速范围很小，(b) 图为笼型三相异步电动机工作在变力矩负载状态下调压调速曲线图，其调速范围也很小。总而言之，笼型三相异步电动机调压调速的调速范围小，很难满足生产机械对调速的需要，目前用得非常少。

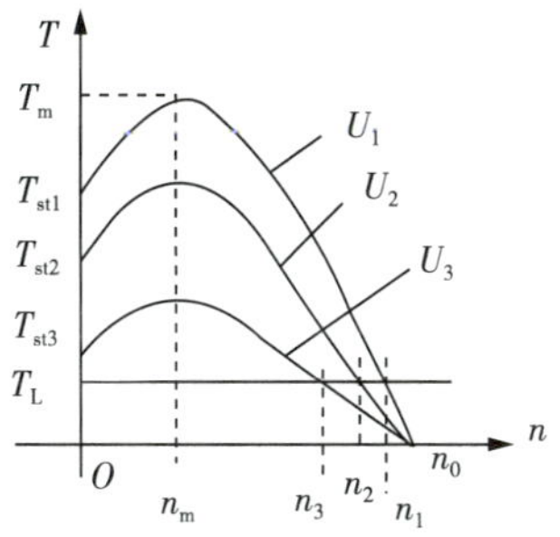

T_m— 最大力矩；T_{st1}— 对应U_1电压的启动力矩；T_{st2}— 对应U_2电压的启动力矩；
T_{st3}— 对应U_3电压的启动力矩；T_L— 恒力矩负载线；n_m— 临界转速；n_0— 同步转速。

(a) 笼型三相异步电动机工作在恒力矩负载状态下调压调速曲线图

注：$U_1=U_N>U_2>U_3$，$n_1>n_2>n_3$。

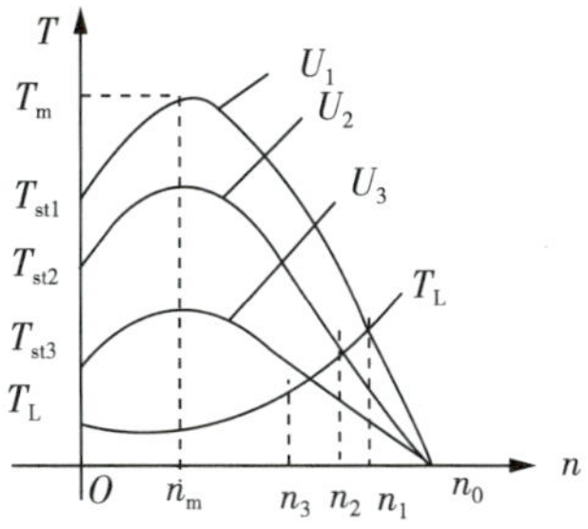

T_m— 最大力矩；T_{st1}— 对应U_1电压的启动力矩；T_{st2}— 对应U_2电压的启动力矩；
T_{st3}— 对应U_3电压的启动力矩；T_L— 变力矩负载线；n_m— 临界转速；n_0— 同步转速。

(b) 笼型三相异步电动机工作在变力矩负载状态下调压调速曲线图

注：$U_1=U_N>U_2>U_3$，$n_1>n_2>n_3$。

图 5－38　笼型异步电动机调压调速曲线图

(2) 绕线式异步电动机转子绕组串电阻调速

绕线式异步电动机转子绕组串电阻调速是比较常用的调速方法，此调速方法具有工作可靠、调速方法简单、设备投资少等优点，其缺点是调速范围较窄、调速平滑性差、调速能耗较大。

如图 5－39 所示，绕线式异步电动机转子绕组串电阻调速时，转子绕组接线图中的 KM1、KM2、KM3 分别是三个交流接触器的常开触点，在电动机启动时，可以依次接通 KM3、KM2、KM1 使电动机在较大启动力矩状态下启动，电动机启动完毕时 KM1 触点闭合，切除转子绕组串接的电阻，电动机高速正常运行。当电动机高速正常运行时，若要使转速降低，则可通过改变KM1、KM2、KM3断电实现，断开KM1触点后（KM2触点闭合），电动机转速稍有降低；断开KM1和KM2触点后（KM3触点闭合），电动机转速再次降低；断开KM1、KM2和KM3触点后，电动机转速降为最低。由分析可见绕线式异步电动机转子绕组串电阻调速为跳跃式调速，调速平滑性差。

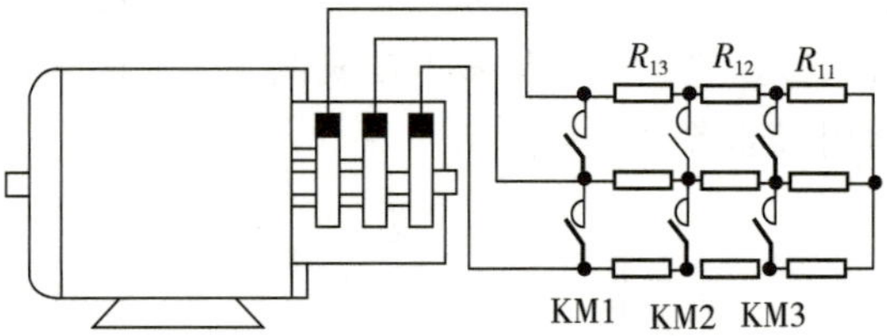

（a）转子绕组串电阻调速曲线图

注：$R_1=R_{11}+R_{12}+R_{13}$；$R_2=R_{11}+R_{12}$；$R_3=R_{13}$。

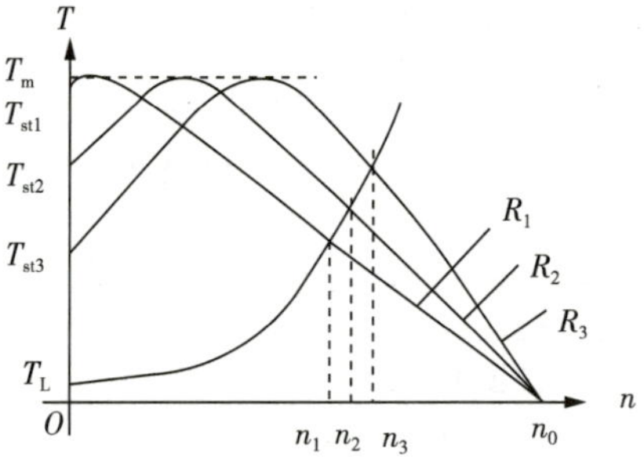

T_m— 最大力矩；T_{st1}— 对应 R_1 电阻的启动力矩；T_{st2}— 对应 R_2 电阻的启动力矩；

T_{st3}— 对应 R_3 电阻的启动力矩；T_L— 负载力矩；n_0— 同步转速。

（b）变力矩负载转子绕组串电阻调速曲线图

注：$R_1>R_2>R_3$，$n_1>n_2>n_3$。

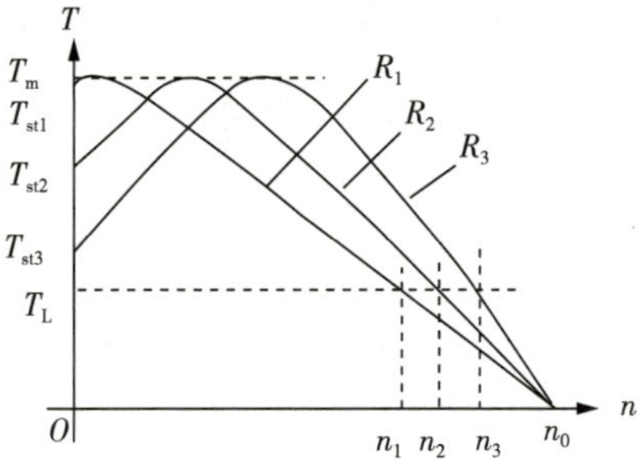

T_m— 最大力矩；T_{st1}— 对应 R_1 电阻的启动力矩；T_{st2}— 对应 R_2 电阻的启动力矩；

T_{st3}— 对应 R_3 电阻的启动力矩；T_L— 负载力矩；n_0— 同步转速。

（c）恒力矩负载转子绕组串电阻调速曲线图

注：$R_1>R_2>R_3$，$n_1>n_2>n_3$。

图5－39　绕线型异步电动机串电阻调速机械特性曲线图

实际绕线式异步电动机转子绕组串电阻启动是最常用的启动方法。

3. 变极调速

改变极调速即变极调速，其就是通过改变电动机定子绕组的接法使定子磁极改变，从而

改变同步转速 n_0 实现转子转速改变。变极率调速是跳跃式调速，即速度变化非常大，例如电动机从两极调到四极，转速就从 2800 r/min 跳跃到 1450 r/min。

变极调速只适用于多速电动机调速。多速电动机在制造时定子绕组嵌线就做了特殊安排，而且定子绕组引出线在接线盒内的接线有明确的规定。如图 5-40 所示给出了一种常见的四极变为两极的调速电动机定子绕组接法示意图。

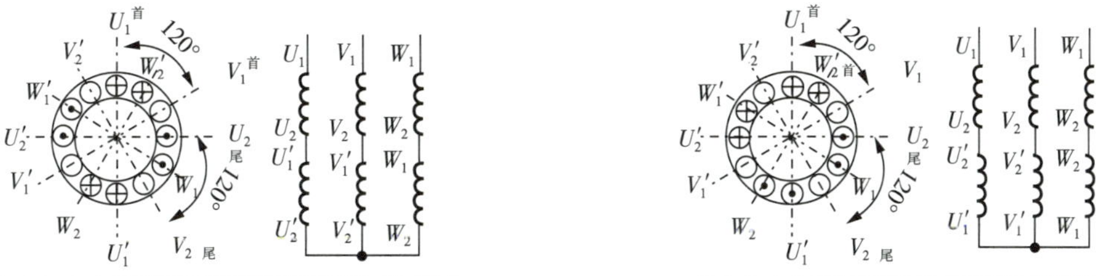

(a) P=2（每相绕组首尾顺序串接形成四极）　(b) P=1（每相绕组尾尾串接形成两极）

图 5-40　变极调速电动机定子绕组的接法示意图

四、单相交流电动机基础知识

变频器在民用电器产品中被广泛应用，它主要用于单相交流电动机的调速。目前家用电器产品的变频空调正逐渐取代老式空调，变频电冰箱也正逐渐取代老式电冰箱。家用电器产品中电动机多为单相异步电动机，下面介绍单相交流电动机基础知识。

1. 单相异步电动机分类

单相异步电动机按结构可分为罩极式电动机和分相式电动机两类。分相式电动机又可分为电容分相、电感分相、电阻分相三种类型。分相式电动机的定子绕组分为工作绕组和启动绕组两相绕组。工作绕组和启动绕组在定子腔内相互成 90° 电角度，其转子为鼠笼型转子。单相异步电动机的电源为 AC 220 V 交流电源。

如图 5-41 所示为单相电动机定子绕图，图 5-41(a) 是凸极式单相罩极电动机横断面示意图，图中的罩极线圈是一个短路铜环。实际单相罩极电动机还有隐极式，即定子绕组和罩极线圈都分布于定子铁芯的定嵌线槽内，罩极线圈为多匝漆包线绕制而成，其首尾最后焊接在一起，呈短路线圈。

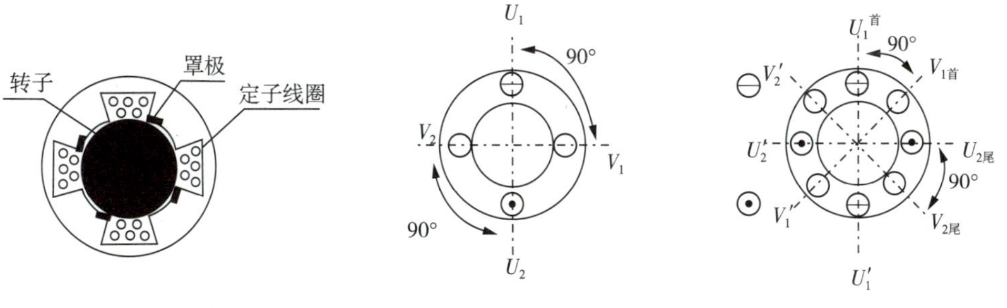

(a) 罩极　(b) P=1一对极　(c) P=2两对极

图 5-41　单相电动机定子绕图

相互成 90°电角度。分相式单相电动机定子绕组接线和外引线示意图如图 5-42 所示。

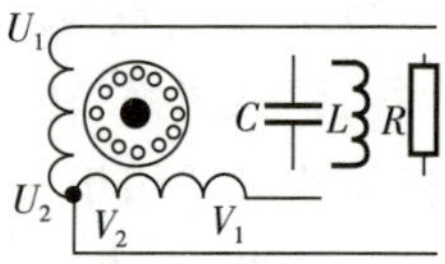

图 5-42　分相式单相电动机定子绕组接线和外引线示意图

图 5-41(b) 和图 5-41(c) 是一对极和两对极分相式单相电动机定子两相绕组嵌线示意图，由图可见工作绕组(U_1U_2) 和启动绕组(V_1V_2) 在图 5-42 中，U_1 和 V_1 之间接电容器 C 则称为电容分相，若在 U_1 和 V_1 之间接电感器 L 则称为电感分相，若在 U_1 和 V_1 之间接电阻器 R 则称为电阻分相。分相式单相电动机定子绕组有三条引出线，其中黑色线为公共端引线，另外两条引线为红、绿线(或红、白线)。红、绿线之间可接电容器 C、电感器或电阻器 R。

2. 单相电动机在脉振磁场作用的工作状态分析

单相异步电动机定子绕组接单相 AC 220 V 交流电压源，当其只有工作绕组工作时，则会在定子腔内产生脉振磁场，磁场强度和方向按正弦规律变化(图 5-43)。由图 5-43 可见，当电流为正半波时，磁场方向垂直向上；当电流为负半波时，磁场方向垂直向下；当电流为零时，磁场强度为零。

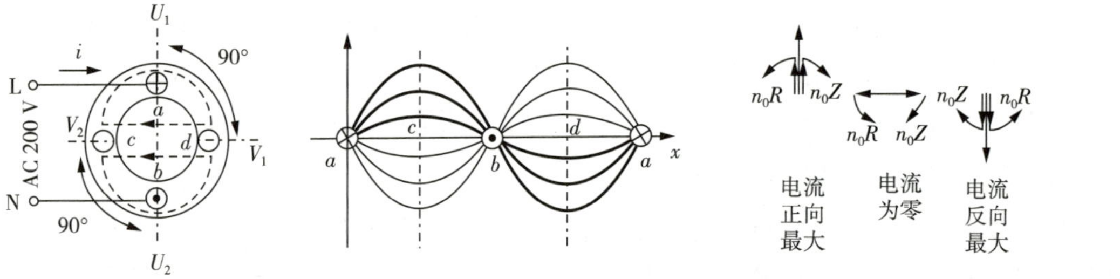

(a) 工作绕组通电示意图　(b) 定子脉振磁场示意图　(c) 脉振磁场分解为正反转磁场电示意图

图 5-43　单相电动机工作线绕组通电形成脉振磁场示意图

单相电动机工作线绕组通电形成脉振磁场可以分解为正转和反转两个圆形旋转磁场，这两个圆形幅值相等、转速相等、转向相反，它们在转子绕组中都会产生感应电势和感应电流，从而产生正转和反转电磁力矩。正转和反转电磁力矩的方向是相反的，其大小要依据转子运行状态而定，下面进行说明。

(1) 转子静止不动状态下正转和反转电磁力矩大小关系

转子静止不动状态下，由于正转和反转磁场在转子绕组中产生感应电势和感应电流大小相等、方向相反，从而产生正转和反转电磁力矩大小相等、方向相反，所以在转子上形成的合成电磁力矩为零，转子保持静止不动，但电动机发热严重，还可听到很强的磁场响声。这种状态不允许存在，应及时断电，避免烧毁电动机。

(2) 转子正转(顺时针方向转动) 状态下正转和反转电磁力矩大小关系

转子正转状态下，开始接通电源，则正转和反转磁场在转子绕组中产生感应电势和感应电流方向相反，大小却不相等，从而产生正转和反转电磁力矩方向相反，大小也不相等，所以在转子形成的合成电磁力矩不为零，正转电磁力矩大于反转电磁力矩。转子保持正转方向转动，而且逐渐接近同步转速，最后能稳定正转运行，电动机可长时间正常运转。

(3) 转子反转(逆时针方向转动)状态下正转和反转电磁力矩大小关系

转子反转状态下，开始接通电源，则正转和反转磁场在转子绕组中产生感应电势和感应电流方向相反，大小却不相等，从而产生正转和反转电磁力矩方向相反，大小也不相等，所以在转子形成的合成电磁力矩不为零，反转电磁力矩大于正转电磁力矩。转子保持反转方向转动，而且逐渐接近同步转速，最后能稳定正转运行，电动机可长时间正常运转。

由以上分析可见，转子静止不动状态下，开始接通电源，电动机不能启动运行，而一旦使转子转动后，再接通电源，电动机会保持原旋转方向加速运转，直到接近同步转速时，保持动平衡运行，所以必须设法解决启动问题。

3. 单相电动机在椭圆磁场作用的工作状态分析

罩极式和分相式单相电动机的定子绕组接单相 AC 220 V 交流电压源。在电动机启动时，工作绕组和罩极绕组(或启动绕组)之间电流有相位差，其定子绕组的磁场为椭圆形磁场。罩极式单相电动机定子绕组的合成磁场椭圆度大，而分相式单相电动机定子绕组的磁场椭圆度小。无论单相电动机定子绕组的磁场椭圆度大或小，都可分解为一个圆形旋转磁场(用 B_0 表示)和一个脉振磁场(用 B_{ZR} 表示)。圆形旋转磁场(B_0)的旋转方向是从电流跃前相绕组朝着电流滞后相绕组。脉振磁场 B_{ZR} 可以分解为正转(用 B_Z 表示)和反转(用 B_R 表示)两个圆形旋转磁场，这两个圆形幅值相等、转速相等、转向相反。

通过分析可知，精圆形磁场最后可以分解为两个幅值不等、方向相反的两个圆形旋转磁场(B_0+B_Z)和 B_R[或者(B_0+B_R)和 B_Z]，它们在转子绕组中都会产生感应电势和感应电流，感应电势和感应电流大小不等、频率不同、方向相反；转子绕组中的两个感应电流产生的电磁力矩大小不等、方向相反，转子合成力矩方向同 B_0 磁场方向，使转子跟随定子磁场 B_0 转动，电动机能顺利启动运行。

单相电动机启动后，可以只靠工作绕组通电，就能正常运行，当然两个绕组通电，会使电动机运行更稳定。

4. 单相电动机启动

目前分相式单相电动机的启动和运行方式有如下 4 种。电阻启动、电感启动和电容启动单相分相式异步电动机绕组接线示意图如图 5-44 所示。

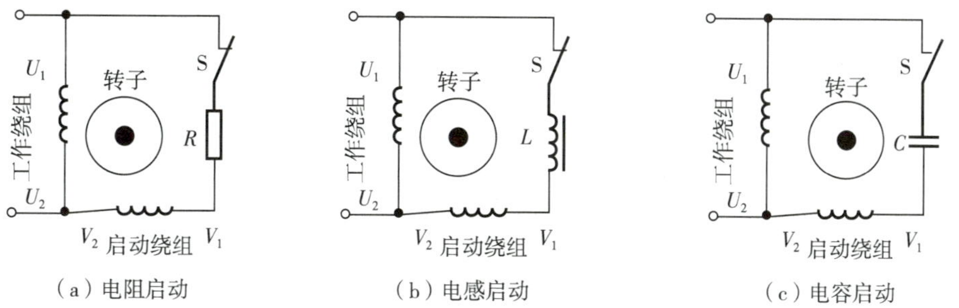

图 5-44　电阻启动、电感启动和电容启动单相分相式异步电动机绕组接线示意图

(1) 电阻启动单绕组运行方式

电阻启动单绕组运行方式是指单相电动机的启动时，工作绕组和串电阻器的启动绕组并联后加单相 AC 220 V 电压，电动机在精圆磁场作用下启动，当电动机转速接近同步转速时，靠特殊的离心开关[图 5 - 44(a) 所示的开关 S] 自动断开，使启动绕组切断电源，只有工作绕组接通电源，电动机才在脉振磁场作用下稳定运行。

(2) 电感启动单绕组运行方式

电感启动单绕组运行方式是指单相电动机的启动时，工作绕组和串电感器的启动绕组并联后加单相 AC 220 V 电压，电动机在椭圆磁场作用下启动，当电动机转速接近同步转速时，靠特殊的离心开关[图 5 - 44(b) 所示中的开关 S] 自动断开，使启动绕组切断电源，只有工作绕组接通电源，电动机才在脉振磁场作用下稳定运行。

(3) 电容启动单绕组运行方式

电容启动单绕组运行方式是指单相电动机的启动时，工作绕组和串电容器的启动绕组，并联后加单相 AC 220 V 电压，电动机在椭圆磁场作用下启动，当电动机转速接近同步转速时，靠特殊的离心开关[图 5 - 44(c) 中的开关 S] 自动断开，使启动绕组切断电源，只有工作绕组接通电源，电动机才在脉振磁场作用下稳定运行。

(4) 电容启动和电容运行方式

电容启动和电容运行方式是指单相电动机的启动和运行状态下，工作绕组和串电容器的启动绕组并联后加单相 AC 220 V 电压，电动机在椭圆磁场作用下启动和运行。

电容启动和电容运行方式的单相电动机的定子绕组有两种接线方式：第一种是单相电动机的启动和运行启动绕组串同一个电容器 C[图 5 - 45(a)]；第二种是单相电动机的启动时，启动绕组串接两个电容器 C_1 和 C_2(C_1 和 C_2 并联)，当电动机转速接近同步转速时，靠特殊的离心开关[图 5-45(b) 中的开关 S] 自动断开，使启动绕组只串接电容器 C_2，电动机定子磁场发生变化(椭圆度变大)，电动机能够平稳运行。

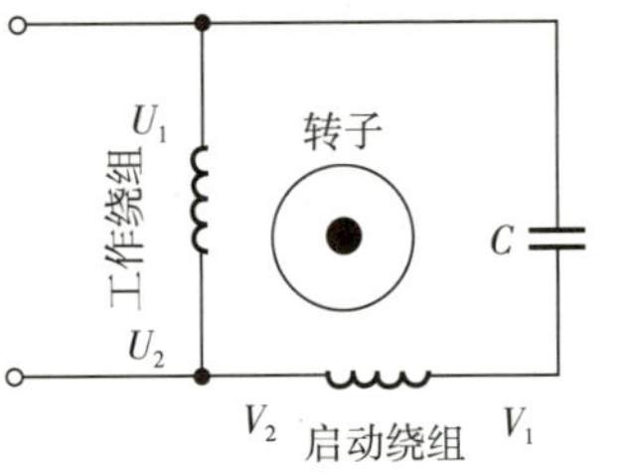

(a) 启动和运行电容用一个

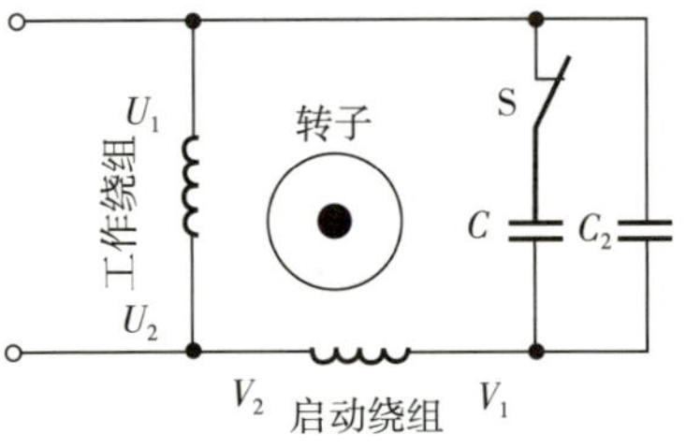

(b) 启动电容和运行电容不同

图 5 - 45　电容启动和电容运行单相分相式异步电动机绕组接线示意图

电容启动和电容运行方式的单相电动机具有启动电磁转矩大、功率因数大、效率高、过载能力强等优点，所以应用比较广泛。

5. 单相电动机调速

单相电动机有 3 种常用的调速方法，即串电抗器调速、串调速绕组调速和变频调速，其中变频调速是目前应用较多。单相电动机变频调速需要专用变频器和比较先进的控制技术，例如家用电器产品中的单相变频空调机的驱动电动机为电阻分相式单相异步电动机，通过改变其电压频率实现改变电动机转速的目的，而电压频率改变则主要由自控环节控制。下面简单介绍下单相电动机调速(图 5-46)。

(1) 单相电动机串电抗器调速

单相电动机串电抗器调速如图 5-46(a) 所示。在图 5-46(a) 中电抗器 L 串于单相电动机两个绕组公共端，电抗器 L 有 3 条引出线，分别接于调速开关 SK 的 3 个定触点，调速开关 SK 的另一个触点和电源线相连接，通过改变调速开关 SK 旋钮位置使得电动机两个绕组承受的电压发生改变，从而改变转速，实质是调压调速法。

(2) 单相电动机串调速绕组调速

单相电动机串调速绕组调速如图 5-46(b) 所示。图 5-46(b) 中调速绕组串于单相电动机的启动绕组，调速绕组有 3 条引出线，分别接于调速开关 SK 的 3 个定触点，调速开关 SK 的另一个触点和电源线相连接，通过改变调速开关 SK 旋钮位置使得电动机启动绕组承受的电压发生改变，从而改变转速，实质是调磁调速法，即改变定子磁场椭圆度和幅值方法进行调速。

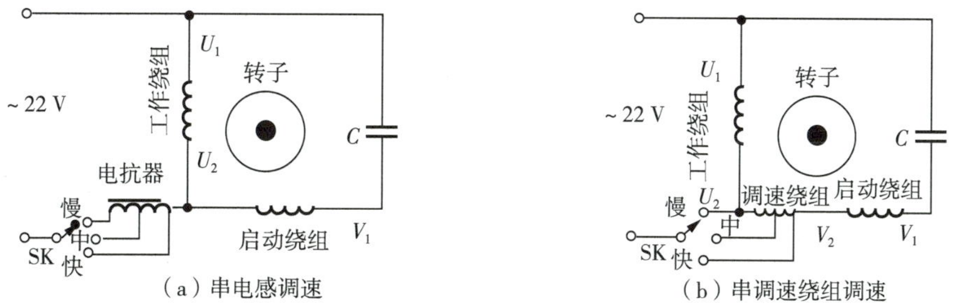

图 5-46　单相电动机串电抗器调速和串调速绕组调速示意图

(3) 单相电动机变频调速

单相电动机变频调速实质是改变电动机定子绕组电压频率，就会改变电动机同步转速，进而达到改变转速的目的，此调速方法是最理想的方法。

任务四　三相鼠笼式异步电动机接法实训

一、学习目标

1. 熟悉三相鼠笼式异步电动机的结构和额定值。
2. 学习检验异步电动机绝缘情况的方法。
3. 学习三相异步电动机定子绕组首、末端的判别方法。
4. 掌握三相鼠笼式异步电动机的起动和反转方法。

二、学习内容

1. 三相鼠笼式异步电动机的检查

电动机使用前应作必要的检查。

(1) 机械检查

检查引出线是否齐全、牢靠，转子转动是否灵活、匀称、有否异常声响等。

(2) 电气检查

① 用兆欧表检查电机绕组间及绕组与机壳之间的绝缘性能

电动机的绝缘电阻可以用兆欧表进行测量。对额定电压 1 kV 以下的电动机，其绝缘电阻值最低不得小于1000 Ω/V，测量方法如图 5-47 所示。一般500 V以下的中小型电动机最低应具有 2 MΩ 的绝缘电阻。

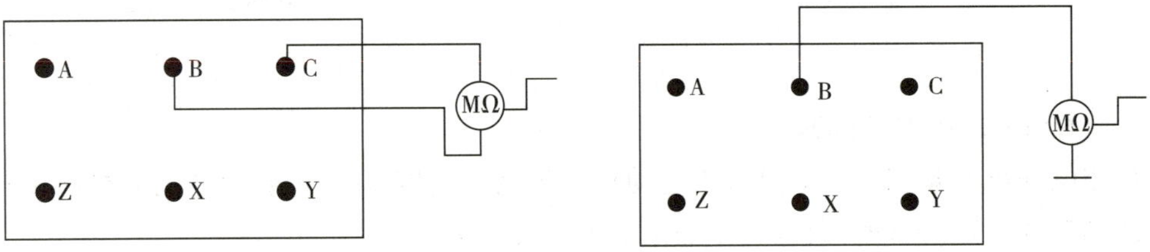

图 5-47　电动机的绝缘电阻测量方法

② 定子绕组首、末端的判别

异步电动机三相定子绕组的六个出线端有三个首端和三相末端。一般，首端标以 A、B、C，末端标以 X、Y、Z。在接线时如果没有按照首、末端的标记来接，则当电动机起动时磁势和电流就会不平衡，因而引起绕组发热、振动、有噪音，甚至电动机不能起动因过热而烧毁。由于某种原因定子绕组六个出线端标记无法辨认，可以通过实验方法来判别其首、末端(即同名端)。方法如下：

用万用电表欧姆挡从六个出线端确定哪一对引出线是属于同一相的，分别找出三相绕组，并标以符号，如 A、X；B、Y；C、Z。将其中的任意两相绕组串联，如图 5-48 所示。

将控制屏三相自耦调压器手柄置零位，开启电源总开关，按下启动按钮，接通三相交流电源。调节调压器输出，使在相串联两相绕组出线端施以单相低电压 $U=80\sim100$ V，测出第三相绕组的电压。如测得的电压值有一定读数，表示两相绕组的末端与首端相联，如图5－48(a)所示；反之，如测得的电压近似为零，则两相绕组的末端与末端(或首端与首端)相联，如图5－48(b)所示。用同样方法可测出第三相绕组的首末端。

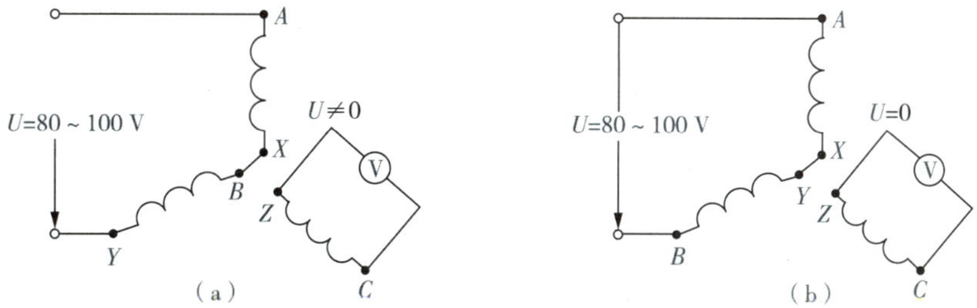

图5－48　电动机定子绕组首末端判别方法

2. 三相鼠笼式异步电动机的起动

鼠笼式异步电动机的直接起动电流可达额定电流的4～7倍，但持续时间很短，不致引起电机过热而烧坏。但对容量较大的电机，过大的起动电流会导致电网电压的下降而影响其他的负载正常运行。通常采用降压起动，最常用的是Y－△换接起动，它可使起动电流减小到直接起动的1/3。其使用的条件是正常运行必须作△接法。

3. 三相鼠笼式异步电动机的反转

异步电动机的旋转方向取决于三相电源接入定子绕组时的相序，故只要改变三相电源与定子绕组连接的相序即可使电动机改变旋转方向。

三、实验设备(表5－4)

表5－4　实验设备

序　号	名　称	型号与规格	数　量	备　注
1	三相交流电源	380 V、220 V	1	
2	三相鼠笼式异步电动机	DJ24	1	
3	兆欧表	500 V	1	自备
4	交流电压表	0～500 V	1	
5	交流电流表	0～5 A	1	
6	万用电表		1	自备

四、实验步骤

1. 抄录三相鼠笼式异步电动机的铭牌数据，并观察其结构。
2. 用万用电表判别定子绕组的首、末端。
3. 用兆欧表测量电动机的绝缘电阻，记于表5－5。

三相交流异步电动机的接法

表 5-5　电动机的绝缘电阻

各相绕组之间的绝缘电阻		绕组对地(机座)之间的绝缘电阻	
A 相与 B 相	(MΩ)	A 相与地(机座)	(MΩ)
A 相与 C 相	(MΩ)	B 相与地(机座)	(MΩ)
B 相与 C 相	(MΩ)	C 相与地(机座)	(MΩ)

4. 鼠笼式异步电动机的直接起动

(1) 采用 380 V 三相交流电源

将三相自耦调压器手柄置于输出电压为零位置。控制屏上三相电压表切换开关置“调压输出”侧。根据电动机的容量选择交流电流表合适的量程。

开启控制屏上三相电源总开关，按启动按钮，此时自耦调压器原绕组端 U_1、V_1、W_1 得电，调节调压器输出使 U、V、W 端输出线电压为 380 V，三只电压表指示应基本平衡。保持自耦调压器手柄位置不变，按停止按钮，自耦调压器断电。

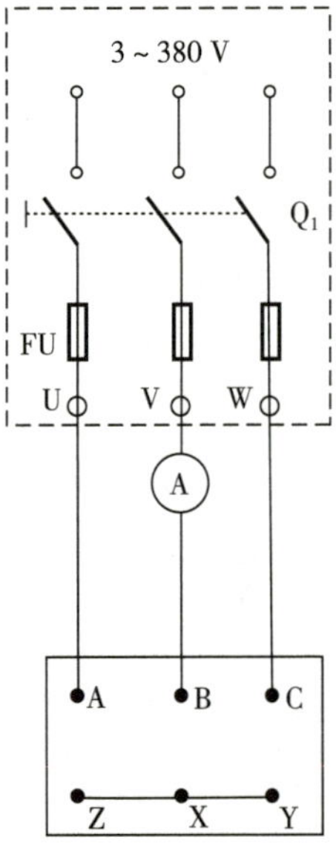

图 5-49　Y 接

① 按图 5-49 接线，电动机三相定子绕组接成 Y 接法。供电线电压为 380 V；实验线路中 Q_1 及 FU 由控制屏上的接触器 KM 和熔断器 FU 代替，学生可由 U、V、W 端子开始接线，以后各控制实验均同此。

② 按控制屏上启动按钮，电动机直接起动，观察起动瞬间电流冲击情况及电动机旋转方向，记录起动电流。当起动运行稳定后，将电流表量程切换至较小量程挡位上，记录空载电流。

③ 电动机稳定运行后，突然拆出 U、V、W 中的任一相电源(注意小心操作，以免触电)，观测电动机作单相运行时电流表的读数并记录之，再仔细倾听电机的运行声音有何变化。(可由指导教师作示范操作)

④ 电动机起动之前先断开 U、V、W 中的任一相，作缺相起动，观测电流表读数，记录之，观察电动机有否起动，再仔细倾听电动机有否发出异常的声响。

⑤ 实验完毕，按控制屏停止按钮，切断实验线路三相电源。

(2) 采用 220 V 三相交流电源

调节调压器输出使输出线电压为 220 V，电动机定子绕组接成 △ 接法。

按图 5-50 接线，重复(1) 中各项内容，记录之。

5. 异步电动机的反转

电路如图 5-51 所示，按控制屏启动按钮，起动电动机，观察起动电流及电动机旋转方向是否反转。

实验完毕，将自耦调压器调回零位，按控制屏停止按钮，切断实验线路三相电源。

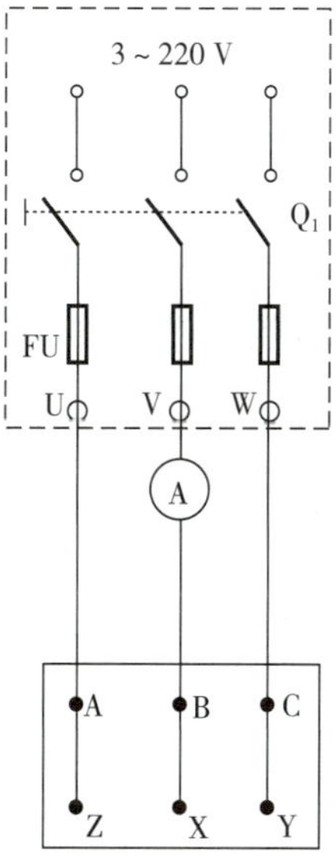

图 5－50　△ 接

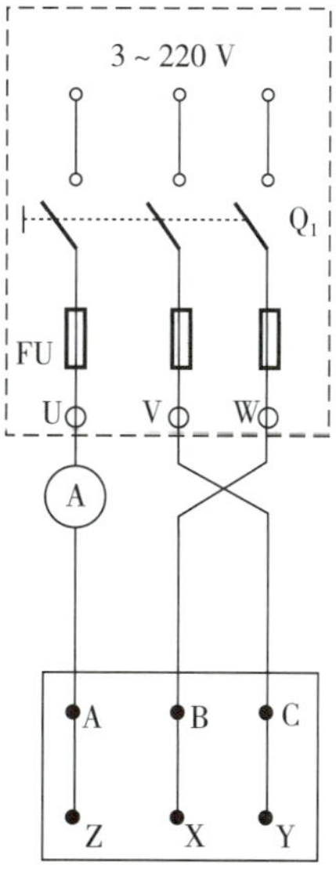

图 5－51　反转

五、实验注意事项

1. 本实验系强电实验，接线前(包括改接线路)、实验后都必须断开实验线路的电源，特别改接线路和拆线时必须遵守“先断电，后拆线”的原则。电机在运转时，电压和转速均很高，切勿触碰导电和转动部分，以免发生人身和设备事故。为了确保安全，学生应穿绝缘鞋进入实验室。接线或改接线路必须经指导教师检查后方可进行实验。

2. 起动电流持续时间很短，且只能在接通电源的瞬间读取电流表指针偏转的最大读数(因指针偏转的惯性，此读数与实际的起动电流数据略有误差)，如错过这一瞬间，须将电机停车，待停稳后，重新起动读取数据。

3. 单相(即缺相)运行时间不能太长，以免过大的电流导致电机的损坏。

六、预习思考题

1. 如何判断异步电动机的六个引出线？如何连接成 Y 形或 △ 形？又根据什么来确定该电动机作 Y 接或 △ 接？

2. 缺相是三相电动机运行中的一大故障，在起动或运转时发生缺相，会出现什么现象？有何后果？

3. 电动机转子被卡住不能转动，如果定子绕组接通三相电源将会发生什么后果？

七、实验报告

1. 总结对三相鼠笼机绝缘性能检查的结果，判断该电机是否完好可用。
2. 对三相鼠笼机的起动、反转及各种故障情况进行分析。

知识拓展：

电力变压器的新国标　　点火原理动画　　三相交流异步电动机的应用前景　　直流电机的构造

同步思考：

1. 在电磁控制系统中，磁路主要由________和________组成。
2. 磁通是磁场中垂直穿过某面积的________的总和，用________来表示。
3. 交流铁芯线圈的功率损耗既包含________，也包含________。
4. 特殊用途的变压器包括________、________等。
5. 交流异步电动机的制动包括________和________。

6. 有一均匀磁场，磁感应强度 $B=0.15\ \mathrm{T}$，求与磁场垂直方向的面积 $S=100\ \mathrm{cm}^2$ 内的磁通量。若介质相对磁导率为 3000，求磁场强度。

7. 单相变压器一次、二次侧额定电压为 220 V、36 V，容量为 2 kVA。

(1) 求变压器一次、二次侧的额定电流。

(2) 二次侧接 36 V、100 W 的白炽灯 10 盏，此时一次、二次侧电流为多少？

8. 三相异步电动机的额定转速为 2950 r/min，电源的频率 $f=50$ Hz，求同步转速 n_1。若电动机以转速 1000 r/min 运行，求转差率。

9. 现用电流互感器测量电气设备上的电流，所用互感器为 100/5，连接测量电流表后测得读数为 15 A，求被测电流为多少安培。

项目五 PPT

项目六

三相异步电动机控制电路

本章导读

三相异步电动机作为主要的驱动设备，其控制离不开电器，低压电器作为主要的控制元件，构成了继电逻辑控制电路。本章主要围绕低压电器和电动机的典型控制电路进行讲解，使学生对电气控制有一个基本的认知和了解。

知识要点

掌握常用低压电器的功能、图形和文字符号。

具备分析具有一定难度的控制电路的能力。

具备设计满足简单逻辑功能的控制电路的能力。

任务一　常用低压电器

学习目标：

了解低压电器的类型。

掌握低压电器的常见故障及检修方法。

掌握低压电器的功能、图形和文字符号。

学习内容：

常用低压电器的功能、图形和文字符号；低压电器的常见故障及检修方法。

常用的低压电器主要用于电能的产生、分配起控制和保护作用。在电气控制系统中，常用各种电器组成控制系统。电器按照电压等级又可分为高压电器、低压电器。我们这里主要了解的是低压电器(交流 1000 V 以下、直流 1200 V 以下的电器)。

低压电器按动作原理分为手动电器(开关、按钮、组合开关等) 和自动电器(接触器、继电器等)，按控制功能分为控制电器(开关、接触器、继电器等)、保护电器(熔断器、热继电器等)。

一、手动电器

低压开关电器主要用于不频繁的接通和分断低压供电线路，起着控制、保护、转换和隔离的作用。常用的低压开关主要有刀开关、组合开关和低压断路器等。

1. 刀开关

刀开关的种类很多，带熔断器的负荷开关最常用。

(1) 开启式负荷开关

开启式负荷开关以瓷底胶盖为基本结构，电气连接为金属结构，俗称为闸刀开关，操作方式为手动。开启式负荷开关的结构、外形和电气符号如图 6－1 所示。

刀开关的动作示意图

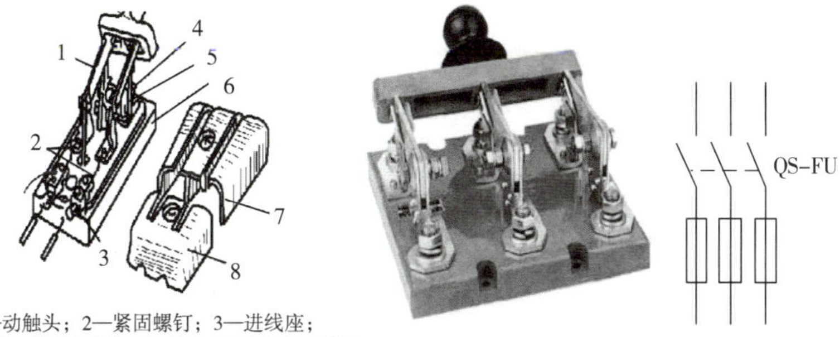

1—动触头；2—紧固螺钉；3—进线座；
4—出线座；5—静触头；6—瓷底座；7、8—胶盖。

(a) 结构　　(b) 外形　　(c) 电气符号

图 6－1　开启式负荷开关的结构、外形和电气符号

开启式负荷开关由操作手柄、出线端、闸刀(动触头)和静插座(静触头)构成。它自身不带灭弧装置，仅利用胶盖的遮护防止电弧对手的灼伤，因此，它不适合操作较大负荷的电路。其主要用作电气照明电路和电热电路、小容量电动机电路的不频繁通断控制，也可以用作分支电路的配电开关。

开启式负荷开关的结构简单，价格便宜，在一般的照明电路和功率小于 5.5 kW 的电动机控制线路中被广泛采用。 通常操作时动作应迅速，使电弧较快熄灭，既能避免灼伤手，也能减少电弧对动静触头的灼损。

刀开关安装时，手柄要向上，不得倒装或平装。接线时进线和出线不能接反，电源线接在上端，负载接在熔丝下端，以免在更换熔丝时发生触电事故。开启式负荷开关常见故障及检修方法见表 6－1 所列。

表 6－1　开启式负荷开关常见故障及检修方法

故障现象	造成故障的可能原因	检修方法
合闸后一相或两相没电压	夹座弹性消失或开口过大，使静触头与动触头不能良好接触	更换夹座
	熔丝烧断或连接不良	更换熔丝
	夹座、动触头氧化或有污垢	清洁触头
	电源进线或出线线头氧化后接触不良	更换进、出线

（续表）

故障现象	造成故障的可能原因	检修方法
动触头或夹座过热烧坏	开关容量大小	更换大容量的开关
	断闸、合闸时动作太慢造成电弧过大，烧坏触头	使用正确的操作方法
	负载过大	减小负载或调换较大容量的开关

（2）封闭式负荷开关

封闭式负荷开关的外壳多为铸铁或用薄钢板冲压而成，故也称为铁壳开关，封闭式负荷开关外形、结构如图 6－2 所示。

封闭式负荷开关的灭弧性能、操作性能、通断能力和安全防护性能都优于开启式负荷开关，可用于额定电压在 500 V 以下、额定电流 200 A 以下的电气装置和配电设备中进行不频繁的操作和短路保护，也可进行异步电动机的不频繁的直接起动及分断用。

封闭式负荷开关的操作机构具有以下两个特点：一是采用了弹簧储能分合闸方式，其分合闸的速度与手柄的操作速度无关，从而提高了开关通断负载的能力；二是设有连锁装置，保证开关在合闸状态下开关盖不能开启，开关盖开启时又不能合闸，充分发挥了外壳的防护作用，并保证了更换熔丝等操作的安全。

封闭式负荷开关在使用时应注意两点：一是对于照明电路和电热电路负载，根据实际需要选用对应的开关；二是开关的外壳应可靠接地，避免因漏电而造成触电事故。封闭式负荷开关常见故障及检修方法见表 6－2 所列。

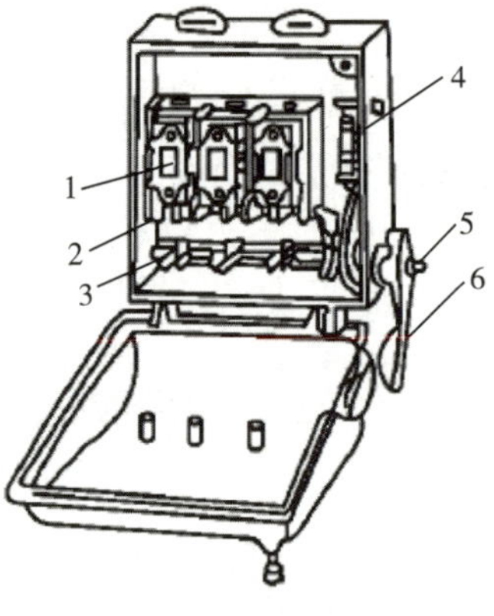

1— 熔断器；2— 静插座；3— 闸刀；
4— 速断弹簧；5— 转轴；6— 操作手柄。

图 6－2　封闭式负荷开关外形、结构

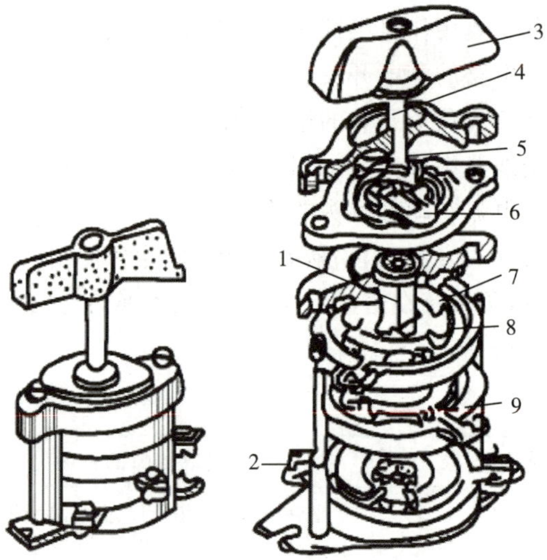

（a）外形　（b）结构

1— 绝缘连杆；2— 接线柱；3— 手柄；4— 转轴；5— 扭簧；
6— 凸轮；7— 绝缘垫；8— 动触片；9— 静触片

图 6－3　组合开关外形、结构

表 6-2　封闭式负荷开关常见故障及检修方法

故障现象	造成故障的可能原因	检修方法
操作手柄带电	外壳未接地或接地线接触不良	加装或检查接地线
	电源进、出线绝缘损坏碰壳	更换导线
夹座过热或烧坏	夹座表面烧毛	修正夹座表面
	触刀与夹座压力不足	调整夹座压力
	负载过大	减轻负载或调换较大容量的开关

2. 组合开关

组合开关又称为转换开关，它体积小、触头对数多、接线方式灵活。组合开关的操作机构采用了扭簧储能，可使触头快速闭合或分断，从而提高了开关的通断能力。

组合开关常在电气线路中用于手动不频繁的接通和断开电路、换接电源和负载，也可用来直接控制小容量异步电动机非频繁启动、停止和正反转。用于直接控制异步电动机的启动和正、反转时，一般选择额定电流为电动机额定电流 1.5 ～ 2.5 倍的组合开关。

组合开关的操作机构由顶盖部分的转轴、凸轮、扭簧和手柄等部分组成。当转动手柄时每层的动触片随转轴一起转动，动触片轮流接通或分断。由于操作机构采用了扭簧储能机构，开关能快速接通与分断，所以通断速度与手动操作无关。组合开关常见故障及检修方法见表 6-3 所列。

表 6-3　组合开关常见故障及检修方法

故障现象	造成故障的可能原因	检修方法
手柄转动 90° 角后，内部触头未动	手柄上的三角形或半圆形口磨成圆形	更换手柄
	绝缘杆变形	更换绝缘杆
	轴与绝缘杆装配不紧	加固轴与绝缘杆的装配
手柄转动后，三副静触头和动触头不能同时接通或断开	触头角度装配不正确	重新装配
	触头失去弹性或有污垢	更换触头或清除污垢
开关接线相间短路柱短路	接线柱间附着铁屑或油污，形成导电层	清扫或调换开关

3. 控制按钮

控制按钮简称为按钮，是最常用的主要电器。按钮的外形和结构如图 6-4 所示。按钮是一种手动控制电器，只能短时接通或分断 5 A 以下的小电流电路，控制其他电气动作。带灯的按钮里有指示灯，可以显示按钮的通断。

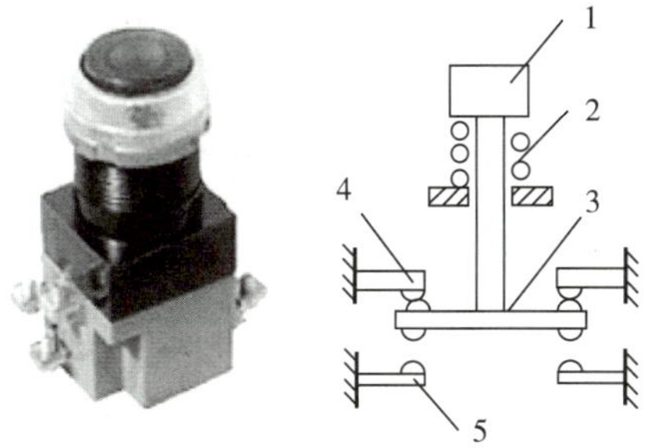

（a）外形　　（b）结构

1— 按钮帽；2— 复位弹簧；3— 动触头；4— 常闭触头；5— 常开触头。

图 6-4　按钮的外形和结构

控制按钮由按钮帽、复位弹簧、桥式触头和外壳组成，按静态时触头的分合状态分为动断按钮(常闭按钮)、动合按钮(常开按钮)、复合按钮(常开按钮+常闭按钮)。

按钮的颜色规定如下:

(1) 停止和急停按钮:红色。

(2) 启动按钮:绿色。

(3) 点动按钮:黑色。

(4) 起动/停止交替按钮:黑色、白色或灰色,不能是红色和绿色。

(5) 复位按钮:蓝色,当兼有停止作用时,必须用红色。

4. 行程开关

行程开关又称为限位开关,利用生产机械某些运动部件的碰撞来发出控制指令,以控制设备的运动行程或运动方向。行程开关从结构上可分为操作机构、触头系统和外壳3个部分,其结构和电气符号如图6-5所示。其动作原理与按钮开关相同,其触电的分合速度取决于生产机械的运动速度,不宜用于速度低于0.4 m/min的场所。

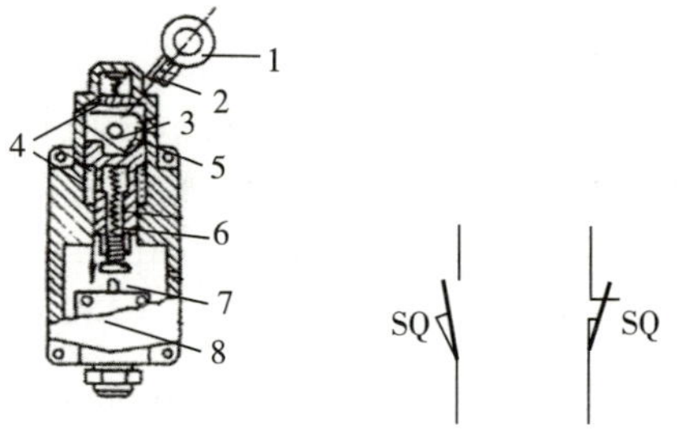

(a) 结构　　(b) 符号

图6-5　行程开关的结构和电气符号

二、自动电器

1. 接触器

(1) 接触器结构及工作原理

接触器主要由电磁系统、触头系统、灭弧装置及辅助部件等组成,交流接触器的外形和结构如图6-6所示。

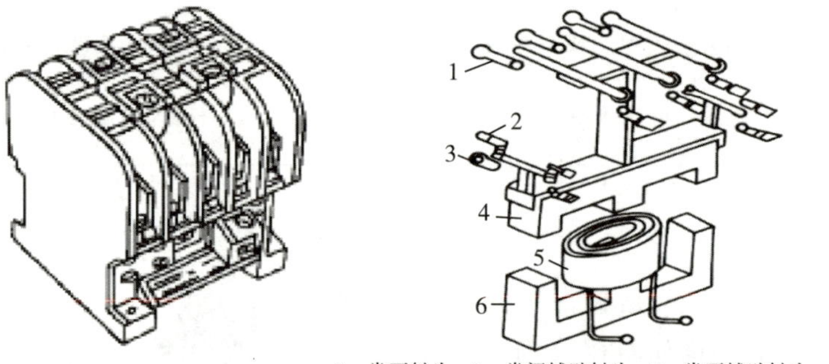

1—常开触头;2—常闭辅助触头;3—常开辅助触头;4—衔铁;5—吸引线圈;6—铁芯。

(a) 外形　　(b) 结构

图6-6　交流接触器的外形和结构

① 电磁系统。交流接触器的电磁机构由线圈、动铁芯(衔铁)和静铁芯组成,其作用是利用电磁线圈的通电或断电,产生电磁吸力,使衔铁和铁心吸合或释放,从而带动动触头与静触头闭合或分断,实现接通或断开电路的目的。

② 触头系统。触点是接触器的执行部分。根据用途的不同，触头可以分为动合触点和动断触头；按功能不同可分为主触点和辅助触点；按照结构形式，可分为桥式和指式触头。

③ 灭弧装置。接触器的触头在分断电路时，触头间隙中由电子流产生弧状的火花，称为电弧。电弧会烧伤触头，并使电路的切断时间延长，严重时甚至会引起短路、触电或其他事故。10 A 以上的接触器都有灭弧装置，一般采用半封式纵缝陶土灭弧罩，并配有强磁吹弧回路。

④ 其他部件。其包括反作用弹簧、缓冲弹簧、触点压力弹簧、传动机构及外壳等。

交流接触器的工作原理图如图 6-7 所示，接触器的电气符号如图 6-8 所示。

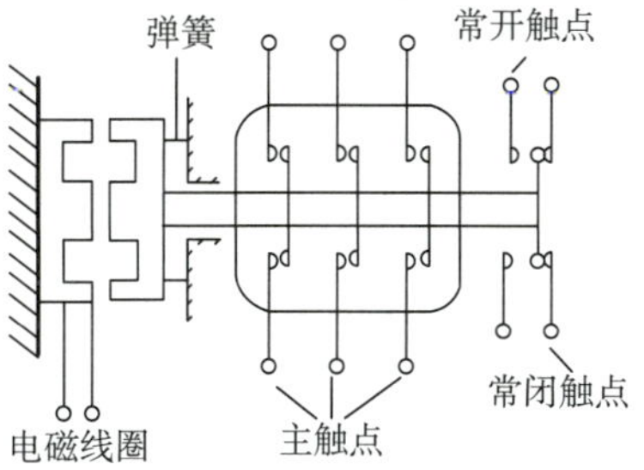

图 6-7　交流接触器的工作原理图

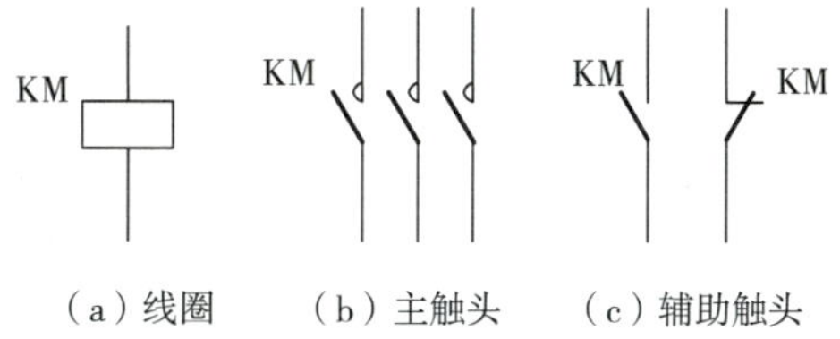

图 6-8　接触器的电气符号

(2) 交流接触器的型号和参数

常用的交流接触器有 CJ0、CJ10 及 CJ20 等系列，有国外引进的 B 系列、3TB 系列。另外，还有 CJK1 系列真空接触器及 CJW1-200A/N 型晶闸管接触器。

① 额定电压和额定电流。额定电压指主触点额定工作电压，应等于负载的额定电压。额定电流指接触器触点在额定工作条件下的电流值。

② 额定工作制。长期工作制、间断长期工作制、反复短时工作制、短时工作制。

③ 通断能力。其可分为最大接通电流和最大分断电流。最大接通电流是指触点闭合时不会造成触点熔焊时的最大电流值；最大分断电流是指触点断开时能可靠灭弧的最大电流。一般通断能力是额定电流的 5 ～ 10 倍。

④ 动作值。其可分为吸合电压和释放电压。吸合电压是指接触器吸合前，缓慢增加吸合线圈两端的电压，接触器可以吸合时的最小电压。释放电压是指接触器吸合后，缓慢降低吸合线圈的电压，接触器释放时的最大电压。

⑤ 操作频率。其一般为每小时允许操作次数的最大值。

(3) 接触器的选择

① 根据接触器所控制的负载性质来选择接触器的类型，如交流负载选用交流接触器，直流负载选用直流接触器。

② 接触器的触头数量和种类应满足主电路和控制线路的要求。

③ 根据被控对象和工作参数如电压、电流、功率、频率及工作制等确定接触器的额定参数。

接触器常见故障及检修方法见表 6-4 所列。

表 6-4 接触器常见故障及检修方法

故障现象	造成故障的可能原因	检修方法
接触器不吸合或不能完全吸合	接触器线圈断线	修理或更换线圈
	电源电压过低	调整电源电压
	铁芯机械卡阻	检查调整零件位置或更换零件，消除卡阻现象
	触头超程过大	调整触头超程
	操作回路电源容量不足	增加电源容量
	触头弹簧和释放弹簧压力过大	调整弹簧压力或更换弹簧
接触器线圈断电，铁芯不释放	铁芯极面有油污或尘埃黏着	清理铁芯极面
	接触器主触头发生熔焊	修理或更换触头
	触头弹簧损坏或压力过小	调整弹簧压力或更换弹簧
	动铁芯或机械部分被卡住	调整零件位置，消除卡住现象
	铁芯的中柱去磁气隙消失使剩磁增大	退磁或更换铁芯
接触器触头熔焊	操作频率过高或长期过负载使用	更换触头
	触头弹簧压力过小	调整弹簧压力，更换触头
	负载侧短路	排除短路故障，更换触头
	触头表面有突起的金属颗粒	清理触头表面
接触器的电磁铁芯噪声过大	电源电压过低	调整电源电压
	铁芯短路环断裂	更换短路环
	触头弹簧压力过大	调整弹簧压力
	铁芯极面有油污	清除污垢、修理极面或更换铁芯
	螺栓松动、铁芯歪斜或机械卡住	拧紧螺栓，排除机械故障
接触器线圈过热或烧毁	电源电压过高或过低	调整电源电压
	操作频率过高	更换接触器
	线圈匝间短路	排除短路故障或更换线圈
	弹簧压力过大	调整弹簧压力
	运动部分机械卡住	排除卡住现象

2. 继电器

继电器是具有隔离功能的自动开关元件，一般用于控制和保护电路，它可以根据电量和非电量(如电压、电流、时间和速度等)的变化来接通或分断小电流电路。

继电器的种类很多,按照它的作用可分为控制继电器和保护继电器两大类,中间继电器、时间继电器和速度继电器等一般作为控制继电器,热继电器、电压继电器和电流继电器等作为保护继电器;按照工作原理可分为电磁式继电器、感应式继电器、热继电器、晶体管式继电器等;按照输出方式可分为有触点式继电器和无触点式继电器。

(1) 电磁式继电器

电磁继电器工作原理与接触器相似,由铁芯、电磁线圈、衔铁、复位弹簧、触点、支座及引脚等组成,电磁继电器的结构如图 6-9 所示。

电磁式继电器根据反映的参数可分为电压继电器、电流继电器和中间继电器等。

① 电流继电器。电流继电器的线圈串联在电路中,以反映电路电流变化,实现过(欠)电流保护。电流继电器的电气符号如图 6-10 所示,其中,图 6-10(a) 是过电流继电器符号,图 6-10(b) 是欠电流继电器符号。

电流继电器可分为过电流继电器和欠电流继电器。过电流继电器在电路正常工作时不动作,当电路电流超过某整定值(通常为额定电流的 1.1 ~ 4 倍) 时才动作,达到过电流保护作用。欠电流继电器在电路正常工作时动作,当电流降低到某整定值(额定电流的 10% ~ 20%) 时释放。

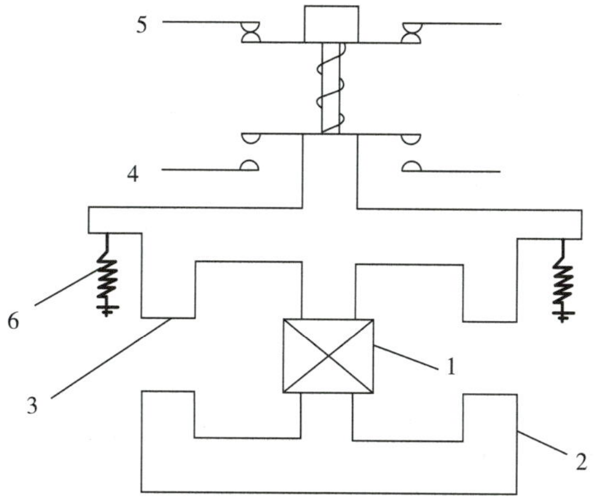

1 — 电磁线圈;2 — 铁芯;3 — 衔铁;
4 — 常开触头;5 — 常闭触头;6 — 复位弹簧。

图 6-9　电磁继电器的结构

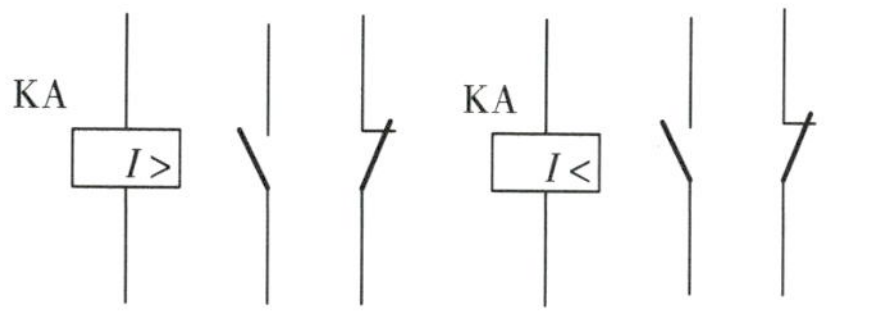

(a) 过电流继电器　(b) 欠电流继电器

图 6-10　电流继电器的电气符号

② 电压继电器。电压继电器的线圈并联在电路中,以反映电路电压变化,实现过(欠) 电压保护。电压继电器的电气符号如图 6-11 所示,其中,图 6-11(a) 是过电压继电器符号,图 6-11(b) 是欠电压继电器符号。

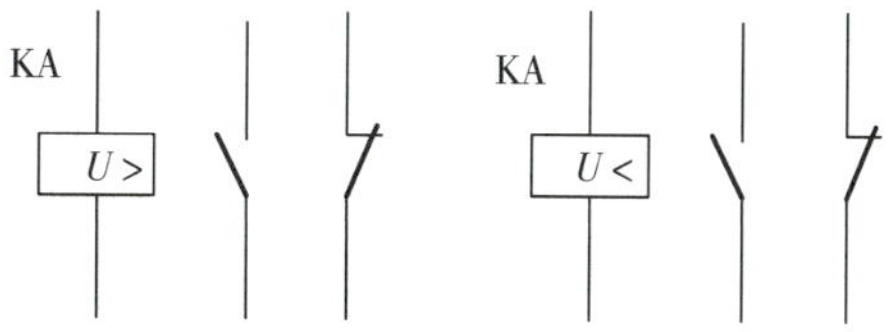

(a) 过电压继电器　(b) 欠电压继电器

图 6-11　电压继电器的电气符号

③ 中间继电器。中间继电器实质上也

属于电压继电器，通过它可以增加控制回路数目或起信号放大作用，所以中间继电器通常用来传递信号和同时控制多个电路，用来弥补主继电器触点的不足或容量的不足，也可用来直接控制小容量电动机或其他电气执行元件。

（2）时间继电器

时间继电器种类很多，常用的有电磁式、空气阻尼式、电动式和晶体管式等。常用的空气阻尼式时间继电器根据触电延时特点可分为通电延时型和断电延时型两种。如图 6－12 所示为 JS7 系列通电延时型时间继电器的外形和结构。

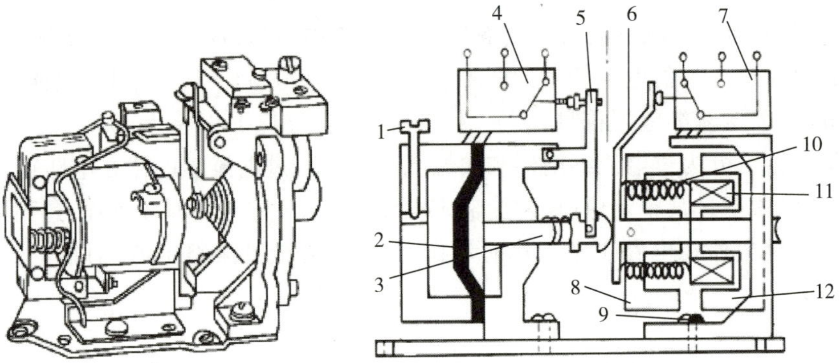

（a）外形　　（b）结构

1 — 延时调节螺钉；2 — 橡皮膜；3 — 活塞杆；4、7 — 微动开关；5 — 杠杆形撞块；
6 — 托板；8 — 衔铁；9 — 固定螺钉；10 — 复位弹簧；11 — 线圈；12 — 铁芯。

图 6－12　JS7 系列通电延时型时间继电器的外形和结构

① 工作原理

当线圈通电时，铁芯产生吸力，衔铁克服复位弹簧的阻力被吸合，带动着托板被吸引而右移，右侧的微动开关的触头（瞬时动作）迅速转换。同时，连接在气室的橡皮膜上的活塞杆也右移，由于杠杆形撞块连接在活塞杆上，故杠杆形撞块的上部左移，由于橡皮膜向右运动时，橡皮膜下方气室的空气稀薄形成负压，起到空气阻尼作用，因此经缓慢右移一定的时间后，撞块上部的行程螺钉才能压动微动开关，使左侧微动开关的触头（延时动作）转换，达到通电延时的目的。活塞杆移动的速度即延时时间的长短，视进气孔的大小、进入空气室的空气流量而定，可通过延时调节螺钉进行调整。

时间继电器是按照设定的时间控制触头延时闭合或延时断开的继电器，主要作为辅助电器元件，用于各种电气保护及自动装置中，使被控元件达到所需要的延时。时间继电器的电气符号如图 6－13 所示。

② 时间继电器的选择

根据系统的延时范围选择类型。凡是对延时要求不高的场合，一般采用价格较低的 JS7A 系列时间继电器；反之，如果对延时要求较高，则可采用 JS11、JS20 或 7PR 系列的时间继电器。

根据控制电路的要求选择通电延时或断电延时的延时方式。

根据控制线路电压来选择时间继电器吸引线圈的电压。

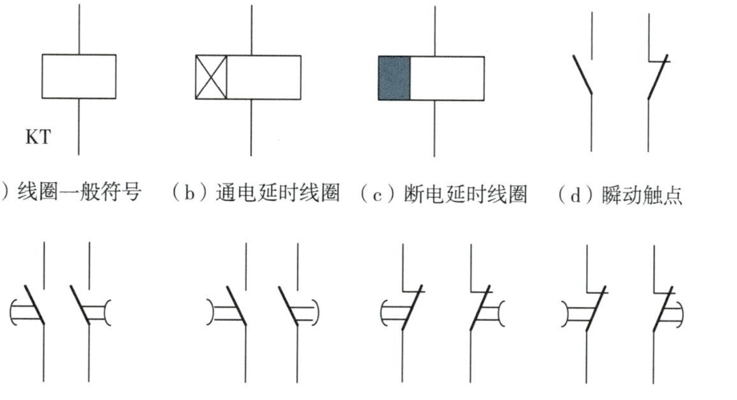

（a）线圈一般符号　（b）通电延时线圈　（c）断电延时线圈　（d）瞬动触点

（e）通电延时闭合动合触点　（f）断电延时断开动合触点　（g）通电延时断开动断触点　（h）断电延时闭合动断触点

图 6－13　时间继电器的电气符号

根据使用条件选用各种类型的时间继电器。例如，现场温度变化较大，不宜采用空气阻尼式时间继电器。

(3) 速度继电器

速度继电器是一种可以按照被控电动机转速的大小使控制电路接通或断开的继电器。速度继电器主要与接触器配合，用于电动机的反接制动电路中。

速度继电器的外形和电气符号如图 6－14 所示，速度继电器的结构如图 6－15 所示。

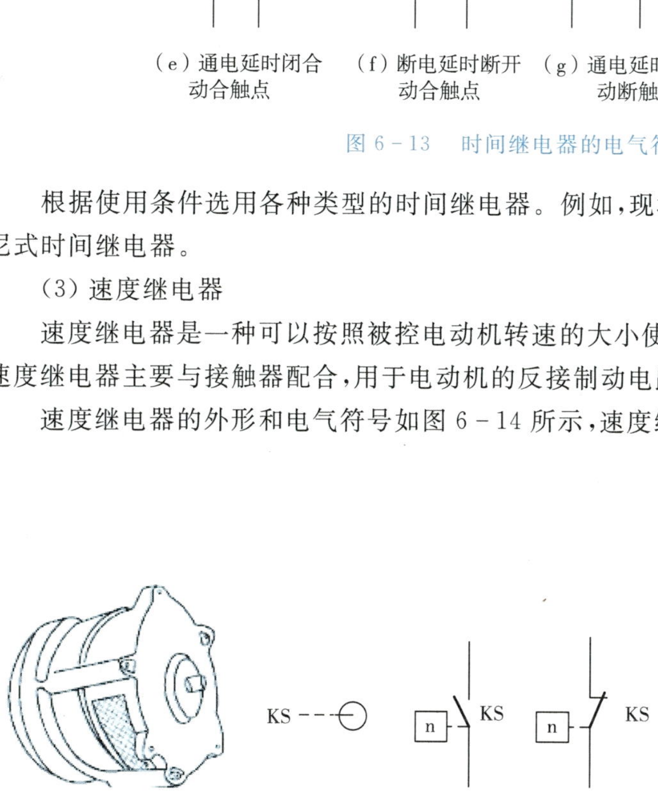

（a）外形　（b）电气符号

图 6－14　速度继电器的外形和电气符号

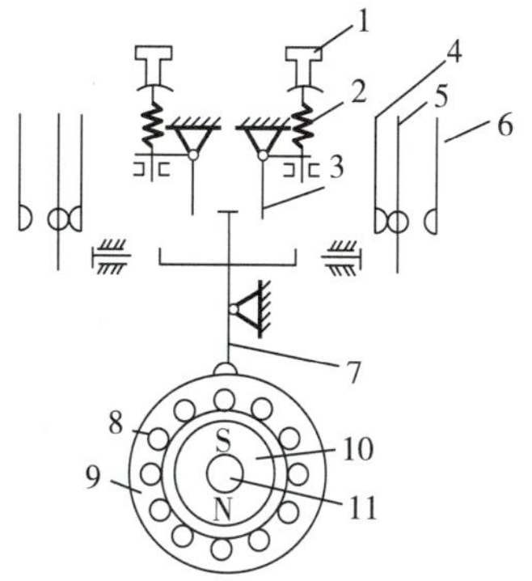

1 — 调节螺钉；2 — 反力弹簧；3 — 杠杆；4 — 常闭触头；5 — 动触头；6 — 常开触头；7 — 返回杠杆；8 — 定子导体；9 — 定子；10 — 转子；11 — 转轴。

图 6－15　速度继电器的结构

速度继电器主要由定子、转子、杠杆和触点系统等部分组成。定子由硅钢片叠制而成，并嵌有笼型的短路绕组，套在转子外围，且经杠杆机构与触头系统连接；转子是用一块永久磁铁制成的，固定在转轴上。当电动机旋转时，与电动机同轴连接的速度继电器转子随着旋转，永久磁铁旋转，使得定子中的绕组因切割磁力线而产生感应电动势和感应电流。通电绕组和旋转磁场相互作用产生电磁转矩，定子便随着转轴的旋转方向而转动。当定子转动达到一定的角度时，经杠杆作用使常闭触点断开、常开触点闭合。当电动机转速下降时，速度继电器转子的速度也随之下降，于是定子绕组内的感应电流下降，从而使电磁转矩减小。当电磁转矩下降到小于反作用弹簧的反作用力矩时，定子返回到原来的位置，对应的触点恢复到原来的状态。

三、保护电气

1. 熔断器

当电路发生短路或严重过载时，它的熔体能迅速熔断，从而切断电路，使导线和电气设备不致损坏。

(1) 熔断器的结构

熔断器主要包括熔体和熔座两部分。

(2) 熔断器的分类

① 瓷插式熔断器。多用于低压分支电路的短路保护，如图 6－16 所示。

② 螺旋式熔断器。多用于机床电气控制线路的短路保护，如图 6－17 所示。

③ 密闭管式熔断器。封闭管式熔断器可分为有填料、无填料、快速和自复式。

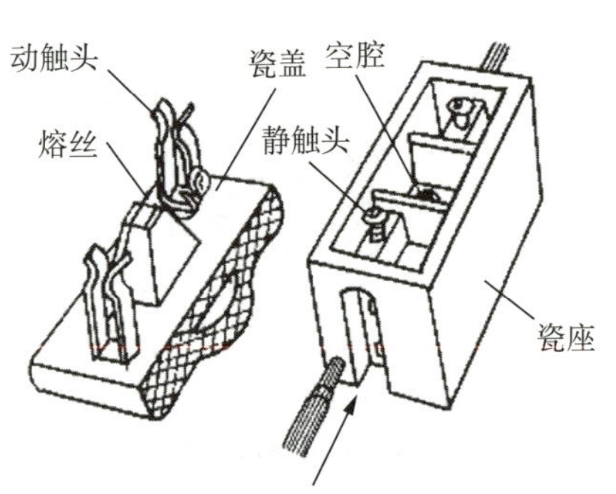

图 6－16　瓷插式熔断器

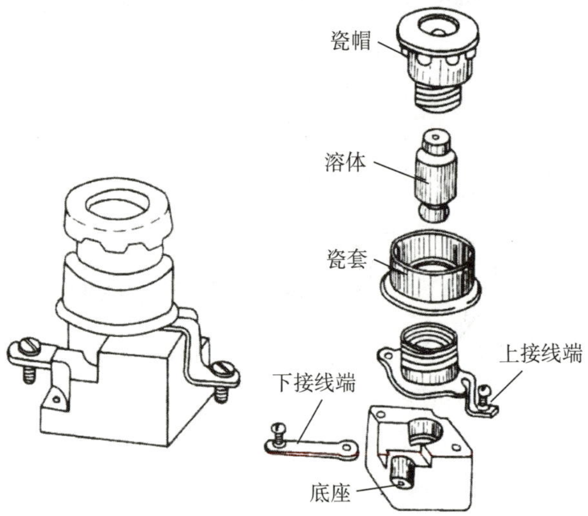

(a) 外形　(b) 结构

图 6－17　螺旋式熔断器

(3) 熔断器的选择

① 类型。根据电气控制系统的线路要求、使用场合和安装条件等选择熔断器的类型。

② 额定电压。熔断器的额定电压应不小于线路的工作电压。

③ 额定电流。熔断器的额定电流应大于或等于所装熔体的额定电流。

④ 熔体额定电流。熔体额定电流的选择应遵循以下原则：

a. 保护一台电动机时，熔体的额定电流要求为

$$I_{fN} \geqslant (1.5 \sim 2.5) I_N$$

式中，I_N—— 电动机的额定电流；

I_{fN}—— 熔体的额定电流。

b. 保护多台电动机时，熔体应在出现尖峰电流时不至于熔断。通常将容量最大电动机的起动，其他电动机正常运行时出现的电流视为尖峰电流。熔体的额定电流要求为

$$I_{fN} \geqslant (1.5 \sim 2.5) I_{Nmax} + \sum I_N$$

c. 电路上下级都设短路保护时，两级熔体额定电流的比值不小于 1.6∶1。

d. 照明、电阻等电阻性负载时，熔体额定电流要求为

$$I_{fN} \geqslant I_N$$

2. 热继电器

热继电器是用于电动机或其他电气设备、电气线路的过载保护的保护电器。电动机在实际运行中，如拖动生产机械进行工作过程中，若机械出现不正常的情况或电路异常使电动机遇到过载，则电动机转速下降、绕组中的电流将增大，使电动机的绕组温度升高。若过载电流不大且过载的时间较短，电动机绕组不超过允许温升，这种过载是允许的。但若过载时间长，过载电流大，电动机绕组的温升就会超过允许值，使电动机绕组老化，缩短电动机的使用寿命，严重时甚至会使电动机绕组烧毁。所以，这种过载是电动机不能承受的。热继电器就是利用电流的热效应原理，在电动机不能承受的过载时切断电动机电路，为电动机提供过载保护的保护电器。

(1) 热继电器的结构和工作原理

双金属片热继电器的外形和电气符号如图 6－18 所示，热继电器的结构如图 6－19 所示。

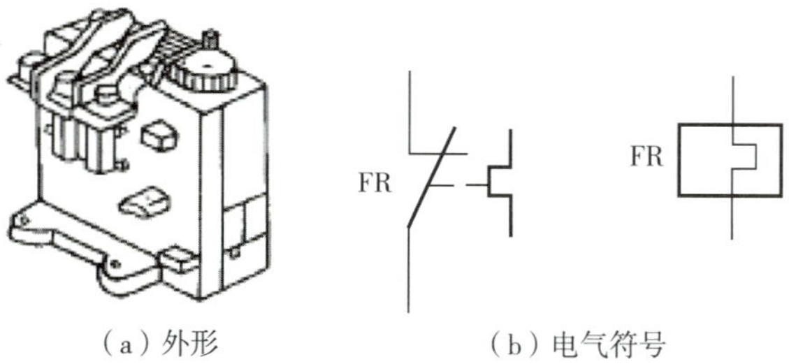

(a) 外形　　(b) 电气符号

图 6－18　双金属片热继电器的外形和电气符号

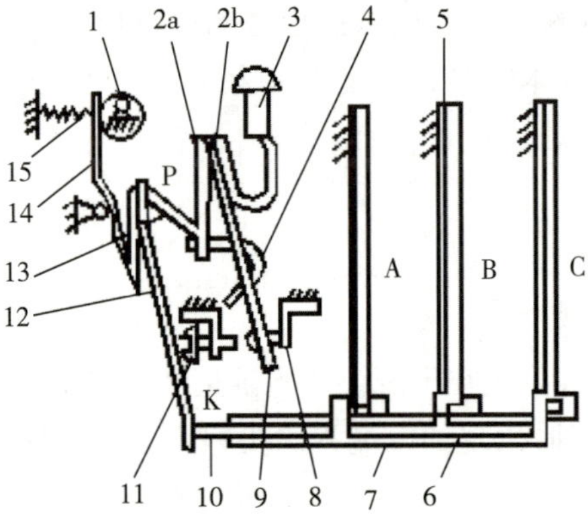

1 — 电流调节凸轮；2 — 片簧(2a，2b)；3 — 手动复位按钮；4 — 弓簧片；
5 — 主金属片；6 — 外导板；7 — 内导板；8 — 常闭静触点；9 — 动触点；10 — 杠杆；
11 — 常开静触点(复位调节螺钉)；12 — 补偿双金属片；13 — 推杆；14 — 连杆；15 — 压簧。

图 6－19　热继电器结构示意图

使用热继电器对电动机进行过载保护时，将热元件与电动机的定子绕组串联，将热继电器的常闭触头串联在交流接触器的电磁线圈的控制电路中，并调节整定电流调节旋钮，使人字形拔杆与推杆相距适当的距离。当电动机正常工作时，通过热元件的电流即为电动机的额定电流，热元件发热，双金属片受热后弯曲，使推杆刚好与人字形拔杆接触，而又不能推动人字形拔杆。常闭触头处于闭合状态，交流接触器保持吸合，电动机正常运行。

若电动机出现过载情况，绕组中电流增大，通过热继电器元件中的电流增大使双金属片温度升得更高，弯曲程度加大，推动人字形拔杆，人字形拔杆推动常闭触头，使触头断开从而断开交流接触器线圈电路，使接触器释放、切断电动机的电源，电动机停车从而得到保护。

热继电器其他部分的作用如下：人字形拔杆的左臂也用双金属片制成，当环境温度发生变化时，主电路中的双金属片会产生一定的变形弯曲，这时人字形拔杆的左臂也会发生同方向的变形弯曲，从而使人字形拔杆与推杆之间的距离基本保持不变，保证热继电器动作的准确性。这种作用称为温度补偿作用。

螺钉是常闭触头复位方式调节螺钉。当螺钉位置靠左时，电动机过载后，常闭触头断开，电动机停车后，热继电器双金属片冷却复位。常闭触头的动触头在弹簧的作用下会自动复位，此时热继电器为自动复位状态。将螺钉逆时针旋转向右到一定位置时，若这时电动机过载，热继电器的常闭触头断开，其动触头将摆到右侧一新的平衡位置。电动机断电停车后，动触头不能复位，必须按动复位按钮后动触头方能复位，此时热继电器为手动复位状态。若电动机过载是故障性的，为了避免再次轻易地启动电动机，热继电器宜采用手动复位方式。若要将热继电器由手动复位方式调至自动复位方式，只需将复位调节螺钉顺时针旋至适当位置即可。

(2) 热继电器的主要技术参数

① 额定电压。热继电器选择时要求额定电压大于或等于触点所在线路的额定电压。

② 额定电流。热继电器的额定电流是指允许装入的热元件的最大额定电流值，额定电流应大于电动机的额定电流。

③ 热继电器的整定电流。热继电器的整定电流是指热继电器的热元件允许长期工作不引起动作的最大电流值。

热继电器常见故障及检修方法见表 6－5 所列。

表 6－5　热继电器常见故障及检修方法

故障现象	造成故障的可能原因	检修方法
控制电路不通	手动复位的热继电器动作后未手动复位	手动复位
控制电路不通	热继电器的常闭触头接触不良或弹性消失	修理触头，必要时更换
控制电路不通	自动复位的热继电器调节螺钉未调到自动复位位置	重新调整
热继电器的热元件烧断	负载侧短路或电流过大	排除短路故障或更换产品
热继电器的热元件烧断	电动机反复短时工作或操作频率过高	选用合适的热继电器
热继电器误动作	电动机启动时间过长	选择适合的热继电器，或启动时将热继电器短接
热继电器误动作	热继电器的整定电流调节偏小	合理调整或更换
热继电器误动作	电动机操作频率过高	选用合适的热继电器
热继电器误动作	受强烈的冲击振动	采用防震或选用防冲击性热继电器
热继电器不动作	热继电器的动作机构卡死或导板脱出	修理调整
热继电器不动作	触头接触不良	清除表面尘垢或氧化物
热继电器不动作	热继电器的额定值选得太大	重新选择
热继电器不动作	整定电流调节太大	重新整定
热继电器不动作	热元件烧毁或脱掉	更换热元件

任务二　三相异步电动机的控制电路

学习目标：

掌握三相异步电动机的几种常见控制电路。
具备分析简单功能控制电路的能力。
具备设计具有一定难度的控制电路的能力。

学习内容：

常见电路分析。

一、直接启动控制电路

直接启动即启动时把电动机直接接入电网，加上额定电压，一般来说，电动机的容量不大于直接供电变压器容量的20%～30%时，都可以直接启动。

1. 点动控制

如图6-20所示，合上开关S，三相电源被引入控制电路，但电动机还不能启动。按下按钮SB，接触器KM线圈通电，衔铁吸合，常开主触点接通，电动机定子接入三相电源起动运转。松开按钮SB，接触器KM线圈断电，衔铁松开，常开主触点断开，电动机因断电而停转。

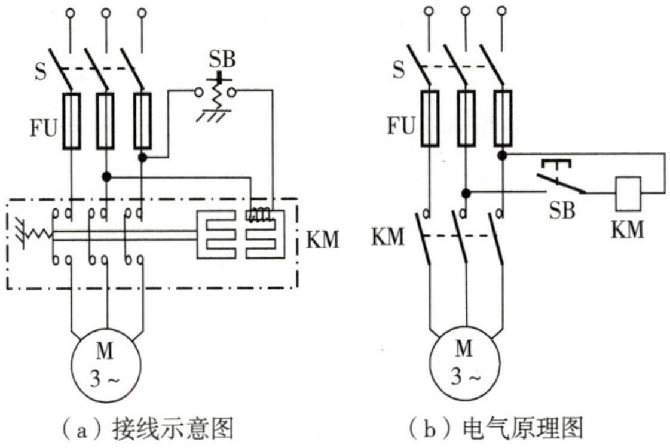

图6-20　三相异步电机点动控制

2. 直接启动控制

(1) 启动过程。如图6-21所示，按下启动按钮SB_1，接触器KM线圈通电，与SB_1并联的KM的辅助常开触点闭合，以保证松开按钮SB_1后KM线圈持续通电，串联在电动机回路中的KM的主触点持续闭合，电动机连续运转，从而实现连续运转控制。

（2）停止过程。如图 6－21 所示，按下停止按钮 SB_2，接触器 KM 线圈断电，与 SB_1 并联的 KM 的辅助常开触点断开，以保证松开按钮 SB_2 后 KM 线圈持续失电，串联在电动机回路中的 KM 的主触点持续断开，电动机停转。

与 SB_1 并联的 KM 的辅助常开触点的这种作用称为自锁。

如图 6－21 所示，控制电路还可实现短路保护、过载保护和零压保护。

起短路保护的是串接在主电路中的熔断器 FU。一旦电路发生短路故障，熔体立即熔断，电动机立即停转。

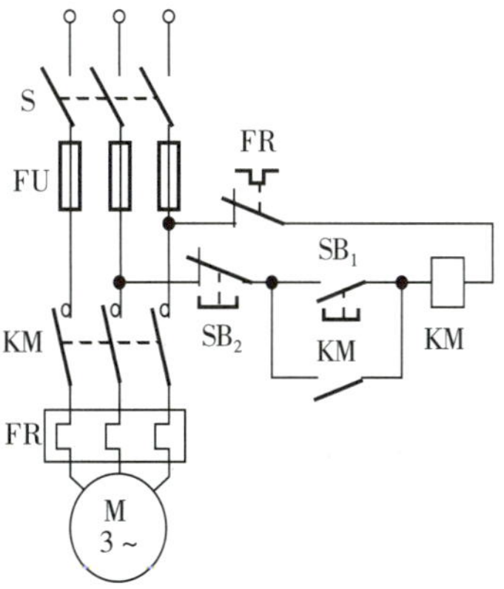

图 6－21　直接启动控制

起过载保护的是热继电器 FR。当过载时，热继电器的发热元件发热，将其常闭触点断开，使接触器 KM 线圈断电，串联在电动机回路中的 KM 的主触点断开，电动机停转。同时 KM 辅助触点也断开，解除自锁。故障排除后若要重新启动，需按下 FR 的复位按钮，使 FR 的常闭触点复位（闭合）即可。

起零压（或欠压）保护的是接触器 KM 本身。当电源暂时断电或电压严重下降时，接触器 KM 线圈的电磁吸力不足，衔铁自行释放，使主、辅触点自行复位，切断电源，电动机停转，同时解除自锁。

二、正反转控制

1. 简单的正反转控制

（1）正向启动过程。按下启动按钮 SB_1，接触器 KM_1 线圈通电，与 SB_1 并联的 KM_1 的辅助常开触点闭合，以保证 KM_1 线圈持续通电，串联在电动机回路中的 KM_1 的主触点持续闭合，电动机连续正向运转。

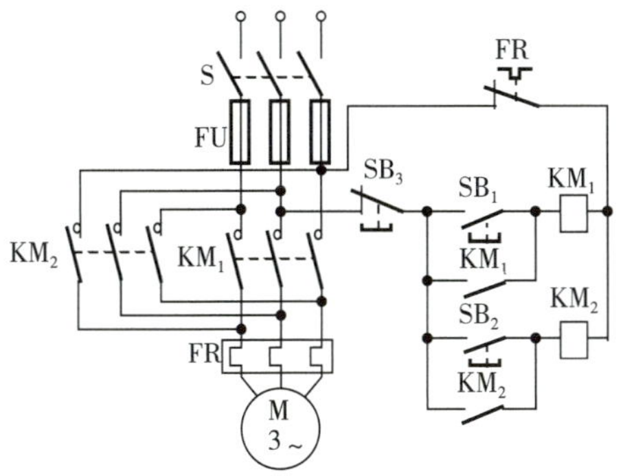

图 6－22　简单的正反转控制

（2）停止过程。按下停止按钮 SB_3，接触器 KM_1 线圈断电，与 SB_1 并联的 KM_1 的辅助触点断开，以保证 KM_1 线圈持续失电，串联在电动机回路中的 KM_1 的主触点持续断开，切断电动机定子电源，电动机停转。

（3）反向启动过程。按下启动按钮 SB_2，接触器 KM_2 线圈通电，与 SB_2 并联的 KM_2 的辅助常开触点闭合，以保证线圈持续通电，串联在电动机回路中的 KM_2 的主触点持续闭合，电动机连续反向运转。

KM_1 和 KM_2 线圈不能同时通电，因此

不能同时按下 SB_1 和 SB_2，也不能在电动机正转时按下反转启动按钮，或在电动机反转时按下正转启动按钮。如果操作错误，将引起主回路电源短路。

2. 带电气互锁的正反转控制电路

将接触器 KM_1 的辅助常闭触点串入 KM_2 的线圈回路中，从而保证在 KM_1 线圈通电时 KM_2 线圈回路总是断开的。将接触器 KM_2 的辅助常闭触点串入 KM_1 的线圈回路中，从而保证在 KM_2 线圈通电时 KM_1 线圈回路总是断开的。这样接触器的辅助常闭触点 KM_1 和 KM_2 保证了两个接触器线圈不能同时通电，这种控制方式称为互锁或者连锁，这两个辅助常开触点称为互锁触点或者连锁触点。

电路在具体操作时，若电动机处于正转状态要反转时必须先按停止按钮 SB_3，使互锁触点 KM_1 闭合后按下反转启动按钮 SB_2 才能使电动机反转；若电动机处于反转状态要正转时必须先按停止按钮 SB_3，使互锁触点 KM_2 闭合后按下正转启动按钮 SB_1 才能使电动机正转。

3. 同时具有电气互锁和机械互锁的正反转控制电路

采用复式按钮，将 SB_1 按钮的常闭触点串接在 KM_2 的线圈电路中，将 SB_2 的常闭触点串接在 KM_1 的线圈电路中；无论何时，只要按下反转启动按钮，在 KM_2 线圈通电之前就首先使 KM_1 断电，从而保证 KM_1 和 KM_2 不同时通电；从反转到正转的情况也是一样。这种由机械按钮实现的互锁叫作机械互锁或按钮互锁。

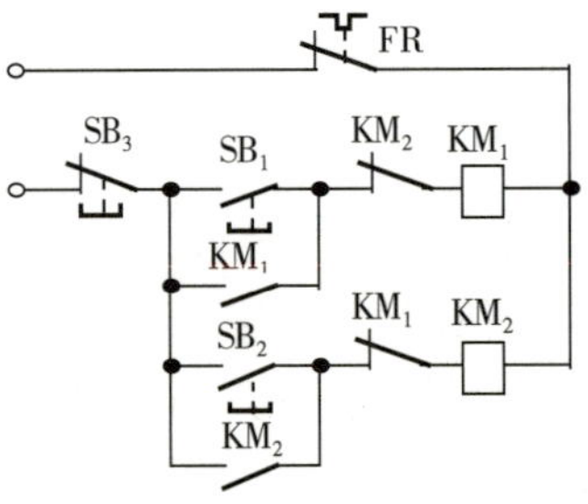

图 6-23 带电气互锁的正反转控制电路

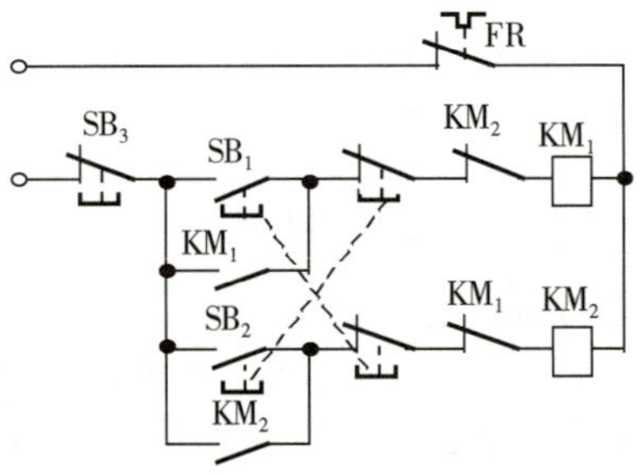

图 6-24 双重互锁的正反转控制电路

三、Y-△ 降压起动控制

如图 6-25 所示，按下启动按钮 SB_1，时间继电器 KT 和接触器 KM_2 同时通电吸合，KM_2 的常开主触点闭合，把定子绕组连接成星形，其常开辅助触点闭合，接通接触器 KM_1。KM_1 的常开主触点闭合，将定子接入电源，电动机在星形连接下启动。KM_1 的一对常开辅助触点闭合，进行自锁。经一定延时，KT 的常闭触点断开，KM_2 断电复位，接触器 KM_3 通电吸合。

KM_3 的常开主触点将定子绕组接成三角形，使电动机在额定电压下正常运行。与按钮 SB_1 串联的 KM_3 的常闭辅助触点的作用是当电动机正常运行时，该常闭触点断开，切断了 KT、KM_2 的通路，即使误按 SB_1、KT 和 KM_2 也不会通电，以免影响电路正常运行。若要停车，则按下停止按钮 SB_3，接触器 KM_1、KM_2 同时断电释放，电动机脱离电源停止转动。

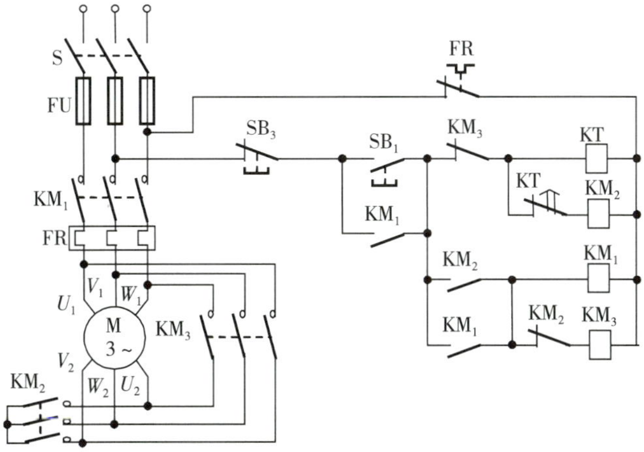

图 6-25　Y—△ 降压控制电路

四、行程控制

1. 限位控制

如图 6-26 所示，当生产机械的运动部件到达预定的位置时压下行程开关的触杆，将常闭触点断开，接触器线圈断电，使电动机断电而停止运行。

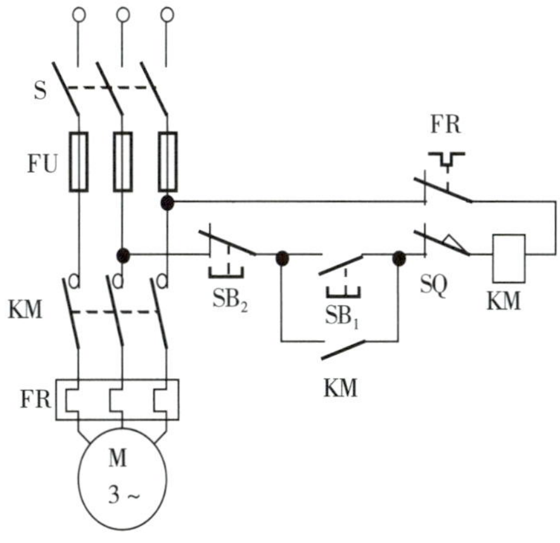

图 6-26　限位控制

2. 行程往返控制

如图 6-27 所示，按下正向启动按钮 SB_1，电动机正向启动运行，带动工作台向前运动。当运行到 SQ_2 位置时，挡块压下 SQ_2，接触器 KM_1 断电释放，KM_2 通电吸合，电动机反向启动运行，使工作台后退。工作台退到 SQ_1 位置时，挡块压下 SQ_1，KM_2 断电释放，KM_1 通电吸合，电动机又正向启动运行，工作台又向前进，如此一直循环，直到需要停止时按下 SB_3，KM_1 和 KM_2 线圈同时断电释放，电动机脱离电源停止转动。

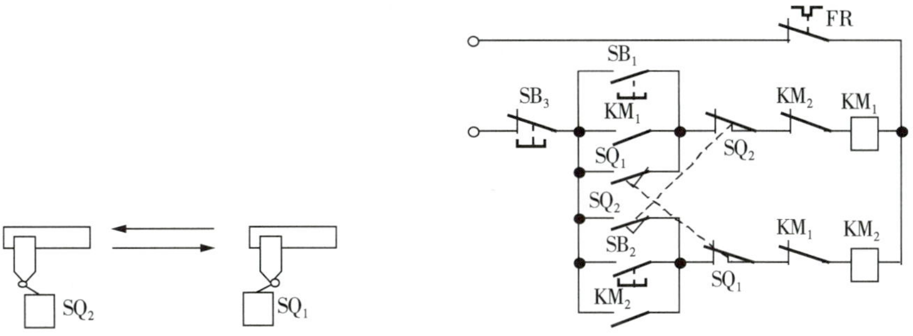

（a）往返运动图　　（b）自动往返控制电路

图 6-27　自动往返控制

任务三　三相异步电动机的点动和自锁控制实验

一、学习目标

1. 通过对三相鼠笼式异步电动机点动控制和自锁控制线路的实际安装接线，掌握由电气原理图变换成安装接线图的知识。

2. 通过实验进一步加深理解点动控制和自锁控制的特点。

二、学习内容

1. 继电-接触控制在各类生产机械中获得广泛地应用，凡是需要进行前后、上下、左右、进退等运动的生产机械，均采用传统的典型的正、反转继电-接触控制。

交流电动机继电-接触控制电路的主要设备是交流接触器，其主要构造为：

(1) 电磁系统：铁心、吸引线圈和短路环。

(2) 触头系统：主触头和辅助触头，还可按吸引线圈得电前后触头的动作状态，分动合(常开)、动断(常闭)两类。

(3) 消弧系统：在切断大电流的触头上装有灭弧罩，以迅速切断电弧。

(4) 接线端子、反作用弹簧等。

2. 在控制回路中常采用接触器的辅助触头来实现自锁和互锁控制。要求接触器线圈得电后能自动保持动作后的状态，这就是自锁，通常用接触器自身的动合触头与起动按钮相并联来实现，以达到电动机的长期运行，这一动合触头称为“自锁触头”。使两个电器不能同时得电动作的控制，称为互锁控制，如为了避免正、反转两个接触器同时得电而造成三相电源短路事故，必须增设互锁控制环节。为操作方便，也为防止因接触器主触头长期大电流的烧蚀而偶发触头粘连后造成的三相电源短路事故，通常在具有正、反转控制的线路中采用既有接触器的动断辅助触头的电气互锁，又有复合按钮机械互锁的双重互锁的控制环节。

3. 控制按钮通常用以短时通、断小电流的控制回路，以实现近、远距离控制电动机等执行部件的起、停或正、反转控制。按钮是专供人工操作使用。对于复合按钮，其触点的动作规律是：当按下时，其动断触头先断，动合触头后合；当松手时，则动合触头先断，动断触头后合。

4. 在电动机运行过程中，应对可能出现的故障进行保护。

采用熔断器作短路保护，当电动机或电器发生短路时，及时熔断熔体，达到保护线路、保护电源的目的。熔体熔断时间与流过的电流关系称为熔断器的保护特性，这是选择熔体的主要依据。

采用热继电器实现过载保护，使电动机免受长期过载之危害。其主要的技术指标是整定电流值，即电流超过此值的 20% 时，其动断触头应能在一定时间内断开，切断控制回路，动作后只能由人工进行复位。

5. 在电气控制线路中，最常见的故障发生在接触器上。接触器线圈的电压等级通常有

220 V 和 380 V 等，使用时必须认请，切勿疏忽，否则，电压过高易烧坏线圈，电压过低，吸力不够，不易吸合或吸合频繁。这不但会产生很大的噪声，也因磁路气隙增大，致使电流过大，也易烧坏线圈。此外，在接触器铁心的部分端面嵌装有短路铜环，其作用是为了使铁心吸合牢靠，消除颤动与噪声。若发现短路环脱落或断裂现象，接触器将会产生很大的振动与噪声。

三、实验设备(表 6－6)

表 6－6　实验设备

序　号	名　称	型号与规格	数　量	备　注
1	三相交流电源	380 V		
2	三相鼠笼式异步电动机	DJ24	1	Δ 接法
3	交流接触器		1	220 V
4	按钮		2	
5	热继电器	D9305d	1	
6	交流电压表	0 ～ 500 V		
7	万用电表		1	自备

四、实验步骤

认识各电器的结构、图形符号、接线方法，抄录电动机及各电器铭牌数据，并用万用电表 Ω 档检查各电器线圈、触头是否完好。

鼠笼机接成 △ 接法。实验线路电源端接三相自耦调压器输出端 U、V、W，供电线电压为 380 V。点动控制按图 6－28 点动控制线路进行安装接线，接线时，先接主电路，即从 380 V 三相交流电源的输出端 U、V、W 开始，经接触器 KM 的主触头，热继电器 FR 的热元件到电动机 M 的三个线端 A、B、C，用导线按顺序串联起来。主电路连接完整无误后，再连接控制电路，即从 380 V 三相交流电源某输出端（如 V）开始，经过常开按钮 SB_1、接触器 KM 的线圈、热继电器 FR 的常闭触头到三相交流电源另一输出端（如 W）。显然这是对接触器 KM 线圈供电的电路。

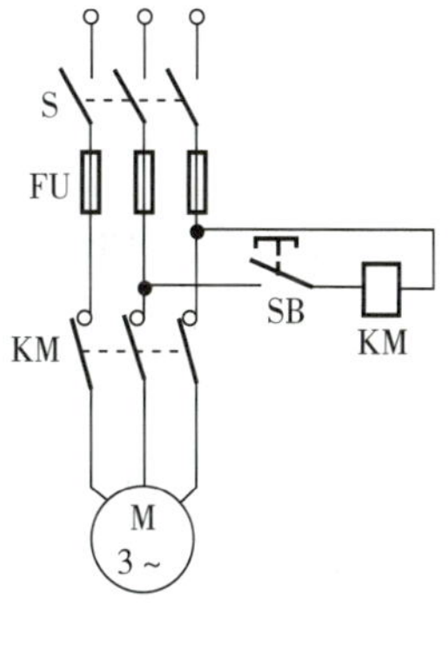

图 6－28　点动控制

接好线路，经指导教师检查后，方可进行通电操作。

(1) 开启控制屏电源总开关，按启动按钮，使输出线电压为 380 V。

(2) 按起动按钮 SB_1，对电动机 M 进行点动操作，比较按下 SB_1 与松开 SB_1 电动机和接触器的运行情况。

(3) 实验完毕，按控制屏停止按钮，切断实验线路三相交流电源。

2. 自锁控制电路

按图 6－29 所示自锁线路进行接线，它与图 6－28 的不同点在于控制电路中多串联一只常闭按钮 SB_2，同时在 SB_1 上并联 1 只接触器 KM 的常开触头，它起自锁作用。

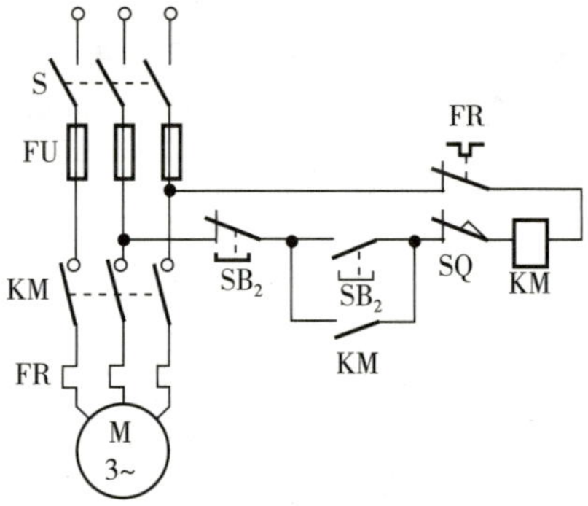

图 6－29　自锁控制

接好线路经指导教师检查后，方可进行通电操作。

(1) 按控制屏启动按钮，接通 380 V 三相交流电源。

(2) 按起动按钮 SB_1，松手后观察电动机 M 是否继续运转。

(3) 按停止按钮 SB_2，松手后观察电动机 M 是否停止运转。

(4) 按控制屏停止按钮，切断实验线路三相电源，拆除控制回路中自锁触头 KM，再接通三相电源，启动电动机，观察电动机及接触器的运转情况，从而验证自锁触头的作用。

实验完毕，按控制屏停止按钮，切断实验线路的三相交流电源。

五、实验注意事项

1. 接线时合理安排挂箱位置，接线要求牢靠、整齐、清楚、安全可靠。

2. 操作时要胆大、心细、谨慎，不许用手触及各电器元件的导电部分及电动机的转动部分，以免触电及意外损伤。

3. 通电观察继电器动作情况时，要注意安全，防止碰触带电部位。

六、预习思考题

1. 试比较点动控制线路与自锁控制线路从结构上看主要区别是什么？从功能上看主要区别是什么？

2. 自锁控制线路在长期工作后可能出现失去自锁作用，试分析产生的原因是什么。

3. 交流接触器线圈的额定电压为 220 V，若误接到 380 V 电源上会产生什么后果？反之，若接触器线圈电压为 380 V，而电源线电压为 220 V，其结果又如何？

4. 在主回路中，熔断器和热继电器热元件可否少用一只或两只？熔断器和热继电器两者可否只采用其中一种就可起到短路和过载保护作用？为什么？

知识拓展：

插入 PDF 文件：常用低压电气图形符号和文字符号。

正反转控制电路

同步思考：

1. 低压电器是指额定电压：交流________及以下；直流________及以下的电器产品。

2. 低压电器主要分为________和________。

3. HK 系列开启式负荷开关由________、出线端、闸刀（动触头）静插座（静触头）构成。

4. 将启动信号与其被控对象接触器的辅助________实现并联，称此控制方式为________。

5. 三相异步电动机的电气制动主要包括________和________。

6. 接触器和继电器有什么区别？它们各起什么作用？

7. 什么是主电路？什么是控制电路？二者有什么区别？

8. 自耦变压器起动和频敏变阻器起动各用于什么形式的电动机？

9. 时间继电器中的通电延时和断电延时有什么区别？各在什么地方使用？

项目六 PPT

模块二

电子部分

项目七

半导体元件及其特性

本章导读

电子技术是研究电子器件、电子电路及其应用技术的科学。半导体元件是电子线路的核心元件，它们的基本结构、工作原理、特性及参数是学习电子技术和分析电子电路的基础，学习电子电路必须对半导体器件的工作原理和基本性能有一定的了解，掌握正确选择和使用半导体器件的方法，为分析和应用电子电路打下基础。

学习要点

半导体材料与 PN 结。

半导体二极管的结构与特性。

半导体三极管的结构与输入输出特性。

场效应晶体管结构类型与转移特性。

任务一　半导体及 PN 结

学习目标：

掌握半导体的概念和分类。

掌握 PN 结的形成和特性。

学习内容：

电子元器件常用材料为半导体，固体电子技术的起步是从一个重要而特殊结构——PN 结开始的。下面我们来认识一下半导体与 PN 结。

一、物质的分类及特点

自然界的各种物质按照导电能力的不同，分为导体、绝缘体和半导体。

1. 导体

导体具有良好的导电性能，在常温下，其内部存在着大量的自由电子，它们在外电场的作用下做定向运动形成较大的电流，因而导电的电阻率很小。例如金、银、铜、铝等金属材料。

2. 绝缘体

有许多物质是不容易导电或完全不导电的，它们叫作绝缘体。例如陶瓷、橡胶、塑料等材料。在这些材料中，几乎没有自由电子，即使受外电场作用也不会形成电流，所以，绝缘体的电阻率很大。

3. 半导体

常温下，导电能力介于导体和绝缘体之间的物体称为半导体。例如硅(Si)、锗(Ge)、砷化镓等都是半导体。半导体材料除了具有以上特点之外，还具有一系列重要特性：

(1) 掺杂性。半导体材料对某些微量元素极为敏感。例如，在纯净的半导体材料中掺入微量的某些元素(例如百万分之一)就可以使其导电能力增加几十万乃至几百万倍。这是半导体材料的一个突出的特点，据此可以制造多种半导体器件。

(2) 热敏性。半导体的电阻率随温度变化很敏感，一般情况下(非重掺杂)，温度升高，电阻率下降，可制成热敏器件。

(3) 光敏性。受光照后，半导体的电阻率大幅度降低。依此特性可制成各种光电器件和太阳能电池等。

半导体的这些特殊性质是由其内在的矛盾和运动规律所决定的。

二、本征半导体和杂质半导体

1. 本征半导体

将纯净的半导体经过一定的工艺过程提纯后形成的完全纯净、具有完整晶体结构的半导体就是本征半导体。用得最多的半导体是锗和硅，它们都是四价元素。

半导体的导电能力在不同条件下有很大差别。一般来说，本征半导体相邻原子间存在稳固的共价键，导电能力并不强(图 7-1)。但有些半导体在温度增高、受光照等条件下，导电能力会大大增强，利用这种特性可制造热敏电阻、光敏电阻等器件。更重要的是，在本征半导体中掺入微量杂质后，其导电能力就可增加几十万乃至几百万倍，利用这种特性就可制造二极管、三极管等半导体器件。

半导体的这种与导体和绝缘体截然不同的导电特性是由它的内部结构和导电机理决定的：在半导体价键结构中，价电子(原子的最外层电子)不像在绝缘体(8 价元素)中那样被束缚得很紧，在获得一定能量(温度增高、受光照等)后，即可摆脱原子核的束缚(电子受到激发)，成为自由电子时共价键中留下的空位称为空穴。

在外电场的作用下，半导体中将出现两部分电流：一是自由电子做定向运动形成的电子电流，二是仍被原子核束缚的价电子(不是自由电子)递补空穴形成的空穴电流。也就是说，在半导体中存在自由电子和空穴两种载流子，这是半导体和金属在导电机理上的本质区别(图 7-2)。

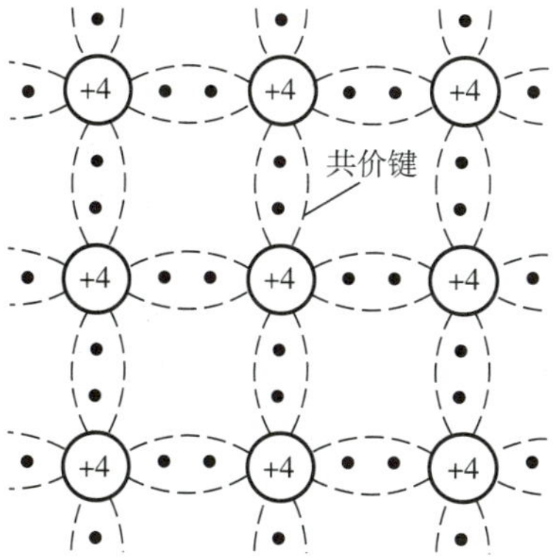

图 7-1　本征半导体结构示意图

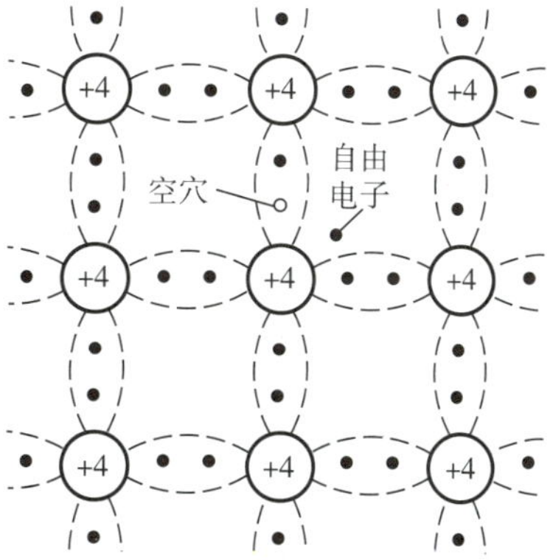

图 7-2　本征半导体中的自由电子和空穴

本征半导体中的自由电子和空穴总是成对出现，同时又不断复合，在一定温度下达到动态平衡，载流子便维持一定数目。温度愈高，载流子数目愈多，导电性能也就愈好。所以，温度对半导体器件性能的影响很大。

载流子指能运载电荷做定向移动并形成电流的粒子。

2. 掺杂半导体

本征半导体中载流子数目极少，导电能力仍然很低。但如果在其中掺入微量的杂质，所形成的杂质半导体的导电性能将大大增强。由于掺入的杂质不同，杂质半导体可以分为 N 型和 P 型两大类。

微课两种载流子

本征半导体中掺入磷或其他五价元素，就构成 N 型半导体，如图 7-3 所示。半导体中的自由电子数目大量增加，自由电子成为多数载流子，空穴则成为少数载流子。

本征半导体中掺入硼或其他三价元素，就构成 P 型半导体，如图 7-4 所示。半导体中的空穴数目大量增加，空穴成为多数载流子，而自由电子则成为少数载流子。

应注意，不论是 N 型半导体还是 P 型半导体，虽然都有一种载流子占多数，但整个晶体仍然是不带电的。

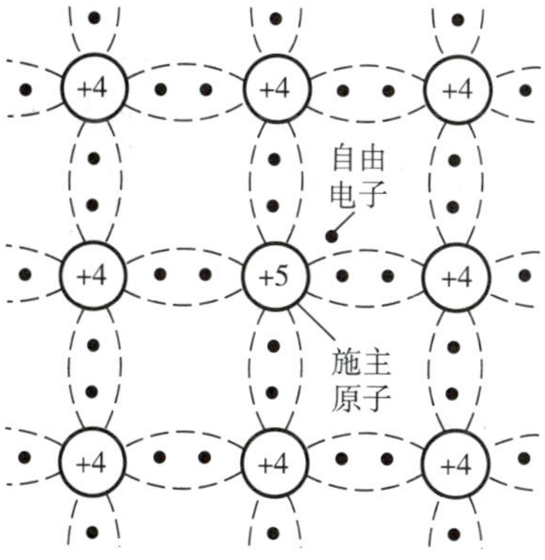

图 7-3　N 型半导体

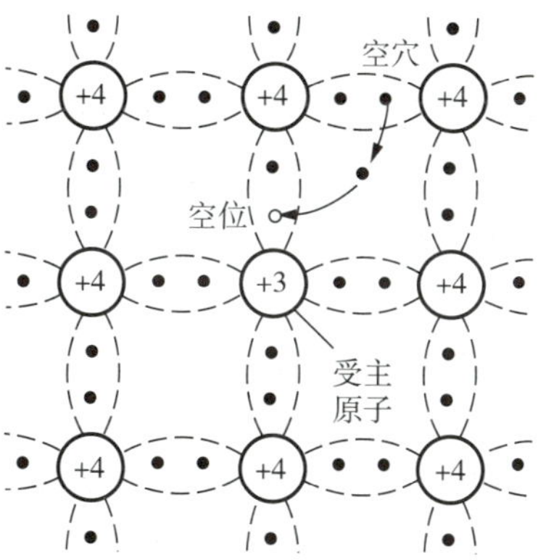

图 7-4　P 型半导体

三、PN结

1. PN结的形成

采用掺入杂质的方法，使一块本征半导体的一侧形成P型半导体，另一侧形成N型半导体，在这两种杂质半导体的交界面处就形成了PN结。

微课 PN结的形成

PN结的形成：如图7-5(a)所示的是一块晶片，两边分别形成P型和N型半导体。根据扩散原理，空穴要从浓度高的P区向N区扩散，自由电子要从浓度高的N区向P区扩散，并在交界面发生复合（耗尽），形成载流子极少的正负空间电荷区，如图7-5所示，也就是PN结，又叫作耗尽层。

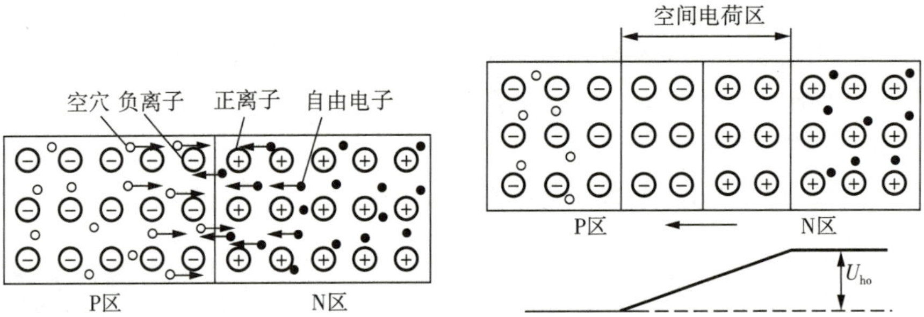

(a) PN结多子的扩散　　(b) 复合形成的空间电荷区

图7-5　PN结的形成

正负空间电荷在交界面两侧形成一个由N区指向P区的电场，称为内电场，它对多数载流子的扩散运动起阻挡作用，所以空间电荷区又称为阻挡层。同时，内电场有利于少数载流子（P区的自由电子和N区的空穴）越过空间电荷区，这种少数载流子在内电场作用下有规则的运动称为漂移运动。

扩散和漂移是相互联系，又是相互矛盾的。在一定条件下（例如温度一定），多数载流子的扩散运动逐渐减弱，而少数载流子的漂移运动则逐渐增强，最后两者达到动态平衡，空间电荷区的宽度基本上稳定下来，PN结就处于相对稳定的状态。

2. PN结的单向导电性

如果在PN结上加正向电压，外电场与内电场的方向相反，使空间电荷区变窄，内电场被削弱，多数载流子的扩散运动增强，形成较大的扩散电流（由P区流向N区的正向电流）。在一定范围内，外电场愈强，正向电流愈大，这时PN结的电阻很低，即PN结处于导通状态，如图7-6所示。

微课 PN结的单向导电性

如果在PN结上加反向电压，外电场与内电场的方向一致，使空间电荷区变宽，内电场增强，使多数载流子的扩散运动难于进行，同时加强了少数载流子的漂移运动，形成由N区流向P区的反向电流。由于少数载流子数量很少，因此反向电流不大，PN 结的反向电阻很高，即 PN 结处于截止状态，如图 7－7 所示。

总结以上分析，所谓 PN 结具有单向导电性就是当 PN 结外加正偏电压时，呈现低阻状态，可形成较大的正向电流，PN 结导通；PN 结外加反偏电压时，则呈现高阻状态，反向电流极小，PN 结截止。

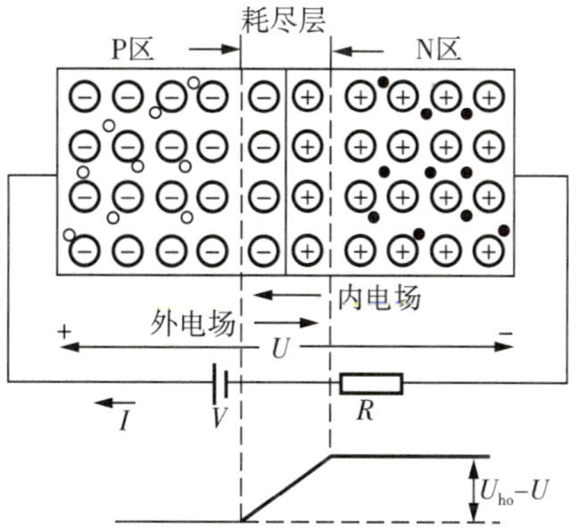

图 7－6　PN 结加正向电压时导通

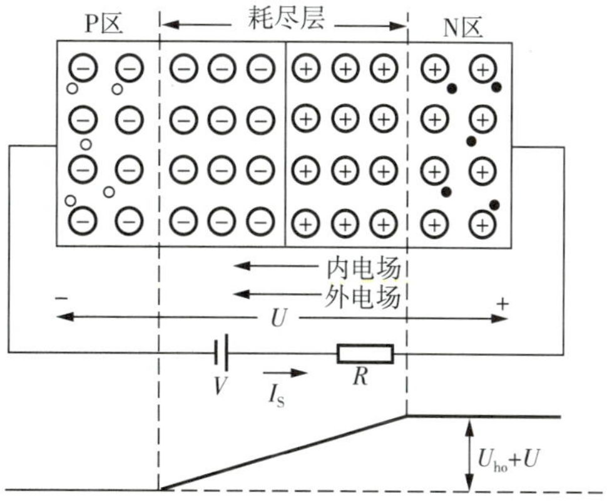

图 7－7　PN 结加反向电压时截止

任务二　半导体二极管

学习目标：

掌握二极管的结构、类型和参数。
掌握二极管的伏安特性。

学习内容：

PN结构成的半导体二极管，简称二极管，具有单向导电性，应用极其广泛。下面简单地介绍一下二极管的结构、类型、参数和伏安特性。

一、二极管的结构

将PN结加上相应的电极引线和管壳，就成为半导体二极管。P区对应的称为阳极（或正极），N区对应的称为阴极（或负极），表示符号为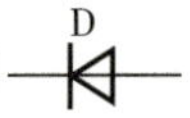。

按结构分，半导体二极管有点接触型和面接触型两类，如图7-8所示。点接触型（一般为锗管），它的PN结结面积很小，因此不能通过较大电流，但其高频性能好，一般适用于高频和小功率的工作，也用作数字电路中的开关元件。面接触型（一般为硅管），它的PN结结面积大，因此能通过较大电流，但其工作频率较低，一般用作整流元件。

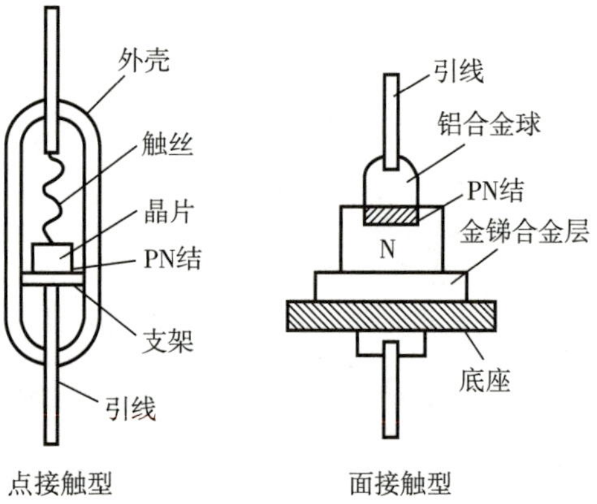

图7-8　半导体二极管

二、二极管的伏安特性

二极管既然是一个PN结，自然具有单向导电性，其伏安特性曲线如图7-9所示，图7-9中的U_{on}称为死区电压，通常硅管的死区电压约为0.5 V，锗管的死区电压约为0.1 V。当外加正向电压低于死区电压时，外电场还不足以克服内电场对扩散运动的阻挡，正向电流几乎为零。当外加正向电压超过死区电压后，内电场被大大削弱，正向电流增长很

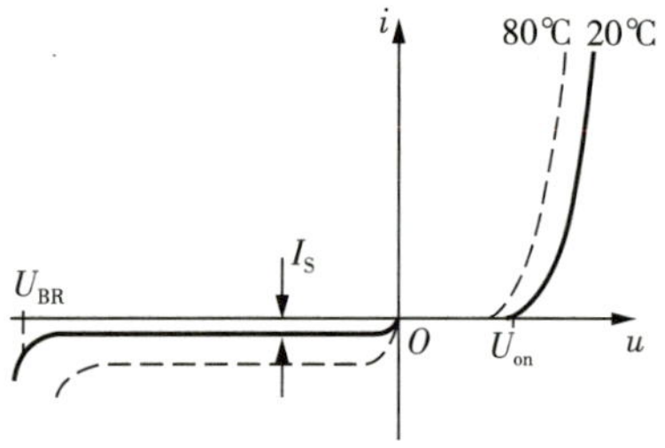

图7-9　二极管的伏安特性

快，二极管处于正向导通状态。导通时二极管的正向压降变化不大，硅管为 0.6 ～ 0.8 V，锗管为 0.2 ～ 0.3 V。温度上升，死区电压和正向压降均相应降低。

图 7-9 中 U_{BR} 称为反向击穿电压，当外加反向电压低于 U_{BR} 时，二极管处于反向截止区，反向电流几乎为零，但温度上升，反向电流会有所增长。当外加反向电压超过 U_{BR} 后，反向电流突然增大，二极管失去单向导电性，这种现象称为击穿。普通二极管被击穿后，由于反向电流很大，一般会造成“热击穿”，不能恢复原来的性能，也就是失效了。

二极管的应用范围很广，主要都是利用它的单向导电性，可用于整流、检波、限幅、元件保护以及在数字电路中用作开关元件等。

三、二极管的主要参数

不同型号二极管的伏安特性曲线大体相同，它们表现为各自的参数不同。这也是合理选择和正确使用器件的依据。

1. 最大整流电流 I_F

I_F 为二极管长时间通电运行所允许的最大平均正向电流。如果超过该值，将会烧毁二极管。

2. 最高反向工作电压 U_R

U_R 为保证工极管正常工作、不被反向击穿所能承受的反向电压。取反向击穿电压的一半左右作为最高反向工作电压。

3. 最大反向电流 I_{RM}

I_{RM} 为二极管反向运用，承受最高反向工作电压时的反向电流。I_{RM} 越小越好。

任务三　半导体三极管

学习目标：

掌握三极管的结构、类型和参数。

掌握三极管的输入、输出特性。

学习内容：

半导体三极管，又称晶体三极管，简称晶体管或三极管，具有电流放大作用和开关作用。下面简单地介绍三极管的结构、类型、参数和输入输出特性。

一、三极管的结构

如图 7－10 所示为三极管的几种常见外形，其共同特征就是具有三个电极，这就是“三极管”名称的来历。

通俗来讲，三极管内部为由 P 型半导体和 N 型半导体组成的三层结构，根据分层次序分为 NPN 型和 PNP 型两大类。

NPN 型三极管简易测试　　PNP 型三极管简易测试

三层结构即为三极管的三个区，中间比较薄的一层为基区，另外两层同为 N 型或 P 型，其中尺寸相对较小、多数载流子浓度相对较高的一层为发射区，另一层则为集电区。三极管的这种内部结构特点是其能够起放大作用的内部条件。

三个区各自引出三个电极，分别为基极(B)、发射极(E) 和集电极(C)。

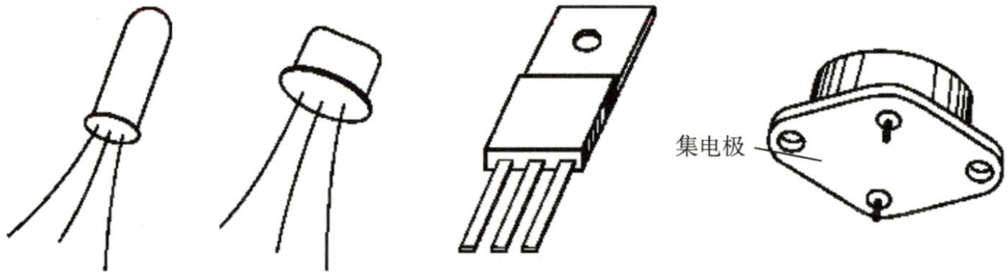

(a) 样式一　(b) 样式二　(c) 样式三　(d) 样式四

图 7－10　几种常见的三极管

如图 7-11 所示，三层结构可以形成两个 PN 结，分别称为发射结和集电结。三极管符号中箭头的方向表示的就是发射结的方向。

三极管内部结构中有两个具有单向导电性的 PN 结，因此可以用作开关元件，但同时三极管还是一个放大元件，它促使了电子技术的飞跃发展。

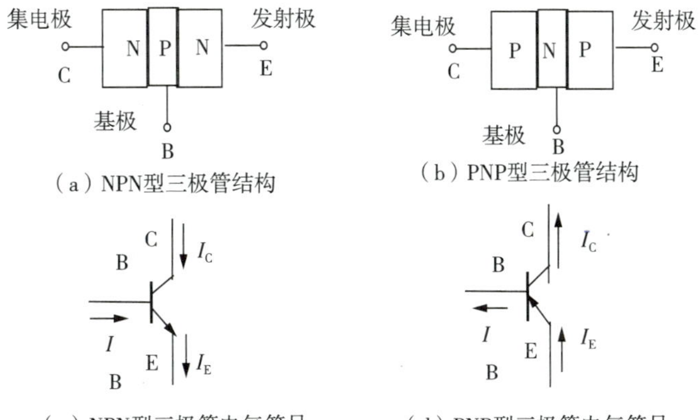

(a) NPN型三极管结构　(b) PNP型三极管结构

(c) NPN型三极管电气符号　(d) PNP型三极管电气符号

图 7-11　三极管的结构及电气符号

如图 7-12 所示的电路接法称为共射电路。其中，直流电压源 V_{CC} 应大于 V_{BB}，从而使电路满足放大的外部条件：发射结正向偏置，集电极反向偏置。改变可调电阻 R_B，基极电流 I_B，集电极电流 I_C 和发射极电流 I_E 都会发生变化，由测量结果可以得出以下结论：

(1) $I_E = I_B + I_C$（符合克希荷夫电流定理）；

(2) $I_C \approx I_B \times \beta$（$\beta$ 称为电流放大系数，可表征三极管的电流放大能力）；

(3) $\Delta I_C \approx \Delta I_B \times \beta$。

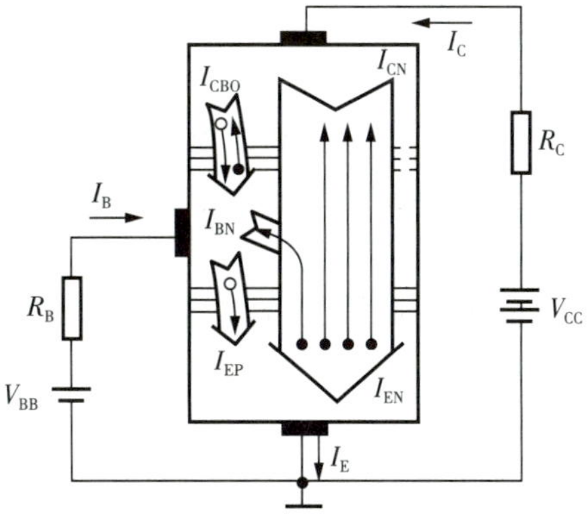

图 7-12　NPN 三极管内部载流子运动与外部电流

把基极电流的微小变化能够引起集电极电流较大变化的特性称为晶体管的电流放大作用（表 7-1）。实质：用一个微小电流的变化去控制一个较大电流的变化，是 CCCS 器件。

表 7-1　三极管电流放大作用

I_B/mA	0	0.02	0.04	0.06	0.08	0.10
I_C/mA	<0.001	0.70	1.50	2.30	3.10	3.95
I_E/mA	<0.001	0.72	1.54	2.36	3.18	4.05

二、三极管的放大原理

用图 7-12 的 NPN 三极管为例说明其内部载流子运动规律和电流放大。

(1) 发射区向基区扩散电子：由于发射结处于正向偏置，发射区的多数载流子(自由电子)不断扩散到基区，并不断从电源补充进电子，形成发射极电流 I_E。

(2) 电子在基区扩散和复合：由于基区很薄，其多数载流子(空穴)浓度很低，所以从发射极扩散过来的电子只有很少部分可以和基区空穴复合，形成比较小的基极电流 I_B，而剩下的绝大部分电子都能扩散到集电结边缘。

微课双极型晶体管内载流子的运动

(3) 集电区收集从发射区扩散过来的电子：由于集电结反向偏置，可将从发射区扩散到基区并到达集电区边缘的电子拉入集电区，从而形成较大的集电极电流 I_C。

三、三极管的特性曲线

1. 输入特性

三极管的输入特性是指当集-射极电压 U_{CE} 为常数时，基极电流 I_B 与基-射极电压 U_{BE} 之间的关系曲线。

对硅管而言，当 U_{CE} 超过 1 V 时，集电结已经达到足够反偏，可以把从发射区扩散到基区的电子中的绝大部分拉入集电区。如果此时再增大 U_{CE}，只要 U_{BE} 保持不变(从发射区发射到基区的电子数就一定)，I_B 也就基本不变。就是说，当 U_{CE} 超过 1 V 后的输入特性曲线基本上是重合的。

由图 7 - 13 可见，和二极管的伏安特性一样，三极管的输入特性也有一段死区，只有当 U_{BE} 大于死区电压时，三极管才会出现基极电流 I_B。通常硅管的死区电压约为 0.5 V，锗管的死区电压约为 0.1 V。

在正常工作情况下，NPN 型硅管的发射结电压 U_{BE} 为 0.6 ～ 0.7 V，PNP 型锗管的发射结电压 U_{BE} 为 −0.3 ～ −0.2 V。

2. 输出特性

三极管的输出特性是指当基极电流 I_B 一定时，集电极电流 I_C 与集-射极电压 U_{CE} 之间的关系曲线。在不同的 I_B 下，可得出不同的曲线，所以三极管的输出特性是一组曲线(图 7 - 14)。

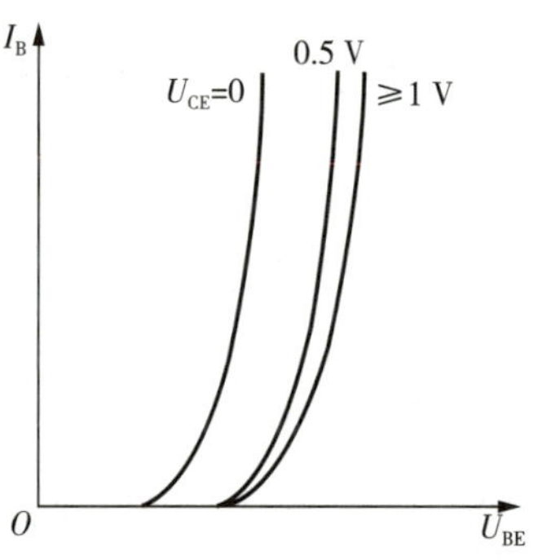

图 7 - 13　三极管的输入输出特性

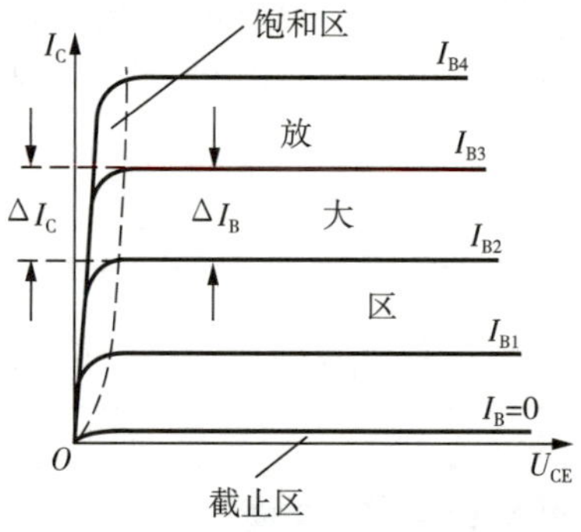

图 7 - 14　三极管的输入特性曲线

通常把输出特性曲线分为以下 3 个工作区：

（1）放大区。输出特性曲线的近似水平部分是放大区。在放大区，$I_C=\beta I_B$，由于在不同 I_B 下电流放大系数近似相等，所以放大区也称为线性区。三极管要工作在放大区，发射结必须处于正向偏置，集电结则应处于反向偏置，对硅管而言应使 $U_{BE}>0$，$U_{BC}<0$。

（2）截止区。$I_B=0$ 的曲线以下的区域称为截止区。实际上，对 NPN 硅管而言，当 $U_{BE}<0.5$ V 时即已开始截止，但是为了使三极管可靠截止，常使 $U_{BE}\leqslant 0$ V，此时发射结和集电结均处于反向偏置。

（3）饱和区。输出特性曲线的陡直部分是饱和区，此时 I_B 的变化对 I_C 的影响较小，放大区的 β 不再适用于饱和区。在饱和区，$U_{CE}<U_{BE}$，发射结和集电结均处于正向偏置。

四、三极管的主要参数

（1）电流放大倍数 $\bar{\beta}$、β。

直流电流放大系数 $\bar{\beta}=\dfrac{I_C}{I_B}$；交流电流放大系数 $\beta=\dfrac{\Delta I_C}{\Delta I_B}$。

（2）集电极最大允许电流 I_{CM}，一般不允许超过这个电流，即 $I_C<I_{CM}$。

（3）集电极最大允许耗散功率 P_{CM}，绝对不允许超过这个功率，即 $P_C<P_{CM}$。

（4）集-射极的反向饱和电流 I_{CEO}，也称三极管穿透电流。

（5）集-射极反向击穿电压 $U_{(BR)CEO}$，是基极开路时，集-射之间的最大允许电压，不允许超过，即 $U_{CE}<U_{(BR)CEO}$。

任务四　场效应管

学习目标：

掌握场效应管的结构、类型和工作原理。
掌握场效应管的转移特性。

学习内容：

场效应管又称单极型晶体三极管，广泛用于大规模和超大规模集成电路中。按照结构、导电沟道等不同可以分为多种不同类型，下面一一介绍。

场效应管简称 FET(Field Effect Transistor，金属氧化物半导体场效应管)。其是利用输入电压产生的电场效应来控制输出电流的，所以又称为电压控制器件。它在工作时只有一种载流子(多数载流子)参与导电，故也叫作单极型半导体三极管，用于区别上一节所讲的利用两种载流子导电的被称为双极型的半导体三极管，因为它有很高的输入电阻，能满足高内阻信号源对放大电路的要求，所以是较理想的前置输入级器件。

根据结构的不同，场效应管可以分为结型场效应管(JFET)和绝缘栅型场效应管(IGFET)或称为 MOS 型场效应管。而 MOS 型场效应管按照工作方式不同可以分为耗尽型和增强型两种。

一、N 沟道增强型 MOS 管

1. N 沟道增强型 MOS 管的结构

在一块掺杂浓度较低的 P 型硅衬底上，制作两个高掺杂浓度的 N^+ 区，并用金属铝引出两个电极，分别作为漏极 D 和源极 S。

然后在半导体表面覆盖一层很薄的二氧化硅(SiO_2)绝缘层，在漏-源极间的绝缘层上再装上一个铝电极，作为栅极 G。

在衬底上也引出一个电极 B，这就构成了一个 N 沟道增强型 MOS 管。MOS 管的源极和衬底通常是接在一起的(大多数管子在出厂前已连接好)。它的栅极与其他电极间是绝缘的。

图 7－15(a) 和图 7－15(b) 分别是 N 沟道增强型 MOS 管的结构和代表符号。代表符号中的箭头方向表示由 P(衬底) 指向 N(沟道)。P 沟道增强型 MOS 管的箭头方向与上述相反，如图 7－15(c) 所示。

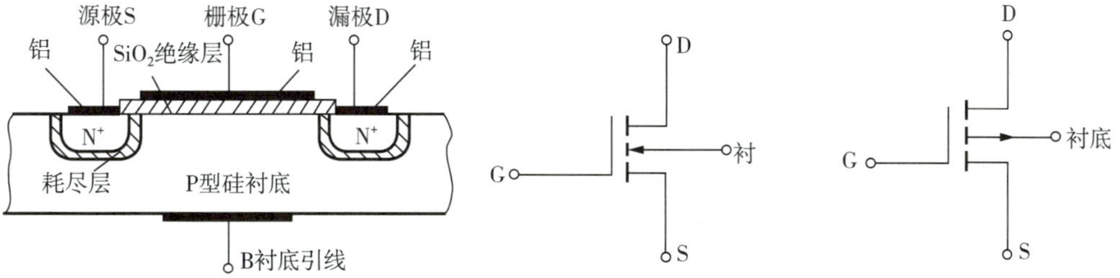

（a）N沟道增强型MOS管的结构示意图　（b）N沟道增强型MOS管的代表符号　（c）P沟道增强型MOS管的代表符号

图 7－15　增强型 MOS 管的结构与符号

2. N 沟道增强型 MOS 管的工作原理

(1)V_{GS} 对 i_D 及沟道的控制作用

① $V_{GS}=0$ 的情况

从图 7－16(a) 可以看出，增强型 MOS 管的漏极 D 和源极 S 之间有两个背靠背的 PN 结。

当栅-源电压 $V_{GS}=0$ 时，即使加上漏-源电压 V_{DS}，而且不论 V_{DS} 的极性如何，总有一个 PN 结处于反偏状态，漏-源极间没有导电沟道，所以这时漏极电流 $i_D \approx 0$。

② $V_{GS}>0$ 的情况

若 $V_{GS}>0$，则栅极和衬底之间的 SiO_2 绝缘层中便产生一个电场。

电场方向：垂直于半导体表面的由栅极指向衬底的电场。

电场的作用：这个电场能排斥空穴而吸引电子。

排斥空穴：使栅极附近的 P 型衬底中的空穴被排斥，剩下不能移动的受主离子(负离子)，形成耗尽层。吸引电子：将 P 型衬底中的电子(少子) 被吸引到衬底表面。

导电沟道的形成：当 V_{GS} 数值较小，吸引电子的能力不强时，漏-源极之间仍无导电沟道出现，如图 7－16(b) 所示。V_{GS} 增加，吸引到 P 衬底表面层的电子就会增多，当 V_{GS} 达到某一数值时，这些电子在栅极附近的 P 衬底表面形成一个 N 型薄层，且与两个 N^+ 区相连通，在漏-源 极间形成 N 型导电沟道，其导电类型与 P 衬底相反，故又称为反型层，如图 7－16(c) 所

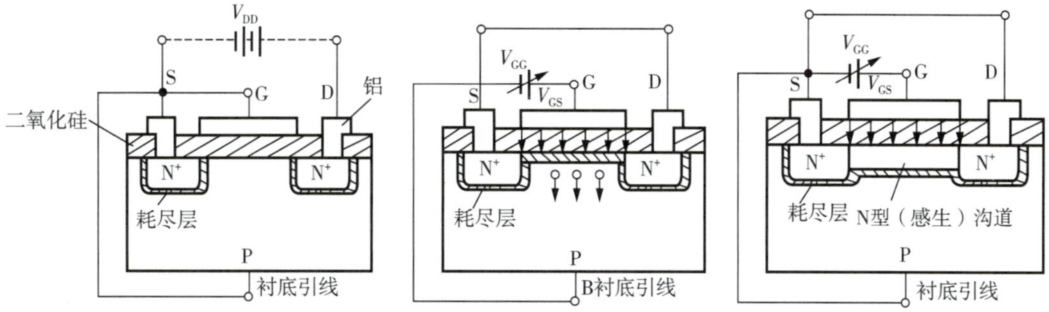

（a）　　（b）　　（c）

图 7－16　N 沟道增强型 MOS 管

示。V_{GS} 越大，作用于半导体表面的电场就越强，吸引到P衬底表面的电子就越多，导电沟道越厚，沟道电阻越小。

开始形成沟道时的栅-源极电压称为开启电压，用 V_T 表示。

结论：

上面讨论的N沟道MOS管在 $V_{GS} < V_T$ 时，不能形成导电沟道，管子处于截止状态。只有当 $V_{GS} \geqslant V_T$ 时，才有沟道形成。这种必须在 $V_{GS} \geqslant V_T$ 时才能形成导电沟道的MOS管称为增强型MOS管。沟道形成以后，在漏-源极间加上正向电压 V_{DS}，就有漏极电流产生。

(2) V_{DS} 对 i_D 的影响

如图7-17(a)所示，当 $V_{GS} > V_T$ 且为一确定值时，漏-源电压 V_{DS} 对导电沟道及电流 i_D 的影响与结型场效应管相似。

漏极电流 i_D 沿沟道产生的电压降使沟道内各点与栅极间的电压不再相等，靠近源极一端的电压最大，这里沟道最厚，而漏极一端电压最小，其值为 $V_{GD} = V_{GS} - V_{DS}$，因而这里沟道最薄。但当 V_{DS} 较小($V_{DS} < V_{GS} - V_T$)时，它对沟道的影响不大，这时只要 V_{GS} 一定，沟道电阻几乎也是一定的，所以 i_D 随 V_{DS} 近似呈线性变化。

随着 V_{DS} 的增大，靠近漏极的沟道越来越薄，当 V_{DS} 增加到使 $V_{GD} = V_{GS} - V_{DS} = V_T$(或 $V_{DS} = V_{GS} - V_T$)时，沟道在漏极一端出现预夹断，如图7-17(b)所示。再继续增大 V_{DS}，夹断点将向源极方向移动，如图7-17(c)所示。由于 V_{DS} 的增加部分几乎全部降落在夹断区，故 i_D 几乎不随 V_{DS} 的增大而增加，管子进入饱和区，i_D 仅由 V_{GS} 决定。

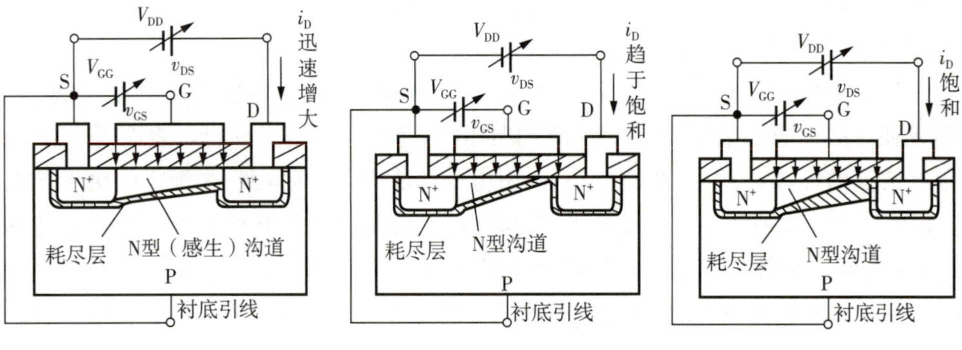

图7-17 V_{DS} 对 i_D 的影响

3. N沟道增强型MOS管的特性曲线、电流方程及参数

(1) 特性曲线和电流方程

① 输出特性曲线

N沟道增强型MOS管的输出特性曲线如图7-18(a)所示。与结型场效应管一样，其输出特性曲线也可分为可变电阻区、饱和区、截止区和击穿区4部分。

② 转移特性曲线

转移特性曲线如图7-18(b)所示，由于场效应管作为放大器件使用时在饱和区(恒流区）工作，此时 i_D 几乎不随 V_{DS} 变化，即不同的 V_{DS} 所对应的转移特性曲线几乎是重合的，所以可用 V_{DS} 大于某一数值（$V_{DS}>V_{GS}-V_T$）后的一条转移特性曲线代替饱和区的所有转移特性曲线。

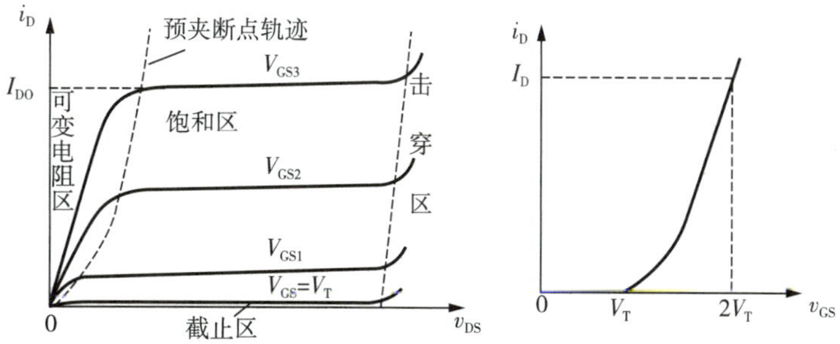

（a）输出特性曲线　　（b）转移特性曲线

图 7－18　N 沟道增强型 MOS 管特性曲线

i_D 与 V_{GS} 的近似关系与结型场效应管相类似。在饱和区内，i_D 与 V_{GS} 的近似关系式为

$$i_D=I_{DO}\left(\frac{V_{GS}}{V_T}-1\right)^2\ (V_{GS}>V_T)$$

式中，I_{DO}——$V_{GS}=2V_T$ 时的漏极电流 i_D。

（2）参数

MOS 管的主要参数与结型场效应管基本相同，只是增强型 MOS 管中不用夹断电压 V_P，而用开启电压 V_T 表征管子的特性。

二、N 沟道耗尽型 MOS 管

1. 基本结构

（1）结构：N 沟道耗尽型 MOS 管（图 7－19）与 N 沟道增强型 MOS 管基本相似。

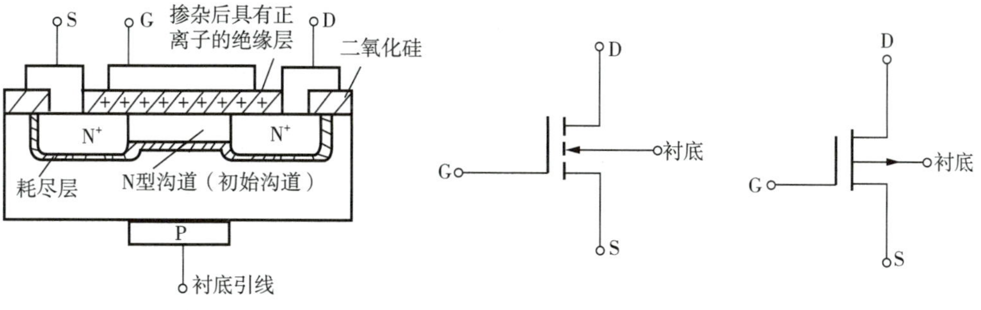

（a）　　（b）　　（c）

图 7－19　N 沟道耗尽型 MOS 管

(2) 区别：耗尽型MOS管在$V_{GS}=0$时，漏-源极间已有导电沟道产生；增强型MOS管要在$V_{GS}\geqslant V_T$时才出现导电沟道。

(3) 原因：制造N沟道耗尽型MOS管时，在SiO_2绝缘层中掺入了大量的碱金属正离子Na^+或K^+(制造P沟道耗尽型MOS管时掺入负离子)，如图7-19(a)所示，因此即使$V_{GS}=0$，在这些正离子产生的电场作用下，漏-源极间的P型衬底表面也能感应生成N沟道(称为初始沟道)，只要加上正向电压V_{DS}，就会有电流i_D。

如果加上正的V_{GS}，栅极与N沟道间的电场将在沟道中吸引来更多的电子，沟道加宽，沟道电阻变小，i_D增大。反之V_{GS}为负时，沟道中感应的电子减少，沟道变窄，沟道电阻变大，i_D减小。当V_{GS}负向增加到某一数值时，导电沟道消失，i_D趋于零，管子截止，故称为耗尽型。沟道消失时的栅-源电压称为夹断电压，仍用V_P表示。与N沟道结型场效应管相同，N沟道耗尽型MOS管的夹断电压V_P也为负值。但是，前者只能在$V_{GS}<0$的情况下工作；而后者在$V_{GS}=0$、$V_{GS}>0$、$V_P<V_{GS}<0$的情况下均能实现对i_D的控制，且仍能保持栅-源极间有很大的绝缘电阻，使栅极电流为零。这是耗尽型MOS管的一个重要特点。图7-19(b)和图7-19(c)分别是N沟道和P沟道耗尽型MOS管的代表符号。

(4) 电流方程：在饱和区内，耗尽型MOS管的电流方程与结型场效应管的电流方程相同，即

$$i_D=I_{DSS}\left(1-\frac{V_{GS}}{V_P}\right)^2\ (|V_{GS}|<|V_P|)$$

三、结型场效应管

1. 结型场效应管的结构和符号

如图7-20所示为N沟道结型场效应管结构示意图以及符号。N沟道结型场效应管是在N型单晶硅片的两侧利用一定的工艺做成高掺杂浓度的P型区(用符号P^+表示)，形成两个P^+N中间一个N型区的结构。两侧的P区连接在一起，引出一个电极，叫作栅极g(G)，N区的一端是漏极d(D)，另一端是源极s(S)。两个P^+N结中间的N区称为导电沟道(简称沟道)。如果在漏极和源极之间加上一个正向电压，即漏极接电源正端，源极接电源负端，则N型半导体材料中的多数载流子(电子)，就会在源极和漏极之间流动形成电流。这种场效应管的导电沟道是N型的，所以称为N沟道结型场效应管，电路符号如图7-20(b)所示，电路符号中的箭头由P^+区指向N区。

P沟道结型场效应管结构示意图以及符号如图7-21所示。在一块P型晶体材料的两侧做成高掺杂浓度的N型区(用符号N^+表示)，并将其连在一起引出栅极g(G)，P型硅的一端是漏极d(D)，另一端是源极s(S)。两个PN结中间的P区称为(简称沟道)。如果在漏极和源极之间加上一个正向电压，则在P型半导体材料即导电沟道中形成电流。这种场效应管的导电沟道是P型的，所以称为P沟道结型场效应管，电路符号如图7-21(b)所示，电路符号中的箭头由N^+区指向P区。

以上两种场效应管工作原理是类似的。下面我们以 N 沟道结型场效应管为例，介绍它们的工作原理及其特性曲线。

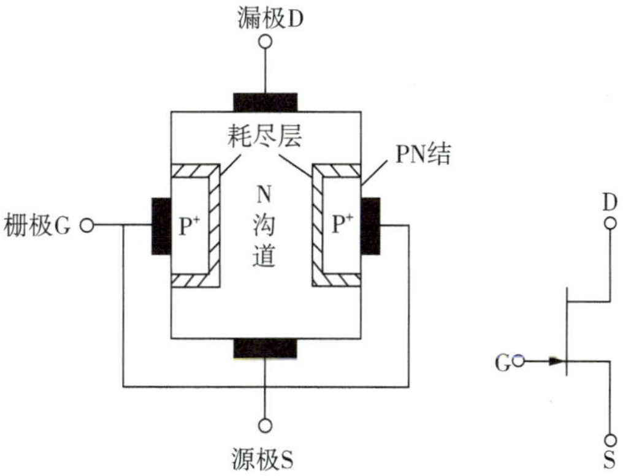

（a）结构示意图　（b）符号

图 7 - 20　N 沟道结型场效应管

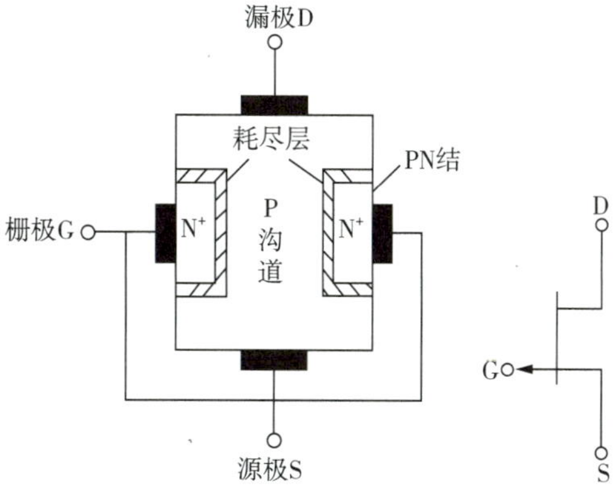

（a）结构示意图　（b）符号

图 7 - 21　P 沟道结型场效应管

2. 结型场效应管的特性曲线

场效应管的特性曲线有转移特性曲线和输出特性曲线，分别描述了场效应管的输入和输出端的电压与电流之间的关系，如图 7 - 22 所示。

微课：N 沟道结型场效应管工作原理

（1）转移特性

当场效应管的漏源之间的电压 u_{DS} 某一值时，漏极电流 i_D 与栅源之间的电压 u_{GS} 的关系称为转移特性，其表达式如下：

$$i_D = f(u_{GS})\ |_{u_{DS}=\text{常数}}$$

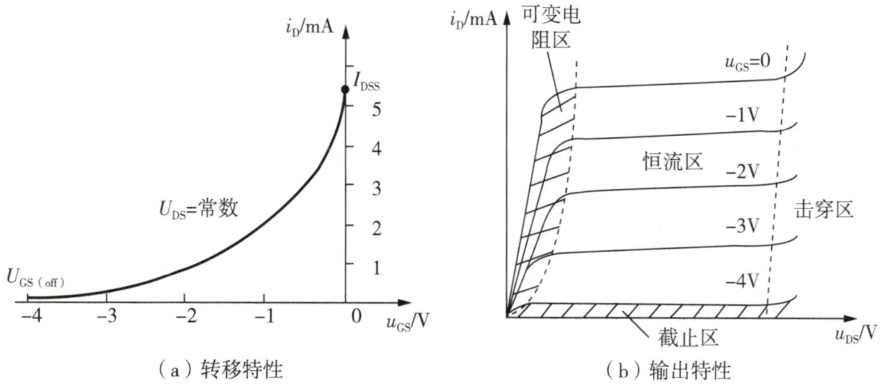

（a）转移特性　（b）输出特性

图 7 - 22　N 沟道结型场效应管的特性曲线

转移特性描述的是栅源之间的电压 u_{GS} 对漏极电流 i_D 的控制作用。N 沟道结型场效应管的转移特性曲线如图 7-22(a) 所示，从图中看出，当 $u_{GS}=0$ 时，i_D 达到最大值，u_{GS} 负值越大，i_D 越小。当 u_{GS} 等于 $U_{GS(off)}$ 时，漏极电流 $i_D=0$，$U_{GS(off)}$ 称为夹断电压。

从转移特性曲线上可以得到两个重要参数：一个是转移特性曲线与横坐标轴的交点处电压，它表示漏极电流 $i_D=0$ 时的 u_{GS}，即为夹断电压 $U_{GS(off)}$；另外一个参数是转移特性曲线与纵坐标轴交点处的电流，它表示当 $u_{GS}=0$ 时的漏极电流，称为饱和漏极电流，用符号 I_{DSS} 表示。

(2) 输出特性

场效应管的输出特性表示当栅源之间的电压 u_{GS} 为某一定值时，漏极电流 i_D 与漏源之间电压 u_{DS} 的关系，即

$$i_D = f(u_{DS})\big|_{u_{GS}=\text{常数}}$$

N 沟道结型场效应管的输出特性曲线如图 7-22(b) 所示。该特性是一族曲线。结型场效应管的输出特性曲线也分为以下几个区：

① 可变电阻区：对应 u_{DS} 较小时的工作区，对于一定的 u_{GS}，i_D 随 u_{DS} 的增加而直线上升，二者之间基本上线性关系，此时场效应管相当于一个线性电阻；而对不同的 u_{GS}，特性曲线的斜率也不相同，即相当于不同阻值的电阻。因此在可变电阻区，场效应管的漏极与源极之间可以看成是一个受 u_{GS} 控制的可变电阻即压控电阻，所以称为可变电阻区。u_{GS} 值愈小，特性曲线斜率也愈小，则相应的电阻值愈大。

② 恒流区：特性曲线中间近似水平的部分称为恒流区(也称饱和区)。该工作区的特点是：对应于某一 u_{GS} 的值，i_D 基本不随 u_{DS} 而变化，而对不同的 u_{GS} 各自有一个基本不变 i_D，因此恒流区是一族近似水平于 u_{DS} 轴的曲线。该区域是线性放大区，结型场效应管作为放大元件时一般工作在这个区域。在组成放大电路时，为了防止出现非线性失真，应将工作点设置在此区域内。

③ 击穿区：u_{DS} 很大超过 PN 结所能承受的反向电压时，i_D 急剧上升，PN 结被击穿，管子不能正常工作，甚至损坏，所以通常结型场效应管不允许工作在这个区域。

④ 截止区：输出特性曲线靠近 u_{DS} 轴的部分称为截止区(也称夹断区)，它对应结型场效应管的导电沟道完全被夹断时，此时 $i_D \approx 0$。

在结型场效应管中，由于栅极与导电沟道之间的 PN 结被反向偏置，所以栅极基本上不取电流，其输入电阻很高，可达$10^7\,\Omega$ 以上。但是，在某些情况下希望得到更高的输入电阻，此时可以考虑采用绝缘栅场效应管。

四、各种场效应管特性比较

各类 FET 的特性见表 7-2。

表 7 - 2　各类 *FET* 的特性

结构种类	工作方式	符号	电压极性 V_P 或 V_T	电压极性 V_{DS}	转移特性 $i_D=f(V_{GS})$	输出特性 $i_D=f(V_{DS})$
N 沟道 MOSFET	耗尽型	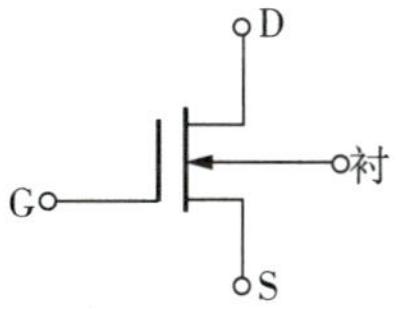	(−)	(+)	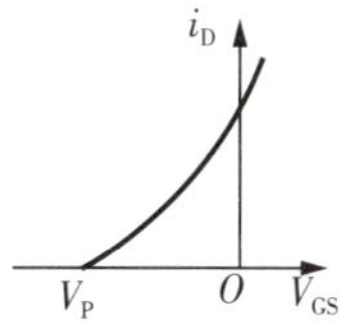	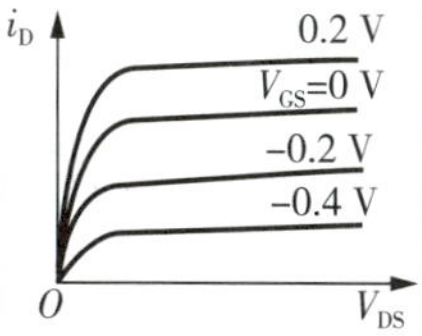
N 沟道 MOSFET	增强型	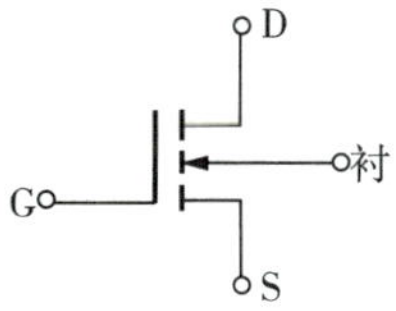	(+)	(+)	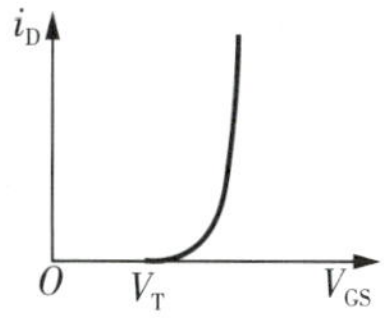	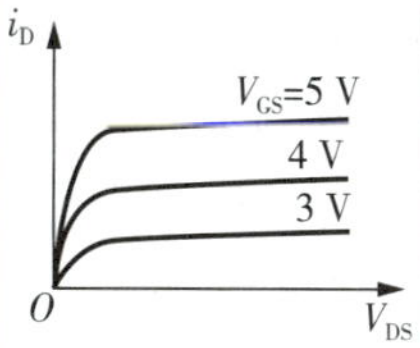
P 沟道 MOSFET	耗尽型	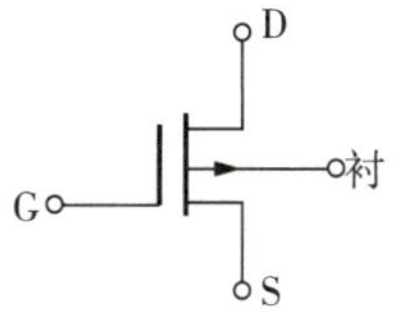	(+)	(−)	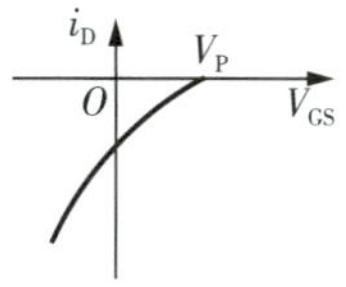	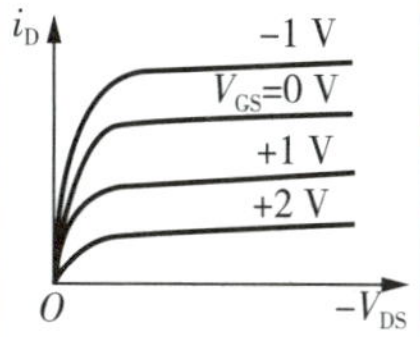
P 沟道 MOSFET	增强型	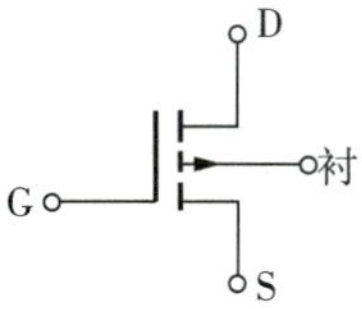	(−)	(−)	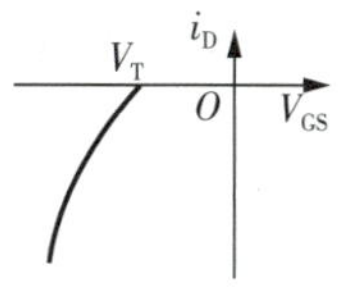	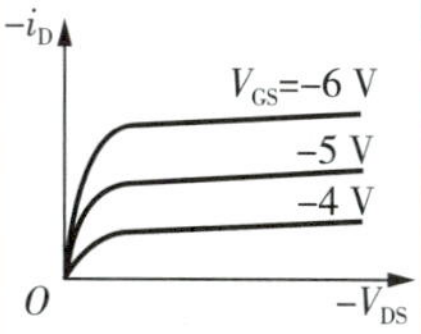
P 沟道 GaAa MESFET	耗尽型	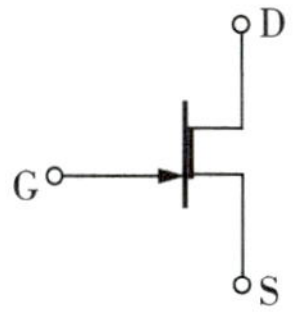	(−)	(+)	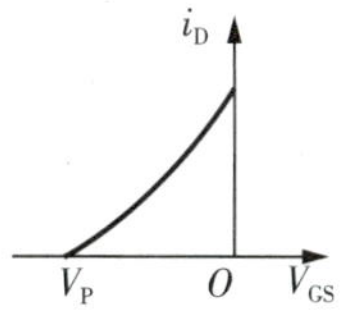	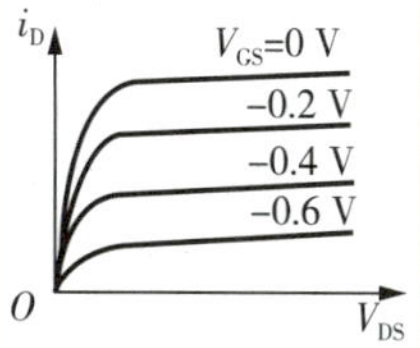
P 沟道 JFET	耗尽型	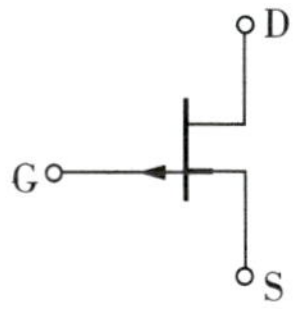	(+)	(−)	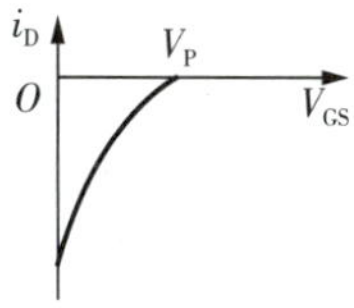	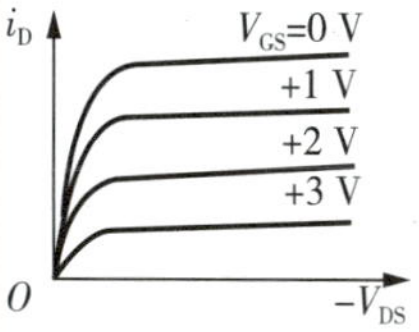
N 沟道 JEFT	耗尽型	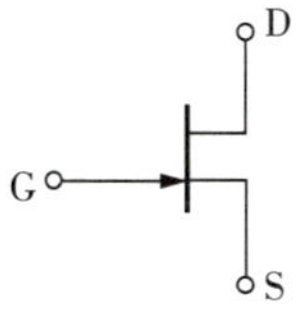	(−)	(+)	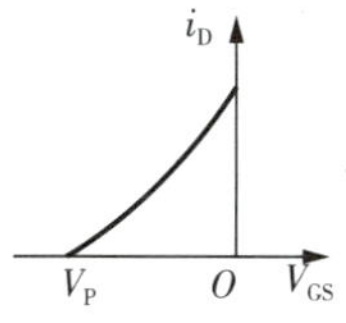	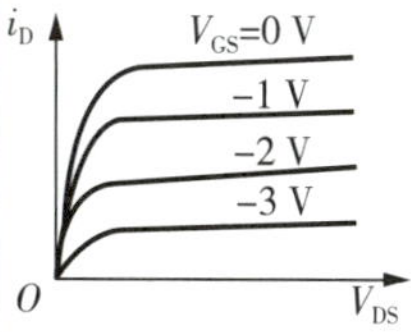

五、使用场效应管的注意事项

从场效应管的结构上看，其源极和漏极是对称的，因此源极和漏极可以互换。但有些场效应管在制造时已将衬底引线与源极连在一起，这种场效应管的源极和漏极就不能互换了。

场效应管各极间电压的极性应正确接入，结型场效应管的栅-源电压 V_{GS} 的极性不能接反。

当 MOS 管的衬底引线单独引出时，应将其接到电路中的电位最低点（对 N 沟道 MOS 管而言）或电位最高点（对 P 沟道 MOS 管而言），以保证沟道与衬底间的 PN 结处于反向偏置，使衬底与沟道及各电极隔离。

MOS 管的栅极是绝缘的，感应电荷不易泄放，而且绝缘层很薄，极易击穿。所以栅极不能开路，存放时应将各电极短路。焊接时，电烙铁必须可靠接地，或者断电利用电烙铁余热焊接，并注意对交流电场的屏蔽。

六、场效应管与三极管的性能比较

场效应管的源极 S、栅极 G、漏极 D 分别对应于三极管的发射极 e、基极 b、集电极 c，它们的作用相似。

场效应管是电压控制电流器件，由 V_{GS} 控制 i_D，其放大系数 g_m 一般较小，因此场效应管的放大能力较差。三极管是电流控制电流器件，由 i_b（或 i_e）控制 i_c。

场效应管栅极几乎不取电流，而三极管工作时基极总要吸取一定的电流。因此场效应管的输入电阻比三极管的输入电阻高。

场效应管只有多子一种载流子参与导电。三极管有多子和少子两种载流子参与导电，因少子浓度受温度、辐射等因素影响较大，所以场效应管比三极管的温度稳定性好、抗辐射能力强。在环境条件（温度等）变化很大的情况下应选用场效应管。

场效应管在源极未与衬底连在一起时，源极和漏极可以互换使用，且特性变化不大；而三极管的集电极与发射极互换使用时，其特性差异很大，β 值将减小很多。

场效应管的噪声系数很小，在低噪声放大电路的输入级及要求信噪比较高的电路中要选用场效应管。

场效应管和三极管均可组成各种放大电路和开关电路，但由于前者制造工艺简单，且具有耗电少、热稳定性好、工作电源电压范围宽等优点，因而被广泛用于大规模和超大规模集成电路中。

任务五　二极管伏安特性的测试

一、实验目的

1. 掌握二极管伏安特性的测试方法。
2. 掌握用逐点法描绘二极管的伏安特性曲线。
3. 能够设计简单的二极管应用电路。

二、实验仪器设备

1. 直流稳压电源。
2. 万用表 × 1。
3. 电流表 10 mA × 1 ± 100 μA × 1。

三、实验器材

1. 电阻 1 kΩ × 1。
2. 电位器 1 kΩ × 1。
3. 晶体二极管 4007 × 1。

四、实验原理与测试电路

二极管的正反向特性不同，所以在测试二极管特性时，电路连接需要正向反向均进行连接测试，这样才能得到二极管的完整特性。

五、测试步骤及内容

1. 测试前的准备，练习电位器的调节：因测试用到了电位器的分压电路，所以请大家先自行研究如何调节本次实验中的电位器，查看电位器上的标注，读出电位器的阻值是多少，并进行记录；找出电位器的固定端和可变端；试着调节出电位器的一固定端和可变端之间的电阻分别为 100 Ω、200 Ω、400 Ω、500 Ω、800 Ω。

2. 用逐点测试法测二极管的正向特性

(1) 按图 7-23(a) 正确连接电路，其中二极管是硅管 4007，电位器 R_P 是 1 kΩ，电流的量程是 10 mA(无电流表时，用电阻 R 上的电压值计算后代替电流表)。

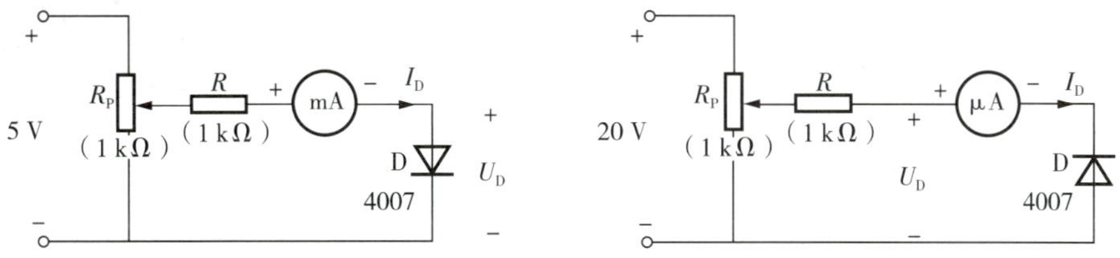

(a) 二极管的正向特性测试图　　(b) 二极管的反向特性测试图

图 7-23　电路连接图

(2) 调节直流稳压电源，使其输出为 5 V 加上电路。

(3) 调节 R_P 使二极管两端的电压 U_D(用万用表监测) 按表 7-3 的数值变化，每调一个电压，观察电路中的电流表的变化，结果填入表 7－3 中。

表 7－3　二极管的正向特性测试

U_D(V)	0	0.1	0.2	0.3	0.4	0.5	0.6	0.65	0.7
I_D(mA)									

上表中的电压可以根据你的需要而改变，但务必要在 0.5 V 到 0.6 V 之间多测几个值。

3. 用逐点测试法测二极管的反向特性

(1) 根据图 7-23(b) 正确接线，其中电流表是 ±100 μA(没有电流表时用电阻 R 上的电压代替)，注意二极管要按反接。

(2) 调节稳压电源为 20 V，然后接入电路。

(3) 调节 R_P 按表 7-4 所给的电压规律变化(用万用表监测，注意监测位置)，每调一个电压，观察微安表的读数 I_D 的变化，结果填入表 7－4 中。

表 7－4　二极管的反向特性测试

U_D(V)	0	1	2	4	6	8	15
I_D(μA)							

4. 根据表 7－3 和表 7－4 测得的结果，在同一坐标系中画出二极管的正、反向伏安特性曲线。

六、注意事项

用万用表监测二极管两端电压时，图 7－23(a) 中可采用外接法也可采用内接法测量，而图 7－23(b) 只能采用内接法测量。

七、实验思考

1. 用万用表判断二极管的管脚极性及其质量的好坏

(1) 将万用表置于 $R \times 1k$($R \times 100$) 档，调零。

(2) 取二极管，用万用表测得其电阻，并记录数据。

(3) 二极管不动，调换万用表的红、黑表笔，再测二极管的电阻，记下所测数值。

(4) 根据测量的数据，判断二极管的管脚的极性及其质量好坏。

二极管的简易测试

2. 实训测试后总结二极管特性

任务六　三极管输入输出特性仿真测试

一、实验目的

1. 掌握元器件伏安特性的测试方法。
2. 学会测试晶体三极管的输入输出特性。
3. 掌握用逐点法描绘晶体三极管的输入特性和输出特性曲线。

二、实验环境

电子仿真软件:Multisim。

三、虚拟实验仪器设备与元器件

1. 直流稳压电源 ×2。
2. 万用表若干。
3. 电流表若干。
4. 三极管 2N2714。
5. 电位器 10 kΩ ×2。
6. 电阻 100 kΩ ×1,1 kΩ ×1。

四、实验测试电路

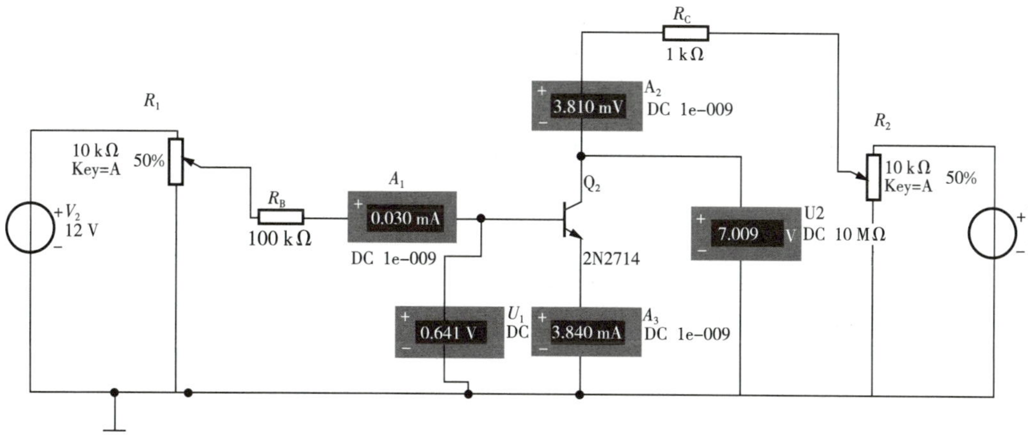

图 7-24　三极管特性测试电路

五、测试步骤及内容

1. 三极管的输入特性的测试

(1) 按图 7-24 将各元件连接起来,其中三极管为 2N2714,两个电位器为 10 kΩ。注意电流表与电压表的连接。

(2) 注意将两个电位器调节变量为1%。

(3) 先调节输出回路中的电位器R_2使U_{CE}在4～6 V,然后调节输入回路中的电位器R_1改变U_{BE}按表7-5中的数值变化,观察不同的U_{BE}对应的I_B的大小,结果填入表7-5中。

(4) 根据测量结果画出三极管的输入特性曲线。

表7-5 三极管的输入特性测试

U_{BE}(V)	0	0.1	0.2	0.3	0.4	0.5	0.55	0.57	0.59	0.6	0.61
I_B(μA)											

2. 三极管的输出特性测试

(1) 在测试输入特性的基础上,电路不变,调节电位器R_1使I_B分别按表7-6所给的数值变化,然后再调节电位器R_2改变U_{CE},测出对应的I_C,结果填入表7-6中。

(2) 根据测量结果画出三极管的输出特性曲线。

表7-6 三极管的输出特性测试

U_{CE}(V) / I_C(mA) / I_b(μA)	0	0.3	0.6	0.7	1	3	5	6	7
0									
10									
20									
30									

按上面得出的数据,逐点描绘出该三极管的输入特性和输出特性。

六、实验思考

1. 如何用万用表来判别三极管的好坏和极性。
2. 如何从三极管的输出特性曲线中来计算三极管的β的大小。

任务七　直流稳压电源的仿真安装与测试

一、实验目的

1. 掌握整流电路的工作原理与功能。
2. 理解电容滤波的原理与功能。
3. 掌握稳压管稳压电路的组成与工作原理。
4. 掌握直流稳压电路的组成，并学会检测直流稳压电源。

二、实验环境

电子仿真软件：Multisim。

三、虚拟实验仪器设备与元器件

1. 交流电压源×1。
2. 万用表×1。
3. 示波器×1。
4. 变压器×1。
5. 二极管 1N4007×1。
6. 电解电容器 47 μF×1。
7. 硅稳压管 1N4739A×1。
8. 电阻 1 kΩ×1，200 Ω×1。

四、实验原理与仿真测试电路

生活中，为了便于电能的传输，采用交流电供电，而大多的电器设备工作时使用的常常是直流电，这就需要经过一系列的信号处理与变换。直流电源电路的组成如图 7-25 所示。

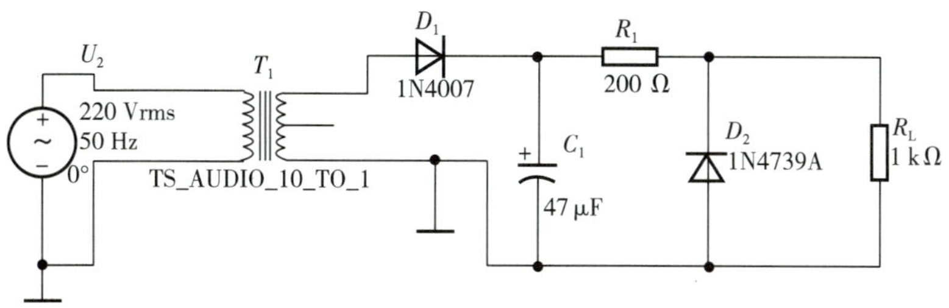

图 7-25　直流稳压电源电路

1. 变压器

每个应用电路需要的输出电压不同，所以电路首先需要使用变压器将 220 V 工频交流电的电压变换到一个合适值。

2. 整流电路

利用二极管的单向导电性，可以将交流电转换为直流电，实现电能的转换。整流电路分为单相整流和三相整流，在电子线路中常用单相整流，单相整流电路又分为半波整流、全波整流和桥式整流，其中桥式整流应用最为广泛。本实验中采用的是半波整流，电路与波形如图 7-26 所示。

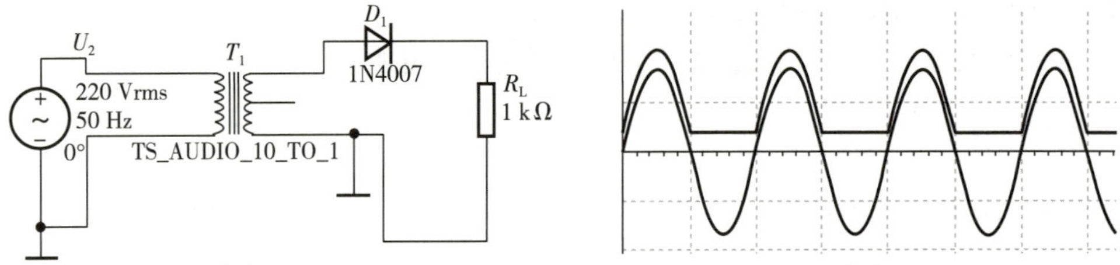

（a）　　　　　　（b）

图 7-26　半波整流电路与波形

半波整流电路由一只二极管构成，电路简单。利用二极管的单向导电性，将电源的正弦交流电的完整波形截去一半（即只有单一方向的电流能通过二极管），从而将方向变化的交流电转换成了只在半个周期有波形的半波脉动直流电。

整流后虽然得到了方向单一的直流电，但从波形可以看出，波形的脉动程度较大。

3. 滤波电路

滤除整流后脉动直流电中的交流成分的电路。有电容滤波、电感滤波和复式滤波。本实验中采用的是电容滤波，电路和滤波后波形如图 7-27 所示。

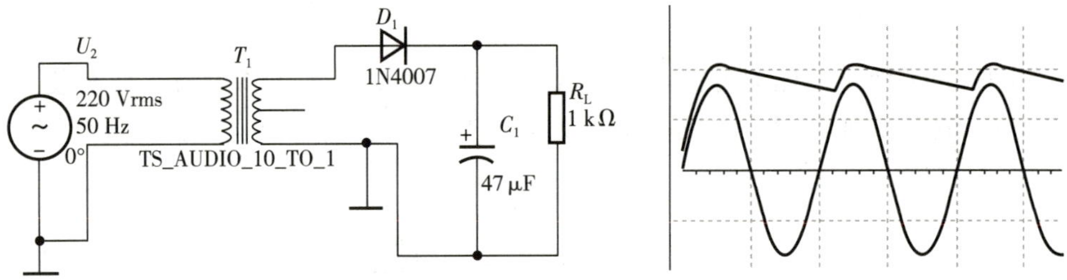

（a）　　　　　　（b）

图 7-27　半波整流后接电容滤波电路及滤波波形

电容元件有着通交流阻直流的特性，在半波整流电路后面接电容，电容元件与负载并联后，整流后的交流量将会被电容分流，从而滤除大部分的交流分量，使输出波形变得更加平滑；且由于电容的储能作用，正半周存储能量，负半周释放能量，从而使输出端平均电压增大了。

4. 简单并联型稳压电路

简单并联型稳压电路是由硅稳压管和负载并联，且使用电阻 R_1 与并联部分串联构成简单并联型稳压电路，电路的输出电压即硅稳压管的稳定电压值。电路及稳压后的波形如图 7－28 所示。

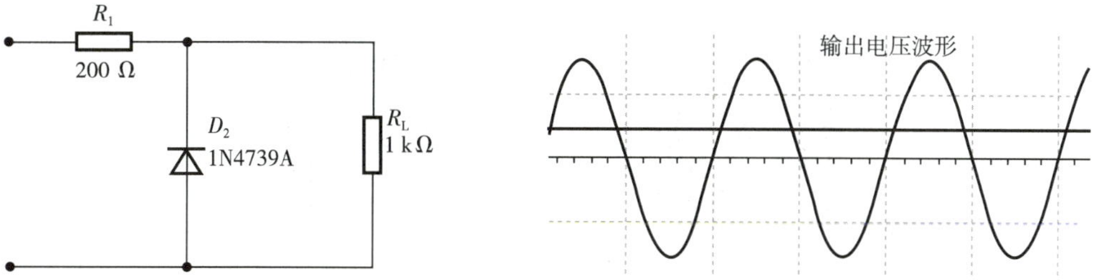

（a）　　　　（b）

图 7－28　简单并联型稳压电路及直流稳压源输入输出波形

可以看出，交流电源经过变压器变压得到大小合适的电压值，然后二极管整流，能够得到单一方向的脉动直流电，电源的性质由交流变为了直流。为了得到更加平滑的波形，我们需要对整流后的波形进行滤波；为了得到更加稳定的直流电，还需在滤波电路后接稳压电路，这样由整流滤波稳压就构成了直流稳压源电路。

五、实验步骤与内容

1. 半波整流电路的连接与测量

在仿真软件中按图将交流电源、变压器、二极管和负载连接成半波整流电路，使用万用表测量对比变压器原副线圈电压值，你能得到什么结论？使用示波器对比输入输出波形，观察整流后波形变化；同时测量负载两端电压，并记录。此时我们应该使用万用表的什么档？

2. 半波整流后接滤波电路的连接与测量

在上面的电路中添加电容与负载并联，连接构成滤波电路，使用示波器对比输入输出波形，观察滤波后波形变化；同时测量负载两端电压，并记录。

3. 整流滤波后接简单并联型稳压电路的连接与测量

再次在电路后接入简单并联型稳压电路，使用示波器对比输入输出波形，观察并总结滤波后波形变化；同时测量负载两端电压，并记录。

简单并联型稳压电路

六、实验思考

1. 通过本次实验，总结一下直流稳压源的组成。

2. 在这个实验中，你对哪部分电路有深刻的印象？你能说一说直流稳压电源中的各组成电路的功能吗？

知识拓展：

1. 半导体器件命名方法
2. 贴片二极管和三极管介绍

半导体器件型号命名方法　　　贴片二极管和三极管介绍

同步思考：

1. 半导体的导电能力介于________与________之间，其电阻率的大小与其所含杂质的________有很大关系。

2. N型半导体中自由电子是________载流子，空穴是________载流子。

3. 在本征半导体中掺入微量的三价元素，即可制成________半导体，掺入微量的五价元素，即可制成________半导体。

4. PN结具有________，当其加________电压时导通，加________电压时截止。

5. PN结加反向电压时的电流称为________，这时PN结的反向________很大。

6. 正向偏置时，硅材料二极管的死区电压约为________，锗二极管的死区电压为________；当二极管导通后，硅管的导通压降为________，锗管的导通压降为________。

7. 稳压管是一种特殊的________，它的工作区是________。

8. 发光二极管简称________，经常使用的发光二极管管脚引线较长者为________，引线较短的为________。

9. 无论是NPN型晶体管，还是PNP型晶体管，都有三个区，即________、________、________，都有三个电极，即________、________、________，两个PN结，即________、________。

10. 晶体管的________区和________区是相同类型的半导体，但________区的掺杂浓度较高，基区的掺杂浓度较低且很薄，________区的面积较大，因此________极和________极不可调换使用。

11. 三极管具有正常的电流放大作用时，发射结承受________偏置电压，集电结承受________偏置电压。

12. 对于NPN型晶体管，各区之间的电压关系为________，而对于PNP型晶体管，则与之相反，为________。

13. 三极管的基本连接方式有________、________、________。

14. 根据晶体管的工作状态不同，可将输出特性分为三个区域：________区、________区和________区。

15. 场效应管从结构上可分为两类：________、________；根据导电沟道不同也可以分为两类：________、________；对于 MOSFET，根据栅源电压为零时是否存在导电沟道，又可分为两类：________、________。

16. 场效应管中，无原始导电沟道的是________；当 $U_{GS}=0$ 时，________不可能工作。

项目七 PPT

项目八

基本放大电路

本章导读

晶体管的主要用途之一是利用其放大作用组成各种放大器，将微弱的信号放大到要求的信号。放大电路在生产、生活中应用极为广泛，本章所讨论的各种放大电路的内容是模拟电子技术的核心，是分析其他复杂电子线路的基础。

学习要点

基本交流电压放大电路的特点。

分压偏置式放大电路的特点。

放大电路中的反馈特点。

功率放大电路是如何放大的。

任务一　基本交流电压放大电路

学习目标：

掌握基本交流电压放大电路的电路组成以及工作原理。

掌握基本交流电压放大电路的分析方法。

学习内容：

基本交流电压放大电路的组成及分析方法。

放大电路一般由电压放大和功率放大两部分组成。先由电压放大电路将微弱信号加以放大去推动功率放大电路，再由功率放大电路输出足够的功率去推动执行元件。电压放大电路通常工作在小信号情况下，而功率放大电路通常工作在大信号情况下。在工业电子技术中，常用的交流放大电路是低频放大电路，其工作频率为 20 Hz ～ 20 kHz。本节讨论基本交流电压放大电路的组成及分析方法。

微课：共发射极放大电路的组成

一、基本共射放大电路的组成及各元件的作用

1. 共射组态基本放大电路

共射组态交流基本放大电路如图 8－1 所示，其基本组成如下：

(1) 三极管 T—— 核心元件，起放大作用。用较小的基极电流控制较大的集电极电流，故也称为放大元件。

(2) 负载电阻 R_C、R_L—— 将变化的集电极电流转换为电压输出。

(3) 偏置电路 V_{CC}、R_b——V_{CC} 给三极管集电极施加反向电压，以满足三极管工作在放大状态的外部条件，同时作为输出信号的能源，一般为几伏至几十伏；R_b 称为偏置电阻，一般为几千欧至几百千欧。

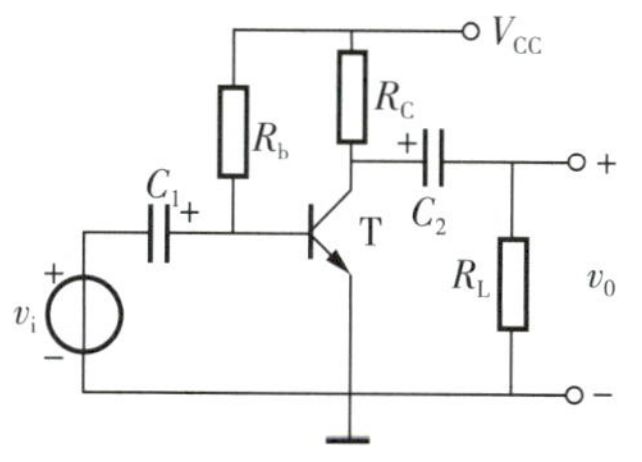

图 8－1　共射组态交流基本放大电路

(4) 耦合电容 C_1、C_2—— 作用为隔断直流和传输交流。输入电容 C_1 保证信号加到发射结，不影响发射结偏置。输出电容 C_2 保证信号输送到负载，不影响集电结偏置。

它可以放大交流信号 u_i，因为连接到 V_{CC} 的偏置电阻 R_b 可以引入直流偏置，使发射结始终处于正向偏置，并提供大小适当的基极电流。电容 C_1、C_2 一方面起到交流耦合作用，沟通信号源、放大电路和负载三者之间的交流通路；另一方面又起到隔直作用，隔断信号源、放大电路和负载之间的直流通路，使三者之间无直流联系，互不影响。

整体来说，交流信号 u_i 通过电容 C_1 耦合并由偏置电阻 R_b 引入直流偏置后输入三极管，经过三极管的电流放大、R_C 电阻的电流电压变换以及电容 C_2 的隔直耦合，输出即为放大后的交流信号 u_0。电源 V_{CC} 除了保证电路满足发射结正偏、集电结反偏的放大外部条件，还是放大电路的能量来源。

注意：晶体管是放大电路中的放大元件，利用它的电流放大作用，在集电极电路获得放大了的电流，这电流受输入信号的控制。如果从能量观点来看，输入信号的能量是较小的，而输出的能量是较大的，但这并不是放大电路把输入的能量放大了。能量是守恒的，不能放大，输出的较大能量来自直流电源 E_C，也就是能量较小的输入信号通过晶体管的控制作用，去控制电源 E_C 所提供的能量，以在输出端获得一个能量较大的信号。这就是放大作用的实质，而晶体管是一个控制元件。

二、放大电路的分析方法

静态和动态：

静态 ——$v_i=0$ 时放大电路的工作状态，也称直流工作状态。

动态 ——$v_i \neq 0$ 时放大电路的工作状态，也称交流工作状态。

放大电路建立正确的静态，是保证动态工作的前提。分析放大电路必须正确地区分静态和动态，正确地区分直流通路和交流通路。

1. 共射极放大电路的静态分析

放大电路的静态分析有近似估算法和图解法两种。

(1) 用近似估算法确定静态工作点，直流通路如图 8－2 所示。

对 NPN 管一般取 $U_{BE}=0.7\ V$：

$$I_B=(V_{CC}-U_{BE})/R_b$$

$$I_C=\beta\cdot I_B$$

$$U_{CE}=V_{CC}-I_C\cdot R_C$$

上式为反映 I_C 和 U_{CE} 关系的直线方程，称为直流负载线。

(2) 用图解法确定静态工作点，如图 8－3 所示。

① 用估算法确定 I_B。

② 确定直流负载线：$U_{CE}=V_{CC}-I_C\cdot R_C$，这条直线方程的斜率为 $-1/R_C$。

③ 直流负载线与 I_B 对应的那条输出特性曲线的交点 Q，即为静态工作点。

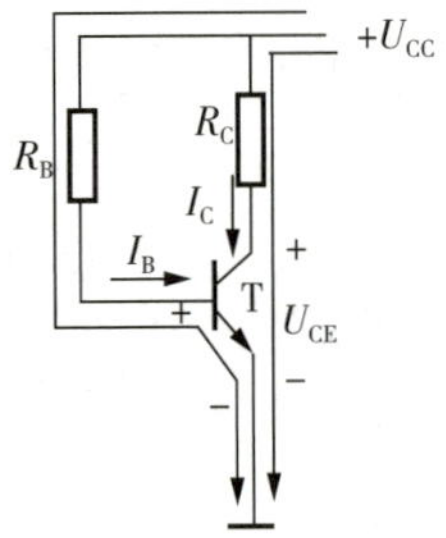

图 8－2　直流通路

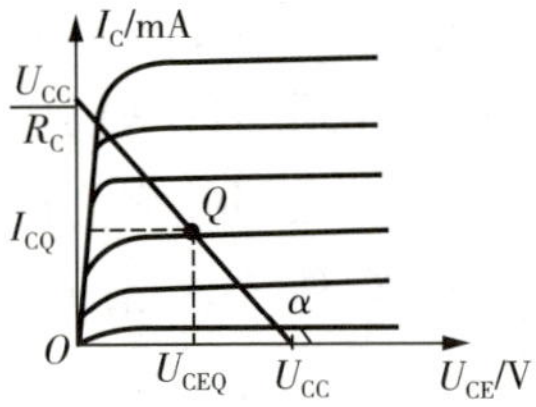

图 8－3　图解法

2. 共射放大电路的动态分析

对放大电路进行动态分析时，常采用图解法和微变等效电路分析法。

(1) 图解法

直流负载线反映静态时电流 I_C 和电压 U_{CE} 的变化关系，根据直流通路分析，其斜率仅与电阻 R_C 有关。交流负载线则反映动态时电流 i_C 和电压 u_{CE} 的变化关系，根据交流通路分析，其斜率不仅与电阻 R_C 有关，还和与其并联的负载电阻 R_L 有关，所以交流负载线比直流负载线要陡直一些。而且当输入电流为零时，放大电路仍应工作在静态工作点 Q，可见交流负载线也要通过 Q 点。

图 8－4 反映了基本共射放大电路的各电路参数的波形及其与三极管输入输出特性的关系，可以帮助我们更好地了解放大电路的工作特性。由图 8－4 可知，放大后的输出信号 u_o 与输入信号 u_i 反相。

图解法多用于分析输出幅度较大而工作频率不太高的情况。

为保证放大电路的动态特性，静态工作点位置应该处于负载线的中点附近，否则将可能引起输出信号的失真。

如图 8－5 所示为静态工作点下移造成输出信号出现失真的情况，由于该失真是由放大电路的工作范围进入截止区而造成的，所以称为截止失真。

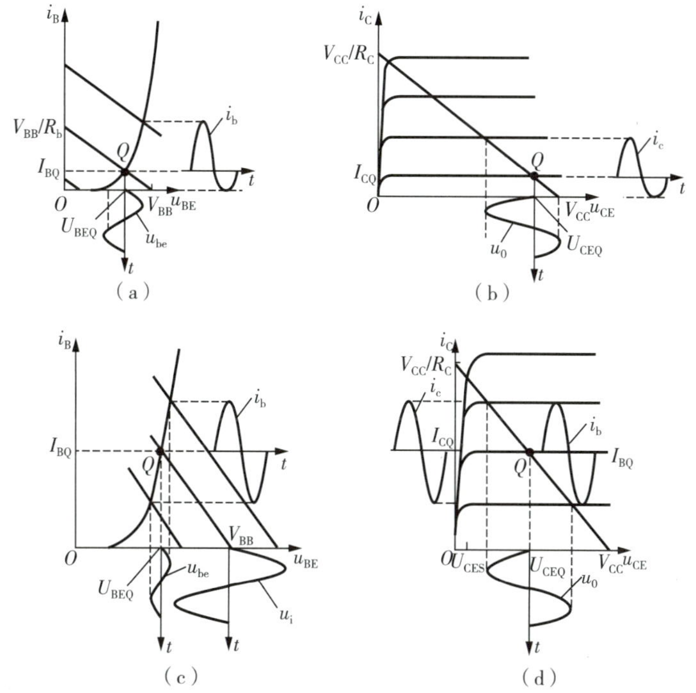

图 8－4　直流负载线和交流负载线

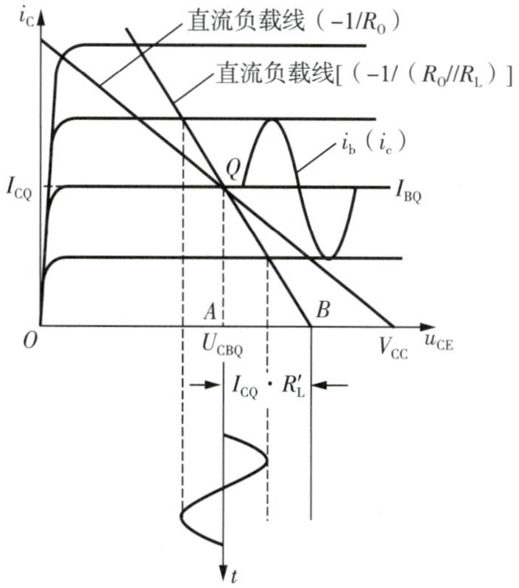

图 8－5　静态工作点下移造成输出信号出现失真

如图 8－6 所示为静态工作点上移造成输出信号出现失真的情况，由于该失真是由放大电路的工作范围进入饱和区而造成的，所以称为饱和失真。

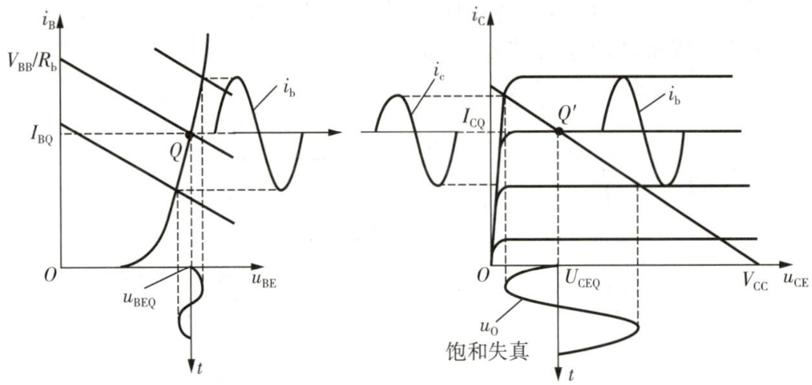

（a）　　　　（b）

图 8－6　静态工作点上移造成输出信号出现失真

此外，输入信号的幅值不能太大，以避免放大电路的工作范围超过特性曲线的线性范围。实际上，只要静态工作点合适，在小信号放大电路中，此条件一般都能满足。

（2）微变等效电路分析法

根据三极管的输入输出特性可知，三极管是非线性放大元件，但当三极管工作在小信号（微变量）情况下，静态工作点附近的输入输出特性曲线就可以用直线段近似代替，这就是所谓对三极管的线性化，这样也就可以像处理线性电路那样来处理三极管放大电路。

微课：微变等效电路的画法

如图 8－7 所示，我们可以利用三极管的微变等效电路代替放大电路中的三极管，对电路进行分析。电阻 r_{be} 数值较小，其估算公式为

$$r_{be} \approx 300 + (1+\beta) \times 26/I_E$$

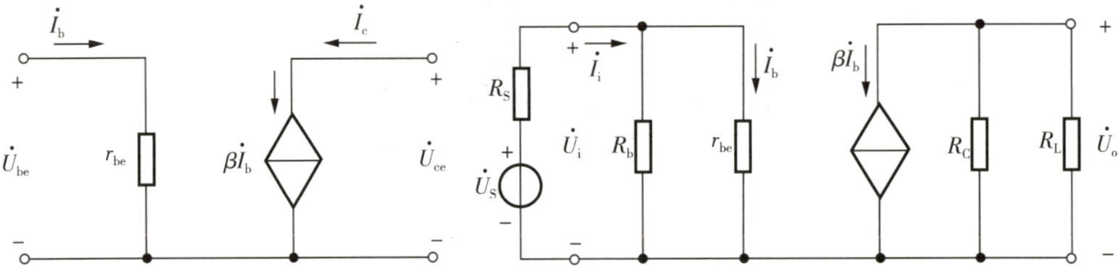

图 8－7　三极管的微变等效电路

由三极管的微变等效模型和放大电路的交流通路可得出如图 8－7 所示的放大电路的微变等效电路，据此就可以对放大电路进行动态分析。

① 电压放大倍数的计算

$$A_u = -\beta \times (R_L /\!/ R_C) / r_{be}$$

$$\dot{U}_i = r_{be} \cdot \dot{I}_b$$

$$U_0 = -R'_L \cdot \dot{I}_C = -R'_L \cdot \beta \dot{I}_b$$

因为 $R'_L = R_C // R_L$，故

$$A_u = \frac{\dot{U}_0}{\dot{U}_i} = -\beta \frac{R'_L}{r_{be}}$$

上式中的负号表示输出电压 U_0 与输入电压 U_i 的相位相反。

当放大电路的输出端开路（未接 RL）时，则有

$$A_u = -\beta \frac{R_C}{r_{be}}$$

② 放大电路输入电阻的计算

$$r_i = \frac{\dot{U}_i}{\dot{I}_i} = R_B // r_{be}$$

一个放大电路的输入端总是与信号源（或前级放大电路）相连的，其输出端总是与负载（或后级放大电路）相连的。因此放大电路与信号源和负载之间，都是互相联系、互相影响的。

放大电路对信号源来说，是一个负载，可用一个电阻来等效替代。这个电阻是信号的负载电阻，也就是放大电路的输入电阻 r_i，即

$$r_i = \frac{\dot{U}_i}{\dot{I}_i}$$

它对交流信号而言是一个动态电阻。

如果放大电路的输入电阻较小，将从信号源取用较大的电流，从而增加信号源的负担；经过信号源内阻 R_S 和 r_i 的分压，使实际加到放大电路的输入电压 U_i 减小，从而减小输出电压；后级放大电路的输入电阻，就是前级放大电路的输入负载，从而会降低前级放大电路的电压放大倍数。因此通常希望放大电路的输入电阻能高一些。以图 8－7 的放大电路为例，其输入电阻可从它的微变等效电路计算：

$$r_i = R_b // r_{be} \approx r_{be}$$

(3) 放大电路输出电阻的计算

$$r_0 \approx R_C$$

放大电路对负载或后级放大电路来说，是一个信号源，其内阻即为放大电路的输入电阻，它是一个动态电阻。

如果放大电路的输出电阻较大（相当于信号源的内阻较大），当负载变化时，输出电压的变化较大，也就是放大电路带负载的能力较差。因此，通常希望放大电路输出级的输出电阻低一些。

放大电路的输出电阻可在信号源短路和输出端开路的条件下求得。以放大电路为例，从它的微变等效电路可以看出，当 $U_i=0$、$I_b=0$ 时，βI_b 和 I_C 也为零。共射级放大电路的输出电阻是从放大电路的输出端看进去的一个电阻。因为晶体管的输出电阻 r_{ce}（也和衡流源 βI_b 并联）很高，故

$$r_0 \approx R_C$$

R_C 一般为几千欧，因此共射级放大电路的输出电阻较高。

通常计算 r_0 时可将信号源短路，在输出端加一交流电压 U_0，以产生一个电流 I_0，则放大电路的输出电阻为

$$r_0 = \frac{\dot{U}_0}{\dot{I}_0}$$

r_0 越小，电路的带负载能力越大。

任务二　分压偏置式放大电路

学习目标：

掌握分压偏置放大电路的电路组成以及工作原理。
掌握分压偏置放大电路的分析方法。

学习内容：

分压偏置放大电路的组成及分析方法。

一、分压式偏置放大电路的组成

分压式偏置放大电路如图 8-8 所示，V 是放大管；R_{B1}、R_{B2} 是偏置电阻，R_{B1}、R_{B2} 组成分压式偏置电路，将电源电压 U_{CC} 分压后加到晶体管的基极；R_E 是射极电阻，也是负反馈电阻；C_E 是旁路电容，与晶体管的射极电阻 R_E 并联，C_E 的容量较大，具有“隔直、导交”的作用，使此电路有直流负反馈而无交流负反馈，既保证了静态工作点的稳定性，又保证了交流信号的放大能力没有降低。

微课仿真固定偏置的共射放大电路

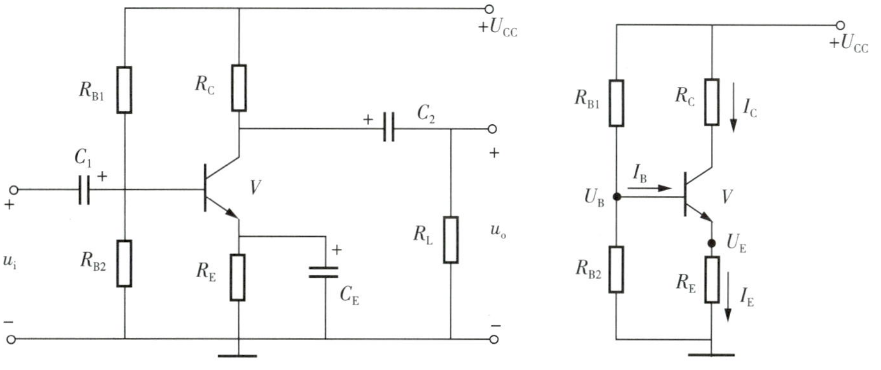

(a) 放大电路　　(b) 直流通路

图 8-8　分压式偏置放大电路

二、稳定静态工作点的原理

分压式偏置放大电路的直流通路如图 8-8(a) 所示。当温度升高，I_C 随着升高，I_E 也会升高，电流 I_E 流经射极电阻 R_E 产生的压降 U_E 也升高。又因为 $U_{BE}=U_B-U_E$，如果基极电位 U_B 是恒定的，且与温度无关，则 U_{BE} 会随 U_E 的升高而减小，I_B 也随之自动减小，结果使集电

极电流 I_C 减小，从而实现 I_C 基本恒定。如果用符号"↓"表示减小，用"↑"表示增大，则静态工作点稳定过程可表示为

$$T\uparrow \rightarrow I_C\uparrow \rightarrow I_E\uparrow \rightarrow U_E \xrightarrow{U_{BE}=U_B-U_E\text{且}U_B\text{恒定}} U_{BE}\downarrow, I_B\downarrow \rightarrow I_C\downarrow$$

要实现上述稳定过程，首先必须保证基极电位 U_B 恒定。由图 8-8(b) 可见，合理选择元件，使流过偏置电阻 R_{B1} 的电流 I_1 比晶体管的基极电流 I_B 大很多，则 U_{CC} 被 R_{B1}、R_{B2} 分压的晶体管的基极电位 U_B 为

$$U_B=\frac{R_{B2}}{R_{B1}+R_{B2}}U_{CC}$$

分压式偏置放大电路中，采用了电流负反馈，反馈元件为 R_E。这种负反馈在直流条件下起稳定静态工作点的作用，但在交流条件下影响其动态参数，为此在该处并联一个较大容量的电容 C_E，使 R_E 在交流通路中被短路，不起作用，从而避免了 R_E 对动态参数的影响。

1. 静态分析

$$I_E=\frac{U_E}{R_E}=\frac{U_B+U_{BE}}{R_E}\approx\frac{R_{B2}}{R_{B1}+R_{B2}}\times\frac{U_{CC}}{R_E}$$

$$I_{BQ}=\frac{I_E}{1+\beta}$$

$$I_{CQ}=\beta\cdot I_{BQ}$$

根据定理可得输出回路方程

$$U_{CC}=I_CR_C+U_{CE}+I_ER_E$$

$$U_{CEQ}=U_{CC}-I_CR_C-I_ER_E\approx U_{CC}-I_{CQ}(R_C+R_E)$$

2. 动态分析

由分压式偏置放大电路（见图 8-8）可得交流通路（见图 8-9）及微变等效电路（见图8-10）。

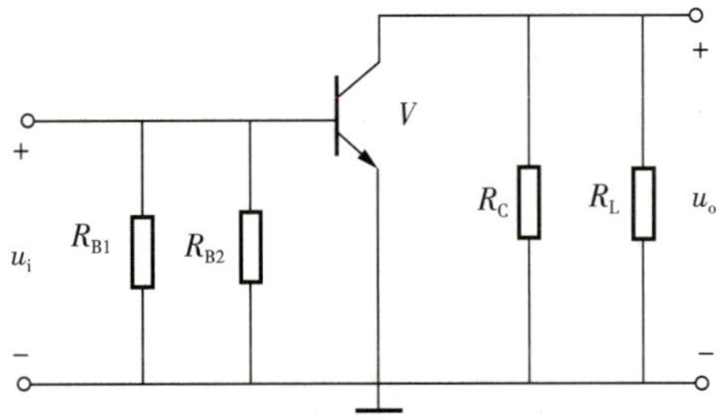

图 8-9　分压式偏置电路的交流通路

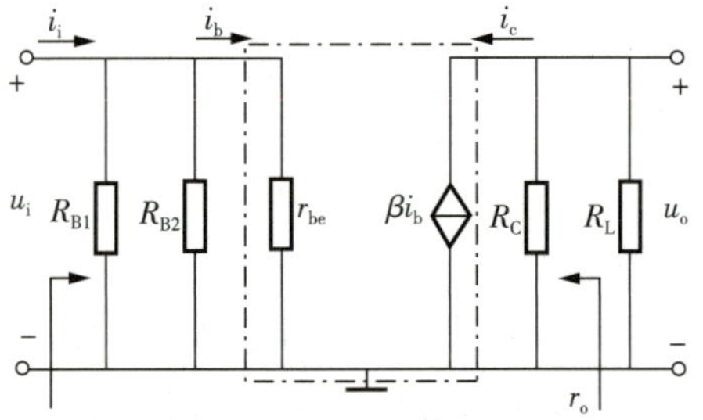

图 8-10　分压式偏置电路的交流微变等效电路

（1）电压放大倍数

输入电压：$U_{sr}=i_i r_i=i_b r_{be}$。

输出电压：$U_{sc}=-i_c R'_L=-\beta \cdot i_b R'_L$。

电压放大倍数：$A_u=\dfrac{U_{sc}}{U_{sr}}=\dfrac{-\beta \cdot i_b R'_L}{i_b \cdot r_{be}}=-\dfrac{\beta \cdot R_C//R_L}{r_{be}}$。

（2）输入电阻：$r_{sr}=R_{b1}//R_{b2}//r_{be}$。

（3）输出电阻：$r_{sc}=R_C$。

任务三 差动放大电路

学习目标：

掌握差动放大电路的电路组成以及工作原理。
掌握分压偏置放大电路的分析方法。
射极耦合差动放大电路应用。

学习内容：

微课：差分放大电路动态分析

零点漂移；分压偏置放大电路的组成及分析方法。

一、零点漂移

集成运放电路各级之间由于均采用直接耦合方式，直接耦合放大电路具有良好的低频特性，可以放大缓慢变化甚至接近于零频（直流）的信号（如温度、湿度等缓慢变化的传感信号），但却有一个致命的缺点，即当温度变化或电路参数等因素稍有变化时，电路工作点将随之变化，输出端电压偏离静态值（相当于交流信号零点）而上下漂动，这种现象称为零点漂移，简称零漂。

由于存在零漂，即使输入信号为零，也会在输出端产生电压变化从而造成电路误动作，显然这是不允许的。当然，如果漂移电压与输入电压相比很小，则影响不大，但如果输入端等效漂移电压与输入电压相比很接近或很大，即漂移严重时，则有用信号就会被漂移信号严重干扰，结果使电路无法正常工作。由此可知，多级放大器中第一级放大器零漂的影响最为严重。如放大器第一级的静态工作点由于温度的变化，电压稍有偏移时，第一级的输出电压就将发生微小的变化，这种缓慢微小的变化经过多级放大器逐步放大后，输出端就会产生较大的漂移电压。显然，直流放大器的级数越多，放大倍数越高，输出的漂移现象越严重。

因此，直接耦合放大电路必须采取措施来抑制零漂。抑制零点漂移通常采用以下几种措施：一是采用质量好的硅管。硅管受温度的影响比锗管小得多，所以目前要求较高的直流放大器的前置放大级几乎都采用硅管。二是采用热敏元件进行补偿。也就是利用温度对非线性元件（晶体管二极管、热敏电阻等）的影响，来抵消温度对放大电路中三极管参数的影响所产生的漂移。三是采用差动式放大电路，这是一种广泛应用的电路，它利用特性相同的晶体管进行温度补偿来抑制零点漂移的。

二、简单差动放大电路

差动放大电路又称为差分放大器。这种电路能有效地减少三极管的参数随温度变化所引起的漂移，较好地解决在直流放大器中放大倍数和零点漂移的矛盾，因而在分立元件和集成电路中获得十分广泛的应用。

1. 电路组成和工作原理

简单差动放大电路如图 8－11 所示，它由两个完全对称的单管放大电路构成，有两个输入端和两个输出端。其中三极管 VT_1、VT_2 的参数和特性完全相同（如 $\beta_1=\beta_2=\beta$，$R_{B1}=R_{B2}=R_B$，$R_{C1}=R_{C2}=R_C$ 等）。显然，两个单管放大电路的静态工作点和电压增益等均相同。当然，实际电路总存在一定的差异，不可能完全对称，但在集成电路中，这种差异很小。

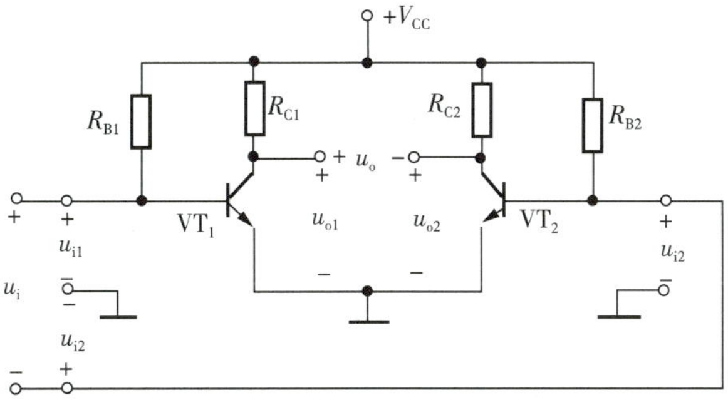

图 8－11　简单差动放大电路

由于两管电路完全对称，因此，静态（$u_i=0$）时，直流工作点 $U_{C1}=U_{C2}$，此时电路的输出 $u_o=U_{C1}-U_{C2}=0$（这种情况称为零输入时零输出）。当温度变化引起管子参数变化时，每一单管放大器的工作点必然随之改变（存在零漂），但由于电路的对称性，U_{C1} 和 U_{C2} 同时增大或减小，并保持 $U_{C1}=U_{C2}$，即始终有输出电压 $u_o=0$，或者说零漂被抑制了。这就是差动放大电路抑制零漂的原理。

设每个单管放大电路的放大倍数为 A_{u1}，在电路完全对称的情况下，有

$$A_{u1}=\frac{u_{01}}{u_{i1}}=\frac{u_{02}}{u_{i2}}\approx-\frac{\beta R_C}{r_{be}}$$

显然 $u_{o1}=A_{u1}u_{i1}$，$u_{o2}=A_{u1}u_{i2}$，而差动放大电路的输出取自两个对称单管放大电路的两个输出端之间（称为平衡输出或双端输出），其输出电压

$$u_o=u_{o1}-u_{o2}=A_{u1}(u_{i1}-u_{i2})$$

由上式可知，差动放大电路输出电压与两单管放大电路的输入电压之差成正比，“差动”的概念由此而来。

实际的输入信号（有用信号）电压通常加到两个输入端之间（称为平衡输入或双端输入），由于电路对称，因此两管的发射结电流大小相等、方向相反，此时若一管的输出电压升高，另一管则降低，且有 $u_{o1}=-u_{o2}$，所以 $u_o=u_{o1}-u_{o2}=2u_{o1}$，因此输出电压不但不会为 0，反而比单管输出大一倍。这就是差动放大电路可以有效放大有用输入信号的原理。

设有用信号输入时，两管各自的输入电压（参考方向均为 b 极指向 e 极）分别用 u_{id1} 和 u_{id2} 表示，则有，$u_{id1}=u_i/2$，$u_{id2}=-u_i/2$，$u_{id1}=-u_{id2}$。

显然，u_{id1} 与 u_{id2} 大小相等、极性相反，通常称它们为一对差模输入信号或差模信号。而

电路的差动输入信号则为两管差模输入信号之差，即 $u_{id}=u_{id1}-u_{id2}=2u_{id1}=u_i$。在只有差模输入电压 u_{id} 作用时，差动放大电路的输出电压就是差动输出电压 u_{od}。通常把输入差模信号时的放大器增益称为差模增益，用 A_{ud} 表示，即

$$A_{ud}=\frac{u_{od}}{u_{id}}$$

显然，差模增益就是通常的放大器的电压增益，对于简单差动放大电路，有

$$A_{ud}=A_u=A_{u1}\approx-\frac{\beta R_C}{r_{be}}$$

差模增益 A_{ud} 表示电路放大有用信号的能力。一般情况下要求 $|A_{ud}|$ 尽可能大。

以上讨论的是差动放大电路如何放大有用信号的。下面介绍它是如何抑制零漂信号（即共模信号）的原理。

设在一定的温度变化值 ΔT 的情况下，两个单管放大器的输出漂移电压分别为 u_{oc1} 和 u_{oc2}，u_{oc1} 和 u_{oc2} 折合到各自输入端的等效输入漂移电压分别为 u_{ic1} 和 u_{ic2}，显然有

$$u_{oc1}=u_{oc2}, u_{ic1}=u_{ic2}$$

将 u_{ic1} 与 u_{ic2} 分别加到差动放大电路的两个输入端，它们大小相等、极性相同，通常称它们为一对共模输入信号或共模信号。共模信号可以表示为 $u_{ic1}=u_{ic2}=u_{ic}$。显然，共模信号并不是实际的有用信号，而是温度等因素变化所产生的漂移或干扰信号，因此需要进行抑制。

当只有共模输入电压 u_{ic} 作用时，差动放大电路的输出电压就是共模输出电压 u_{oc}，通常把输入共模信号时的放大器增益称为共模增益，用 A_{uc} 表示，则

$$A_{uc}=\frac{u_{oc}}{u_{ic}}$$

在电路完全对称情况下，差动放大电路双端输出时的 $u_{oc}=0$，则 $A_{uc}=0$

共模增益 A_{uc} 表示电路抑制共模信号的能力。$|A_{uc}|$ 越小，电路抑制共模信号的能力也越强。当然，实际差动放大电路的两个单管放大器不可能做到完全对称，因此 A_{uc} 不可能完全等于零。

需要指出的是，差动放大电路实际工作时，总是既存在差模信号，也存在共模信号，因此，实际的 u_{i1} 和 u_{i2} 可表示为

$$u_{i1}=u_{ic}+u_{id1}$$

$$u_{i2}=u_{ic}+u_{id2}=u_{ic}-u_{id1}$$

由上述二式容易得到

$$u_{ic}=(u_{i1}+u_{i2})/2$$

$$u_{id1}=-u_{id2}=(u_{i1}-u_{i2})/2$$

电路的差模输入电压

$$u_{id}=2u_{id1}=u_{i1}-u_{i2}=u_{i}$$

2. 共模抑制比

在差模信号和共模信号同时存在的情况下，若电路基本对称，则对输出起主要作用的是差模信号，而共模信号对输出的作用要尽可能被抑制。被定量反映放大器放大的有用差模信号和抑制的有害共模信号能力，通常引入参数共模抑制比，用 K_{CMR} 表示。它定义为

$$K_{CMR}=\left|\frac{A_{ud}}{A_{uc}}\right|$$

共模抑制比用分贝表示则为

$$K_{CMR}=20\lg\left|\frac{A_{ud}}{A_{uc}}(\text{dB})\right|$$

显然，K_{CMR} 越大，输出信号中的共模成分相对越少，电路对共模信号的抑制能力就越强。

三、射极耦合差动放大电路

前面所讨论的简单差动放大电路在实际应用中存在以下不足：

(1) 即使电路完全对称，每一单管放大电路仍存在较大的零漂，在单端输出（非对称输出，即输出取自任意单管放大电路的输出）的情况下，该电路和普通放大电路一样，没有任何抑制零漂的能力。电路不完全对称时，抑制零漂的作用明显变差。

(2) 每一单管放大电路存在的零漂（即工作点的漂移）可能使它们均工作于饱和区，从而使整个放大器无法正常工作。

采用射极耦合差动放大电路可以较好地克服简单差动放大电路的不足，射极耦合差动放大电路如图 8－12(a) 所示。电路中接入 $-V_{EE}$ 的目的是保证输入端在未接信号时基本为零输入（I_B 和 R_B 均很小），同时又给 BJT 发射结提供了正偏。其中，$R_{C1}=R_{C2}=R_C$，$R_{B1}=R_{B2}=R_B$。

由图 8－12(a) 可以看出，射极耦合差动放大电路与简单差动放大电路的关键不同之处在于两管的发射极串联了一个公共电阻 R_E（因此也称为电阻长尾式差动放大电路），而正是 R_E 的接入使得电路的性能发生了明显变化。

当输入信号为差模信号时，则 $u_{i1}=-u_{i2}=u_{id}/2$，因此两管的发射极电流 i_{E1} 和 i_{E2} 将一个增大、另一个同量减小，即流过 R_E 的电流 $i_E=i_{E1}+i_{E2}$ 保持不变，R_E 两端的电压也保持不变（相当于交流 $i_E=0$，$u_E=0$），也就是说，R_E 对差模信号可视为短路，由此可得该电路的差模交流通路如图 8－12(b) 所示。显然，R_E 的接入对差模信号的放大没有任何影响。

当输入（等效输入）信号为共模信号时，则 $u_{ic1}=u_{ic2}=u_{ic}$，因此两管的发射极电流 i_{E1} 和 i_{E2} 将同时同量增大或减小，相当于交流 $i_{E1}=i_{E2}$，即 $i_E=i_{E1}+i_{E2}=2i_{E1}$，$u_E=i_ER_E=2i_{E1}R_E$。可以看出，此时 R_E 对每一单管放大电路所呈现的等效电阻为 $2R_E$，由此可得该电路的共模交流通路如图8－11(c) 所示。显然，R_E 的接入对共模信号产生了明显影响，这个影响就是每一单管放大电路相当于引入了反馈电阻为 $2R_E$ 的电流串联负反馈。当 R_E 较大时，单端输出的

共模增益也很低，有效地抑制了零漂，并稳定了静态工作点。

由图 8 - 12(c) 可以看出，R_E 越大，共模负反馈越深，可以有效地提高差动放大电路的共模抑制比。但由于集成电路制造工艺的限制，R_E 不可能很大；另外，R_E 太大，则要求负电源电压很高(以产生一定的直流偏置电流)，这一点对电路的实现是不利的。针对上述问题，可以考虑将 R_E 用直流恒流源来代替。

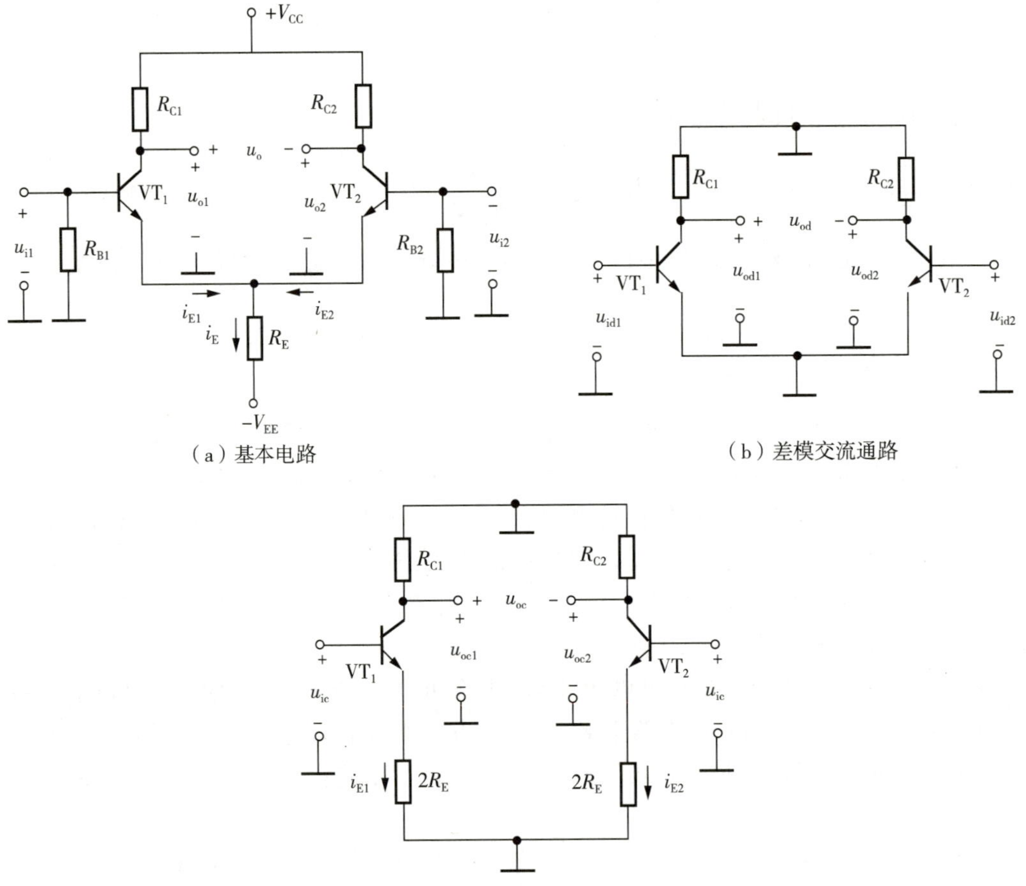

(a) 基本电路

(b) 差模交流通路

(c) 共模交流通路

图 8 - 12　射极耦合差动放大电路

任务四　功率放大电路

学习目标：

掌握功率放大电路的类型。
掌握互补对称功率放大电路分析方法。

学习内容：

互补对称功率放大电路工作原理。

实际应用的电子放大系统都是一个多级放大器，输出的信号往往都是送到负载，去驱动一定的装置。例如，这些装置或电视机的扫描偏转线圈等。要推动这些负载，要求有较大的电压输出和较大的电流输出，即要有较大的功率输出。所以，在多级放大电路的末级通常都要有功率放大电路。

功率放大电路与电压放大器的区别是电压放大器是多级放大器的前级，它主要对小信号进行电压放大，主要技术指标为电压放大倍数、输入阻抗及输出阻抗等。而功率放大电路则是多级放大器的最后一级，它要带动一定负载，如扬声器、电动机、仪表、继电器等，所以，功率放大电路要求获得一定的不失真输出功率。

一、功率放大电路的特点

功率放大电路的任务是向负载提供足够大的功率，这就要求：

(1) 功率放大电路不仅要有较高的输出电压，还要有较大的输出电流。因此功率放大电路中的晶体管通常处于高电压、大电流状态，晶体管的功耗也比较大。对晶体管的各项指标必须认真选择，且尽可能使其得到充分利用。因为功率放大电路中的晶体管处在大信号极限运用状态。

(2) 非线性失真也要比小信号的电压放大电路严重得多。此外，功率放大电路从电源取用的功率较大，以提高传输效率。

(3) 必须尽可能提高功率放大电路的效率。放大电路的效率是指负载得到的交流信号功率与直流电源供出功率的比值。

二、功率放大电路的类型

功率放大电路的类型如图 8－13 所示。甲类功率放大电路的静态工作点设置在交流负载线的中点。在工作过程中，晶体管始终处在导通状态。这种电路功率损耗较大、效率较低，最高只能达到 50%。

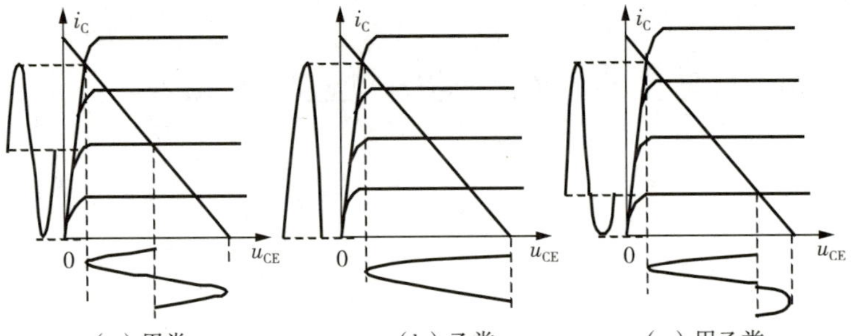

（a）甲类　　（b）乙类　　（c）甲乙类

图 8－13　功率放大电路的类型

乙类功率放大电路的静态工作点设置在交流负载线的截止点，晶体管仅在输入信号的半个周期导通。这种电路功率损耗减到最少，使效率大大提高。

甲乙类功率放大电路的静态工作点介于甲类和乙类之间，晶体管有不大的静态偏流。其失真情况和效率介于甲类和乙类之间。

三、互补对称功率放大电路

如前所述，甲乙类和乙类功率放大电路虽然管耗小，效率高，但产生了波形失真。为此，下面介绍一种工作于甲乙类和乙类状态的互补对称功率放大电路，其既能提高效率，又能减小信号的小型失真。

1. OCL 功率放大电路(无输出电容乙类互补对称功率放大电路)

乙类互补对称功率放大电路及输入输出波形如图 8－14 所示，其中 V_1、V_2 为导电类型互异（互补）性能参数相同的功放管，每管组成射极输出电路，输出与负载 R_L 直接耦合，双电源供电。

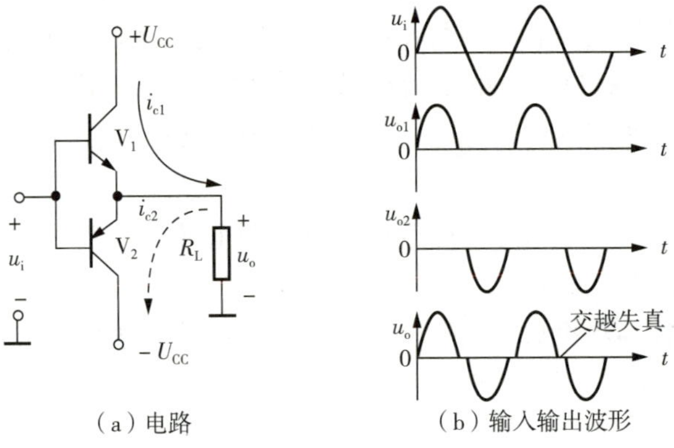

（a）电路　　（b）输入输出波形

图 8－14　乙类互补对称功率放大电路及输入输出波形

静态($u_i=0$)时，$U_B=0$，$U_E=0$，偏置电压为零，V_1，V_2 均处于截止状态，负载中没有电流，电路工作在乙类状态。

动态($u_i \neq 0$)时，在 u_i 的正半周 V_1 导通而 V_2 截止，V_1 以射极输出器的形式将正半周信号输出给负载；在 u_i 的负半周 V_2 导通而 V_1 截止，V_2 以射极输出器的形式将负半周信号输出给负载。可见在输入信号 u_i 的整个周期内，V_1、V_2 两管轮流交替地工作，互相补充，使负载获得完整的信号波形，故称互补对称电路。

由于 V_1、V_2 都工作在共集电极接法，输出电阻极小，可与低阻负载 R_L 直接匹配。

从工作波形可以看出，在波形过零的一个小区域内输出波形产生了失真，这种失真称为交越失真。产生交越失真的原因是 V_1、V_2 发射结静态偏压为零，放大电路工作在乙类状态。当输入信号 u_i 小于晶体管的发射结死区电压时，两个晶体管都截止，在这一区域内输出电压为零，使波形失真。

为减小交越失真，可给 V_1、V_2 发射结加适当的正向偏压，以便产生一个不大的静态偏流，使 V_1、V_2 导通时间稍微超过半个周期，即工作在甲乙类状态，如图 8-15 所示。图中二极管 D_1、D_2 用来提供偏置电压。静态时三极管 V_1、V_2 虽然都已基本导通，但因它们对称，U_E 仍为零，负载中仍无电流流过。

2. OTL 功率放大电路(无输出变压器的甲乙类互补对称功率放大电路)

OTL 电路的特点是输出端省去了隔直电容，改善了放大电路在低频时的特性，目前得到了广泛应用，但这种电路需要用正负双电源供电。

因电路对称，静态时两个晶体管发射极连接点电位为电源电压的一半，负载中没有电流。动态时，在 u_i 的正半周 V_1 导通而 V_2 截止，V_1 以射极输出器的形式将正半周信号输出给负载，同时对电容 C 充电；在 u_i 的负半周 V_2 导通而 V_1 截止，电容 C 通过 V_2，R_L 放电，V_2 以射极输出器的形式将负半周信号输出给负载，电容 C 在这时起到负电源的作用。为了使输出波形对称，必须保持电容 C 上的电压基本维持在 $U_{CC}/2$ 不变，因此 C 的容量必须足够大。

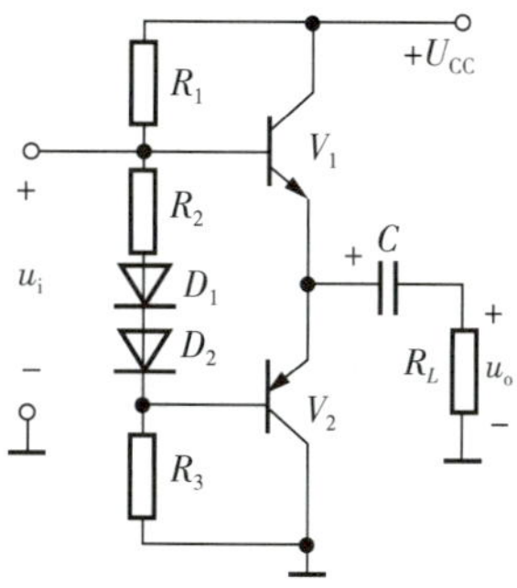

图 8-15　甲乙类互补对称功率放大电路

任务五　单级放大电路实验

一、实验目的

1. 熟悉电子元器件和模拟电路实验箱。

2. 掌握放大器静态工作点的调试方法及其对放大器性能的影响。

3. 学习测量放大器 Q 点、A_v、r_i、r_o 的方法，了解共射放大电路特性。

4. 学习放大器的动态性能。

微课：仿真固定偏置的共射放大电路

涉及的知识点

静态工作点

电压放大倍数

截止失真

饱和失真

二、实验原理

1. 三极管放大作用

当三极管发射结处于正向偏置状态，而集电结处于反向偏置状态时，集电极电流受基极电流控制，且基极电流发生很小变化时集电极电流变化很大。如果将小信号加到基极与集电极之间，即会引起 I_b 变化，I_b 放大后，导致 I_c 发生很大变化，根据 $U=I_c\times R$，电阻上电压发生很大变化，即得到放大信号。

2. 静态工作点的测量

测量静态工作点时，应在输入信号 $u_i=0$ 的情况下进行，将放大器输入端与地端短接，然后选用量程合适的直流毫安表和直流电压表，分别测量晶体管的集电极电流 I 以及各电极对地的电位 U_c、U_e。当流过 R_{b1} 和 R_{b2} 的电流远大于晶体管基极电流 I_b 时，$U_b=[R_{b1}/(R_{b1}+R_{b2})]U_{cc}$，$I_e=I_c$。

3. 放大器动态指标测试

调整放大器到合适的静态工作点然后加入输入电压 U_i，在输出电压 u_o 不失真的情况下，用数字万用表测出 U_i 和 U_o 的有效值 U_i 和 U_o，则 $A_u=U_o/U_i$。

三、实验设备（图 8－16）

1. 示波器。

2. 数字万用表。

3. 分立元件放大电路模块。

4. 导线若干。

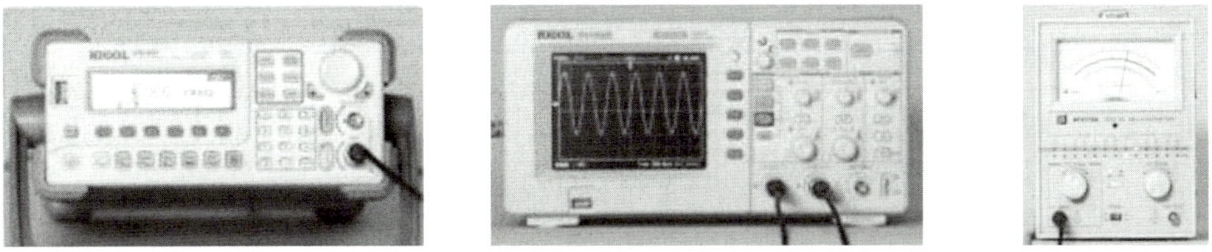

(a) 功率函数发生器　　(b) 数字存储示波器　　(c) 双通道交流毫伏表

图 8-16　实验设备

四、实验内容及步骤

1. 实验电路(图 8-17)

(1) 用万用表判断实验箱上三极管的极性和好坏、电容 C 的极性和好坏。接通电源,用示波器调出准确的正弦波信号,关闭电源。

(2) 按图连接电路,将 R_p 的阻值调到阻值最大位置。

(3) 接线完毕仔细检查,确定无误后接通电源。

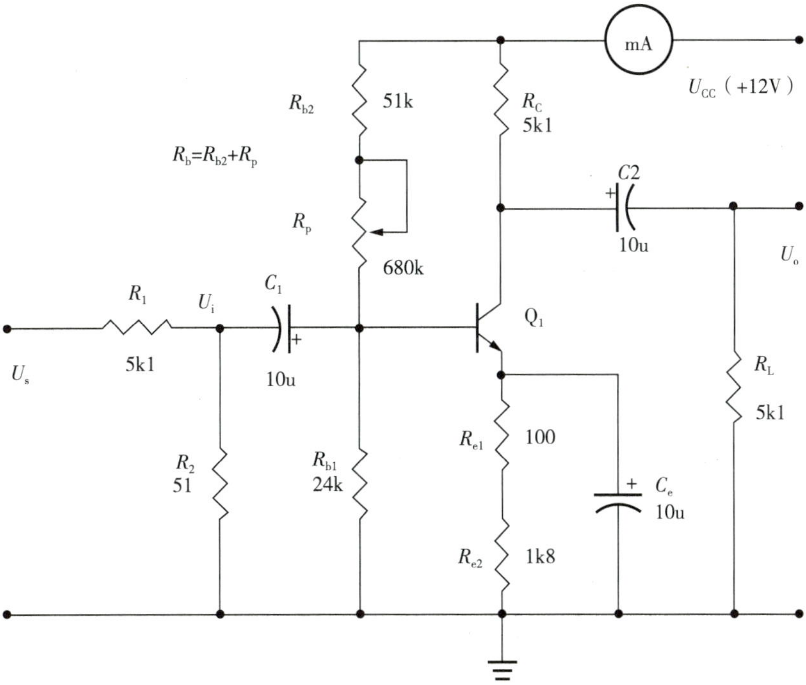

图 8-17　实验电路图

2. 静态分析

调整 R_p，使 $U_e=2.2$ V，计算并填入表格。

表 8-1 实验数据表

测量值			计算值	
V_{be}(V)	V_{ce}(V)	R_b(kΩ)	I_b(μA)	I_c(mA)

3. 动态研究

(1) 将示波器接入输入输出端观察 U_i 和 U_o 端波形，并比较相位。

(2) 信号源频率不变，逐渐加大信号幅度观察 U_o 不失真时的最大值。

表 8-2 实验数据表

测量值		计算值	估计值
U_i(mV)	U_o(V)	A_u	A_u

4. 关闭电源，整理实验器材

五、实验总结及感想

1. 从实验数据来看，实验值和理论值还是存在一定差异。实验中所采用的元件并非理想元件，理论计算时一般都忽略一些小量，所以两者都有误差。

2. 实验结果分析

(1) 三极管共射放大电路的静态工作点在工作区时，能实现将电流放大的功效。

(2) 当 I_c 偏小时，放大电路容易产生截止失真；当 I_c 偏大时，容易产生饱和失真。饱和失真在图像上的体现是"削顶"，而截止失真会"缩顶"。

(3) 输入信号和输出信号反相，有较大的电流和电压增益。

3. 实验感想

(1) 实验所测参数均为放大器处于放大工作状态下的工作参数，当示波器波形出现失真时，放大器工作在饱和区或截止区，即放大器非正常工作，所以要在示波器监视输出波形不失真的情况下测试放大器的各项参数。

(2) 一定要保证电路连接正确的情况下接通电源，避免短路烧坏实验器材。

(3) 输入电压不能过大也不能过小，频率要选择中频段，避免失真，以保证 A_u 接近为定值。

任务六　放大电路的研究

一、实验目的

1. 了解放大器电路参数对放大器性能的影响。
2. 学习调整放大器的静态工作点，测量电压放大倍数。
3. 研究射极输出器的作用。
4. 学习集成功率放大器的应用。
5. 熟悉数字存储示波器的使用方法。

实验预习思考：

(1) 如何调整放大器的静态工作点?

(2) 放大器电压放大倍数与哪些因素有关?

(3) 放大器输出信号波形在哪些情况下可能产生失真? 如何消除失真?

(4) 射极输出器有何特点和作用?

二、实验原理

图 8－18 是放大器实验板的印制线路，它由三个单级放大器组成：T_1 管与其周围元件可以组成一级固定偏置或分压偏置共发射极放大电路，T_2 管构成一级分压式偏置、并带有电流负反馈的共发射极放大电路，T_3 管构成一级射极输出器。

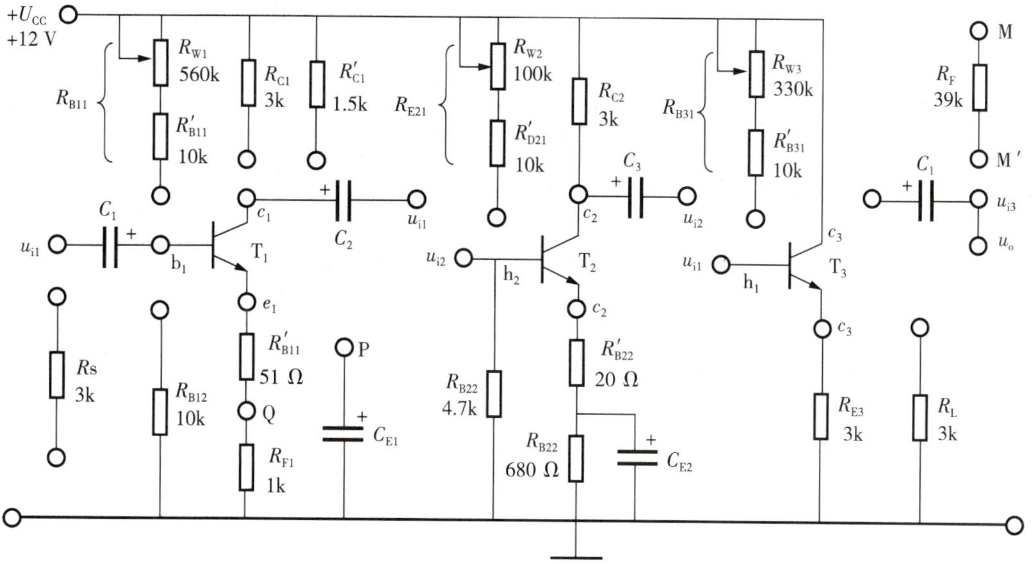

图 8－18　放大器实验板的印制线路

第一级放大器有两个独立的集电极电阻 $R_{C1}=3\ \text{kW}$、$R'_{C1}=1.5\ \text{kW}$，发射极电阻由 R'_{E1} 和 R_{E1} 串联共同构成，旁路电容 C_{E1} 用来控制是否引入交流电流负反馈及反馈深度。

三级放大器的上偏置电阻 R_{B11}、R_{B21}、R_{B31}，都是由一个固定的 10 kW 电阻串联一个电位器构成。调节各电位器，即可为各级放大器设定静态工作点。

每一级放大电路相互独立，可根据需要灵活组成单级或多级阻容耦合放大电路。射极输出器既可接在末级，也可接在首级或作为中间级，只要改变实验板接线即可。

实验板上"+12V"用来接直流电源，"输入 u_i"用来外接输入信号，"输出 u_o"是放大器的输出端。每级放大器还有各自独立的输出端 u_{o1}、u_{o2}、u_{o3}。实验板的印制线路已将几个"地"端固定连接在一起(模拟电子实验要求整个实验系统共地)。

另外，实验板还设有几个专用电阻供实验时使用。$R_L=3\ \text{kW}$ 可作为放大器的外接负载。$R_F=39\ \text{kW}$ 是反馈电阻，当需要引入级间电压负反馈时，可将 M 点与 u_{o2}、M' 点与 T_1 的发射极 e_1 分别相连。$R_S=3\ \text{kW}$ 可视为信号源的内阻，利用 R_S 我们可测量放大器的输入阻抗。

三、实验设备

1. 示波器。
2. 双通道交流毫伏表。
3. 功率函数发生器。
4. 多级放大电路实验板。
5. 数字电子技术实验箱。

四、实验内容及步骤

(1) 把各仪器调整到待用状态：

将放大器小实验板的四个脚对应插在数字电子实验箱的插孔中，则 +12 V 电源已接到放大器上。

调节放大器的输入信号 u_{i1}：由 DF1631 功率函数发生器"电压输出"端提供。功率函数发生器各旋钮状态如下：波形选择 — 正弦波；频率 —1 kHz；衰减 —60 dB；调节"幅度"旋钮，同时用 DF2172A 交流毫伏表10 mV 档监测，使正弦信号的有效值为 $U_{i1}=5\ \text{mV}$。

注：DF1631 功率函数发生器面板显示的幅度为峰-峰值，即 $U_{ipp}=2U_{i1}$。

(2) 关闭各仪器电源，按图 8－19 连接电路。集电极接 R_{C1}，放大器空载，P 点接发射极 e_1。

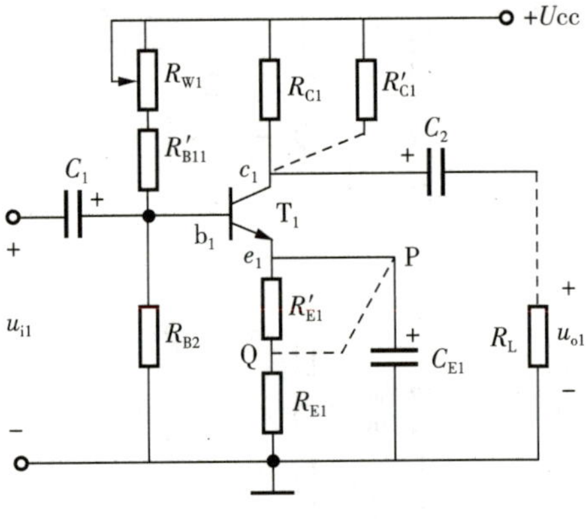

图 8－19　电路连接图

(3) 调整和测试静态工作点

开启实验箱后部的电源开关，调节电位器 R_{W1}，使三极管 T_1 的集电极电位 $V_{C1}=6\sim7\ \text{V}$，用示波器观察放大器输出电压 u_{o1} 的波形是否失真。若有失真，可稍稍调节 R_{W1} 使失真消除后再进行测量；如无失真，可测量放大器的静态工作点。

用万用表直流电压档测量出 T_1 管集电极、基极、发射极对"地"电位 V_{C1}、V_{B1}、V_{E1} 和各极之间的电压，填入表 8－3 中。

表 8－3　实验记录表

测量电量	V_{C1}(V)	V_{B1}(V)	V_{E1}(V)	U_{BE1}(V)	U_{BC1}(V)	U_{CE1}(V)
测量值						

(4) 测量放大器电压放大倍数

按表 8－4 的要求测量放大器输入和输出电压的有效值，将数据记入表中。

注意：测量时，输入信号用晶体管电压表(10 mV 档) 测量。测量输出信号时，注意选择适当的量程。

表 8－4　实验记录表

测试条件			U_{i1}(mV)	U_{o1}(mV)	计算 $A_{u1}=U_{o1}/U_{i1}$
不加交流电流负反馈(P 点与 T_1 管的发射极 e_1 相连)	$R_C=3$ kW	放大器空载			
	$R_C=1.5$ kW	放大器空载			
	$R_C=3$ kW	$R_L=3$ kW			
加入交流电流负反馈(P 点与 Q 点相连)	$R_C=3$ kW	放大器空载			
	$R_C=3$ kW	$R_L=3$ kW			
	$R_C=1.5$ kW	$R_L=3$ kW			

(5) 观察输出信号与输入信号之间的相位关系

选择放大器 $R_C=1.5$ k，引入交流电流负反馈并带负载 $R_L=3$ k。然后用示波器的两个通道同时观察输入、输出电压波形，并将波形画于表 8－5 中(要求标出横轴和纵轴的单位)。

表 8－5　实验记录表

u_{i1} 的波形	
u_{o1} 的波形	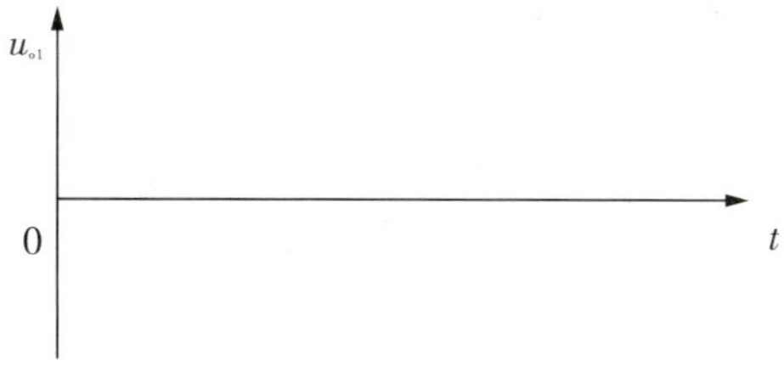

(6) 观察静态工作点对输出波形失真的影响

选择放大器 $R_C=3\,\mathrm{k}$，不引入交流电流负反馈，放大器空载。适当加大输入信号，调节电位器 R_{W1}，按表 8-6 中的要求观察 u_{o1} 的波形并记录。

表 8-6　实验数据记录表

给定条件	u_{o1} 的波形	
	不加交流负反馈	加入交流负反馈
u_{o1} 不失真($R_{C1}=3\,\mathrm{k}$)		
加大 u_{i1} 再使 u_{o1} 波形失真		
减小 R_{W1}(逆时针旋转 R_{W1})使 u_{o1} 产生饱和失真		
增大 R_{W1}(顺时针旋转 R_{W1})使 u_{o1} 产生截止失真		

(7) 多级放大电路(射极输出器的研究)

重新调整 T_1 管的静态工作点，输入信号为频率 1 kHz，$U_i=2\,\mathrm{mV}$ 的正弦波，使输出电压 u_{o1} 为不失真的波形，作为 T_3 管的输入信号 u_{i3}，同时调节 R_{W3}，使 $V_{E3}=6\,\mathrm{V}$ 左右。

按表 8-7 测量并记录。

表 8-7　实验数据记录表

	U_{i1}	U_{o1}	U_{o3}	$A_{u1}=U_{o1}/U_{i1}$	$A_{u3}=U_{o3}/U_{o1}$	$A_u=U_{o3}/U_{i1}$
射随器空载						
射随器接负载 R_L						

(8) 集成功率放大器的应用

按图 8-20 连接功率放大器电路。其中 u_i 是集成功放的输入，由 DF1631 功率函数发生器提供，要求 $u_i=0.1\mathrm{V}$。

注意：输入 u_i 的幅值不能过大。

改变功率函数发生器的输出频率，分别为：$f=330\,\mathrm{Hz}$(钢琴中央 C 调的 3)，$f=396\,\mathrm{Hz}$(钢琴中央 C 调的 5)，比较声音的区别。

在 1、8 脚之间接入一个 10 μF 的电容，如图 8-21 所示，比较输出声音大小是否有变化。

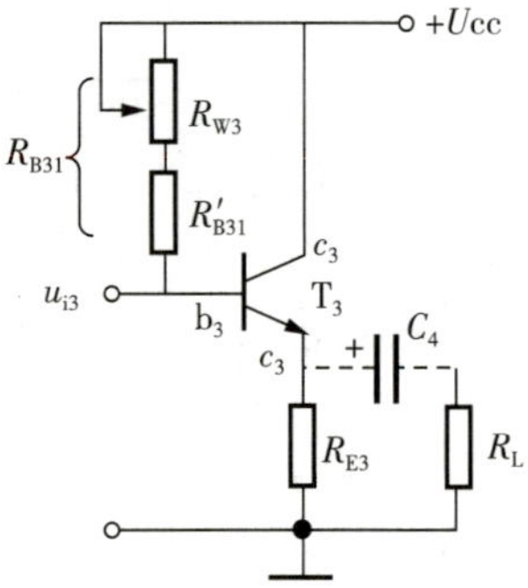

图 8-20　功率放大器电路连接图

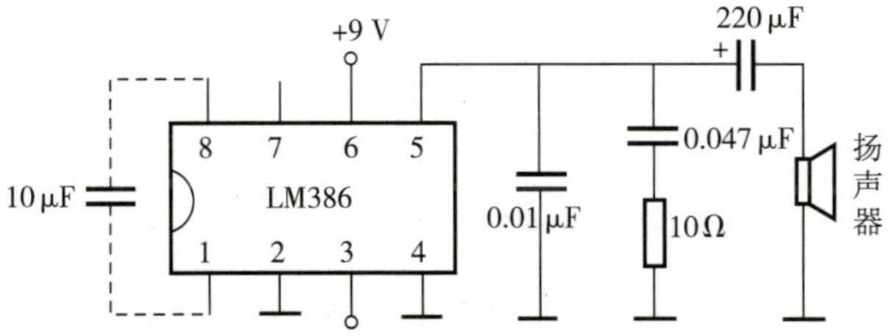

图 8-21　电路连接图

五、实验总结及感想

1. 根据表 8－4 中的实验数据，计算出各种条件下的电压放大倍数，分析它与哪些因素有关。

2. 根据实验结果，说明静态工作点对放大器输出波形失真的影响及负反馈的作用。

3. 放大电路的静态与动态测试有何区别？

知识拓展：

1. 对基本放大电路进行调试、测量和维修。

2. 功率表的使用。

3. 使用示波器对集成运算放大器的常用电路进行调试并测量电路中的波形。

对基本放大电路进行调试、测量和维修

功率表的使用

使用示波器对集成运算放大器的常用电路进行调试并测量电路中的波形

同步思考：

1. 根据三极管的放大电路的输入回路与输出回路公共端的不同，可将三极管放大电路分为________、________、________ 3 种。

2. 三极管的特性曲线主要有________曲线和________曲线 2 种。

3. 基本放大电路三种组态是________、________、________。

4. 对放大器的基本分析方法主要有 2 种：________、________。对放大器的分析包括两部分：(1) ________，(2) ________。

5. 放大电路的静态工作点通常是指________、________和________。

6. 用来衡量放大器性能的主要指标有________、________。

7. 在共发射极放大电路中，输入电压 U_i 与输出电流 I_o 相位________，与输出电压 U_o 相位________。

8. 功率放大器的主要任务是________，它的主要指标是________和________。按照功放管的工作状态，低频功率放大器可分为：________、________、________ 3 种。

9. 分压式偏置电路的特点是可以有效地稳定放大电路的________。

10. 一个单管共发射极放大器由哪些基本元件组成？各元件的作用是什么？

11. 什么是放大器的静态工作点？为什么要设置静态工作点？

12. 试比较图解分析法和小信号模型分析法的特点及应用范围。

13. 基本共射放大电路如图 8-22 所示，已知：$U_{CC}=6.7\ \text{V}$，$R_b=300\ \text{k}\Omega$，$R_c=2\ \text{k}\Omega$，三极管的 $\beta=100$，$r_{bb'}=300\ \Omega$，$U_{BE}=0.7\ \text{V}$，C_1 和 C_2 容量足够大。试求：

(1) 静态工作点 $I_{BQ}=?$，$I_{CQ}=?$ $U_{CEQ}=?$ (2) 电压放大倍数 $A_u=?$

14. 晶体管放大电路如图 8-23 所示，已知 $U_{CC}=6\ \text{V}$，$U_{CES}=1\ \text{V}$，$R_S=100\ \Omega$，$R_B=265\ \text{k}\Omega$，$R_C=3\ \text{k}\Omega$，$R_L=3\ \text{k}\Omega$，$\beta=50$。

(1) 计算 I_{BQ}，I_{CQ}，U_{CEQ}；(2) 计算 $\dot{A}_u$，R_i，R_0；(3) 计算 $U_{0\max}$。

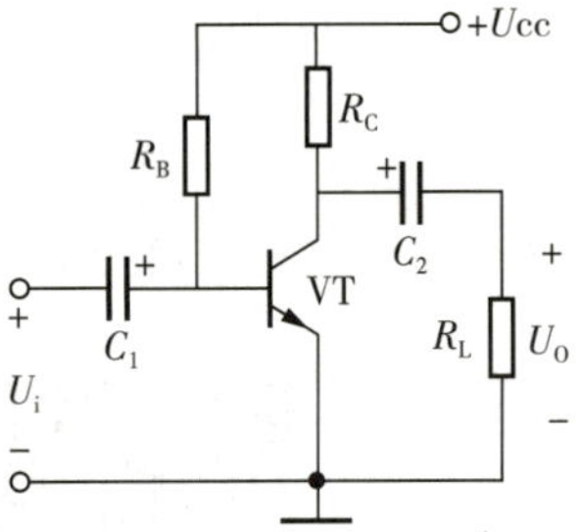

图 8-22　题 13 图

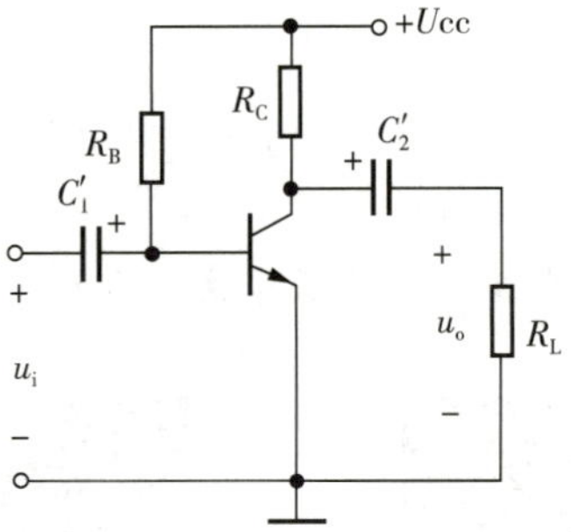

图 8-23　题 14 图

15. 晶体管放大电路如图 8-24 所示，已知 $U_{CC}=15\ \text{V}$，$R_B=500\ \text{k}\Omega$，$R_C=5\ \text{k}\Omega$，$R_L=5\ \text{k}\Omega$，$\beta=50$。

(1) 求静态工作点；(2) 画出微变等效电路；(3) 求放大倍数、输入电阻、输出电阻。

16. 双端输入、双端输出差分式放大电路见图 8-11。在理想条件下，当 $u_{i1}=25\ \text{mV}$，$u_{i2}=10\ \text{mV}$，$A_{ud}=100$，$A_{uc}=0$ 时，求差模输入电压 u_{id}、共模输入电压 u_{ic} 和输出电压 $u_o=u_{o1}-u_{o2}$ 各是多少？

答：

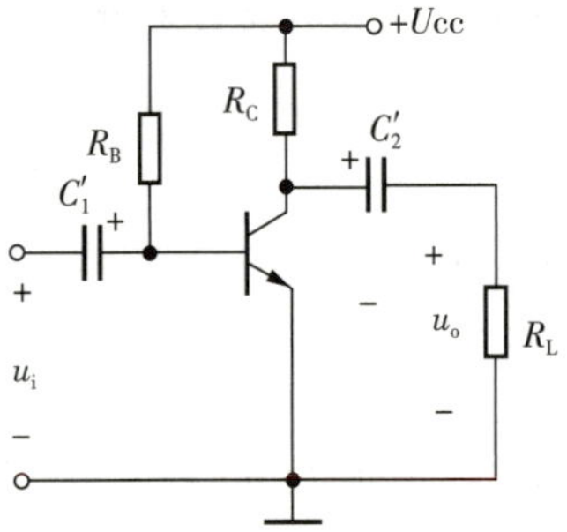

图 8-24　题 15 图

项目八 PPT

项目九

集成运算放大器及应用

本章导读

集成运算放大器是用集成电路工艺制成的一种高增益的直接耦合多级放大电路，是一种典型的模拟集成电路，应用广泛。本章将根据自动测量和自动控制系统等多方面信号处理的需要，介绍集成运算放大器的线性与非线性应用。从基本典型电路入手，着重于概念、原理和基本分析方法的讨论，旨在为运算放大器的广泛应用打基础。

学习要点

集成运算放大器简介。

集成运算放大器的应用。

任务一　集成运算放大器简介

学习目标：

掌握集成运算放大器的工作原理。

掌握集成运算放大器的主要参数。

学习内容：

集成运算放大器基本知识。

在半导体制造工艺的基础上，把整个电路中的管子、电阻、电容、电路和连线等元器件制作在一块硅基片上，构成具有特定功能的电子电路，称为集成电路。

集成电路具有体积小、重量轻、引出线和焊接点少、寿命长、可靠性高、性能好等优点，同时成本低，便于大规模生产，因此其发展速度极为惊人。目前集成电路的应用几乎遍及所有产业的各种产品中。在军事设备、工业设备、通信设备、计算机和家用电器等中都采用了集成电路。

集成电路按其功能来分，有数字集成电路和模拟集成电路。模拟集成电路种类繁多，有运算放大器、宽频带放大器、功率放大器、模拟乘法器、模拟锁相环、模/数和数/模转换器、稳压电源和音像设备中常用的其他模拟集成电路等。

在模拟集成电路中，集成运算放大器(简称集成运放)是应用极为广泛的一种，也是其他各类模拟集成电路应用的基础，因此这里首先介绍。

一、集成放大器概述

集成运放是模拟集成电路中应用最为广泛的一种，它实际上是一种高增益、高输入电阻和低输出电阻的多级直接耦合放大器。之所以被称为运算放大器，是因为该器件最初主要用于模拟计算机中实现数值运算的。实际上，目前集成运算放大的应用早已远远超出了模拟运算的范围，但仍沿用运算放大器(简称运放)的名称。

集成运放的发展十分迅速，通用型产品经历了四代更替，各项技术指标不断改进。同时，发展了适应特殊需要的各种专用型集成运放。

第一代集成运放以我国的FC3为代表。其特点是采用了微电流的恒流源、共模负反馈等电路，它的性能指标比一般的分立元件要高。其主要缺点是内部缺乏过电流保护，输出短路容易损坏。

第二代集成运放以20世纪60年代的高增益运放型为代表。其特点是普遍采用了有源负载，因而在不增加放大级的情况下可获得很高的开环增益；电路中有过流保护措施。其主要缺点是输入失调参数和共模抑制比指标不理想。

第三代集成运放以20世纪70年代的AD508为代表。其特点是输入级采用了“超β管”，且工作电流很低，从而使输入失调电流和温漂等项参数值大大下降。

第四代集成运放以20世纪80年代的HA2900为代表。其特点是制造工艺达到大规模集成电路的水平。其将场效应管和双极型管兼容在同一块硅片上，输入级采用MOS场效应管，输入电阻达100 MΩ以上，而且采取调制和解调措施，成为自稳零运算放大器，使失调电压和温漂进一步降低，一般无须调零即可使用。

目前，集成运放和其他模拟集成电路正向高速、高压、低功耗、低零漂、低噪声、大功率、大规模集成、专业化等方向发展。

除了通用型集成运放，有些特殊需要的场合要求使用某一特定指标相对比较突出的运放，称为专用型运放。常见的专用型运放有高速型、高阻型、低漂移型、低功耗型、高压型、大功率型、高精度型、跨导型、低噪声型等。

由于受制造工艺的限制，模拟集成电路与分立元件电路相比具有如下特点：

1. 采用有源器件

由于制造工艺的原因，在集成电路中制造有源器件比制造大电阻容易实现。因此大电阻多用有源器件构成的恒流源电路代替，以获得稳定的偏置电流。BJT比二极管更易制作，一般用集－基短路的BJT代替二极管。

2. 采用直接耦合作为级间耦合方式

由于集成工艺不易制造大电容，集成电路中电容量一般不超过100 pF，至于电感，只能限于极小的数值(1 μH以下)。因此，在集成电路中，级间不能采用阻容耦合方式，均采用直接耦合方式。

3. 采用多管复合或组合电路

集成电路制造工艺的特点是晶体管特别是 BJT 或 FET 最容易制作，而复合和组合结构的电路性能较好，因此，在集成电路中多采用复合管（一般为两管复合）和组合（共射－共基、共集－共基组合等）电路。

二、集成运放的基本组成

运算放大器是具有高开环放大倍数并带有深度负反馈的多级直接耦合放大电路。随着半导体工艺的发展，运算放大器由分立元件电路发展到了集成运算放大器，其应用也远远超出信号运算的界限，在信号处理、信号测量及波形产生等方面获得了广泛的应用。

集成运算放大器内部的多级放大电路可分为输入级、中间级、输出级以及偏置电路四个基本组成部分（图 9－1）。

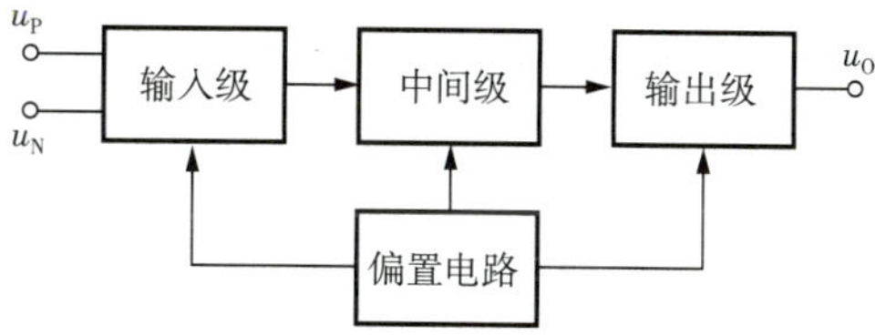

图 9－1　集成运算放大器内部的多级放大电路的组成部分

（1）输入级都采用差动放大电路，有同相和反相两个输入端。输入级是提高运算放大器质量的关键部分，要求其输入电阻高，能减小零点漂移和抑制干扰信号。

（2）中间级主要进行信号放大，要求其电压放大倍数高，一般由共射放大电路构成。

（3）输出级与负载相接，要求其输出电阻低，带负载能力强，一般由射极输出器构成。

（4）偏置电路的作用是为上述各级电路提供稳定和合适的偏置电流，决定各级的静态工作点，一般由恒流源电路构成。

集成运放的电路符号如下图 9－2(a)、(b) 所示（省略了电源端、调零端等）。集成运放有两个输入端分别称为同相输入端 u_P 和反相输入端 u_N；一个输出端 u_o。其中的“－”、“＋”分别表示反相输入端 u_N 和同相输入端 u_P。在实际应用时，需要了解集成运放外部各引出端的功能及相应的接法，但一般不需要画出其内部电路。

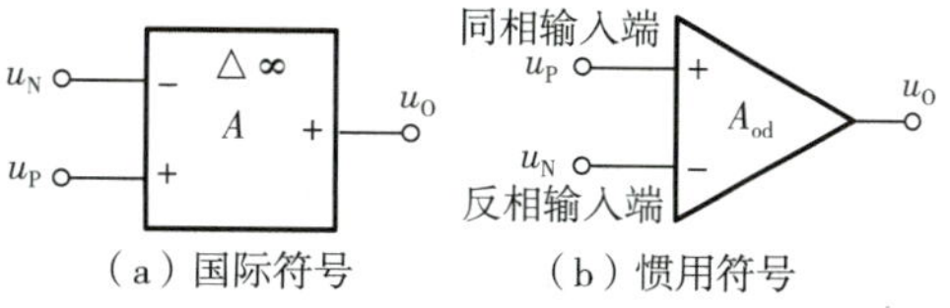

图 9－2　集成运算放大器的符号

三、集成运放的主要参数

集成运放的参数是否正确、合理选择是使用运放的基本依据，因此了解其各性能参数及其意义是十分必要的。集成运放的主要参数有以下几种。

1. 开环差模电压增益 A_{od}

开环差模电压增益是指运放在开环、线性放大区并在规定的测试负载和输出电压幅度的条件下的直流差模电压增益（绝对值）。一般运放的 A_{od} 为 60 ～ 120 dB，性能较好的运放 A_{od} ＞ 140 dB。

值得注意的是，一般希望 A_{od} 越大越好，实际的 A_{od} 与工作频率有关，当频率大于一定值后，A_{od} 随频率升高而迅速下降。

2. 温度漂移

放大器的零点漂移的主要来源是温度漂移，而温度漂移对输出的影响可以折合为等效输入失调电压 U_{IO} 和输入失调电流 I_{IO}，因此可以用以下指标来表示放大器的温度稳定性即温漂指标。

在规定的温度范围内，输入失调电压的变化量 ΔU_{IO} 与引起 U_{IO} 变化的温度变化量 ΔT 之比，称为输入失调电压/温度系数 $\Delta U_{IO}/\Delta T$。$\Delta U_{IO}/\Delta T$ 越小越好，一般为 $\pm(10\sim20)\mu V/℃$。

3. 最大差模输入电压 $U_{id,max}$

这是指集成运放的两个输入端之间所允许的最大输入电压值。若输入电压超过该值，则可能使运放输入级 BJT 的其中一个发射结产生反向击穿。显然这是不允许的。$U_{id,max}$ 大一些好，一般为几到几十伏。

4. 最大共模输入电压 $U_{ic,max}$

这是指运放输入端所允许的最大共模输入电压。若共模输入电压超过该值，则可能造成运放工作不正常，其共模抑制比 K_{CMR} 将明显下降。显然，$U_{ic,max}$ 大一些好，高质量运放最大共模输入电压可达十几伏。

5. 单位增益带宽 f_T

f_T 是指使运放开环差模电压增益 A_{od} 下降到 0 dB（即 $A_{od}=1$）时的信号频率，它与三极管的特征频率 f_T 相类似，是集成运放的重要参数。

微课差模共模信号

6. 开环带宽 f_H

f_H 是指使运放开环差模电压增益 A_{od} 下降为直流增益的 $1/\sqrt{2}$ 倍（相当于 −3 dB）时的信号频率。由于运放的增益很高，因此 f_H 一般较低，约几赫兹至几百赫兹左右（宽带高速运放除外）。

7. 转换速率 S_R

这是指运放在闭环状态下，输入为大信号（如矩形波信号等）时，其输出电压对时间的最大变化速率，即

$$S_R=\left|\frac{du_o(t)}{dt}\right|_{max}$$

转换速率 S_R 反映运放对高速变化的输入信号的响应情况，主要与补偿电容、运放内部各管的极间电容、杂散电容等因素有关。S_R 大一些好，S_R 越大，则说明运放的高频性能越好。一般运放 S_R 小于 1 V/μs，高速运放可达 65 V/μs 以上。

需要指出的是，转换速率 S_R 是由运放瞬态响应情况得到的参数，而单位增益带宽 f_T 和开环带宽 f_H 是由运放频率响应（即稳态响应）情况得到的参数，它们均反映了运放的高频性

能，从这一点来看，它们的本质是一致的。但它们分别是在大信号和小信号的条件下得到的，从结果看，它们之间有较大的差别。

8. 最大输出电压 $U_{o,max}$

最大输出电压 $U_{o,max}$ 是指在一定的电源电压下，集成运放的最大不失真输出电压的峰-峰值。

除上述指标外，集成运放的参数还有共模抑制比 K_{CMR}、差模输入电阻 R_{id}、共模输入电阻 R_{ic}、输出电阻 R_o、电源参数、静态功耗 P_C 等，其含义可查阅相关手册，这里不再赘述。

任务二　集成运算放大器的应用

学习目标：

掌握反相比例运算放大器反、同相比例运算放大器及加法运算放大器的组成及计算。

学习内容：

集成运放应用十分广泛，电路的接法不同，集成运放电路所处的工作状态也不同，电路也就呈现出不同的特点。因此可以把集成运放的应用分为两类：线性应用和非线性应用。

一、集成运放的线性应用

在集成运放的线性应用电路中，集成运放与外部电阻、电容和半导体器件等一起构成深度负反馈电路或兼有正反馈而以负反馈为主。此时，集成运放本身处于线性工作状态，即其输出量和净输入量呈线性关系，但整个应用电路的输出和输入也可能是非线性关系。

需要说明的是，在实际的电路设计或分析过程中常把集成运放理想化。理想运放具有以下参数：

(1) 开环电压增益 $A_{od} \to \infty$；

(2) 差模输入电阻 $r_{id} \to \infty$；

(3) 输出电阻 $r_{od} = 0$；

(4) 共模抑制比 $K_{CMR} \to \infty$，即没有温度漂移；

(5) 开环带宽 $f_H \to \infty$；

(6) 转换速率 $S_R \to \infty$；

(7) 输入端的偏置电流 $I_{BN} = I_{BP} = 0$；

(8) 干扰和噪声均不存在。

在一定的工作参数和运算精度要求范围内，采用理想运放进行设计或分析的结果与实际情况相差很小，误差可以忽略，但却大大简化了设计或分析过程。

集成运放实际是一种高增益的电压放大器，其电压增益可达 $10^4 \sim 10^6$。另外其输入阻抗很高，BJT 型运放达几百千欧以上，MOS 型运放则更高；而输出电阻较小，一般在几十欧左右，并具有一定的输出电流驱动能力，最大可达几十到几百毫安。

由于集成运放的开环增益很高，且通频带很低（几赫兹到几百赫兹，宽带高速运放除外），因此当集成运放工作在线性放大状态时，均引入外部负反馈，而且通常为深度负反馈。由前面关于深度负反馈放大器计算的讨论可知，运放两个输入端之间的实际输入（净输入）电压可以近似看成为零，相当于短路，即 $u_P = u_N$，但由于两输入端之间不是真正的短路，故称为“虚短”。

另外，由于集成运放的输入电阻很高，而净输入电压又近似为零，因此，流经运放两输入端的电流可以近似看成为零，即 $i_{IN}=i_{IP}=0$（以后 i_{IN} 和 i_{IP} 都用 i_I 表示，$i_I=0$），相当于开路。但由于两输入端间不是真正的开路，故称为“虚断”。

利用“虚短”和“虚断”的概念，可以十分方便地对集成运放的线性应用电路进行分析。

集成运放的线性应用主要有模拟信号的产生、运算、放大、滤波等。下面首先从基本运算电路开始讨论。

微课理想运放的分析方法虚短虚断

1. 比例运算电路

比例运算电路是运算电路中最简单的电路，其输出电压与输入电压成比例关系。比例运算电路有反相输入和同相输入两种。

(1) 反相输入比例运算电路

如图 9－3 所示为反相输入比例运算电路，该电路输入信号加在反相输入端上，输出电压与输入电压的相位相反。在实际电路中，为减小温度漂移，提高运算精度，同相端必须加接平衡电阻 R_P 接地，R_P 的作用是保持运放输入级差分放大电路具有良好的对称性，减小温漂，提高运算精度，其阻值应为 $R_P=R_i // R_f$。

由于运放工作在线性区，净输入电压和净输入电流都为零。

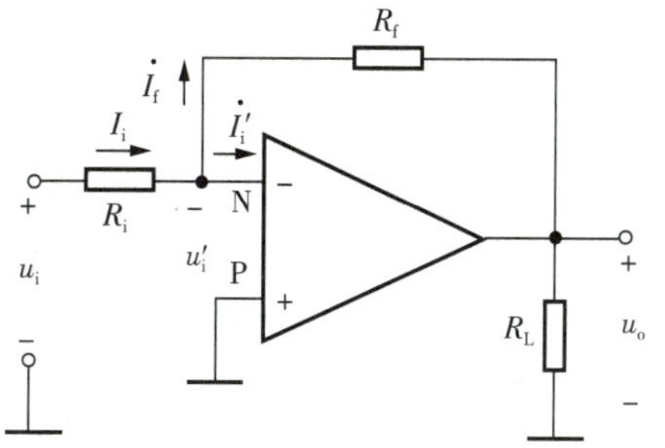

图 9－3　反相输入比例运算电路

微课查分放大电路动态分析

由“虚短”的概念可知，在 P 端接地时，$u_P=u_N=0$，并称 N 端为“虚地”。

由“虚断”的概念可知，$i_i=i_f$，则有 $\frac{u_i}{R_i}=\frac{-u_o}{R_f}$，该电路的电压增益为 $A_{uf}=\frac{u_o}{u_i}=-\frac{R_f}{R_i}$，即 $u_o=-\frac{R_f}{R_i}u_i$。

输出电压 u_o 与输入电压 u_i 之间成比例（负值）关系。

该电路引入了电压并联深度负反馈，电路输入阻抗（为 R_i）较小，但由于出现虚地，放大电路不存在共模信号，对运放的共模抑制比要求也不高，因此该电路应用场合较多。值得注意的是，虽然电压增益只和 R_f 和 R_i 的比值有关，但是电路中电阻 R_i、R_P、R_f 的取值应有一定的范围。若 R_i、R_P、R_f 的取值太小（几欧姆），由于一般运算放大器的输出电流一般为几十毫安，那么输出电压最大只有几百毫伏。若 R_i，R_P，R_f 的取值太大，虽然能满足输出电压的要求，但又会带来饱和失真和电阻热噪声的问题。通常取 R_i 的值为几百欧姆至几千欧姆，取 R_f 的值为几千至几百千欧姆。后面电路同理。

(2) 同相输入比例运算电路

如图 9-4 所示为同相输入比例运算电路，由于输入信号加在同相输入端，输出电压和输入电压的相位相同，因此将它称为同相放大器。

由“虚断”的概念可知 $i_P=i_N=0$，由“虚短”的概念可知 $u_i=u_P=u_N$。

其电压增益为 $A_{uf}=\dfrac{u_o}{u_i}=\dfrac{u_o}{u_f}=1+\dfrac{R_f}{R_i}$，即 $u_o=\left(1+\dfrac{R_f}{R_i}\right)u_i$。

同相输入电路为电压串联负反馈电路，其输入阻抗极高，但由于两个输入端均不能接地，放大电路中存在共模信号，不允许输入信号中包含有较大的共模电压，且对运放的共模抑制比要求较高，否则很难保证运算精度。

如图 9-4 所示的同相输入比例运算电路中，若 R_i 不接，或 R_f 短路，组成如图 9-5 所示的电路。此电路是同相比例运算的特殊情况，此时的同相比例运算电路称为电压跟随器。电路的输出完全跟随输入变化。$u_i=u_P=u_N=u_o$，$A_u=1$，输入阻抗大，输出阻抗小。在电路中作用与分立元件的射极输出器相同，但是电压跟随性能好。常用于多级放大器的输入级和输出级。

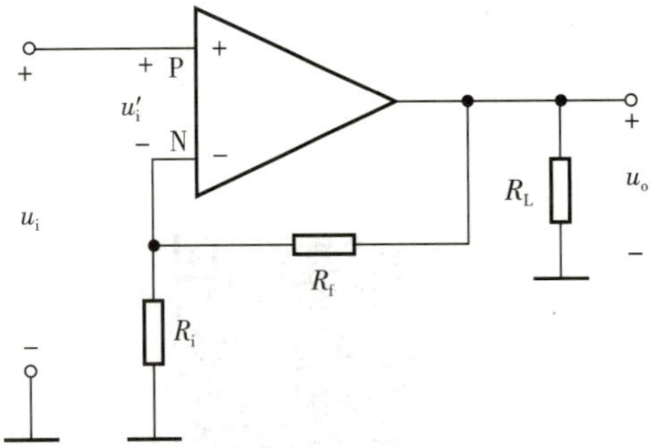

图 9-4 同相输入比例运算电路

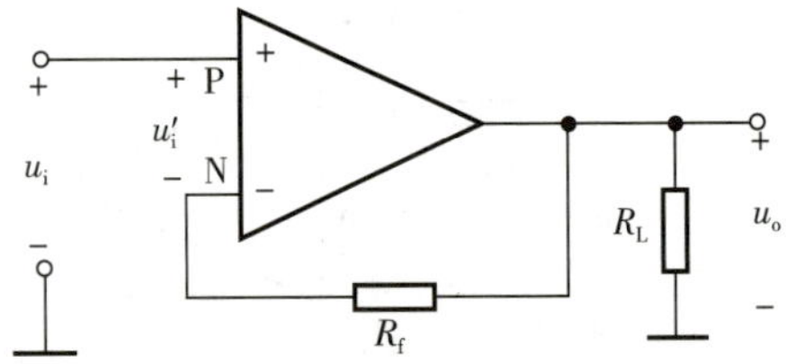

图 9-5 电压跟随器

2. 加法电路

若多个输入电压同时作用于运放的反相输入端或同相输入端，则实现加法运算；若多个输入电压有的作用于反相输入端，有的作用于同相输入端，则实现减法运算。

如图 9-6 所示为加法电路，该电路可实现两个电压 u_{S1} 与 u_{S2} 相加。输入信号从反相端输入，同相端虚地，则有 $u_P=u_N=0$；又由“虚断”的概念可知 $i_I=0$，因此，在反相输入节点 N 可得节点电流方程：

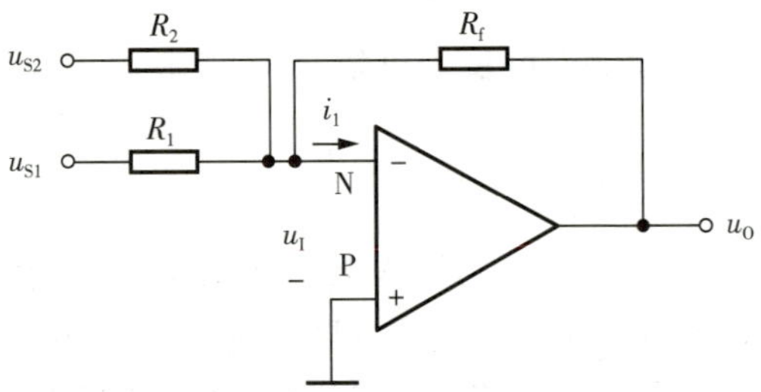

图 9-6 加法电路

$$\frac{u_{S1}-u_N}{R_1}+\frac{u_{S2}-u_N}{R_2}=\frac{u_N-u_o}{R_f}$$

即

$$\frac{u_{S1}}{R_1}+\frac{u_{S2}}{R_2}=\frac{-u_o}{R_f}$$

整理可得

$$u_o=-\left(\frac{R_f}{R_1}u_{S1}+\frac{R_f}{R_2}u_{S2}\right)$$

若 $R_1=R_2=R_f$，则上式变为

$$u_o=-(u_{S1}+u_{S2})$$

实现了真正意义的反相求和。

如图 9-5 所示的加法电路也可以扩展到实现多个输入电压相加的电路。利用同相放大电路也可以组成加法电路。

3. 减法电路

(1) 减法电路(一)

如图 9-7 所示电路第一级为反相比例放大电路。

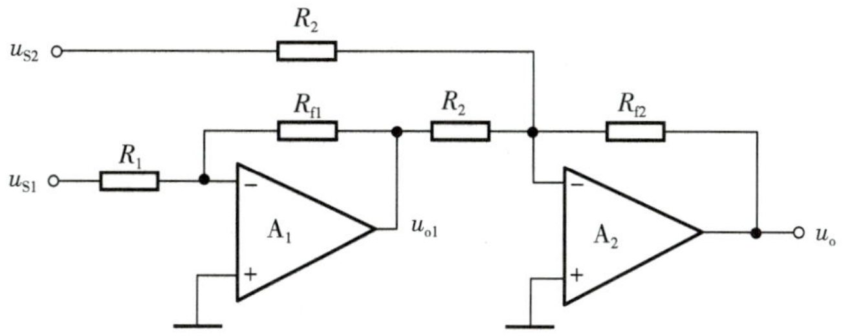

图 9-7　减法电路(一)

设 $R_{f1}=R_1$，则 $u_{o1}=-u_{S1}$。第二级为反相加法电路，可导出

$$u_o=-\frac{R_{f2}}{R_2}(u_{o1}+u_{S2})$$

$$u_o=\frac{R_{f2}}{R_2}(u_{S1}-u_{S2}) \tag{9-1}$$

若 $R_2=R_{f2}$，则式(9-1)变为

$$u_o=u_{S1}-u_{S2} \tag{9-2}$$

即实现了两信号 u_{S1} 与 u_{S2} 的相减。

此电路优点是调节比较灵活方便。由于反相输入端与同相输入端“虚地”，因此在选用集成运放时，对其最大共模输入电压的指标要求不高，此电路应用比较广泛。

(2) 减法电路(二)

电路如图 9-8 所示，该电路是反相输入和同相输入相结合的放大电路。

根据"虚短"和"虚断"的概念可知

$$u_P = u_N, u_i = 0, i_I = 0$$

并可得下列方程式

$$\frac{u_{S1} - u_N}{R} = \frac{u_N - u_o}{R_f} \quad (9-3)$$

$$\frac{u_{S2} - u_P}{R_2} = \frac{u_P}{R_3} \quad (9-4)$$

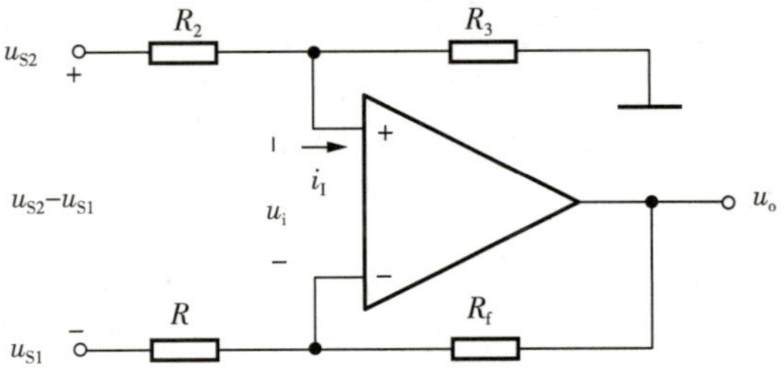

图 9-8 减法电路(二)

利用 $u_N = u_P$，联立解式(9-3)和式(9-4)可得

$$u_o = \left(\frac{R+R_f}{R}\right)\left(\frac{R_3}{R_2+R_3}\right)u_{S2} - \frac{R_f}{R}u_{S1}$$

在上式中，若满足 $R_f//R = R_3//R_2$，则该式可简化为

$$u_o = \frac{R_f}{R}(u_{S2} - u_{S1}) \quad (9-5)$$

当 $R_f = R$，有

$$u_o = u_{S2} - u_{S1} \quad (9-6)$$

式(9-6)表明，输出电压 u_o 与两输入电压之差($u_{S2} - u_{S1}$)成比例，实现了两信号 u_{S2} 与 u_{S1} 的相减。

从原理上说，求和电路也可以采用双端输入(或称差动输入)方式，此时只用一个集成运放即可同时实现加法和减法运算。但由于电路系数的调整非常麻烦，所以实际上很少采用。如需同时进行加减法，通常宁可多用一个集成运放，仍采用反相求和电路的结构形式。

4. 积分电路

在电子电路中，常用积分运算电路和微分运算电路作为调节环节，此外，积分运算电路还用于延时、定时和非正弦波发生电路中。积分电路有简单积分电路、同相积分电路、求和积分电路等。下面重点介绍一下简单积分电路。

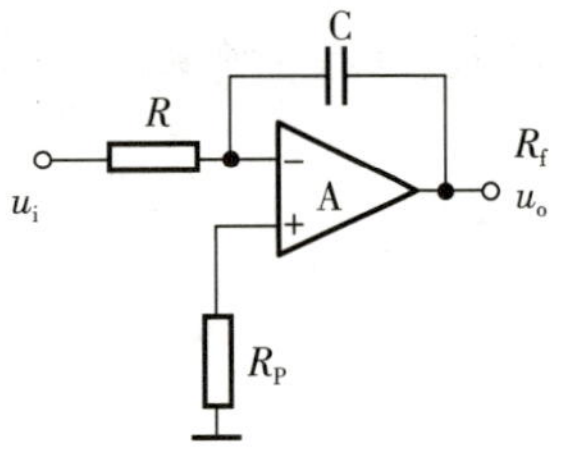

图 9-9 积分电路

简单的积分电路如图 9-9 所示。反相比例运算电路中的反馈电阻由电容阻所取代，便构成了积分电路。

根据"虚短"和"虚断"的概念有：$u_i = 0, i_I = 0, i_i = i_f = u_S/R$。

电流 i_f 对 C 进行充电，且为恒流充电(充电电流与电容 C 及电容上电压无关)。假设电容 C 初始电压为 0，则

$$u_o = -\frac{1}{C}\int i_f \mathrm{d}t = -\frac{1}{C}\int i_i \mathrm{d}t$$

$$u_o = -\frac{1}{C}\int \frac{u_i}{R}dt = -\frac{1}{RC}\int u_i dt \qquad (9-7)$$

式(9－7)表明，输出电压与输入电压的关系满足积分运算要求，负号表示它们在相位上是相反的。RC 称为积分时间常数，记为 τ。

实际的积分器因集成运算放大器不是理想特性和电容有漏电等而产生积分误差，严重时甚至使积分电路不能正常工作。最简便的解决措施是在电容两端并联一个电阻 R_f，引入直流负反馈来抑制上述各种原因引起的积分漂移现象，但 R_fC 的数值应远大于积分时间。通常在精度要求不高、信号变化速度适中的情况下，只要积分电路功能正常，对积分误差可不加考虑。若要提高精度，则可采用高性能集成运放和高质量积分电容器。

利用积分运算电路能够将输入的正弦电压变换为输出的余弦电压，实现了波形的移相；将输入的方波电压变换为输出的三角波电压，实现了波形的变换；对低频信号增益大，对高频信号增益小，当信号频率趋于无穷大时增益为零，实现了滤波功能。

二、集成电路的非线性应用

1. 比较器

(1) 功能及应用

比较器主要用来判断输入信号电位之间的相对大小，它至少有两个输入端及一个输出端，通常用一个输入端接收比较信号 U_i，另一个则接收基准电压 U_R 也称为门限电压(阈值电压)U_T。输出通常有且仅有两种可能，即高、低两电平的矩形波，应用于模-数转换、波形产生及变换、越限警等。

(2) 运放的工作状态

开环和正反馈应用：运放在线性运用时，由于开环增益一般在 10^5 以上，所以其对应的输入的线性范围很小，仅为 U_i 数量级，为了拓宽其线性范围就必须引入负反馈，降低其开环增益。而比较器则希望其输入的线性范围越小越好(比较灵敏度越高)，所以采用开环或使开环增益更高的正反馈。在这儿有必要重复展现运放开环电压传输特性。如图 9－10 所示，请注意横、纵坐标标度的不同。

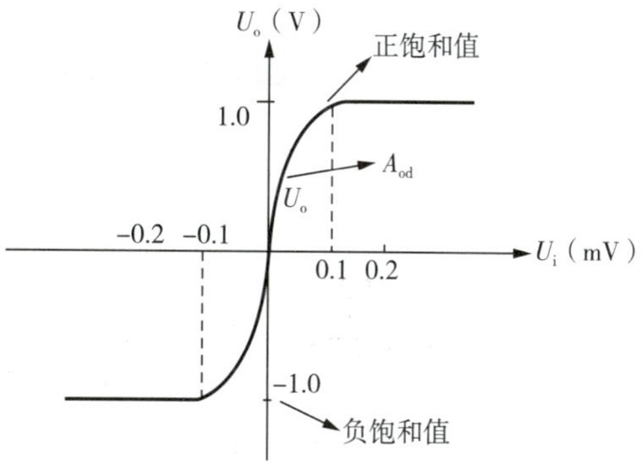

图 9－10　U_o、U_i 不同标度的运放开环传输特性

① 从图 9－10 中可知开环运放的增益 $A_{od} \approx \frac{1.0\ \text{V}}{0.1\ \text{mV}} = 10^4$。

② 若 U_i 发出变化，使 U_o 从负饱和值突变到正饱和值，只在经过极窄的线性区时，才遵循在线性工作时特有的“虚短”，其他时刻“虚短”不复存在。

③ 若横坐标采用与纵坐标相同的标尺，则线性部分特性与纵轴合拢。

④ 若用正反馈使 A_{od} 增大，则可缩短状态的转换时间。

(3) 分类

① 单限比较器；

② 迟滞比较器；

③ 双限比较器(窗口比较器)。

微课：滞回比较器在蓄电池充电控制电路中的应用

2. 单限比较器

(1) U_i 与 U_R 分别接运放两输入端的开环串接比较器(见图9－11)

当 $\Delta U_i > U_R$ 时，$U_o = +U_{om}$；

当 $\Delta U_i < U_R$ 时，$U_o = -U_{om}$；

当 $\Delta U_i = U_R$ 时，U_o 发生翻转(或称突变)。

$U_T = U_R$ 称为门限电压或阈值电压，若 $U_R = 0$，则称为过零比较器。

当 ΔU_i 与 U_R 互换位置，此时 U_o 以 $U_i = U_R$ 为对称轴与交换量对称。

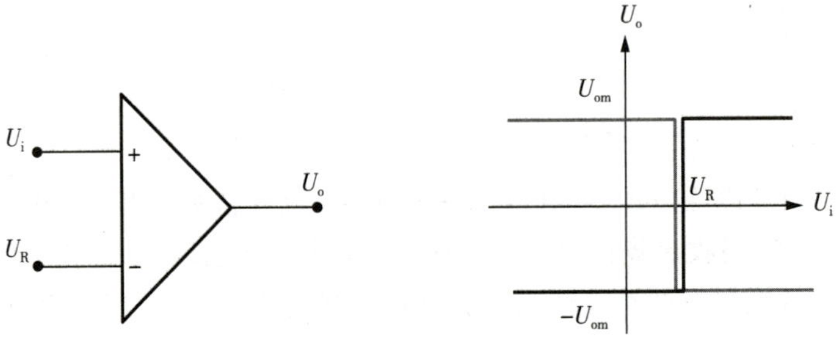

(a) 电路　　(b) 传输特性 $U_T=U_R$

图 9－11　开环串接比较器

(2) U_i 与 U_R 并联在运放同一输入端时的开环并接比较器(见图 9－12)

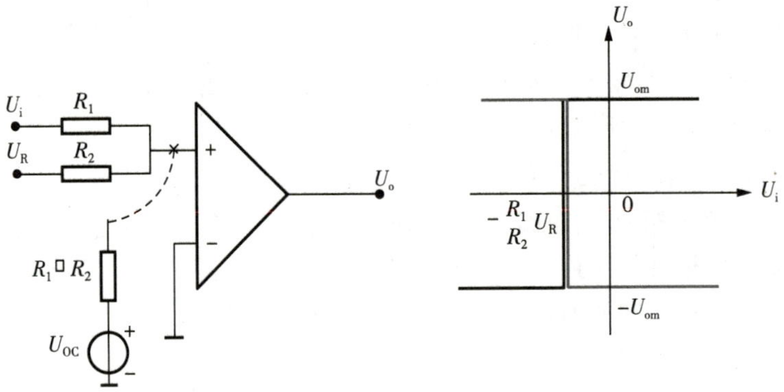

(a) 电路　　(b) 传输特性

图 9－12　开环并接比较器

在同相端可看作 Therenin 等效，则有

$$U_{OC}=\frac{U_i-U_R}{R_1+R_2}R_2+U_R=\frac{U_iR_2}{R_1+R_2}+\frac{U_RR_1}{R_1+R_2}$$

当 $U_{OC}>0$ 时，即 $U_i>-U_R\frac{R_1}{R_2}$，$U_o=+U_{om}$；

当 $U_{OC}<0$ 时，即 $U_i<-U_R\frac{R_1}{R_2}$，$U_o=-U_{om}$；

可见 $U_T=-U_R\frac{R_1}{R_2}$。

若把运放的同相端与反相端互换，则与图 9－11(b) 类同。

3. 迟滞比较器(正反馈比较器)

迟滞比较器的特点是抗干扰能力较强。在单限比较器中，如果 U_i 受到干扰，在阈值附近会出现 $U_i+\Delta U_i$ 干扰信号多出现在阈值电压上下波动，以至于出现条纹误翻转，而迟滞比较器利用其传输特性的回差电压，保证输入的干扰信号不使状态误翻转。

(1) 两种迟滞比较器的传输特性(见图 9－13)

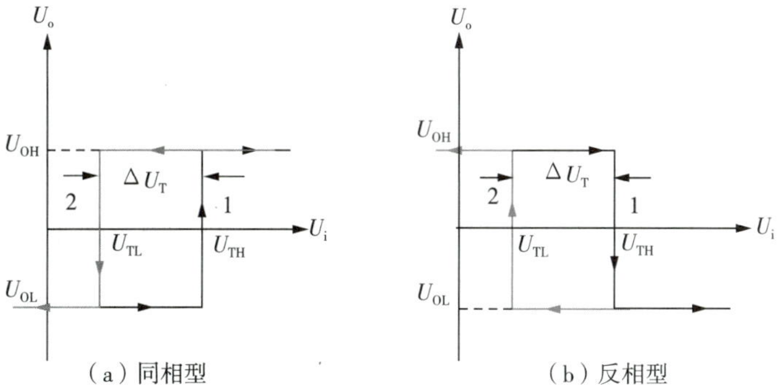

(a) 同相型　　(b) 反相型

图 9－13　迟滞比较器传输特性

迟滞比较器在单调区间内只能变化一次。

对于反相：U_i 从小变到大时，U_o 一直为高电平，只有当 U_i 到达上门限电压时，U_o 翻转为低电平，之后随着 U_i 的不断增大，U_o 始终为低电平；在 U_i 减小时，必须减到下门限电压，U_o 才会翻转为高电平。

对于同相：U_i 从小变到大时，U_o 一直为低电平，只有当 U_i 到达上门限电压时，U_o 翻转为高电平，之后随着 U_i 的不断增大，U_o 始终为高电平；在 U_i 减小时，必须减到下门限电压，U_o 才会翻转为低电平。

同相型迟滞比较器的 U_i 接运放同相端，反相型迟滞比较器的 U_i 接运放反相端。

对于同相型迟滞比较器的传输特性：当 U_i 从低值增大到大于 U_{TH}，U_o 从 U_{OL} 增大到 U_{OH}；当 U_i 从高值减小到 U_{TL} 时，U_o 从 U_{OH} 减小到 U_{OL}。反相型迟滞比较器的传输特性则类同。

ΔU_{TH}、U_{TL} 为两个阈值电压，ΔU_T(回差) $=U_{TH}-U_{TL}$。

Δ $|U_{OH}|=|U_{OL}|$ 或 $|U_{OH}|\neq|U_{OL}|$ 根据输出是否有钳位电路而定。

(2) 两种基型迟滞比较器

① 反相型迟滞比较器(见图 9-14)

$U_i=U_-$,U_o 被钳位在 $\pm U_Z$,避免运放计入过饱和。

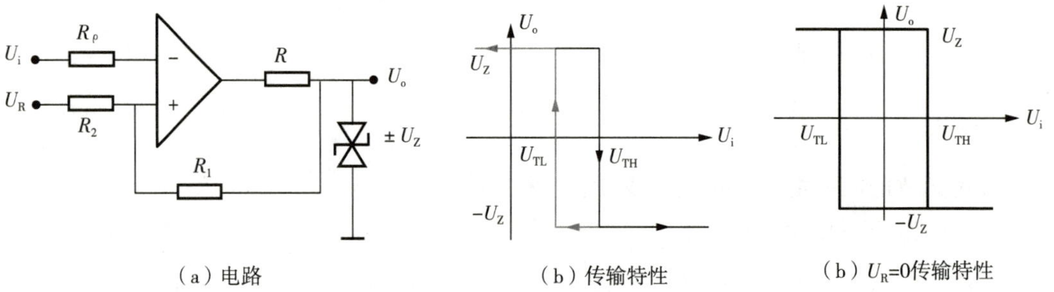

图 9-14　反相迟滞比较器

假设 U_i 在足够低时,$U_i<U_+$,$U_o=U_{off}=+U_Z$(始终稳定),此时 $U_+=U_R\dfrac{R_1}{R_1+R_2}+U_Z\dfrac{R_2}{R_1+R_2}=U_{TH}$。

当 U_i 从低值增大,若 $U_i\geqslant U_+$ 时,U_o 从 $+U_Z$ 减小到 $-U_Z$,此时 $U'_+=U_R\dfrac{R_1}{R_1+R_2}-U_Z\dfrac{R_2}{R_1+R_2}=U_{TL}$。

当 U_i 从高值减小至 $U_i\leqslant U'_+$,U_0 从 $-U_Z$ 增大至 $+U_Z$,则门限宽度为 $\Delta U_T=U_{TH}-U_{TL}=\dfrac{2R_2}{R_1+R_2}U_Z$。

当 $U_R=0$ 时,则有 $|U_{TH}|=|U_{TL}|=U_Z\dfrac{R_2}{R_1+R_2}$。

U_i 无论从足够低或足够高单调增加或单调减少,U_o 仅翻转一次,即过了阈值后就维持在一种稳态。因为当过阈值电压后,U_0 从低电平变为高电平或从高电平变为低电平了,正反馈到 $U_r(U_{th})$ 端,使该阈值电压变高或变低了,只要门限宽度 $\Delta U_T=U_{TH}-U_{TL}$ 幅度大于 U_i 在阈值电压波动的幅度,U_o 就不会翻转,所以其比单限比较器抗干扰能力强。

② 同相迟滞比较器(见图 9-15)

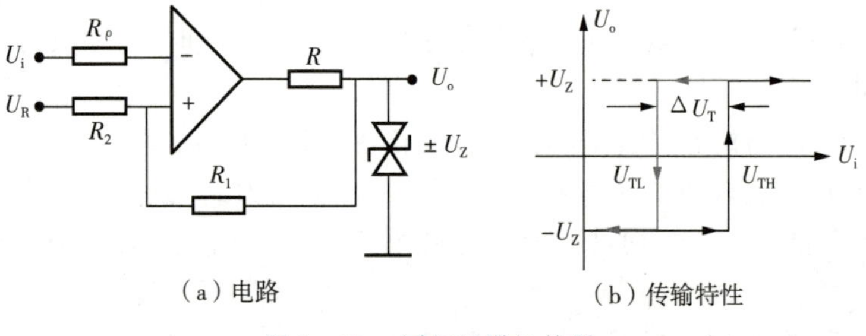

图 9-15　同相迟滞比较器

设 U_i 足够低，使 $U_+ < U_- = U_R$，$U_o = U_{oL} = -U_Z$（初始稳态）。

若要使 U_o 从 $-U_Z$ 上升到 $+U_Z$，必须使 U_i 增大，以至于使 $U_+ \geqslant U_- = U_R$ 才行，而此时 U_R 对应的 $U_i = U_{TH}$。

当 U_i 从低值增大，若 $U_+ = U_{TH}\dfrac{R_1}{R_1+R_2} - U_Z\dfrac{R_2}{R_1+R_2} \geqslant U_- = U_R$，即 $U_{TH} = U_R\dfrac{R_1+R_2}{R_1} + U_Z\dfrac{R_2}{R_1}$，此时 U_o 从 $-U_Z$ 增大到 $+U_Z$。

当 U_i 从高值降低，使 $U'_+ \leqslant U_R$ 时所对应的 $U_i = U_{TL}$，$U'_+ = U_{TL}\dfrac{R_1}{R_1+R_2} + U_Z\dfrac{R_2}{R_1+R_2} \leqslant U_- = U_R$，即 $U_{TL} = U_R\dfrac{R_1+R_2}{R_1} - U_Z\dfrac{R_2}{R_1}$，此时 U_o 从 $+U_Z$ 减小到 $-U_Z$，且有 $U'_+ = U_{TL}\dfrac{R_1}{R_1+R_2} + U_Z\dfrac{R_2}{R_1+R_2} \leqslant U_- = U_R$。

与上面反相型类同，U_i 单调上升或单调下降，U_o 只改变一次状态，过了阈值后只维持在一种稳态上。

任务三　放大电路中的反馈

学习目标：

了解反馈的基本概率。

掌握反馈的基本类型。

学习内容：

在电子电路中，反馈现象是普遍存在的，或以显露或以隐含的方式。放大电路中引入反馈后，称为反馈放大电路(或称为闭环电路)。

反馈有正负之分，在放大电路的设计中，主要引入负反馈以改善放大电路的工作性能，满足实际应用的需要。如在分压偏置电路中，利用负反馈原理以稳定放大电路的工作点。此外，还可增加增益的恒定性，减少非线性失真、抑制噪声、扩展频带以及控制输入、输出阻值等。所有这些性能的改善是以牺牲放大电路的增益为代价的。至于正反馈，在放大电路中一般比较少用，但在某些振荡电路中，则要有意地引入正反馈以构成自激振荡的条件。

一、反馈的基本概念

1. 反馈的定义

所谓反馈，就是将放大电路输出信号(电压或电流)的一部分或全部，通过一定的反馈网络(又为反馈电路)送回到输入端并与输入信号合成的过程。带有反馈网络的放大电路称为反馈放大器。

2. 反馈放大器的组成

反馈放大器由基本放大电路和反馈网络组成，其示意图如图 9 - 16 所示。

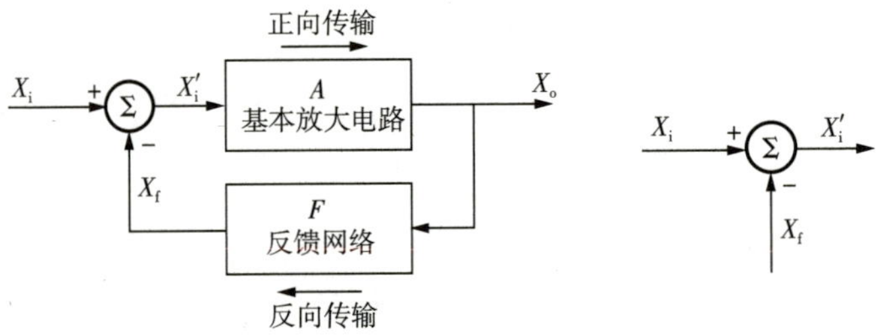

X_i — 输入信号；X_f — 反馈信号；X_i'— 净输入量；X_o — 输出信号。

图 9 - 16　反馈放大器的方框示意图

注：$X_i' = X_i \pm X_f$。

基本放大电路：如共发射极基本放大电路，单级或多级。其作用为完成对输入信号的放大，放大倍数用 A 表示。

反馈网络：联系输出端与输入端的环节，多数由电阻元件组成。其作用为完成从输出到输入的回送。

图 9－16 中的 F 为反馈系数，是反馈信号和输出信号的比值。

二、反馈的类型

1. 负反馈和正反馈

负反馈：反馈信号和原输入信号极性相反，净输入信号减小，放大倍数减小。即

$$X'_i = X_i - X_f$$

负反馈用于放大电路，以改善放大电路性能。

正反馈：反馈信号和原输入信号极性相同，净输入信号增加，放大倍数增大。即

$$X'_i = X_i + X_f$$

正反馈用于振荡电路，暂不讨论。

2. 直流反馈和交流反馈

直流反馈是指对直流量起作用的反馈。交流反馈是指对交流量起作用的反馈。

3. 电压反馈和电流反馈

按从输出端取反馈信号的方式可以分为电压反馈和电流反馈。电压反馈是指反馈信号直接取自输出端负载两端的电压，与输出电压成正比。电流反馈是指取自输出端的电流，与输出电流成正比。

4. 串联反馈和并联反馈

按反馈电路与输入端连接方式可以分为串联反馈和并联反馈。串联反馈是指反馈信号在输入端以电压形式出现，且反馈电路与输入端串联。并联反馈是指反馈信号在输入端以电流形式出现，且反馈电路与输入端并联。

微课：串联反馈式稳压电路

三、负反馈的 4 种基本形式

(1) 电压串联负反馈(图 9－17)。

(2) 电流串联负反馈(图 9－18)。

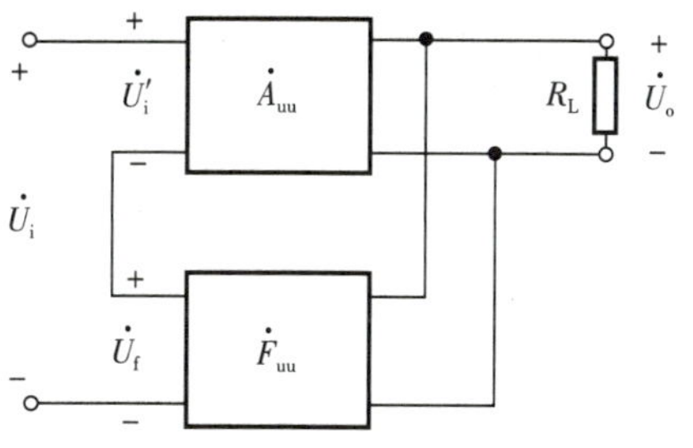

图 9－17　电压串联负反馈

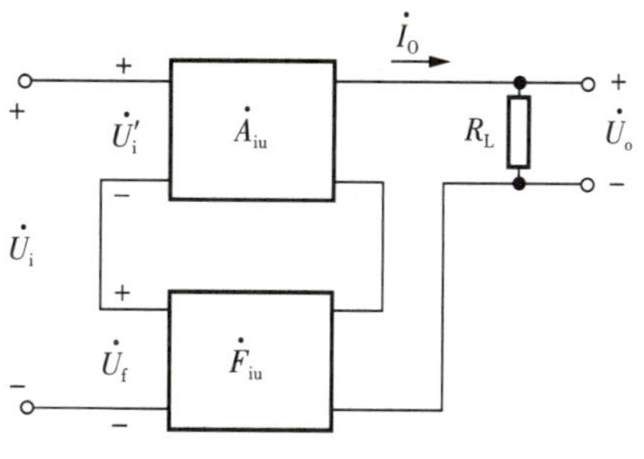

图 9－18　电流串联负反馈

(3) 电压并联负反馈(图 9-19)。

(4) 电流并联负反馈(图 9-20)。

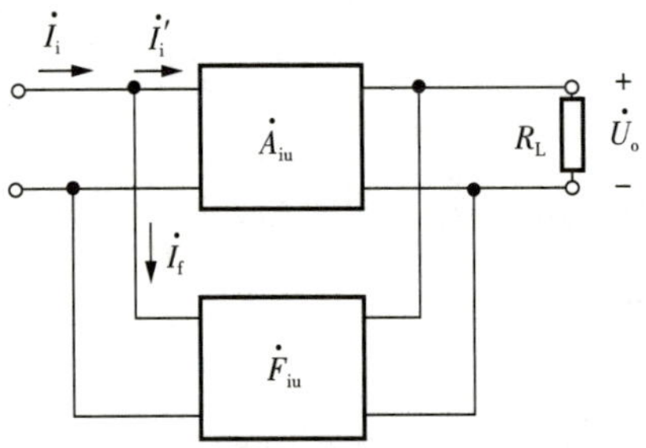

图 9-19　电压并联负反馈

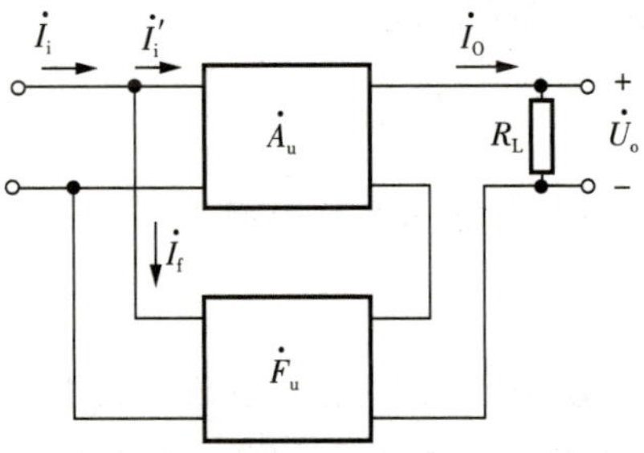

图 9-20　电流并联负反馈

四、反馈的判断

1. 正负反馈的判断

瞬时极性法:设基极瞬时极性为"+",依次标出各电极瞬时极性(晶体管 B 和晶体管 C 的瞬时极性相反,晶体管 B 和晶体管 E 的瞬时极性相同,电阻电容等不改变瞬时极性),比较反馈信号和输入信号的瞬时极性,相同为正反馈,反之则为负反馈。

共发射极放大电路:

- 反馈信号接基极(和基极比较)
  - 相同为正
  - 相反为负
- 反馈信号接发射极(和发射极比较)
  - 相同为负
  - 相反为正

2. 电压反馈和电流反馈的判断

短接法:把放大器负载短接,即令 $u_o=0$,若此时反馈信号也为零,则为电压反馈,否则为电流反馈。

3. 串联反馈和并联反馈的判断

可根据电路结构判断。若输入信号与反馈信号加在放大电路两个不同的输入端上则为串联反馈;若输入信号与反馈信号加在放大器的同一输入端上则为并联反馈。

共发射极放大电路:

- 反馈信号接基极,则为并联反馈
- 反馈信号接发射极,则为串联反馈

例 9-1　试判断如图 9-21 电路的反馈类型。

解:设基极瞬时极性"+",标出各极瞬时极性如图所示,图 9-21 为共发射极放大电路,反馈信号(+) 接发射极(+),瞬时极性相同所以为负反馈。

输出端短接,即 $u_o=0$,且 $u_f=0$,所以为电压反馈。

反馈信号接发射极,所以为串联反馈。

综上所述,反馈元件 R_f 引入的反馈类型是电压串联负反馈。

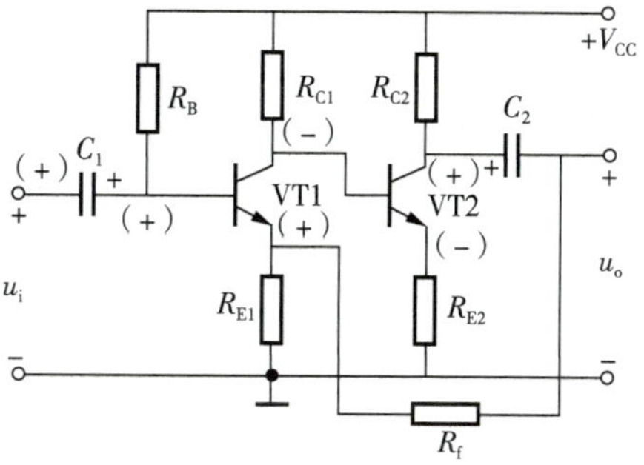

图 9-21　例 9-1 的电路图

任务四　集成运算放大器的基本运算电路(一)

一、实验目的

1. 了解运算放大器的基本使用方法。
2. 应用集成运放构成的基本运算电路,测定它们的运算关系。

二、实验设备

1. 实验箱(台)。
2. 数字万用表。

三、实验说明

运算放大器有三种连接方式:反相、同相和差动输入,本实验主要做比例运算。

四、实验内容及步骤

1. 调零

按图 9-22 接线,接通电源后,调节调零电位器 R_P,使输出 $V_o=0$(小于 ± 10 mV),运放调零后,在后面的实验中均不用调零了。

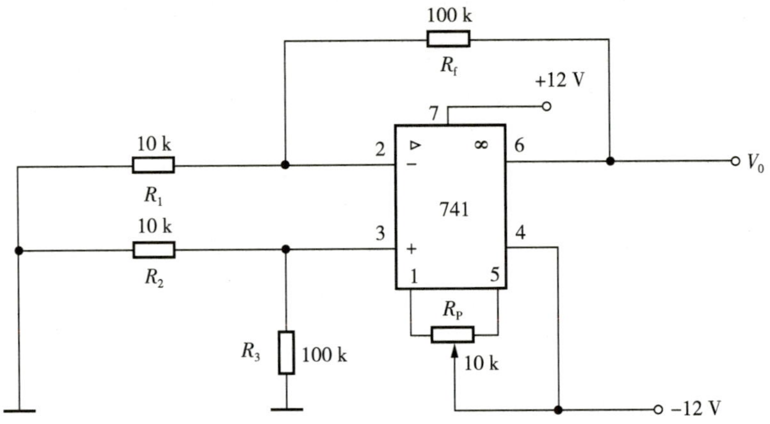

图 9-22　电路接线图

2. 反相比例运算

电路如图 9-23 所示,根据电路参数计算 $A_v=V_O/V_I=$? 按表 9-1 给定的直流电压 V_I 值计算和测量对应的 V_o 值,把结果记入表 9-1 中。

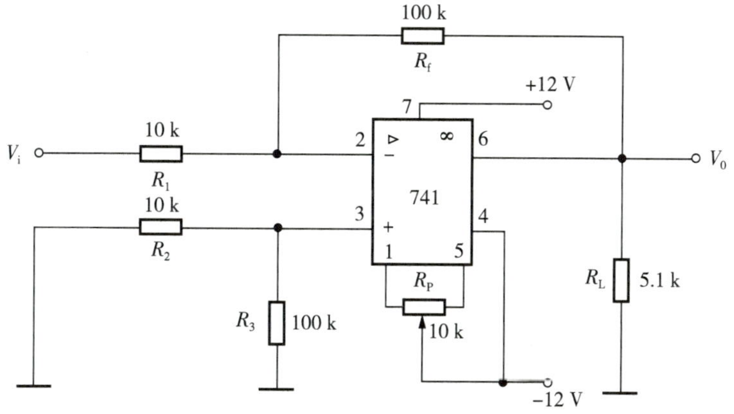

图 9-23　电路图

表 9-1　反相比例运算

输入直流电压 V_i(V)	0.3	0.5	0.7	1.0	1.1	1.2
理论计算值 V_0(V)						
实际测量值 V_0(V)						
实际放大倍数 A_v						

3. 同相比例运算

电路图如图 9-24 所示。

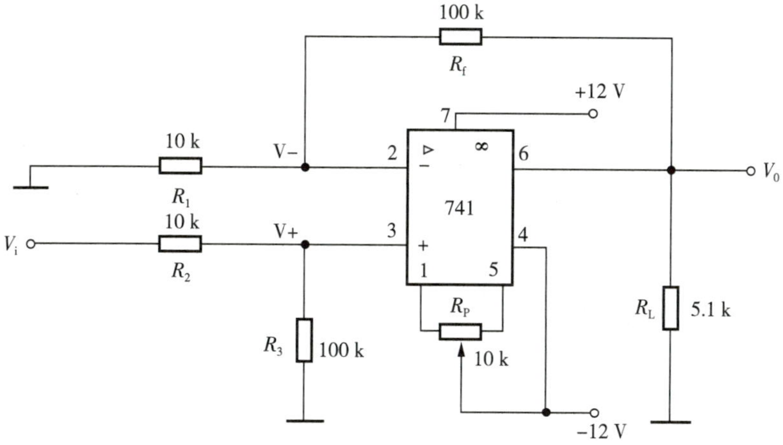

图 9-24　电路图

根据电路参数，按给定的 V_i 值计算和测量出 V_0 值，把计算结果和实测数据填入表 9-2 中。

表 9-2　同相比例运算

输入直流电压 V_i(V)	0.3	0.5	0.7	1.0	1.1	1.2
理论计算值 V_0(V)						
实际测量值 V_0(V)						
实际放大倍数 A_v						

五、实验报告

1. 整理实验数据，填入表中。
2. 分析各运算关系。
3. 分析 V_i 超过 1.0 V 时，输出 V_o 电压现象。

任务五　集成运算放大器的基本运算电路(二)

一、实验目的

掌握加法运算、减法运算电路的基本工作原理及测试方法。

二、实验设备

1. 实验箱(台)。
2. 数字万用表。
3. 示波器。

三、实验内容及步骤

1. 首先将运算放大器调零(方法见任务四)

2. 加法运算

按图 9－25 接线。

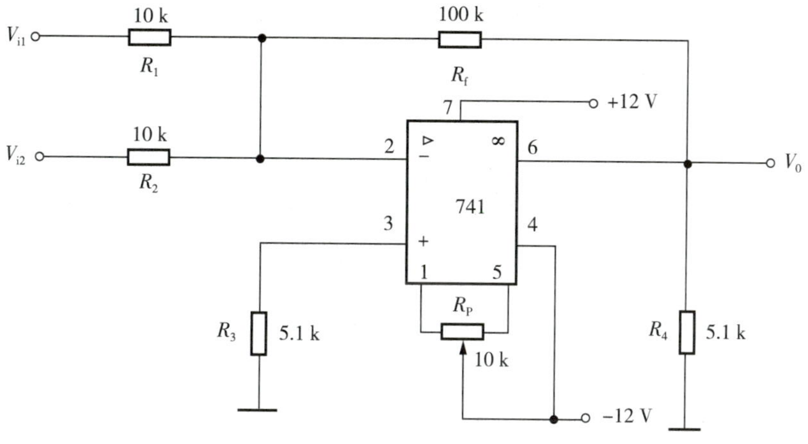

图 9－25　电路图

经检查无误后，方可接通电源(± 12 V)。测试几组不同的 V_{i1} 和 V_{i2} 的值及对应的输出 V_o 值，验证：

$$V_o = -\left(\frac{R_f}{R_1}V_{i1} + \frac{R_f}{R_2}V_{i2}\right) \qquad R_3 = R_1 // R_2 // R_f$$

将计算结果及测试的值填入表 9－3 中。

表 9-3　计算值与测量值

输入直流电压 V_{i1}(V)	0	0.2	0.5	0.7	−0.6	−0.5
输入直流电压 V_{i2}(V)	0.3	0.3	0.3	0.4	0.4	0.5
计算值 V_0(V)						
实际测量 V_0(V)						

3. 减法运算

按图 9-26 接线。

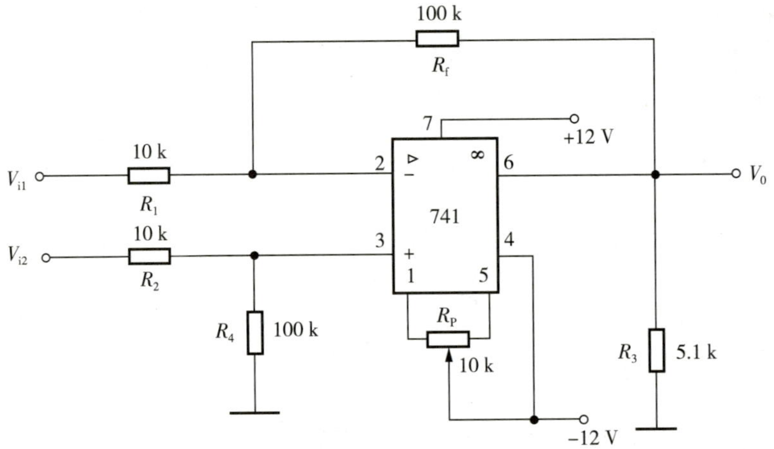

图 9-26　电路图

按上图在实验箱上连接好电路，经检查无误后方可接通电源，然后在输入端输入几组不同的 V_{i1} 和 V_{i2} 的值，测出对应的输出 V_0 的值。验证：

$$V=(V_{i2}-V_{i1})R_f/R_1;R_1=R_2;R_4=R_f$$

表 9-4　计算值与测量值

输入直流电压 V_{i1}(V)	1.0	0.7	0.8	0.6	0.3	−0.2
输入直流电压 V_{i2}(V)	1.2	1.0	0.6	−0.5	−0.5	0.4
计算值 V_0(V)						
实际测量 V_0(V)						

四、实验报告

1. 整理实验数据，填入表中。
2. 分析运算关系。

知识拓展：

1. 芯片制作工艺流程设计制作和封装。
2. 运放芯片在播放器里的应用。

芯片制作工艺流程
设计、制作和封装

运放芯片
在播放器里的应用

同步思考：

1. 集成运放电路结构有什么特点？集成运放电路由哪几部分组成？各部分的作用是什么？

答：

2. 集成运算放大电路实际上是一个高增益的多级直接耦合放大电路，直接耦合放大电路存在零点漂移问题，怎样衡量放大电路的零点漂移？

答：

3. 放大电路产生零点漂移的主要原因是什么？有甲、乙两个直接耦合放大电路，它们的电压增益分别为 103 和 105，如果测出甲、乙两放大电路输出端的漂移电压都是 200 mV，它们的漂移指标是否相同？两个放大电路是否都可放大 0.1 mV 的信号？

答：

4. 什么是差动放大电路的差模放大作用和共模抑制作用？

答：

5. 什么是共模抑制比，如何计算？

答：

6. 如何定义共模抑制比KCMR？在差分放大电路中，为什么用KCMR作为它的重要性能指标之一？KCMR值的高低各代表什么物理意义？

答：

7. 比较四种基本类型负反馈对放大电路性能影响的异同。

答：

8. 集成运放的输入级为什么采用差分式放大电路？对集成运放的中间级和输出级各有什么要求？一般采用什么样的电路形式？

答：

9. 集成电路运放的输入失调电压 U_{io}、输入失调电流 I_{io} 和输入偏置电流 I_{ib} 是如何定义的？它们对运放的工作会产生什么影响？

答：

10. 集成运放的温度漂移能否外接调零装置来补偿？

答：

11. 试说明在下列情况下，应选用何种类型的集成运放？并列出器件型号和满足要求的主要性能指标。

① 作为一般交流放大电路。

② 高阻信号源(R_s =10 M Ω) 的放大电路。

③ 微弱电信号($u_s=10\ \mu V$) 的放大器。

答:

12. 比例运算电路有哪些?其计算放大倍数的关键是什么?

答:

13. 在反相求和电路中,集成运放的反相输入端是如何形成虚地的?该电路属于何种反馈类型?

答:

14. 为减小运算电路的温度漂移,应选用何种运放?温度漂移产生的输出误差电压能否用外接人工调零电路的办法完全抵消?

答:

15. 求图 9-27 所示电路的输出电压 u_o,设运放是理想状态的。

答:

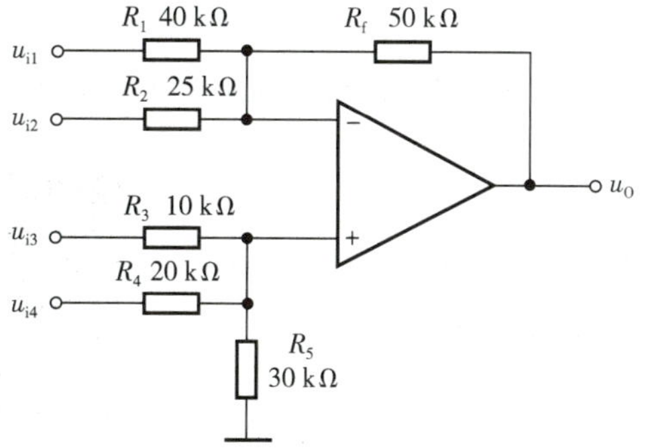

图 9-27　习题 9-15 图

项目九 PPT

项目十

逻辑门电路

本章导读

逻辑门电路是构成数字电路的基础，本章从数字电路基础开始介绍数制的运算规则及相互转换的方法，讲述基本的逻辑运算及逻辑函数的代数化简方法，最后介绍常用的逻辑门电路和 TTL 集成门电路，使读者对逻辑代数和逻辑门电路有一个全面的了解。

学习要点

掌握逻辑代数的公式与定理。

掌握逻辑函数化简。

掌握逻辑门电路的逻辑符号及逻辑功能。

任务一　数字电路基础

学习目标：

了解数字电路与模拟电路的区别。

熟悉几种常用数制的特点，掌握数制之间的转换关系。

熟悉二进制代码的特点。

学习内容：

学习数字电路与模拟电路的概念、几种常见的数制、码制以及数制之间的转换关系。

一、数字信号与模拟信号

模拟信号：在时间上和数值上连续的信号，对模拟信号进行传输、处理的电子线路称为模拟电路。模拟信号在时间上是连续的，任意时刻都有一个相对的值。数值上也是连续的，可以是在一定范围内的任意值。例如，电压、电流、温度、声音等。真实的世界是模拟的，它的缺点主要是容易受噪声的干扰、难以保存等。优点是可以用精确的值表示事物。

认识数字信号和数字电路

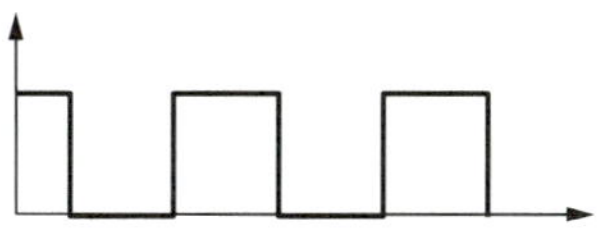

图 10－1　模拟信号

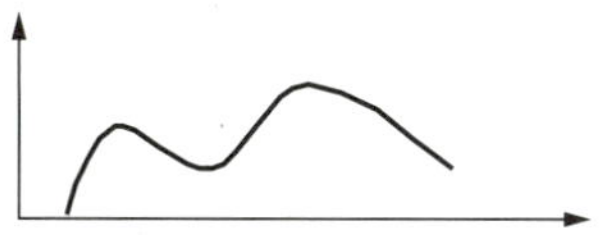

图 10－2　数字信号

模拟电路：处理和传输模拟信号的电路，三极管工作在线性放大区。

数字信号：在时间上和数值上不连续的（离散的）信号。对数字信号进行传输、处理的电子线路称为数字电路，又称逻辑电路。数字信号在时间上离散，只在某些时刻有定义。

数值上也是离散的，变量只能是有限集合的一个值，常用 0、1 二进制数表示。例如，开关通断、电压高低、电流有无等。

数字电路：处理和传输数字信号的电路，它主要是研究输入与输出信号之间的对应逻辑关系，其分析的主要工具是逻辑代数。因此，数字电路又称为逻辑电路。三极管工作在开关状态，即饱和区或截止区。例如，CD、MP3、MPEG、RM、DVD、数字电视、数字照相机、数字摄影机、手机等。

数字电路的特点如下：

（1）工作信号是二进制的数字信号，在时间上和数值上是离散的（不连续的），反映在电路上就是低电平和高电平两种状态（即 0 和 1 两个逻辑值）。

（2）在数字电路中，研究的主要问题是电路的逻辑功能，即输入信号的状态和输出信号的状态之间的逻辑关系。

（3）对组成数字电路的元器件的精度要求不高，只要在工作时能够可靠地区分 0 和 1 两种状态即可。

二、数制与码制

1. 概念

进位制：表示数时，仅用一位数码往往不够用，必须用进位计数的方法组成多位数码。多位数码每一位的构成以及从低位到高位的进位规则称为进位计数制，简称进位制或数制。

基数：进位制的基数，就是在该进位制中可能用到的数码个数。

位权（位的权数）：在某一进位制的数中，每一位的大小都对应着该位上的数码乘上一个固定的数，这个固定的数就是这一位的权数。权数是一个幂。

2. 常用数制

（1）十进制

十进制数是人们最常用的计数体制，它采用 0、1、2、3、4、5、6、7、8、9 十个基本数码，任何一个十进制都可以用上述十个数码按一定规律排列表示，其运算规律为逢十进一，即 $9+1=10$。十进制数是以 10 为基数的计数体制。十进制数的权展开式为

$$5555=5\times10^3+5\times10^2+5\times10^1+5\times10^0 \tag{10-1}$$

由式(10-1)可见，十进制数的特点如下：

① 同样的数码在不同的数位上代表的数值不同，即不同的数位有不同的位权。

② 10^3、10^2、10^1、10^0 称为十进制的权。各数位的权是10的幂。

③ 任意一个十进制数都可以表示为各个数位上的数码与其对应的权的乘积之和，称为权展开式。

上述表示方法也可以扩展到小数，但小数点右边的各位数码要乘以基数的负的幂次。例如$(3176.54)_{10}=3\times10^3+1\times10^2+7\times10^1+6\times10^0+5\times10^{-1}+4\times10^{-2}$。

对于十进制数来讲，小数点左边的数码，位权依次为10^0、10^1、10^2、10^3…… 小数点右边的数码，位权分别为10^{-1}、10^{-2}、10^{-3}…… 广义来讲，任意一个十进制数 N 所表示的数值，等于其各位加权系数之和，可表示为

$$[N]_{10}=\sum_{i=-m}^{n-1}K_i\times10^i \tag{10-2}$$

式中，n—— 整数部分的数位；

m—— 小数部分的数位；

K_i—— 不同数位的数值，任意一个 N 位十进制正整数可表示为

$$[N]_{10}=K_{n-1}\times10^{n-1}+K_{n-2}\times10^{n-2}+\cdots+K_1\times10^1+K_0\times10^0=\sum_{i=0}^{n-1}K_i\times10^i \tag{10-3}$$

式(10-3)中的下角标10表示 N 是十进制数，也可以用字母D来代替数字“10”。例如

$$[123]_D=1\times10^2+2\times10^1+3\times10^0$$

(2) 二进制

数字电路和计算机中常采用二进制。二进制的数码为0和1，基数是2。运算规律为逢二进一，即$1+1=10$，二进制数各数位的权为2的幂。二进制数的权展开式为

$$(1011.01)_2=1\times2^3+0\times2^2+1\times2^1+1\times2^0+0\times2^{-1}+1\times2^{-2}=(11.75)_{10}$$

二进制数只有0和1两个数码，它的每一位都可以用电子元件来实现，且运算规则简单，相应的运算电路也容易实现。

(3) 八进制

数码为0、1、2、3、4、5、6、7，基数是8。运算规律为逢八进一，即$7+1=10$。八进制数各数位的权是8的幂。八进制数的权展开式为

$$(437.25)_8=4\times8^2+3\times8^1+7\times8^0+2\times8^{-1}+5\times8^{-2}=(287.328125)_{10}$$

(4) 十六进制

数码为0、1、2、3、4、5、6、7、8、9、A、B、C、D、E、F，基数是16。运算规律为逢十六进一，即

F＋1＝10。十六进制数各数位的权是16的幂。十六进制数的权展开式为

$$(3BE.C4)_{16}=3\times16^2+B\times16^1+E\times16^0+C\times16^{-1}+4\times16^{-2}=(958.765625)_{10}$$

结论：① 一般地，N进制需要用到N个数码，基数是N，运算规律为逢N进一。

② 由权展开式很容易将一个N进制数转换为十进制数。

表10－1为几种进制数之间的对应关系。

表10－1　几种进制数之间的对应关系

十进制数	二进制数	八进制数	十六进制数
0	0000	0	0
1	0001	1	1
2	0010	2	2
3	0011	3	3
4	0100	4	4
5	0101	5	5
6	0110	6	6
7	0111	7	7
8	1000	10	8
9	1001	11	9
10	1010	12	A
11	1011	13	B
12	1100	14	C
13	1101	15	D
14	1110	16	E
15	1111	17	F

3. 数制间的转换

(1) 各种数制转换成十进制

将N进制数(B、O、H)按权展开，求出各加权系数的和，即可转换为十进制数。

(2) 十进制数转换为二进制、八进制和十六进制

将十进制数转换为二进制、八进制和十六进制采用的方法是基数连除、连乘法。

原理：将整数部分和小数部分分别进行转换。整数部分采用除2取余法；小数部分采用乘2取整法；转换后再合并。

整数部分采用除2取余法：先得到的余数为低位，后得到的余数为高位。小数部分采用乘2取整法：先得到的整数为高位，后得到的整数为低位。

除数	被除数		余数	
2	44			低位
2	22	………	0	↑
2	11	………	0	
2	5	………	1	
2	2	………	1	
2	1	………	0	
	0	………	1	高位

		整数	
0.375			
× 2			高位
0.750	………	0	↓
0.750			
× 2			
1.500	………	1	
0.500			
× 2			
1.000	………	1	低位

所以$(44.375)_{10}=(101100.011)_2$。

采用除 2 取余法、乘 2 取整法，可将十进制数转换为任意的 N 进制数。

(3) 二进制数与八进制数和十六进制数的相互转换

二进制数转换为八进制数：将二进制数由小数点开始，整数部分向左，小数部分向右，每 3 位分成一组，不够 3 位补零，则每组二进制数便是一位八进制数。(三位聚一位)

例如，将二进制数$(1101010.01)_2$ 转换为八进制数：

二进制数	001	101	010.	010
八进制数	1	5	2.	2

$$(1101010.01)_2=(152.2)_8$$

八进制数转换为二进制数：将每位八进制数用 3 位二进制数表示。(一位变三位)

例如，将八进制数$(374.26)_8$ 转换为二进制：

八进制数	3	7	4.	2	6
二进制数	011	111	100.	010	110

$$(374.26)_8=(11111100.01011)_2$$

二进制数转换为十六进制数：按照每 4 位二进制数对应于一位十六进制数进行转换。(四位聚一位)

例如，将二进制数$(111010100.011)_2$ 转换为十六进制：

二进制数	0001	1101	0100.	0110
十六进制数	1	E	4.	6

$$(111010100.011)_2=(1E4.6)_{16}$$

十六进制数转换为二进制数：按照每位十六进制数对应于 4 位二进制数进行转换。(一位变四位)

例如，将十六进制数$(AF4.76)_{16}$ 转换为二进制：

十六进制	A	F	4.	7	6
二进制数	1010	1111	0100.	0111	0110

$$(AF4.76)_{16}=(101011110100.0111011)_2$$

4. 码制

数字系统只能识别 0 和 1,怎样才能表示更多的数码、符号、字母呢?用编码可以解决此问题。用一定位数的二进制数来表示十进制数码、字母、符号等信息称为编码。用以表示十进制数码、字母、符号等信息的一定位数的二进制数称为代码。二-十进制代码:用 4 位二进制数 $b_3b_2b_1b_0$ 来表示十进制数中的十个数码(数码 0 ～ 9),简称 BCD 码。用四位自然二进制码中的前十个码字来表示十进制数码,因各位的权值依次为 8、4、2、1,故称为 8421 码。5421 码的权值依次为 5、4、2、1;2421 码的权值依次为 2、4、2、1;余 3 码由 8421 码加 0011 得到;格雷码是一种循环码,其特点是任何相邻的两个码字,仅有一位代码不同,其他位相同。常用的 BCD 码见表 10－2 所列。

表 10－2　常用的 BCD 码

十进制数	8421 码	余 3 码	格雷码	2421 码	5421 码
0	0000	0011	0000	0000	0000
1	0001	0100	0001	0001	0001
2	0010	0101	0011	0010	0010
3	0011	0110	0010	0011	0011
4	0100	0111	0110	0100	0100
5	0101	1000	0111	1011	1000
6	0110	1001	0101	1100	1001
7	0111	1010	0100	1101	1010
8	1000	1011	1100	1110	1011
9	1001	1100	1101	1111	1100
权	8421			2421	5421

知识拓展:

1. 国产半导体集成电路型号命名方法
2. 认识数字信号和数字电路视频

常见集成电路芯片引脚图

认识数字信号和数字电路视频

任务二　逻辑代数中的基本运算

学习目标：

了解逻辑函数的表示方法；
掌握与、或、非及复合逻辑基本运算与功能；
掌握逻辑函数的公式化简法及卡诺图化简法。

学习内容：

学习数字逻辑函数的表示方法、基础逻辑运算（与、或、非）以及其他复合逻辑运算。学习两种逻辑函数的化简方法（公式化简法、卡诺图化简法）。

一、逻辑代数

逻辑代数是按一定的逻辑关系进行运算的代数，是分析和设计数字电路的数学工具。有0和1两种逻辑值，有与、或、非三种基本逻辑运算，还有与或、与非、与或非、异或几种导出逻辑运算。

逻辑是指事物的因果关系，或者说条件和结果的关系，这些因果关系可以用逻辑运算来表示，也就是用逻辑代数来描述。

事物往往存在两种对立的状态，在逻辑代数中可以抽象地表示为0和1，称为逻辑0状态和逻辑1状态。

逻辑代数中的变量称为逻辑变量，用大写字母表示。逻辑变量的取值只有两种，即逻辑0和逻辑1，0和1称为逻辑常量，并不表示数量的大小，而是表示两种对立的逻辑状态。

1. 基本逻辑运算

在数字电路中，利用输入信号来反映“条件”，用输出信号来反映“结果”，于是输出与输入之间就有一定的因果关系，即逻辑关系。逻辑代数中，基本的逻辑关系有三种，即与逻辑、或逻辑、非逻辑。相对应的基本运算有与运算、或运算、非运算。实现这三种逻辑关系的电流分别称为与门、或门、非门。

（1）与逻辑（与运算）和与门

与逻辑的定义：仅当决定事件（Y）发生的所有条件（A、B、C……）均满足时，事件（Y）才能发生。

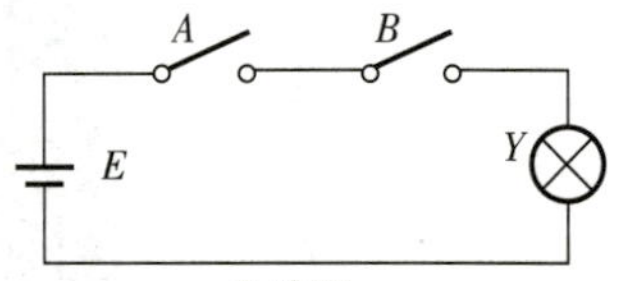

图10－3　与逻辑的电路图

如图10－3所示，开关A、B串联控制灯泡Y。A、B都断开，灯不亮。A断开、B接通，灯不亮。A接通、B断开，灯不亮。A、B都接通，灯亮。两个开关必须同时接通，灯才亮。将这种因果关系称为与逻辑关系，简称为与逻辑，见表 10－3 所列。我们把其对应的输入与输出之间的状态表格称为与逻辑关系功能表。

将开关接通记作 1，断开记作 0；灯亮记作 1，灯灭记作 0。可以用表 10－4 中的与逻辑关系真值表来描述与逻辑关系，从表中可以看出，当输入 A、B 都是 1 时，输出 Y 才为 1，只要输入 A 或 B 中有一个为 0，输出 Y 就为 0。可概括为“有 0 出 0，全 1 出 1”。

表 10－3 与逻辑关系功能表

开关 A	开关 B	灯 Y
断开	断开	灭
断开	闭合	灭
闭合	断开	灭
闭合	闭合	亮

表 10－4 与逻辑关系真值表

A	B	Y
0	0	0
0	1	0
1	0	0
1	1	1

与运算也称为逻辑乘，与运算的逻辑表达式为

$$Y=A\cdot B \text{ 或 } Y=AB \qquad (10-4)$$

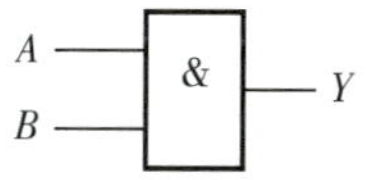

图 10－4 与门的逻辑符号

实现与逻辑的电路称为与门，与门的逻辑符号如图 10－4 所示。与运算规则为 $0\cdot 0=0$，$1\cdot 0=0$，$0\cdot 1=0$，$1\cdot 1=1$。

(2) 或逻辑（或运算）和或门

或逻辑的定义：当决定事件（Y）发生的各种条件（A、B、C……）中，只要有一个或多个条件具备，事件（Y）就发生。

如图 10－5 所示，开关 A、B 并联控制灯泡 Y。A、B 都断开，灯不亮。A 断开、B 接通，灯亮。A 接通、B 断开，灯亮。A、B 都接通，灯亮。两个开关只要有一个接通，灯就会亮。将这种因果关系称为或逻辑关系，简称为或逻辑，见表 10－5 所列。我们把其对应的输入与输出之间的状态表格称为或逻辑关系功能表。

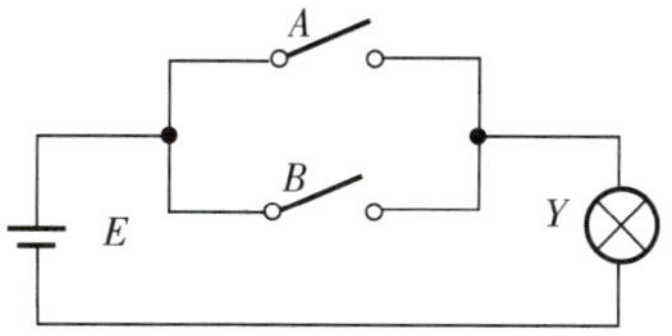

图 10－5 或逻辑的电路图

将开关接通记作 1，断开记作 0；灯亮记作 1，灯灭记作 0。可以用表 10－6 中的或逻辑关系真值表来描述或逻辑关系，从表中可以看出，只要输入 A 或 B 有一个为 1，输出 Y 就为 1，只有输入 A、B 全部为 0 时，输出 Y 才为 0。可概括为“有 1 出 1，全 0 出 0”。

表 10－5 或逻辑关系功能表

开关 A	开关 B	灯 Y
断开	断开	灭
断开	闭合	亮
闭合	断开	亮
闭合	闭合	亮

表 10－6 或逻辑关系真值表

A	B	Y
0	0	0
0	1	0
1	0	1
1	1	1

或运算也称为逻辑加，或运算的逻辑表达式为

$$Y=A+B \tag{10-5}$$

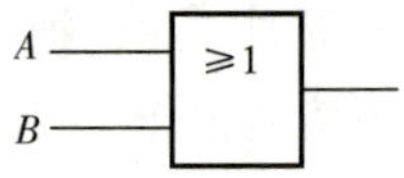

图 10－6　或门的逻辑符号

实现或逻辑的电路称为或门，或门的逻辑符号如图 10－6。或运算规则为 $0+0=0$，$0+1=1$，$1+0=1$，$1+1=1$。

(3) 非逻辑(非运算) 和非门

非逻辑指的是逻辑的否定。当决定事件(*Y*) 发生的条件(*A*) 满足时，事件不发生；条件不满足，事件反而发生。

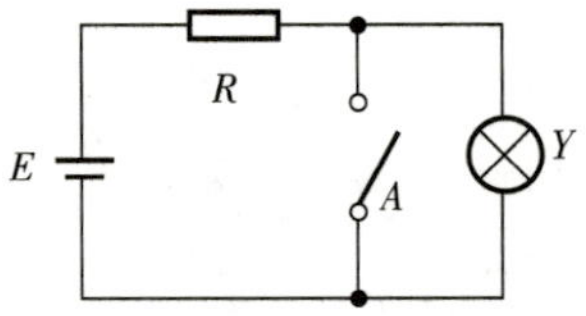

图 10－7　非逻辑的电路图

如图 10－7 所示，开关 *A* 控制灯泡 *Y*。*A* 断开，灯亮。*A* 接通，灯灭。开关接通灯反而不亮，开关断开灯反而亮，将这种因果关系称为非逻辑关系，简称为非逻辑，见表 10－7 所列。我们把其对应的输入与输出之间的状态表格称为非逻辑功能表。

将开关接通记作 1，断开记作 0；灯亮记作 1，灯灭记作 0。可以用表 10－8 中的非逻辑关系真值表来描述非逻辑关系，从表中可以看出“入 0 出 1，入 1 出 0”。

表 10－7　非逻辑关系功能表

A	*Y*
0	1
1	0

表 10－8　非逻辑关系真值表

开关 *A*	灯 *Y*
断开	亮
闭合	灭

非运算也称为反运算，非运算的逻辑表达式为

$$Y=\overline{A} \tag{10-6}$$

实现非逻辑的电路称为非门，非门的逻辑符号如图 10－8 所示。

非运算的运算规则为 $\overline{0}=1$，$\overline{1}=0$。

2. 几种导出的逻辑运算

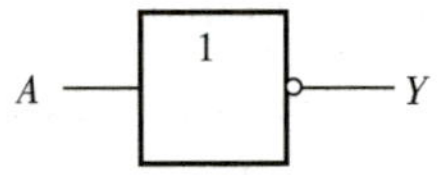

图 10－8　非门的逻辑符号

除了与门、或门、非门三种基本电路外，还可以把它们组合起来，实现功能更为复杂的逻辑门电路，常见的有与非运算、或非运算、与或非运算、异或运算、同或运算，这些电路又称为复合逻辑运算电路。

(1) 与非运算

与非逻辑运算是与逻辑运算和非逻辑运算两种逻辑复合而成的一种复合逻辑运算，实现这一功能逻辑运算电路称为与非门，两输入与非门的逻辑符号如图 10－9 所示，与非逻辑关系真值表见表 10－9 所列。由表可知，输入变量 *A*、*B* 与输出 *Y* 之间的变量关系为“有 0 出 1，全 1 出 0”。

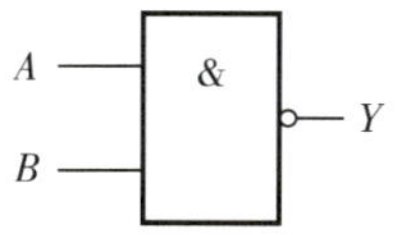

图 10－9　两输入与非门的逻辑符号

表 10－9　与非逻辑关系真值表

A	B	Y
0	0	1
0	1	1
1	0	1
1	1	0

与非运算的逻辑表达式为 $Y=\overline{AB}$。

(2) 或非运算

或非运算是或逻辑运算和非逻辑运算两种逻辑复合而成的一种复合逻辑运算，实现这一功能逻辑运算电路称为或非门，两输入或非门的逻辑符号如图 10－10 所示，或非逻辑关系真值表见表 10－10 所示。由表可知，输入变量 A，B 与输出 Y 之间的变量关系为“有 1 出 0，全 0 出 1”。

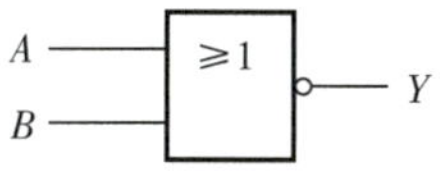

图 10－10　两输入或非门的逻辑符号

表 10－10　或非逻辑关系真值表

A	B	Y
0	0	1
0	1	0
1	0	0
1	1	0

或非运算的逻辑表达式为 $Y=\overline{A+B}$。

(3) 与或非运算

与或非逻辑运算是由与逻辑、或逻辑、非逻辑三种逻辑运算复合而成的一种复合逻辑运算。与或非门的逻辑符号及等效电路如图 10－11 和图 10－12 所示。

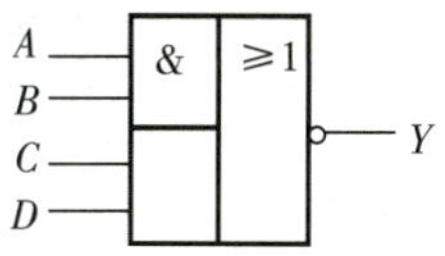

图 10－11　与或非门的逻辑符号

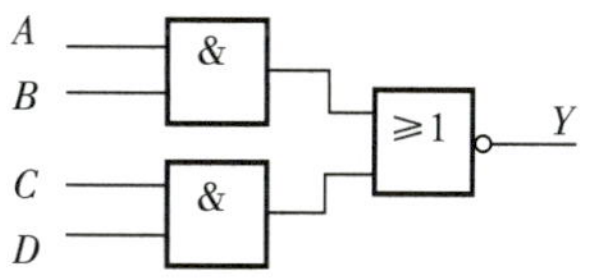

图 10－12　与或非门的等效电路

与或非运算的逻辑表达式为 $Y=\overline{AB+CD}$。

(4) 异或运算

异或运算的逻辑表达式为 $Y=\overline{A}B+A\overline{B}=A\oplus B$，实现这种逻辑运算的电路称为异或门电路，其逻辑符号如图 10－13 所示，异或逻辑关系真值表见表 10－11 所列。其功能特点是两输入变量 A、B 相反时，输出 Y 为 1；当两输入变量 A、B 相同时，输出 Y 为 0。概括为“相同出 0，不同出 1”。

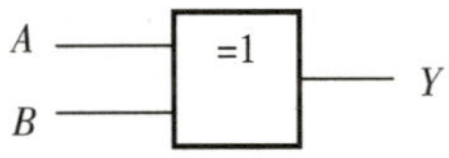

图 10-13　异或门的逻辑符号

表 10-11　异或逻辑关每户真值表

A	B	Y
0	0	0
0	1	1
1	0	1
1	1	0

(5) 同或运算

同或运算的逻辑表达式为 $Y = AB + \overline{A}\,\overline{B} = AB$，实现这种逻辑运算的电路称为同或门电路，其逻辑符号如图 10-14 所示，同或逻辑关系真值表见表 10-12。功能特点是：两输入变量 A，B 相反时，输出 Y 为 0；当两输入变量 A，B 相同时，输出 Y 为 1。概括为“相同出 1，不同出 0”。

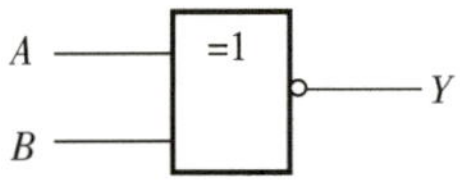

图 10-14　同或门的逻辑符号

表 10-12　同或逻辑关系真值表

A	B	Y
0	0	1
0	1	0
1	0	0
1	1	0

需要注意的是，在一个逻辑函数式中，常含有几种基本的逻辑运算，在实现这些运算时要遵循一定的顺序。逻辑函数运算的先后顺序规定如下：有括号时，先进行括号内的运算；没有括号时，按照先与后或的次序进行运算。

二、逻辑代数的公式化简法

1. 运算公式、定理和基本规则

基本逻辑函数及运算

(1) 逻辑代数的基本公式

① $0 \cdot A = 0$；② $1 \cdot A = A$；③ $A \cdot A = A$；④ $A \cdot \overline{A} = 0$；⑤ $0 + A = A$；⑥ $1 + A = 1$；⑦ $A + A = A$；⑧ $A + \overline{A} = 1$；⑨ $\overline{\overline{A}} = A$；⑩ $AB = BA$；⑪ $A + B = B + A$；⑫ $ABC = (AB)C = A(BC)$；⑬ $A + B + C = A + (B + C) = (A + B) + C$；⑭ $A(B + C) = AB + BC$；⑮ $A + BC = (A + B)(A + C)$；⑯ $A(A + B) = A$；⑰ $A(\overline{A} + B) = AB$；⑱ $A + AB = A$；⑲ $A + \overline{A}B = A + B$；⑳ $AB + \overline{A}B = A$；㉑ $(A + B)(A + \overline{B}) = A$；㉒ $\overline{AB} = \overline{A} + \overline{B}$；㉓ $\overline{A + B} = \overline{A}\,\overline{B}$。

⑩ 和 ⑪ 为交换率公式，⑫ 和 ⑬ 为结合率公式，⑭ 和 ⑮ 为分配率公式；⑯ ～ ㉓ 为吸收率公式。

(2) 逻辑代数的三项基本规则

① 代入规则：任何一个含有变量 A 的等式，如果将所有出现 A 的位置都用同一个逻辑

函数代替，则等式仍然成立。这个规则称为代入规则。

例如，已知等式$\overline{AB}=\overline{A}+\overline{B}$，用函数$AC$代替等式中的$A$，根据代入规则，等式仍然成立，即有$\overline{(AC)B}=\overline{AC}+\overline{B}=\overline{A}+\overline{B}+\overline{C}$。

② 反演规则：对于任何一个逻辑表达式Y，如果将表达式中的所有“•”换成“+”，“+”换成“•”，“0”换成“1”，“1”换成“0”，原变量换成反变量，反变量换成原变量，那么所得到的表达式就是函数Y的反函数$\overline{Y}$(或称补函数)。这个规则称为反演规则，例如：

$$Y=A\overline{B}+C\overline{D}E \rightarrow \overline{Y}=(\overline{A}+B)(\overline{C}+D+\overline{E})$$

$$Y=A+B+\overline{C}+D+E \rightarrow \overline{Y}=\overline{A}\cdot\overline{B}\cdot C\cdot\overline{D}\cdot E$$

③ 对偶规则：对于任何一个逻辑表达式Y，如果将表达式中的所有“•”换成“+”，“+”换成“•”，“0”换成“1”，“1”换成“0”，而变量保持不变，则可得到的一个新的函数表达式Y'，Y'称为函数Y的对偶函数。这个规则称为对偶规则，例如：

$$Y=A\overline{B}+C\overline{D}E \rightarrow Y'=(A+\overline{B})(C+\overline{D}+E)$$

$$Y=A+B+\overline{C}+D+\overline{E} \rightarrow Y'=\overline{A}\cdot\overline{B}\cdot C\cdot\overline{D}\cdot E$$

对偶规则的意义在于：如果两个函数相等，则它们的对偶函数也相等。利用对偶规则，可以使要证明及要记忆的公式数目减少一半。例如：

$$A\cdot B+A\cdot\overline{B}=A \rightarrow (A+B)\cdot(A+\overline{B})=A$$

$$A(B+C)=AB+AC \rightarrow A+BC=(A+B)(A+C)$$

注意：在运用反演规则和对偶规则时，必须按照逻辑运算的优先顺序进行，先算括号，接着与运算，然后或运算，最后非运算，否则容易出错。

2. 化简的意义与标准

(1) 化简逻辑函数的意义

根据逻辑问题归纳出来的逻辑函数式往往不是最简逻辑函数式，对逻辑函数进行化简和变换，可以得到最简的逻辑函数式和所需要的形式，设计出最简洁的逻辑电路。这对于节省元器件、优化生产工艺、降低成本和提高系统的可靠性、提高产品在市场的竞争力是非常重要的。

(2) 最简的概念

① 最简的与或表达式：乘积项个数最少，每个乘积项中的变量个数也最少。

$$\begin{aligned}Y&=\overline{A}B\overline{E}+\overline{A}B+A\overline{C}+A\overline{C}E+B\overline{C}+B\overline{C}D\\&=\overline{A}B+A\overline{C}+B\overline{C}\\&=\overline{A}B+A\overline{C}\end{aligned}$$

② 最简的或与表达式：表达式中的或项最少，而且每个或项中的变量数最少。

(3) 逻辑函数表达式的化简

① 并项法

利用公式$A+A=1$,将两项合并为一项,并消去一个变量。若两个乘积项中分别包含同一个因子的原变量和反变量,而其他因子都相同时,则这两项可以合并成一项,并消去互为反变量的因子。

$$\begin{aligned} Y_1 &= ABC+\overline{A}BC+B\overline{C}=(A+\overline{A})BC+B\overline{C} \\ &= BC+B\overline{C}=B(C+\overline{C})=B \end{aligned}$$
(运用分配律)

$$\begin{aligned} Y_2 &= ABC+A\overline{B}+A\overline{C}=ABC+A(\overline{B}+\overline{C}) \\ &= ABC+A\,\overline{BC}=A(BC+\overline{BC})=A \end{aligned}$$
(运用摩根定律)

② 吸收法

如果乘积项是另外一个乘积项的因子,则这另外一个乘积项是多余的。

$$Y_1=\overline{A}B+\overline{A}BCD(E+F)=\overline{A}B$$

$$\begin{aligned} Y_2 &= A+\overline{\overline{B}+\overline{CD}}+\overline{\overline{AD}\,\overline{B}}=A+BCD+AD+B \\ &= (A+AD)+(B+BCD)=A+B \end{aligned}$$
(运用摩根定律)

③ 消去数量法

利用公式$A+A\overline{B}=AB$,消去多余的变量。

如果一个乘积项的反是另一个乘积项的因子,则这个因子是多余的。

$$\begin{aligned} Y &= AB+\overline{A}C+\overline{B}C \\ &= AB+(\overline{A}+\overline{B})C \\ &= AB+\overline{AB}C \\ &= AB+C \end{aligned}$$

$$\begin{aligned} Y &= A\overline{B}+C+\overline{AC}D+B\overline{C}D \\ &= A\overline{B}+C+\overline{C}(\overline{A}+B)D \\ &= A\overline{B}+C+(\overline{A}+B)D \\ &= A\overline{B}+C+\overline{A\overline{B}}D \\ &= A\overline{B}+C+D \end{aligned}$$

④ 消去因子法

利用公式$A+\overline{A}B=A+B$消去多余的因子。

$$Y=\overline{A}+AC+\overline{C}D,\ Y=\overline{A}+AC+\overline{C}D=\overline{A}+C+\overline{C}D=A+C+D$$

⑤ 消去冗余项法

利用冗余律 $A\overline{B}+AC+B\overline{C}=AB+AC$，将冗余项 BC 消去。

$$
\begin{aligned}
Y_1 &= A\overline{B}+AC+ADE+\overline{C}D\\
&= A\overline{B}+(AC+\overline{C}D+ADE)\\
&= A\overline{B}+AC+\overline{C}D\\
Y_2 &= AB+\overline{B}C+AC(DE+FG)\\
&= AB+\overline{B}C
\end{aligned}
$$

⑥ 配项法

利用公式 $A=A(B+\overline{B})$，为某一项配上其所缺的变量，以便用其他方法进行化简。

$$
\begin{aligned}
Y &= A\overline{B}+B\overline{C}+\overline{B}C+\overline{A}B\\
&= A\overline{B}+B\overline{C}+(A+\overline{A})\overline{B}C+\overline{A}B(C+\overline{C})\\
&= A\overline{B}+B\overline{C}+A\overline{B}C+\overline{A}\overline{B}C+\overline{A}BC+\overline{A}B\overline{C}\\
&= A\overline{B}(1+C)+B\overline{C}(1+\overline{A})+\overline{A}C(\overline{B}+B)\\
&= A\overline{B}+B\overline{C}+\overline{A}C
\end{aligned}
$$

利用公式 $A+A=A$，为某项配上其所能合并的项。

$$
\begin{aligned}
Y &= ABC+AB\overline{C}+A\overline{B}C+\overline{A}BC\\
&= (ABC+AB\overline{C})+(ABC+A\overline{B}C)+(ABC+\overline{A}BC)\\
&= AB+AC+BC
\end{aligned}
$$

在实际化简逻辑函数时，需要灵活运用上述几种方法，才能得到最简式。

三、逻辑函数的卡诺图化简法

1. 图形象法

用卡诺图化简逻辑函数，求最简与或表达式的方法称为图形象法。

卡诺图是按一定规则画出来的方框图。

图形象法优点为有比较明确的步骤可以遵循，结果是否最简，判断起来比较容易；缺点为当变量超过六个，就没有什么实用价值了。

与之相对的公式化简法的优点为变量个数不受限制；缺点为结果是否最简有时不易判断。

2. 最小项

(1) 定义

最小项是一个包括所有变量的乘积项，每个变量均以原变量或反变量的形式出现1次。

注意：每项都有包括所有变量，每个乘积中每个变量出现且仅出现 1 次。

如：$Y=F(A,B)$（2 个变量共有 4 个最小项 $\bar{A}\bar{B}$、$\bar{A}B$、$A\bar{B}$、AB），$Y=F(A,B,C)$（3 个变量共有 8 个最小项 $\bar{A}\bar{B}\bar{C}$、$\bar{A}\bar{B}C$、$\bar{A}B\bar{C}$、$\bar{A}BC$、$A\bar{B}\bar{C}$、$A\bar{B}C$、$AB\bar{C}$、ABC）。

结论：n 变量共有 2^n 个最小项。

表 10－13　三变量最小项真值表

ABC	$\bar{A}\bar{B}\bar{C}$	$\bar{A}\bar{B}C$	$\bar{A}B\bar{C}$	$\bar{A}BC$	$A\bar{B}\bar{C}$	$A\bar{B}C$	$AB\bar{C}$	ABC
000	1	0	0	0	0	0	0	0
001	0	1	0	0	0	0	0	0
010	0	0	1	0	0	0	0	0
011	0	0	0	1	0	0	0	0
100	0	0	0	0	1	0	0	0
101	0	0	0	0	0	1	0	0
110	0	0	0	0	0	0	1	0
111	0	0	0	0	0	0	0	1

（2）最小项的性质

① 任意最小项，只有一组对应变量取值使其值为 1。

② 任意两个最小项的乘积为零。

③ 全体最小项之和为 1。

（3）最小项的编号

把与最小项对应的变量取值当成二进制数，与之相应的十进制数就是该最小项的编号，用 m_i 表示。

表 10－14　最小项编号

$\bar{A}\bar{B}\bar{C}$	$\bar{A}\bar{B}C$	$\bar{A}B\bar{C}$	$\bar{A}BC$	$A\bar{B}\bar{C}$	$A\bar{B}C$	$AB\bar{C}$	ABC
000	001	010	011	100	101	110	111
0	1	2	3	4	5	6	7
m_0	m_1	m_2	m_3	m_4	m_5	m_6	m_7

3. 最小项表达式——标准与或式

任何逻辑函数都可以表示为最小项之和的形式——标准与或式。这种形式是唯一的，即一个逻辑函数只有一种最小项表达式。

例 10－1　写出下列函数的标准与或式：$Y=F(A,B,C)=AB+BC+CA$。

解：$Y=AB(\bar{C}+C)+BC(\bar{A}+A)+CA(\bar{B}+B)$

$=AB\bar{C}+ABC+\bar{A}BC+ABC+A\bar{B}C+ABC$

$$=AB\bar{C}+\bar{A}BC+A\bar{B}C+ABC$$

$$=m_7+m_6+m_5+m_3$$

例 10－2　写出下列函数的标准与或式：$Y=\overline{AB+AD+\bar{B}C}$。

解：$Y=(\bar{A}+\bar{B})(\bar{A}+\bar{D})(B+\overline{C})$

$$=(\bar{A}+\bar{B}\bar{D})(B+\bar{C})$$

$$=\bar{A}B+\bar{A}B+\bar{A}\bar{C}+\bar{B}\bar{C}\bar{D}$$

$$=\bar{A}BC+\bar{A}B\bar{C}+\bar{A}\bar{B}\bar{C}+A\bar{B}\bar{C}\bar{D}+\bar{A}\bar{B}\bar{C}\bar{D}$$

$$=\bar{A}BCD+\bar{A}BC\bar{D}+\bar{A}\bar{B}\bar{C}D+\bar{A}B\bar{C}\bar{D}+AB\bar{C}D+\bar{A}\bar{B}\bar{C}\bar{D}+A\bar{B}\bar{C}\bar{D}$$

$$=m_7+m_6+m_5+m_4+m_1+m_0+m_8$$

列真值表写最小项表达式，$Y=A+BC$ 的逻辑关系真值表见表 10－15 所列。

表 10－15　$Y=A+BC$ 的逻辑关系真值表

A	B	C	$A+BC$
0	0	0	0
0	0	1	0
0	1	0	0
0	1	1	1
1	0	0	1
1	0	1	1
1	1	0	1
1	1	1	1

$$Y=\bar{A}BC+A\bar{B}\bar{C}+A\bar{B}C+AB\bar{C}+ABC$$

标准与或式由其真值表获得的方法是将函数值为 1 的那些变量取值组合所对应的最小项相加。

4. 卡诺图

(1) 卡诺图：把最小项按照一定规则排列而构成的方格图称为卡诺图。

(2) 构成卡诺图的原则：

① N 变量的卡诺图有 $2n$ 个小方块(最小项)。

② 最小项排列规则是几何相邻的必须逻辑相邻。

逻辑相邻：只有一个变量取值不同其余变量均相同，逻辑相邻的最小项可以合并。

几何相邻：一是相邻 —— 紧挨的；二是相对 —— 任一行或一列的两头；三是相重 —— 对折起来后位置相重。其两个相邻最小项可以相加合并为一项，同时消去互反变量，合并结果为相同变量。

(3) 二变量卡诺图：对应四个最小项，如图 10－15 所示。

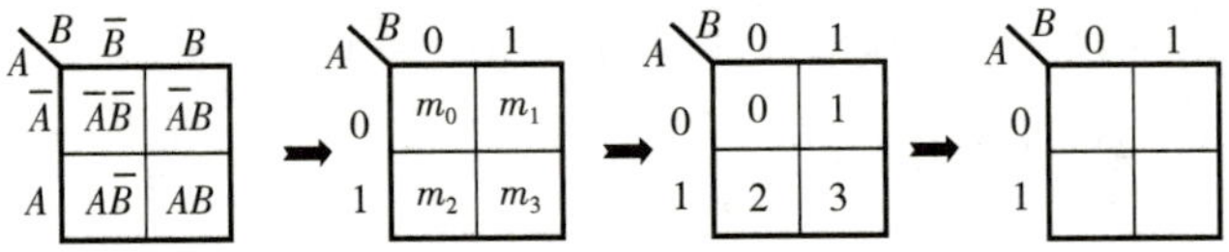

图 10－15　二变量卡诺图

(4) 三变量卡诺图：将八个最小项按照逻辑相邻性填入对应的小方格，如图 10－16 所示。

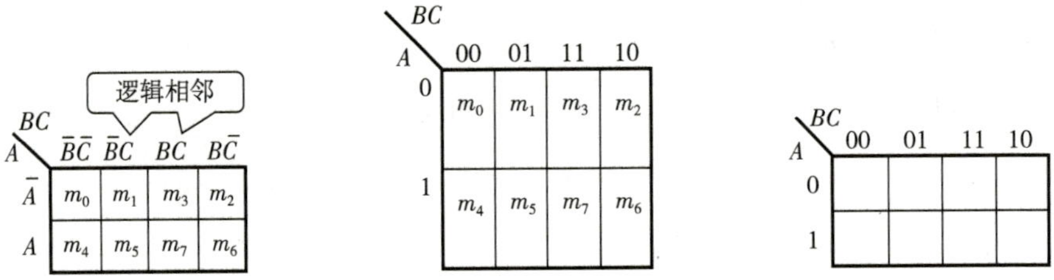

图 10－16　三变量卡诺图

注意：逻辑相邻的两个相邻最小项只有一个变量不同，其他都相同。

(5) 四变量卡诺图如图 10－17 所示。

(6) 对于五变量及以上的卡诺图，由于很复杂，在逻辑函数的化简中很少使用。

5. 变量卡诺图中最小项合并的规律

(1) 两个相邻最小项合并可以消去一个因子，如图 10－18 所示为卡诺图的化简。

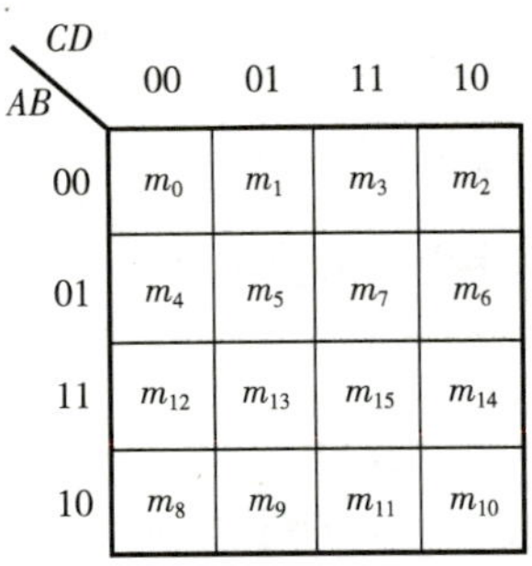

图 10－17　四变量卡诺图

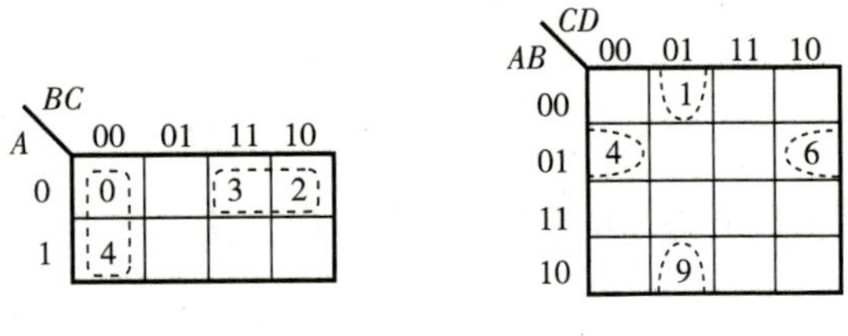

$\overline{A}\overline{B}\overline{C}+A\overline{B}\overline{C}=\overline{B}\overline{C}$

$\overline{A}BC+\overline{A}B\overline{C}=\overline{A}B$

$\overline{A}\overline{B}\overline{C}D+A\overline{B}\overline{C}D=\overline{B}\overline{C}D$

$\overline{A}B\overline{C}\overline{D}+\overline{A}BC\overline{D}=\overline{A}B\overline{D}$

图 10－18　卡诺图化简

(2) 四个相邻最小项合并可以消去两个因子，如图 10－19 所示为四变量卡诺图的化简。

$$m_0+m_2+m_8+m_{10}=\overline{A}\overline{B}\overline{C}\overline{D}+\overline{A}\overline{B}C\overline{D}+A\overline{B}\overline{C}\overline{D}+A\overline{B}C\overline{D}=\overline{B}\overline{D}$$

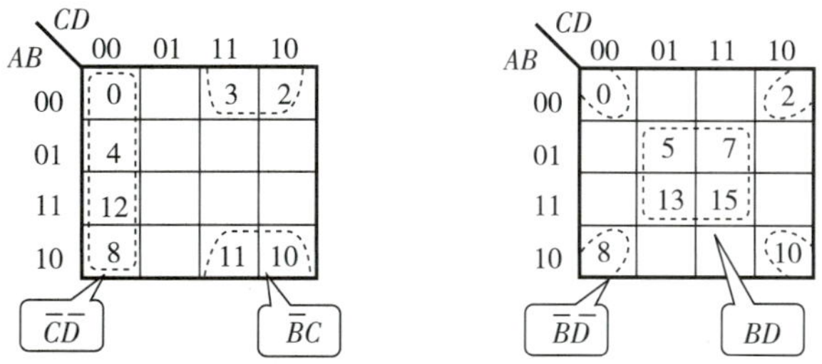

图 10 - 19　四变量卡诺图的化简(一)

(3) 八个相邻最小项合并可以消去 3 个因子,如图 10 - 20 所示为四变量卡诺图的化简。

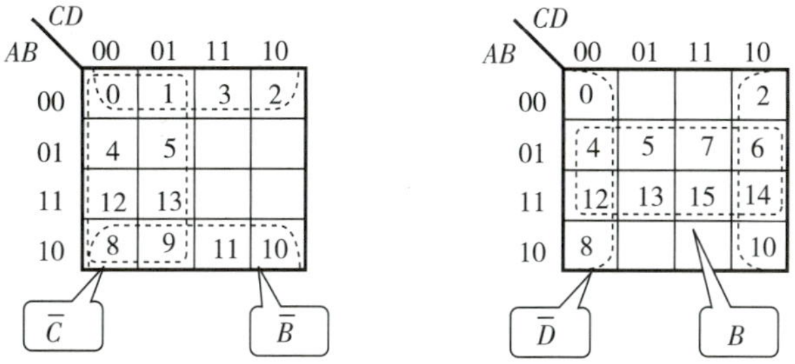

图 10 - 20　四变量卡诺图的化简(二)

6. 逻辑函数的卡诺图

(1) 逻辑函数的卡诺图的画法

① 根据函数的变量个数画出相应的变量卡诺图。

② 在函数每一个乘积项所包含的最小项处填 1,其余位置填 0 或不填。

(2) 逻辑函数卡诺图的特点

卡诺图圈组原则:按 2^n 个来圈取值为"1"的相邻项;每个取值为"1"的最小项至少圈一次;圈要尽可能大,个数尽可能少。卡诺图优点:用几何位置的相邻,形象地表达了构成函数的各个最小项在逻辑上的相邻性。卡诺图缺点:当函数变量多于五个时,画图十分麻烦,其优点不复存在,无实用价值。

(3) 举例

例 10 - 3　$Y=\sum m_{(1,3,4,5,10,11,12,13)}$。

解:化简步骤:

① 画出函数的卡诺图。

② 画包围圈合并最小项。

③ 写出最简与或表达式。

画包围圈的原则：

① 每个圈所包围的 1 的个数为 2^n，如 1、2、4、8 等。

② 圈越大越好，圈数越少越好。

③ 每个圈中至少有一个新“1”。

④ 不能漏“1”。

正确的画圈方法如图 10 - 21 所示，其与或表达式为

$$Y = B\bar{C} + \bar{A}\bar{B}D + A\bar{B}C$$

不正确的画圈方法如图 10 - 22 所示。其得到的与或表达式为

$$Y = \bar{B}CD + B\bar{C} + \bar{A}CD + A\bar{B}C$$

所得的逻辑函数就不是最简的逻辑函数表达式。

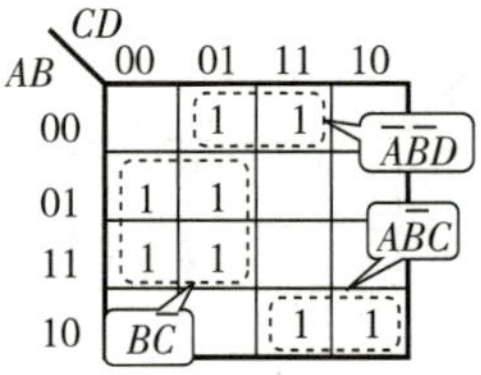

图 10 - 21 例题 10 - 3 正确的画圈方法

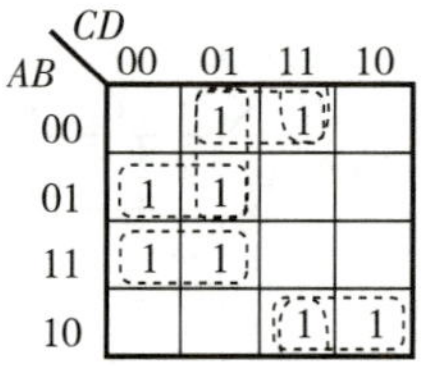

图 10 - 22 例题 10 - 3 不正确的画圈方法

例 10 - 4 利用图形法化简函数 $F(A,B,C,D) = \sum m_{(1,4,5,6,8,12,13,15)}$。

解：化简步骤：

① 画出函数的卡诺图。

② 画包围圈合并最小项。

③ 写出最简与或表达式为

$$Y = A\bar{C}\bar{D} + \bar{A}\bar{C}D + ABD + \bar{A}B\bar{D}$$

例 10 - 5 利用图形法化简函数 $F = \sum m_{(0,1,2,3,4,8,10,11,1,4,15)}$。

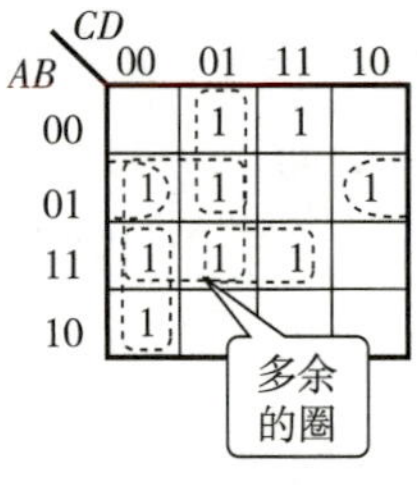

图 10 - 23 例题 10 - 4 的卡诺图及画圈方法

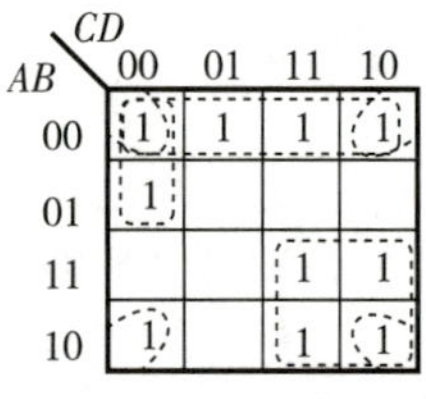

图 10 - 24 例题 10 - 5 的卡诺图及画圈方法

解：化简步骤：

① 画出函数的卡诺图。

② 画包围圈合并最小项。

③ 写出最简与或表达式为

$$Y=\overline{A}\,\overline{B}+AC+\overline{A}\;\overline{C}\,\overline{D}+\overline{B}\,\overline{D}$$

例 10－6　试写出 $Y=\overline{A}\,\overline{B}\,\overline{C}+\overline{\overline{B}\;\overline{C}+C\overline{D}}$ 的标准与或表达式式，并画出卡诺图。

解：与或表达式为

$$Y=\overline{A}\,\overline{B}\,\overline{C}\,\overline{D}+\overline{A}\,\overline{B}\,\overline{C}\,\overline{D}+AB\overline{C}\,\overline{D}+AB\overline{C}D+ABCD$$

表达式可简记为 $Y=m_0+m_1+m_{12}+m_{13}+m_{15}$

$$=\sum m_{(0,1,12,13,15)}$$。

卡诺图如图 10－25 所示。

知识拓展：

常见集成电路芯片引脚图

AB \ CD	00	01	10	11
00	1	1		
01				
10	1	1	1	
11				

图 10－25　例题 10－6

常见集成电路芯片引脚图

任务三　基本的数字器件

学习目标：

了解常见门电路的电气特性。
熟悉常见门电路的逻辑功能。

学习内容：

学习当前较为广泛的 TTL 逻辑门电路工作原理。

一、基本的逻辑门电路

用来实现基本逻辑运算和复合逻辑运算的电子电路统称为逻辑门电路。逻辑门是构成所有数字电路的基本单元电路，如图 10－26 和图 10－27 所示。

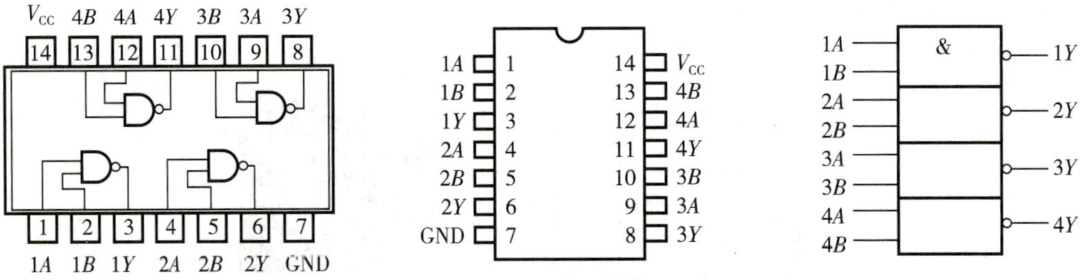

（a）引脚配置图　（b）封装外形图　（c）逻辑符号

图 10－26　四 2 输入与非门 74LS00

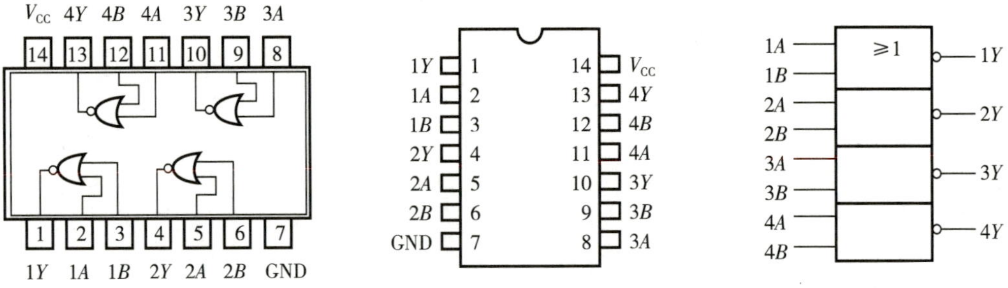

（a）引脚配置图　（b）封装外形图　（c）逻辑符号

图 10－27　四 2 输入或非门 74LS02

目前在数字电路中用的最多的是 CMOS 电路和 TTL 电路两种类型。

1. 常用的逻辑门电路

基本和常用的逻辑门电路有与门、或门、非门(反相器)、与非门、或非门、与或非门和异或门等,常用逻辑门电路国际符号与国际流行符号见表 10－16。

表 10－16　常用逻辑门电路国际符号与国际流行符号

	国际符号	国际流行符号
与		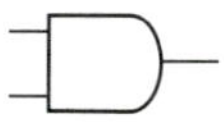
或	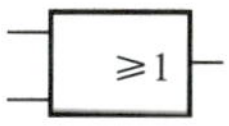	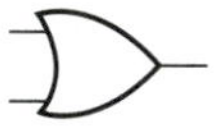
非	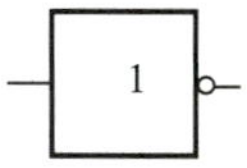	
或非	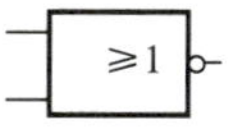	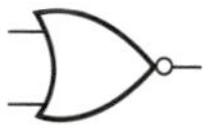
与非	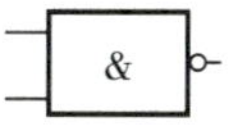	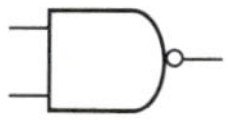
异或	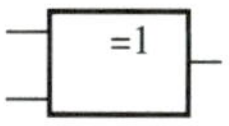	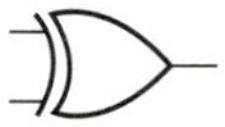
异或非	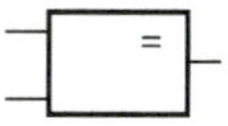	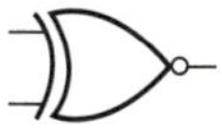
三态	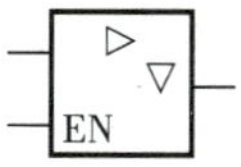	
恒等	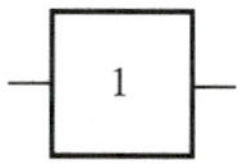	

二、TTL 集成门电路

TTL 与非门功能测试及转换

把构成门电路的元器件和导线都做在一块半导体芯片上,再封装起来,就构成了集成门电路。按照集成度的不同,集成电路可分为小规模集成电路 SSI、中规模集成电路 MSI、大规模集成电路 LSI、超大规模集成电路 VLSI。按内部有源器件的不同,集成电路可分为双极型集成电路 TTL 和单极型集成电路 CMOS。

TTL(Transistor Transistor Logic,晶体管-晶体管-逻辑)电路,输入输出都是由三极管来完成的逻辑电路。一般是中小规模集成电路,所有 TTL 电路的工作电压都是 5 V。

1. TTL 反相器的工作原理

电路由输入极(电阻 R_1、晶体管 T_1、二极管 D_1 和输入端 A)、中间极(中间反相极,包括电阻 R_2R_3、晶体管 T_2)和输出极(电阻 R_4、二极管 D、晶体管 T_3T_4 和输出 Y)三部分组成(见图 10-28)。D_1 起保护作用,D 起电平移位作用。

假设 $U_{IL}=0.3\ V$,$U_{IH}=3.6\ V$:

当 $U_i=U_{IL}$ 时,T_1 导通,T_1 的基极电位被钳位在 1 V,T_1 的基极到地至少有 2 个 PN 结,T_2 截止、T_4 截止,5 V 电源通过 R_2 向 T_3 基极提供电压,T_3 和 D 都导通。输出电压 $U_0=5-U_{BE_3}-U_D=3.6\ V$,$U_0=U_{0H}$,由于 T_3 工作在射极输出器状态,所以带负载能力较强。

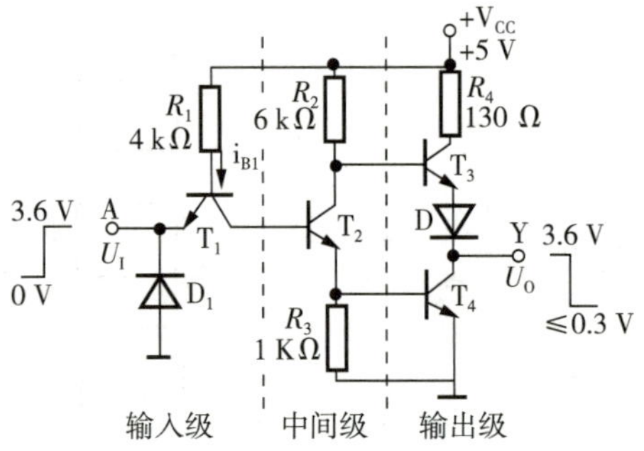

图 10-28 TTL 反向器

当 $U_i=U_{IH}$ 时,$u_{E1}=3.6\ V$,假设 T_1 导通,T_1 的基极电位为 4.3 V,此电压足以使三个 PN 结导通,T_4 的基极电位为 0.7 V,T_2 的基极电位为 1.4 V,T_1 为倒置工作状态(集电结正向导通而发射结反偏),$U_{C2}=U_{BE_{S4}}+U_{BE_{S2}}\approx 0.7+0.3=1\ V$,这个电压不足以使 T_3 和 D 导通,所以 T_3、D 截止,T_4 饱和,空载时输出电压 0.3 V,$U_0=U_{0L}$。

可见输出和输入之间是反相关系,即 $Y=\overline{A}$。

2. TTL 非门的特性曲线

(1) 电压传输特性

输出电压随输入电压 U_i 的变化用曲线表示出来叫作电压传输特性。

① *ab* 段(截止区):当 $U_i<0.5\ V$ 时、T_2,T_4 截止,输出高电平 $U_0=3.6\ V$。

② *bc* 段(线性区):当 $0.5\ V\leqslant U_i<1.3\ V$ 时,$0.7\ V\leqslant U_{B2}<1.4\ V$,此时 T_2 导通,U_{C2} 随 U_{B2} 升高而下降,经过 T_3、D 使 U_0 线性下降。T_4 仍截止。

③ *cd* 段(转折区):当 $U_i\geqslant 1.3\ V$ 时,随着输入电压略微升高,输出电压急剧下降。这是由于此时 T_4 开始导通,T_2 尚未饱和,T_2、T_3 和 T_4 均处于放大状态,故 U_i 稍有提高,均可使 U_0 很快下降。所以 *cd* 的斜率比 *bc* 段要大得多。通常把电压传输特性曲线上转折区中点所对应的输入电压称为门槛电压(或阈值电压),以 U_T 表示。对于典型的 TTL 与非门,$U_T=1.3\sim1.4\ V$,可以粗略地认为,当 $U_i<U_T$ 时,与非门将截止,输出高电平。

④ *de* 段(转折区):当 $U_i\geqslant 1.4\ V$ 时,$U_{B1}=2.1\ V$,此时饱 T_1 倒置 U_{C2} 约 1 V,T_3 截止,输出低电平,$U_0=0.3\ V$,且输出电平基本不随 U_i 的增大而变化。

由电压传输特性可得与非门的几个重要参数:输出的高电平 U_{OH},输出低电平 U_{OL}、关门电平 U_{off}、开门电平 U_{on}、下限抗干扰电压容限 U_{NL}、上限抗干电压扰容限 U_{NH} 等。

(2) 噪声容限

输入 U_i 偏离标称值时,输出并不是立即变化,只要噪声不超过一定限度如图 10-29 所示,输出端的逻辑状态就不会受到影响。这个不允许超过的界限叫作噪声容限(图 10-

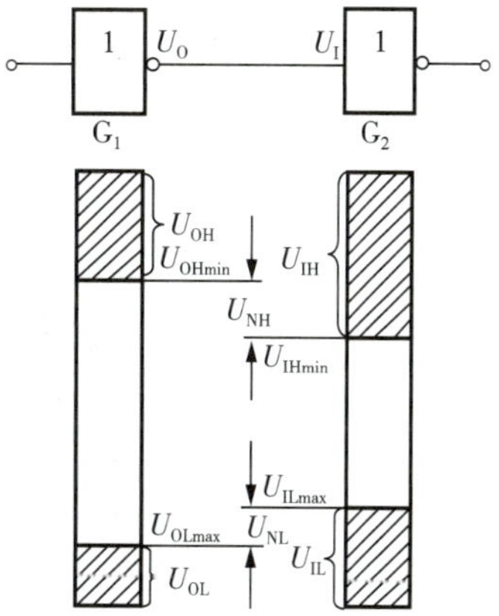

图 10－29　噪声容限

29)。一般规定：TTL 门输出低电平最大值是 0.4 V；输出高电平最小值是 2.4 V。

低电平噪声容限：$U_{NL}=U_{OFF}-U_{IL}=0.4$ V。

高电平噪声容限：$U_{NH}=U_{IH}-U_{ON}=0.4$ V。

3. 主要参数

开门电阻(R_{ON})：在保证反相器开启，输出为额定低电平的条件下，所允许的输入电阻 R_i 的最小值。

关门电阻(R_{OFF})：在保证反相器关闭，输出为高电平的条件下，所允许的输入电阻 R_i 的最大值。

一般 $R_{OFF}=700\ \Omega$，$R_{ON}=2.5\ \text{k}\Omega$。

当输入电阻 $R_i>R_{ON}$ 时，相当于输入高电平，门开，输出低电平。当输入电阻 $R_i<R_{OFF}$ 时，相当输入低电平，门关，输出高电平。

TTL 与非门多余输入端的处理方法：

① 接高电平(如通过电阻接电源)可以不增加信号驱动电流；

② 与有用端并联可以增加可靠性，需驱动电流大；

③ 悬空易引入干扰。

扇入系数和扇出系数：扇入系数是指门的输入端数；扇出系数是指一个门能驱动同类型门的个数。根据输出端为低电平时允许灌入的最大负载电流 I_{Lmax}，可求出驱动门的扇出系数 N_O：

$$N_O=\frac{I_{Lmax}}{I_{IS}}$$

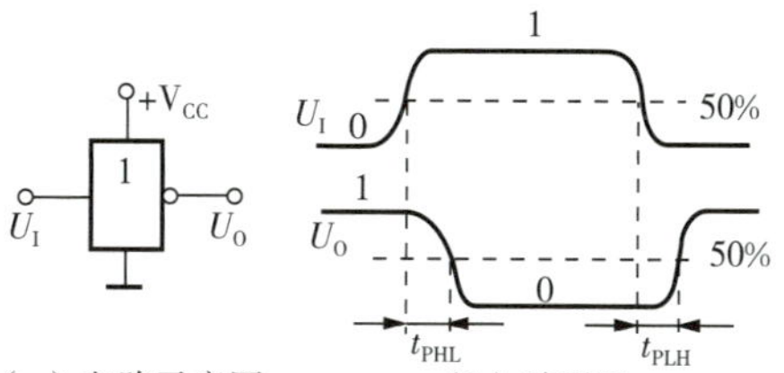

(a) 电路示意图　　(b) 波形图

图 10－30　TTL 与非门平均传输延迟时间

平均传输延迟时间 t_{pd}：在实际逻辑电路中，一级门的输出往往就是下级门的输入。由于晶体管的接通时间 t_{on} 和关闭时间 t_{off} 均不为零，也就是说它们的导通、截止过程都需要一定的时间，所以当 TTL 与非门的输入信号发生变化时，它的输出不能立即变化，而存在一定的延迟时间(见图 10－30)。输出波形下降沿的 50% 处与输入波形上升沿的 50% 处的时间间隔称为导通延迟时间 t_{PHL}，输出波形上升沿的 50% 处与输入波形下降沿的 50% 处的时间间隔称为截止延迟时间 t_{PLH}。t_{PHL} 与 t_{PLH} 的平均值称为平均传输延迟时间 t_{pd}(简称传输延迟)，即 $t_{pd}=\frac{t_{PHL}+t_{PLH}}{2}$，它是衡量逻辑门电路开关速度的一个重要指标。典型 TTL 与非门的 t_{pd} 约为 10 ns。

知识拓展：

1. 基本集成门电路主要产品型号及参数
2. TTL 与非门功能测试及转换实验

基本集成门电路
主要产品型号及参数

TTL 与非门功能
测试及转换实验

任务四　与或非逻辑门实验

一、实验目的

1. 熟悉主要门电路的逻辑功能。
2. 掌握基本门电路逻辑功能的测试方法。

二、实验原理

1. 集成电路芯片介绍

主要的门电路包括与、或、非、与非门、或非门等，在数字电路中广泛应用。无论大规模集成电路多么复杂，但内部也还是由这些基本门电路构成，因此，熟悉它们的功能十分重要。常见的典型集成电路芯片如图 10－31 所示。

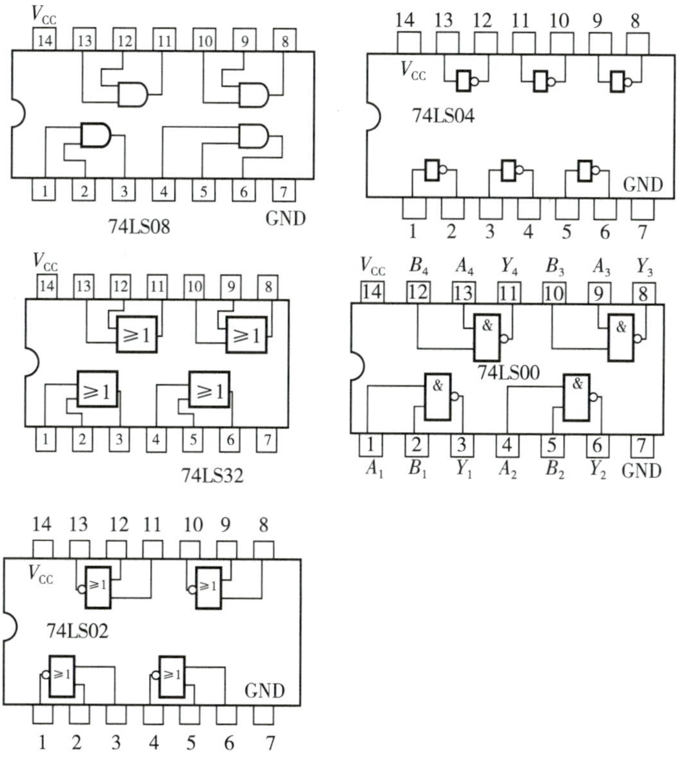

图 10－31　常见集成电路芯片

数字电路实验中所用到的集成芯片多为双列直插式，其引脚排列规则如图 10－31 所示。其识别方法是：正对集成电路型号或看标记（左边的缺口或小圆点标记），从左下角开始按逆时针方向以 1，2，3… 依次排列到最后一脚。在标准形 TTL 集成电路中，电源端 V_{cc} 一般排在左上端，接地端（GND）一般排在右下端，如 74LS00。若集成芯片引脚上的功能标号为 NC，则表示该引脚为空脚，与内部电路不连接。

三、实验设备与器件

1. 数字电子技术实验箱或实验台。

2. 数字万用表。

3. 74LS32×1、74LS08×1、74LS04×1、74LS00×1、74LS02×1。

四、实验内容

1. 与门逻辑功能的测试

(1) 将 74LS08 插入实验台 14P 插座,注意集成块上的标记,不要插错。

(2) 将集成块 V_{cc} 端与电源+5V 相连,GND 与电源"地"相连。

(3) 选择其中一个与门,将其 2 个输入端逻辑开关相连,输出端 Y 与逻辑电平显示器相连,如图 10-32 所示。根据表 10-17 中输入端的不同状态组合,分别测出输出端的相应状态,并将结果填入其中。

表 10-17 输入输出表

输入		输出	
A	B	逻辑状态	LED
0	0	0	灭
0	1	0	灭
1	0	0	灭
1	1	1	亮

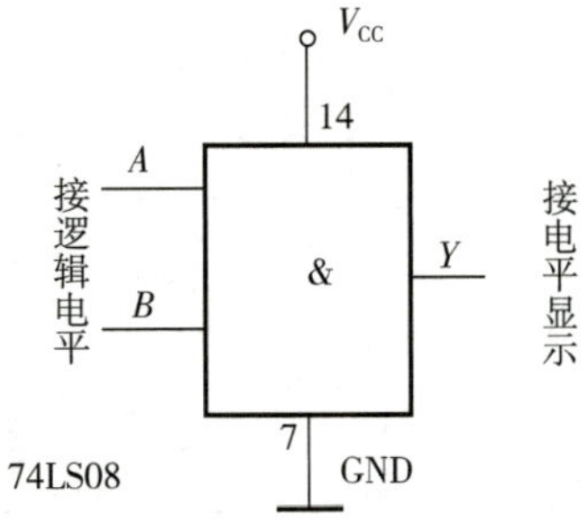

图 10-32 接线图

2. 或门逻辑功能的测试

将 74LS032 集成芯片按照上述方法插入实验台的 14P 插座,选择其中一个或门,将其输入端与逻辑电平相连,输出端与逻辑电平显示器相连,如图 10-32 所示。根据表 10-18 中输入端的不同状态组合,分别测出输出端的相应状态,并将结果填入其中。

表 10-18 真值表

输入		输出	
A	B	逻辑状态	LED
0	0	0	灭
0	1	1	亮
1	0	1	亮
1	1	1	亮

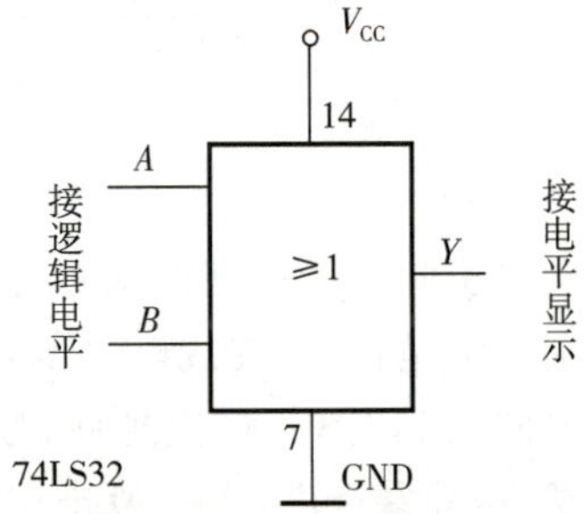

图 10-33 接线图

3. 非门逻辑功能的测试

将 74LS04 集成芯片按照上述方法插入实验台的 14P 插座，选择其中一个非门，将其输入端与逻辑电平相连，输出端与逻辑电平显示器相连，如图 10－33 所示。根据表 10－19 中输入端的不同状态组合，分别测出输出端的相应状态，并将结果填入其中。

表 10－19　真值表

输　入	输　出	
A	逻辑电平	LED
0	1	亮
1	0	灭

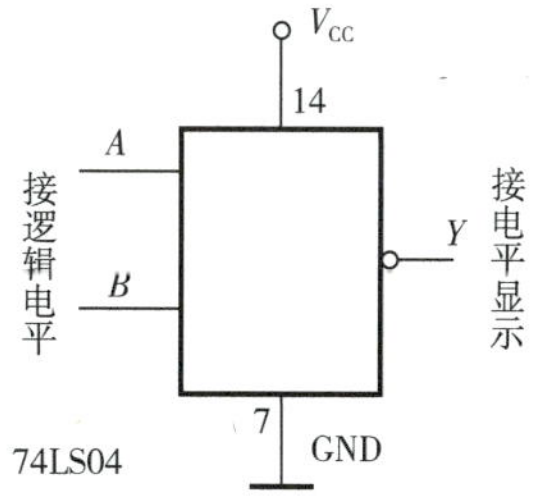

图 10－34　接线图

4. 与非门逻辑功能的测试

将 74LS00 集成芯片按照上述方法插入实验台的 14P 插座，选择其中一个与非门，将其输入端与逻辑电平相连，输出端与逻辑电平显示器相连，如图 10－34 所示。根据表 10－20 中输入端的不同状态组合，分别测出输出端的相应状态，并将结果填入其中。

表 10－20　真值表

输　入		输　出	
A	B	逻辑状态	LED
0	0	1	亮
0	1	1	亮
1	0	1	亮
1	1	0	灭

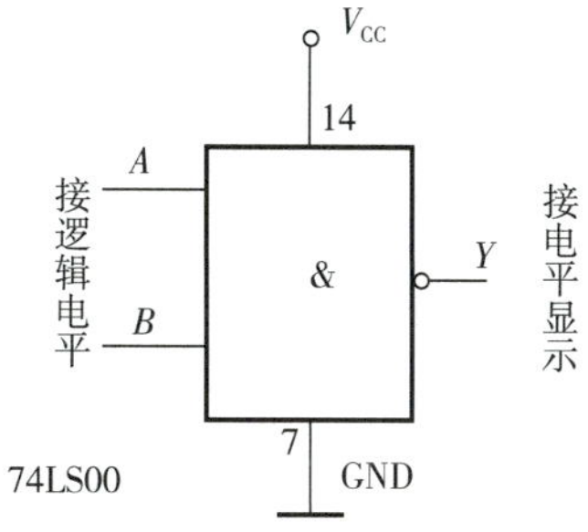

图 10－35　接线图

5. 或非门逻辑功能的测试

将 74LS02 集成芯片按照上述方法插入实验箱的 14P 插座，选择其中一个或非门，将其输入端与逻辑电平相连，输出端与逻辑电平显示器相连，如图 10－35 所示。根据表 10－21 中输入端的不同状态组合，分别测出输出端的相应状态，并将结果填入其中。

六、实验报告

1. 整理实验数据。
2. 总结各种门的逻辑功能并写出逻辑表达式。

表 10－21　真值表

输　入		输　出	
A	B	逻辑状态	LED
0	0	1	亮
0	1	0	灭
1	0	0	灭
1	1	0	灭

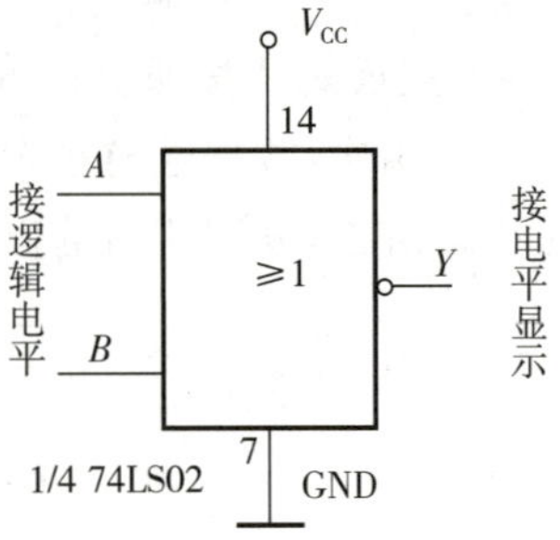

图 10－36　接线图

同步思考：

1. 在正逻辑的约定下，“1”表示________电平，“0”表示________电平。

2. ________、________和________是把符号位和数值位一起编码的表示方法，是计算机中数的表示方法。在计算机中，数据常以________的形式进行存储。

3. 最基本的逻辑运算有________、________和________ 3 种。

4. 三态门输出的 3 种状态分别为：________、________和________。

5. 二极管作为开关来使用是利用了二极管的________。

6. 将下列二进制数转换为十进制数。

(1)10110001；(2)10101010；(3)11110001；(4)10001000。

7. 将下列十六进制数转换为二进制数。

(1)11；(2)9C；(3)B1；(4)AF。

8. 试画出图 10－37(a) 所示电路在输入图 10－37(b) 波形时的输出端 B、C 的波形。

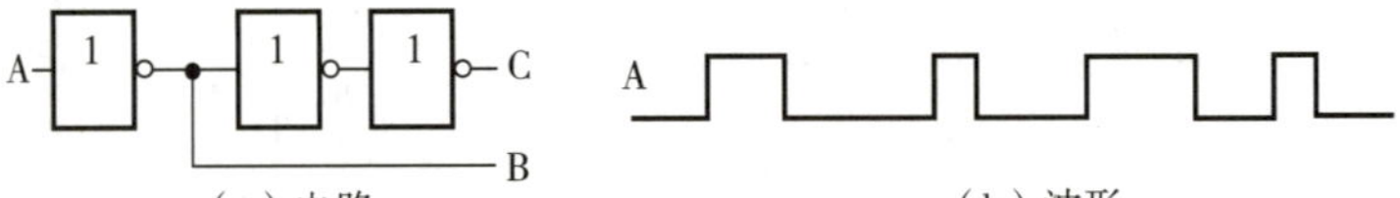

(a) 电路　　(b) 波形

图 10－37　题 8 图

9. 试用卡诺图化简如下逻辑函数式。

(1)$F(A,B,C,D)=\sum m(0,1,2,8,9,10,12,13,14,15)$；

(2)$F(A,B,C,D)=\sum m(2,4,5,6,7,11,12,14,15)$；

(3)$F(A,B,C,D)=\sum m(0,2,4,6,7,8,12,14,15)$。

10. 画出如下逻辑函数式的逻辑电路图。

(1)$\overline{A}B+A\overline{B}$；

(2)$AB+\overline{A}\overline{B}+\overline{A}BC$；

(3)$\overline{A}B(C+\overline{D})$；

(4)$A+B(\overline{C}+D(B+C))$。

项目十 PPT

项目十一

组合逻辑电路

本章导读

本模块首先介绍组合逻辑电路的一般分析方法和设计方法，重点介绍了常用组合逻辑电路的基本原理及常用中规模集成组合逻辑电路的逻辑功能、使用方法和应用举例。

学习要点

掌握逻辑门电路的逻辑符号及逻辑功能。
掌握组合电路的分析方法和设计方法。
掌握典型组合逻辑电路的功能。

任务一　组合逻辑电路的分析与设计

学习目标：

掌握组合逻辑电路的分析方法及其步骤。
掌握组合逻辑电路的设计方法及其步骤。
了解组合逻辑电路竞争冒险产生原因、识别途径及消除方法。

学习内容：

学习组合逻辑电路的分析方法和设计方法。

一、组合逻辑电路的分析方法

1. 组合逻辑电路的特点

组合逻辑电路是数字电路中最简单的一类逻辑电路，其特点是功能上无记忆、结构上无反馈，即电路任意时刻的输出状态只取决于该时刻各输入状态的组合，而与电路的原状态无关。

2. 组合逻辑电路的分析方法

组合逻辑电路的分析过程如图 11-1 所示。

例 11-1　组合电路如图 11-2 所示，分析该电路的逻辑功能。

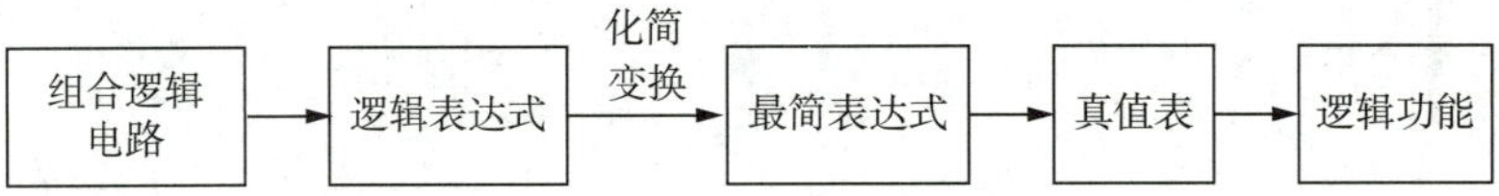

图 11-1 组合逻辑电路的分析过程

解：(1) 由逻辑图逐级写出逻辑表达式。为了表达方便，借助中间变量 P 有

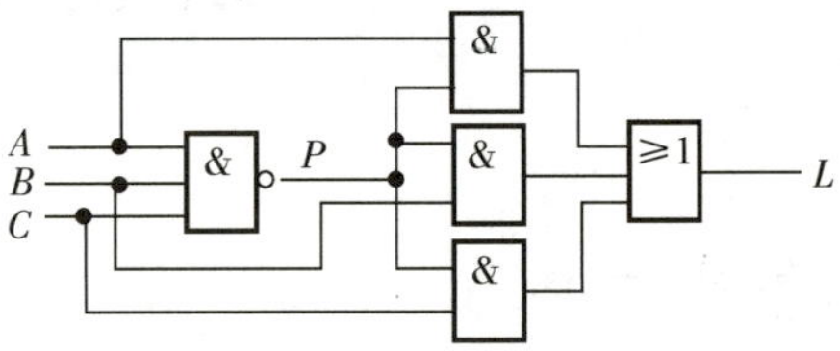

图 11-2 例 11-1 的电路图

$$P=\overline{ABC}$$

$$L=AP+BP+CP$$

$$=A\,\overline{ABC}+B\,\overline{ABC}+C\,\overline{ABC}$$

(2) 化简与变换。因为下一步要列真值表，所以要通过化简与变换，使表达式有利于列真值表，一般应变换成与或式或最小项表达式。即

$$L=\overline{ABC}(A+B+C)=\overline{ABC+\overline{A+B+C}}=\overline{ABC+\bar{A}\bar{B}\bar{C}}$$

(3) 由表达式列出例 11-2 的逻辑关系真值表，见表 11-1 所列。经过化简与变换的表达式为两个最小项之和的非，所以很容易列出真值表。

表 11-1 例 11-2 的逻辑关系真值表

A	B	C	L
0	0	0	0
0	0	1	1
0	1	0	1
0	1	1	1
1	0	0	1
1	0	1	1
1	1	0	1
1	1	1	0

(4) 分析逻辑功能

由表 11-1 可知，当 A、B、C 3 个变量不一致时，电路输出为"1"，所以这个电路称为"不一致电路"。

上例中输出变量只有 1 个，对于多输出变量的组合逻辑电路，分析方法完全相同。

组合逻辑电路的分析方法

二、组合逻辑电路的设计方法

组合逻辑电路的设计一般应以电路简单、所用器件最少为目

标，并尽量减少所用集成器件的种类，因此在设计过程中要用到前面介绍的代数法和卡诺图法来化简或转换逻辑函数。组合逻辑电路的设计方法如图 11－3 所示。

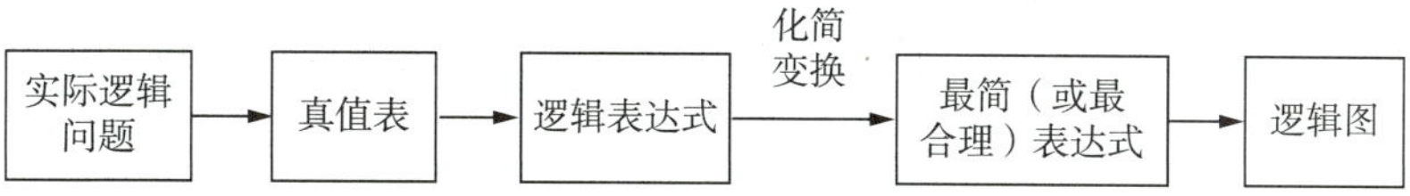

图 11－3　组合逻辑电路的设计方法

例 11－2　设计一个 3 人表决电路，结果按“少数服从多数”的原则决定。

解：(1) 根据设计要求建立该逻辑函数的真值表。

假设 3 人的意见为变量 A、B、C，表决结果为函数 L。对变量及函数进行如下状态赋值：对于变量 A、B、C，设同意为逻辑“1”，不同意为逻辑“0”；对于函数 L，设事情通过为逻辑“1”，没通过为逻辑“0”。例 11－2 的逻辑关系真值表见表 11－2 所列。

(2) 由真值表写出逻辑表达式：$L=\overline{A}BC+A\overline{B}C+AB\overline{C}+ABC$，该逻辑式不是最简。

(3) 化简。由于卡诺图化简法较方便，故一般用卡诺图进行化简。将该逻辑函数填入卡诺图，如图 11－4 所示。合并最小项，得最简与或表达式：$L=AB+BC+AC$。

表 11－2　例 11－2 的逻辑关系真值表

A	B	C	L
0	0	0	0
0	0	1	0
0	1	0	0
0	1	1	1
1	0	0	0
1	0	1	1
1	1	0	1
1	1	1	1

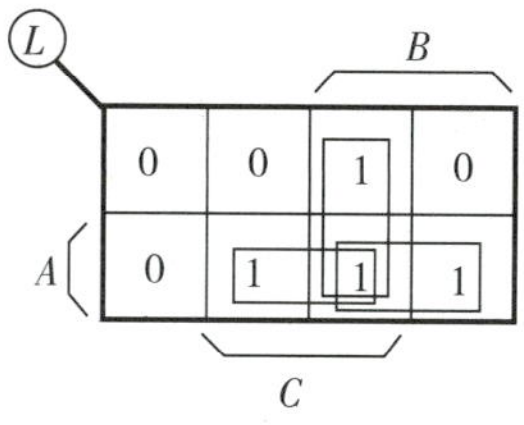

图 11－4　例 11－2 的卡诺图

(4) 画出逻辑图，如图 11－5 所示。

如果要求用与非门实现该逻辑电路，就应将表达式转换成与非表达式：

$$L=AB+BC+AC=\overline{\overline{AB}\cdot\overline{BC}\cdot\overline{AC}}$$

画出用与非门实现的逻辑图，如图 11－6 所示。

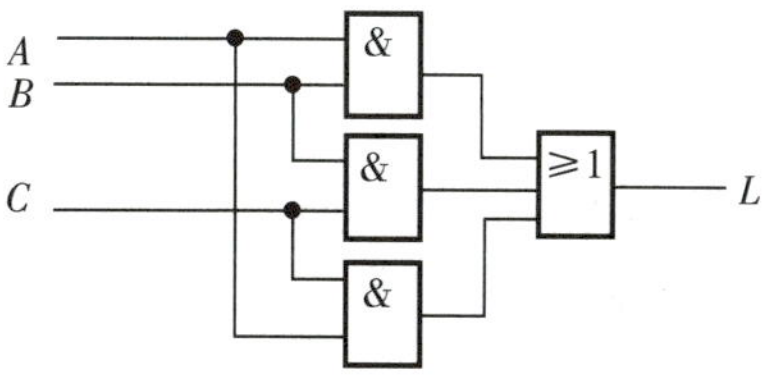

图 11－5　例 11－2 的逻辑图

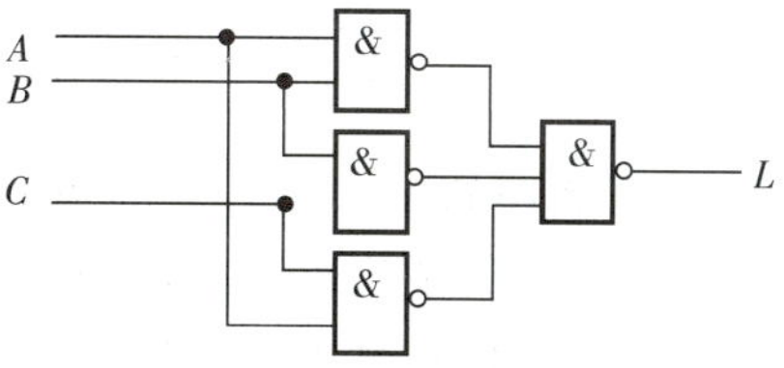

图 11－6　例 11－2 用与非门实现的逻辑图

例 11-3 设计一个电话机信号控制电路。电路有 I_0（火警）、I_1（盗警）和 I_2（日常业务）3 种输入信号，通过排队电路分别从 L_0、L_1、L_2 输出，在同一时间只能有一个信号通过。如果同时有两个及以上信号出现，应首先接通火警信号，其次为盗警信号，最后是日常业务信号。试按照上述轻重缓急设计该信号的控制电路。要求用集成门电路 7400（每片含 4 个 2 输入端与非门）实现。

解：(1) 列真值表：

对于输入，设有信号为逻辑“1”，没信号为逻辑“0”。

对于输出，设允许通过为逻辑“1”，不设允许通过为逻辑“0”。

(2) 由真值表写出各输出的逻辑表达式：

$$L_0 = I_0$$

$$L_1 = \overline{I_0} I_1$$

$$L_2 = \overline{I_0}\,\overline{I_1} I_2$$

这 3 个表达式已是最简，不需化简。但需要用非门和与门实现，且 L_2 需用三输入端与门才能实现，故不符合设计要求。

表 11-3 例 11-3 的逻辑关系真值表

输 入	输 出
I_0 I_1 I_2	L_0 L_1 L_2
0 0 0	0 0 0
1 × ×	1 0 0
0 1 ×	0 1 0
0 0 1	0 0 1

(3) 根据要求，将上式转换为与非表达式：

$$L_0 = I_0$$

$$L_1 = \overline{\overline{\overline{I_0} I_1}}$$

$$L_2 = \overline{\overline{\overline{I_0}\,\overline{I_1} I_2}} = \overline{\overline{\overline{\overline{\overline{I_0}\,\overline{I_1}}} \cdot I_2}}$$

(4) 画出逻辑图如图 11-7 所示，可用两片集成与非门 7400 来实现。

可见，在实际设计逻辑电路时，有时并不是表达式最简单就能满足设计要求，还应考虑所使用集成器件的种类，将表达式转换为能用所要求的集成器件实现的形式，并尽量使所用集成器件最少，就是设计步骤框图中所说的“最合理表达式”。

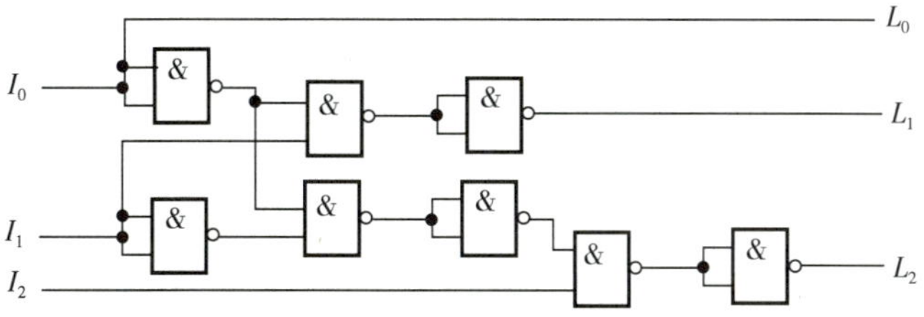

图 11－7　例 11－3 逻辑图

例 11－4　设计一个将余 3 码变换成 8421BCD 码的组合逻辑电路。

解：(1) 根据题目要求，列出余 3 码变换成 8421BCD 码的逻辑关系真值表见表 11－4 所列。

表 11－4　余 3 码变换成 8421BCD 码的逻辑关系真值表

输入(余 3 码)				输出(8421 码)			
A_3	A_2	A_1	A_0	L_3	L_2	L_1	L_0
0	0	1	1	0	0	0	0
0	1	0	0	0	0	0	1
0	1	0	1	0	0	1	0
0	1	1	0	0	0	1	1
0	1	1	1	0	1	0	0
1	0	0	0	0	1	0	1
1	0	0	1	0	1	1	0
1	0	1	0	0	1	1	1
1	0	1	1	1	0	0	0
1	1	0	0	1	0	0	1

(2) 用卡诺图(图 11－8) 进行化简。本题目为 4 个输入量、4 个输出量，故分别画出 4 个四变量卡诺图。注意余 3 码中有 6 个无关项，应充分利用，使其逻辑函数尽量简单化简后得到的逻辑表达式为

$$L_0 = \overline{A_0}$$

$$L_1 = A_1\overline{A_0} + A_0\overline{A_1} = A_1 \oplus A_0$$

$$L_2 = \overline{A_2}\,\overline{A_0} + A_2A_1A_0 + A_3\overline{A_1}A_0 = \overline{\overline{\overline{A_2}\,\overline{A_0}} \cdot \overline{A_2A_1A_0} \cdot \overline{A_3\overline{A_1}A_0}}$$

$$L_3 = A_3A_2 + A_3A_1A_0 = \overline{\overline{A_3A_2} \cdot \overline{A_3A_1A_0}}$$

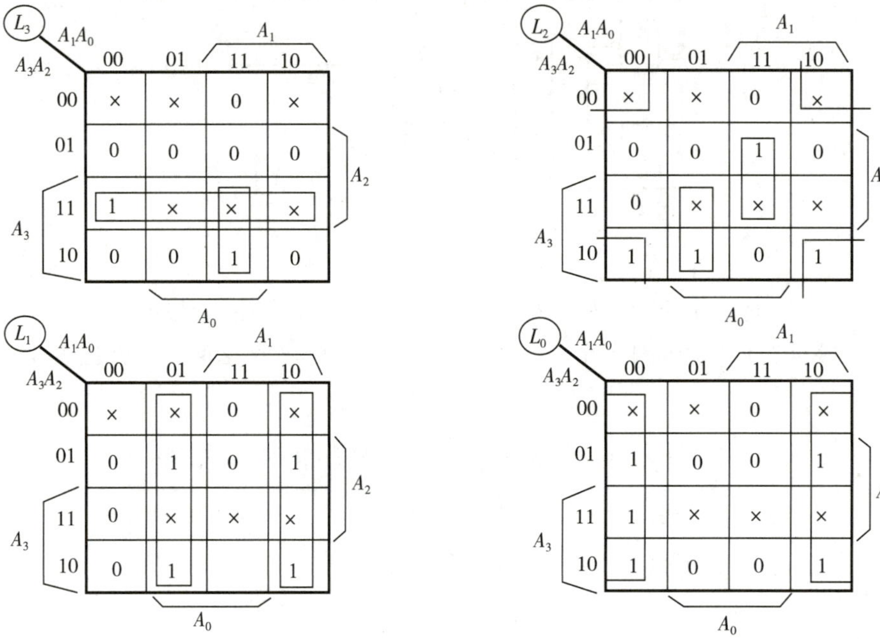

图 11-8　余 3 码变换成 8421BCD 码的卡诺图

(3) 由逻辑表达式画出逻辑图,如图 11-9 所示。

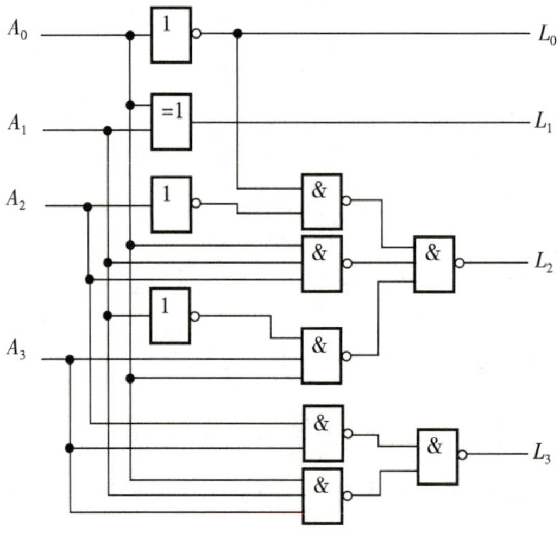

图 11-9　余 3 码变换成 8421BCD 码的逻辑图

三、组合逻辑电路中的竞争冒险

前面在分析和设计组合逻辑电路时,都没有考虑门电路延迟时间对电路的影响。实际上,由于延迟时间的存在,当一个输入信号经过多条路径传送后又重新会合到某个门上,由于不同路径上门的级数不同,或者门电路延迟时间的差异,到达会合点的时间有先有后,从而产生瞬间的错误输出，这一现象称为竞争冒险。

1. 产生竞争冒险的原因

如图 11－10(a) 所示的电路中，逻辑表达式为 $L=A\overline{A}$，理想情况下，输出应恒等于 0。但是由于 G_1 门的延迟时间 t_{pd}，$\overline{A}$ 下降沿到达 G_2 门的时间比 A 信号上升沿晚 $1t_{pd}$，因此，使 G_2 输出端出现了一个正向窄脉冲，如图 11－10(b) 所示，这种现象通常称之为“1 冒险”。

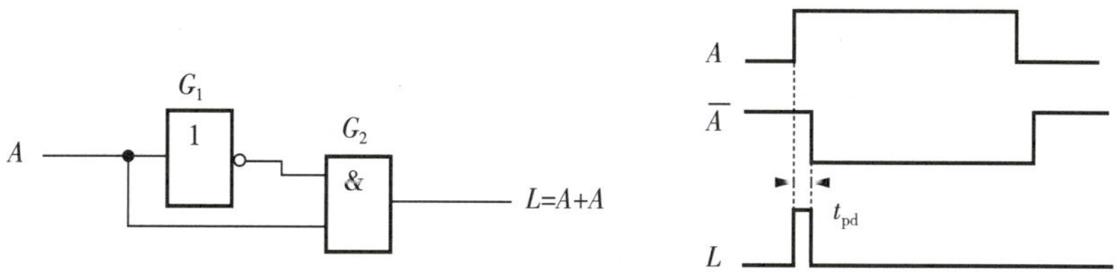

（a）逻辑图　　（b）波形图

图 11－10　产生“1 冒险”

同理，在图 11－11(a) 所示的电路中，由于 G_1 门的延迟时间 t_{pd}，会使 G_2 输出端出现一个负向窄脉冲，如图 11－11(b) 所示，这种现象通常称之为“0 冒险”。

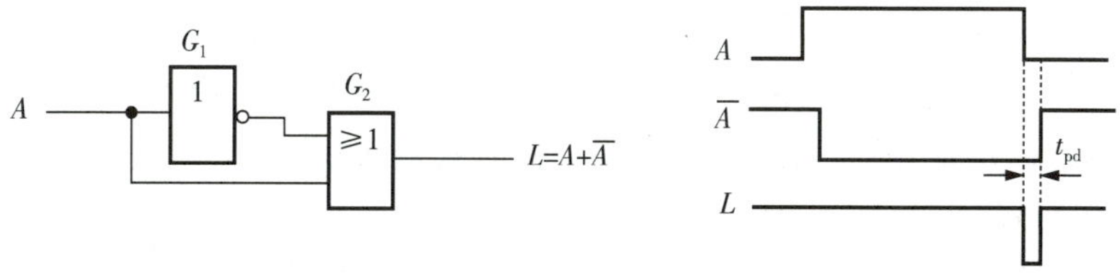

（a）逻辑图　　（b）波形图

图 11－11　产生“0 冒险”

“0 冒险”和“1 冒险”统称为冒险，是一种干扰脉冲，有可能引起后级电路的错误动作。产生冒险的原因是一个门（如 G_2）的两个互补的输入信号分别经过两条路径传输，由于延迟时间不同，到达的时间不同，我们把这种现象称为竞争。

2. 冒险现象的识别

可采用代数法来判断一个组合电路是否存在冒险，方法如下：

写出组合逻辑电路的逻辑表达式，当某些逻辑变量取特定值(0 或 1) 时，如果表达式能转换为 $L=A\overline{A}$，则存在“1 冒险”；$L=A+\overline{A}$，则存在“0 冒险”。

例 11－5　判断如图 11－12(a) 所示电路是否存在冒险，如有，指出冒险类型，画出输出波形。

解：写出逻辑表达式：$L=A\overline{C}+BC$。

若输入变量 $A=B=1$，则有 $L=C+\overline{C}$。因此，该电路存在“0 冒险”。下面画出 $A=B=1$ 时 L 的波形。在稳态下，无论 C 取何值，F 恒为 1，但当 C 变化时，由于信号的各传输路径的延时不同，将会出现如图 11－12(b) 所示的负向窄脉冲，即“0 冒险”。

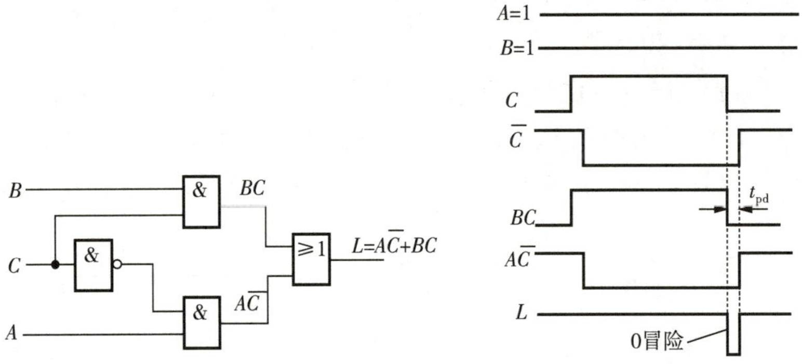

（a）逻辑图　　（b）波形图

图 11－12　例 11－5 图

例 11－6　判断逻辑函数 $L=(A+B)(\bar{B}+C)$ 是否存在冒险。

解：如果令 $A=C=0$，则有 $L=B\cdot\bar{B}$，因此，该电路存在“1 冒险”。

3. 冒险现象的消除方法

当组合逻辑电路存在冒险现象时，可以采取以下方法来消除冒险现象。

（1）加冗余项

例 11－5 的电路中，存在冒险现象，如在其逻辑表达式中增加乘积项 AB，使其变为 $L=A\bar{C}+BC+AB$，则在原来产生冒险的条件 $A=B=1$ 时，$L=1$，不会产生冒险。这个函数增加了乘积项 AB 后，已不是“最简”，故这种乘积项称为冗余项。

（2）变换逻辑式，消去互补变量

例 11－6 的逻辑式 $L=(A+B)(\bar{B}+C)$ 存在冒险现象，如将其变换为 $L=A\bar{B}+AC+BC$，则在原来产生冒险的条件 $A=C=0$ 时，$L=0$，不会产生冒险。

（3）增加选通信号

在电路中增加一个选通脉冲，接到可能产生冒险的门电路的输入端。当输入信号转换完成，进入稳态后，才引入选通脉冲，将门打开。这样，输出就不会出现冒险脉冲。

（4）增加输出滤波电容

由于竞争冒险产生的干扰脉冲的宽度一般都很窄，在可能产生冒险的门电路输出端并接一个滤波电容（一般为 4 ～ 20 pF），利用电容两端的电压不能突变的特性，使输出波形上升沿和下降沿都变得比较缓慢，从而起到消除冒险现象的作用。

知识拓展：

部分常用组合逻辑电路型号及功能

部分常用组合逻辑电路型号及功能

任务二　常用组合逻辑电路

学习目标：

了解常见组合逻辑电路器件的工作原理。
掌握常见组合逻辑电路器件的功能。
熟悉常见组合逻辑电路器件应用。

学习内容：

学习几种中规模集成电路的组合逻辑电路器件，如编码器、译码器、数据选择器、加法器和数值比较器等，并讨论它们的应用。

一、编码器

编码是用符号或数字表示特定对象的过程。实现编码操作的电路称为编码器。

1. 二进制编码器

能够将各种输入信息编成二进制代码的电路称为二进制编码器。n 位二进制代码只能对 2^n 个信号进行编码。这种编码器有一个特点：任何时刻只允许输入一个有效信号，不允许同时出现两个或两个以上的有效信号，因而其输入是一组有约束（互相排斥）的变量。

举例：二进制编码的逻辑图如图 11－13 所示。三位二进制编码器，输入 8 个互斥的信号，输出 3 位二进制代码，其逻辑关系真值表见表11－5 所列。

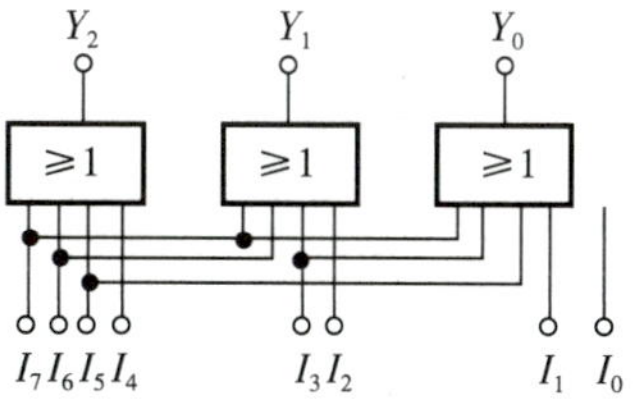

（a）由或门构成

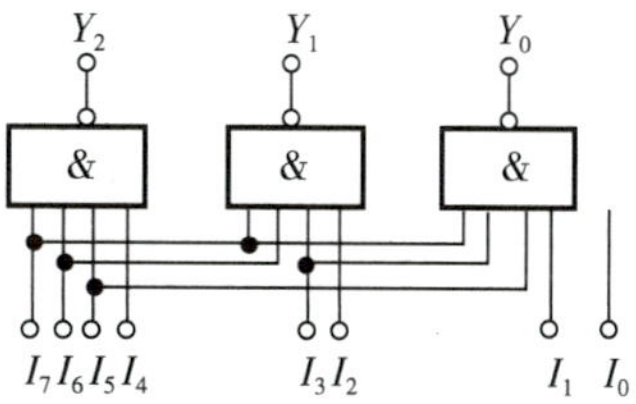

（b）由与非门构成

图 11－13　二进制编码的逻辑图

表 11－5　二进制编码的逻辑关系真值表

输　入 I	输出 Y_2	输出 Y_1	输出 Y_0
I_0	0	0	0
I_1	0	0	1
I_2	0	1	0

（续表）

输　入 I	输　出 Y_2	Y_1	Y_0
I_3	0	1	1
I_4	1	0	0
I_5	1	0	1
I_6	1	0	0
I_7	1	1	1

逻辑表达式：$Y_0=\overline{\bar{I}_1\bar{I}_3\bar{I}_5\bar{I}_7}$，$Y_1=\overline{\bar{I}_2\bar{I}_3\bar{I}_6\bar{I}_7}$，$Y_2=\overline{\bar{I}_4\bar{I}_5\bar{I}_6\bar{I}_7}$。

2. 二—十进制编码器

在数字电子系统中，所处理的数据都是二进制的，而在实际生活中常用十进制数。将十进制数0～9转换成一组二进制代码的逻辑电路，或用4位二进制数代码对1位十进制数码进行编码的电路称为二—十进制编码器，简称为BCD编码器。

举例：8421BCD编码的逻辑图如图11-14所示。8421BCD码编码器，输入10个互斥的数码，输出4位二进制代码，8421BCD编码的逻辑关系真值表见表11-6所列。

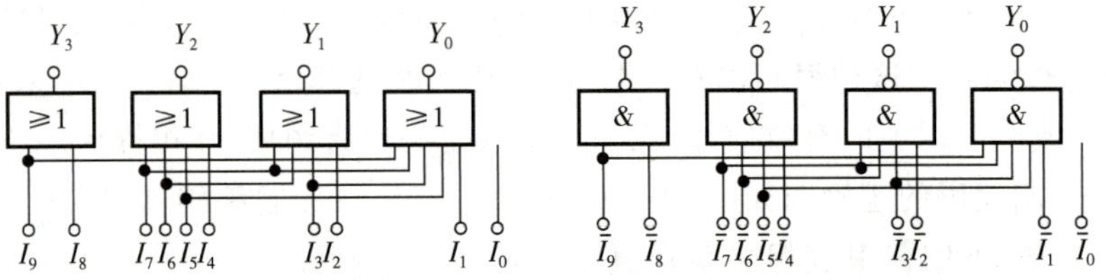

(a) 由或门构成　　(b) 由与非门构成

图11-14　8421BCD编码的逻辑图

表11-6　8421BCD编码的逻辑关系真值表

真值表				
输　入 I	输　出 Y_3	Y_2	Y_1	Y_0
0(I_0)	0	0	0	0
1(I_1)	0	0	0	1
2(I_2)	0	0	1	0
3(I_3)	0	0	1	1
4(I_4)	0	1	0	0
5(I_5)	0	1	0	1
6(I_6)	0	1	1	0

（续表）

输　入	输　出			
I	Y_3	Y_2	Y_1	Y_0
$7(I_7)$	0	1	1	1
$8(I_8)$	1	0	0	0
$9(I_9)$	1	0	0	1

逻辑表达式：

$$Y_0 = I_1 + I_3 + I_5 + I_7 + I_9 = \overline{\overline{I_1} \cdot \overline{I_3} \cdot \overline{I_5} \cdot \overline{I_7} \cdot \overline{I_9}}$$

$$Y_1 = I_2 + I_3 + I_6 + I_7 = \overline{\overline{I_2} \cdot \overline{I_3} \cdot \overline{I_6} \cdot \overline{I_7}}$$

$$Y_3 = I_8 + I_9 = \overline{\overline{I_8} \cdot \overline{I_9}}$$

3. 优先编码器

在同一时间内有多个信息同时输入时，只对输入中优先级别最高的信号进行编码。在优先编码器中优先级别高的信号排斥级别低的，即具有单方面排斥的特性。优先级别由编码者规定。

举例：10 线 — 4 线优先编码器（8421BCD 码优先编码器）。

8421BCD 码优先编码器的逻辑关系真值表（设优先级别从 I_9 至 I_0 递降），见表 11 - 7 所列。$I_0 \sim I_9$ 各输入端的优先顺序：I_9 级别最高，I_0 级别最低。如果 $I_9 = 1$（有信号），则其他输入端即使有输入信号，均不起作用，此时输出只按 I_9 编码。优先编码器被广泛用于计算机控制系统中，当有多个外设申请时，优先编码器总是给优先级别高的设备先编码。

表 11 - 7　8421BCD 码优先编码器的逻辑关系真值表

I_0	I_1	I_2	I_3	I_4	I_5	I_6	I_7	I_8	I_9	Y_3	Y_2	Y_1	Y_0
×	×	×	×	×	×	×	×	×	1	1	0	0	1
×	×	×	×	×	×	×	×	1	0	1	0	0	0
×	×	×	×	×	×	×	1	0	0	0	1	1	1
×	×	×	×	×	×	1	0	0	0	0	1	1	0
×	×	×	×	×	1	0	0	0	0	0	1	0	1
×	×	×	×	1	0	0	0	0	0	0	1	0	0
×	×	×	1	0	0	0	0	0	0	0	0	1	1
×	×	1	0	0	0	0	0	0	0	0	0	1	0
×	1	0	0	0	0	0	0	0	0	0	0	0	1
1	0	0	0	0	0	0	0	0	0	0	0	0	0

集成 10 线—4 线优先编码器输入端和输出端都是低电平有效，其逻辑符号如图 11-15 所示，图形符号如图 11-16 所示。

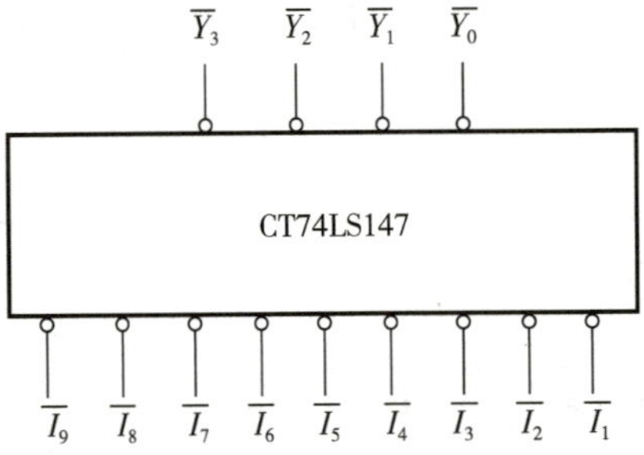

图 11-15　逻辑符号

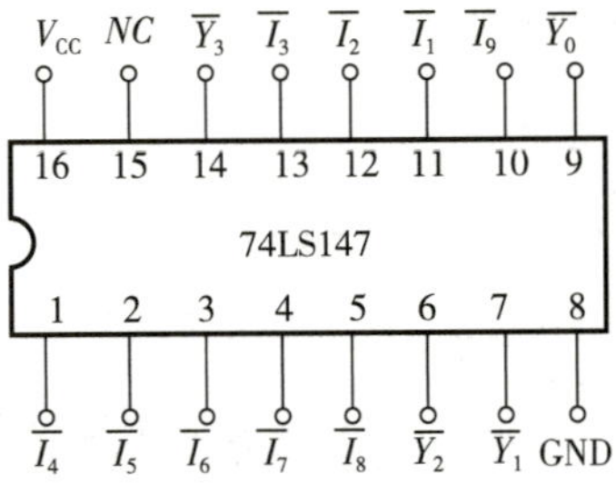

图 11-16　图形符号

二、译码器

将每一组输入二进制代码“翻译”成为一个特定的输出信号，用来表示该组代码原来所代表信息的过程称为译码，即把代码状态的特定含义翻译出来的过程。译码是编码的逆过程，实现译码的电路称为译码器。

1. 二进制译码器

二进制译码器是将输入二进制代码的各种状态按特定含义“翻译”成原来对应信息的组合逻辑电路。若它有 n 个输入端，则有 2^n 个输出端。且对应于输入代码的每一种状态，2^n 个输出中只有一个为 1(或为 0)，其余全为 0(或为 1)。二进制译码器可以译出输入变量的全部状态，故又称为变量译码器。

译码器视频

举例：译码器 CT74LS138(中规模集成电路)，如图 11-17 所示。

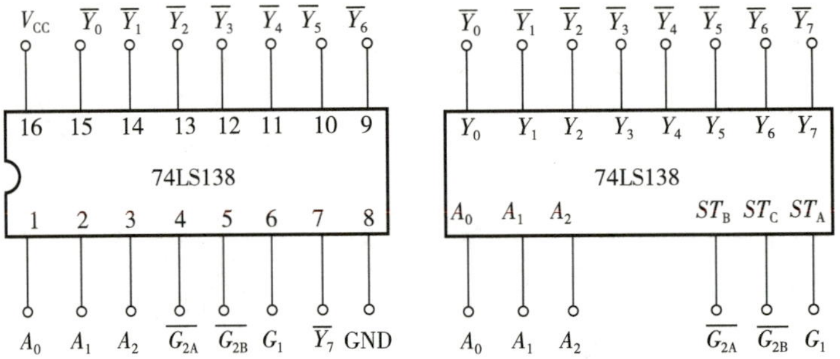

(a) 引脚排列图　(b) 逻辑功能示意图

图 11-17　译码器 CT74LS138

A_2、A_1、A_0 为二进制译码输入端，$\overline{Y_7} \sim \overline{Y_0}$ 为译码输出端(低电平有效)，G_1、$\overline{G_{2A}}$、$\overline{G_{2B}}$ 为

选通控制端。当 $G_1=1,\overline{G_{2A}}+\overline{G_{2B}}=0$ 时，译码器处于工作状态；当 $G_1=0,\overline{G_{2A}}+\overline{G_{2B}}=1$ 时，译码器处于禁止状态。

在这里，$G_1=ST_A$，$\overline{G_{2A}}=\overline{ST_B}$，$\overline{G_{2B}}=\overline{ST_C}$。它们被称为使能端，其逻辑关系真值表见表 11－8 所列。

表 11－8　CT74LS138 的逻辑关系真值表

输入					输出							
G_1	$\overline{G_2}$	A_2	A_1	A_0	$\overline{Y_7}$	$\overline{Y_6}$	$\overline{Y_5}$	$\overline{Y_4}$	$\overline{Y_3}$	$\overline{Y_2}$	$\overline{Y_1}$	$\overline{Y_0}$
×	1	×	×	×	1	1	1	1	1	1	1	1
0	×	×	×	×	1	1	1	1	1	1	1	1
1	0	0	0	0	1	1	1	1	1	1	1	0
1	0	0	0	1	1	1	1	1	1	1	0	1
1	0	0	1	0	1	1	1	1	1	0	1	1
1	0	0	1	1	1	1	1	1	0	1	1	1
1	0	1	0	0	1	1	1	0	1	1	1	1
1	0	1	0	1	1	1	0	1	1	1	1	1
1	0	1	1	0	1	0	1	1	1	1	1	1
1	0	1	1	1	0	1	1	1	1	1	1	1

输入：自然二进制码。

输出：低电平有效。

两片 CT74LS138 可以组成 4 线—16 线译码器，如图 11－18 所示。

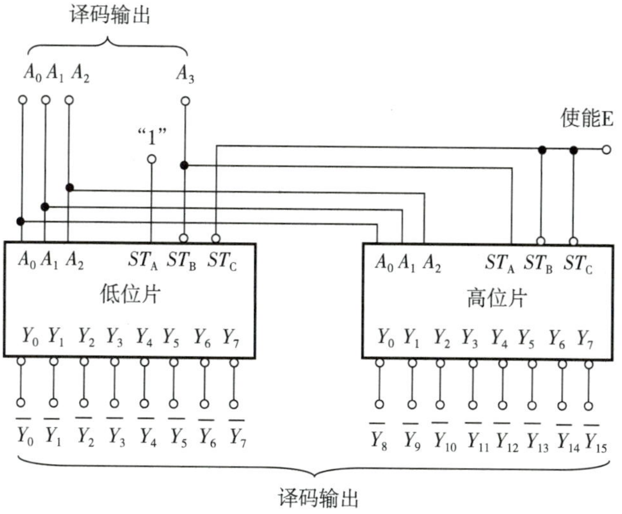

图 11－18　两片 CT74LS138 组成的 4 线—16 线译码器

工作情况如下：

当 $E=1$ 时，两个译码器都不工作，输出 $\overline{Y_{15}} \sim \overline{Y_0}$ 都为高电平 1。

当 $E=0$ 时，译码器工作。① 当 $A_3=0$ 时，低位片工作。这时输出 $\overline{Y_7} \sim \overline{Y_0}$ 由输入二进制代码 $A_2A_1A_0$ 决定。高位片的 $ST_A=A_3=0$ 不能工作，输出 $\overline{Y_{15}} \sim \overline{Y_8}$ 都为高电平 1。② 当 $A_3=1$ 时，低位片的 $\overline{ST_B}=A_3=1$ 不工作，输出 $\overline{Y_7} \sim \overline{Y_0}$ 都为高电平 1。高位片的 $ST_A=A_3=1$ 处于工作状态，输出 $\overline{Y_{15}} \sim \overline{Y_8}$ 由输入二进制代码 $A_2A_1A_0$ 决定。

2. 二一十进制译码器

概念：把二一十进制代码翻译成 10 个十进制数字信号的电路，或将输入的 4 位 BCD 码翻译成 0～9 十个相应输出信号的电路称为二一十进制译码器。它有 4 个输入端，10 个输出端。二一十进制译码器输入的是十进制数的 4 位二进制编码（BCD 码），分别用 A_3、A_2、A_1、A_0 表示；输出的是与 10 个十进制数字相对应的 10 个信号，用 $Y_9 \sim Y_0$ 表示。由于二一十进制译码器有 4 根输入线、10 根输出线，所以又称为 4 线—10 线译码器。

举例：4 线—10 线译码器 CT74LS42（中规模集成电路）。

输入：8421BCD 代码。

输出：$\overline{Y_9} \sim \overline{Y_0}$ 为低电平有效。

（1）真值表

4 线—10 线译码器 CT74LS42 的逻辑关系真值表见表 11-9 所列。由表 11-9 可见：CT74LS42 输入伪码 1010～1111 时，输出 $\overline{Y_9} \sim \overline{Y_0}$ 都为高电平 1，不会出现低电平 0。因此，译码器不会产生错误译码。

表 11-9　4 线—10 线译码器 CT74LS42 的逻辑关系真值表

A_3	A_2	A_1	A_0	Y_9	Y_8	Y_7	Y_6	Y_5	Y_4	Y_3	Y_2	Y_1	Y_0
0	0	0	0	0	0	0	0	0	0	0	0	0	1
0	0	0	1	0	0	0	0	0	0	0	0	1	0
0	0	1	0	0	0	0	0	0	0	0	1	0	0
0	0	1	1	0	0	0	0	0	0	1	0	0	0
0	1	0	0	0	0	0	0	0	1	0	0	0	0
0	1	0	1	0	0	0	0	1	0	0	0	0	0
0	1	1	0	0	0	0	1	0	0	0	0	0	0
0	1	1	1	0	0	1	0	0	0	0	0	0	0
1	0	0	0	0	1	0	0	0	0	0	0	0	0
1	0	0	1	1	0	0	0	0	0	0	0	0	0

（2）逻辑表达式

$$Y_0=\overline{A_3}\,\overline{A_2}\,\overline{A_1}\,\overline{A_0}$$

$$Y_1=\overline{A_3}\,\overline{A_2}\,\overline{A_1}A_0$$
$$Y_2=\overline{A_3}\,\overline{A_2}A_1\overline{A_0}$$
$$Y_3=\overline{A_3}\,\overline{A_2}A_1A_0$$
$$Y_4=\overline{A_3}A_2\overline{A_1}\,\overline{A_0}$$
$$Y_5=\overline{A_3}A_2\overline{A_1}A_0$$
$$Y_6=\overline{A_3}A_2A_1\overline{A_0}$$
$$Y_7=\overline{A_3}A_2A_1A_0$$
$$Y_8=A_3\overline{A_2}\,\overline{A_1}\,\overline{A_0}$$
$$Y_9=A_3\overline{A_2}\,\overline{A_1}A_0$$

(3) 逻辑图(图 11－19)

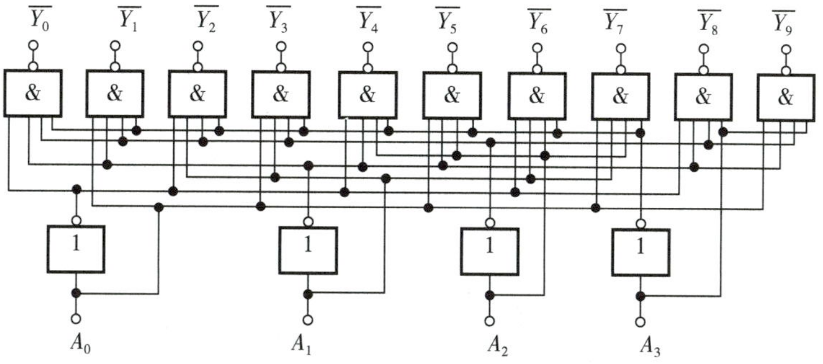

图 11－19　CT74LS42 逻辑图

(4) 引脚排列图和逻辑功能示意图(图 11－20)

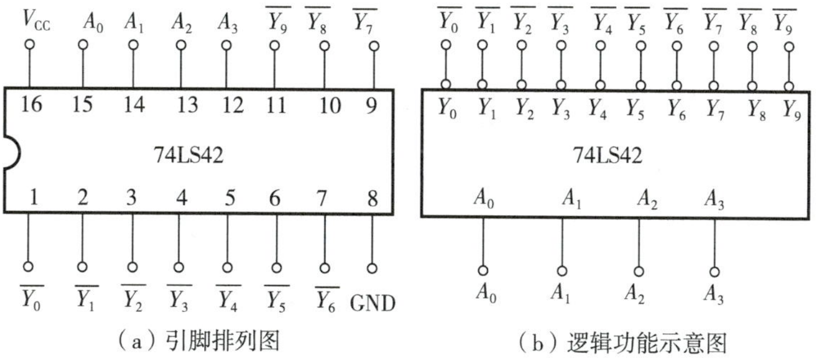

图 11－20　CT74LS42 引脚排列图和逻辑功能示意图

3. 数码显示译码器

用来驱动各种显示器件，从而将用二进制代码表示的数字、文字、符号翻译成人们习惯的形式直观显示出来的电路，称为显示译码器。

组成：主要是译码器加驱动器，通常这二者都集成在一块芯片上。

（1）七段数字显示器

常见的七段数字显示器有半导体数码显示器（LED）和液晶显示器（LCD）等。这种显示器由七段发光的字段组合而成。LED是利用半导体构成的，而LCD是利用液晶的特点制成的。由七段发光二极管组成的数码显示器的外形图和二极管连接方法如图11－21所示。

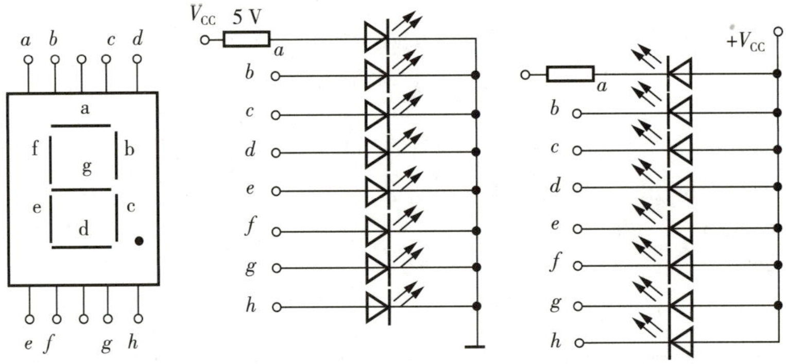

（a）外形图　　（b）共阴极　　（c）共阳极

图11－21　七段发光二极管组成的数码显示器的外形图和二极管连接方法

显示举例（共阴极）如图11－22所示。

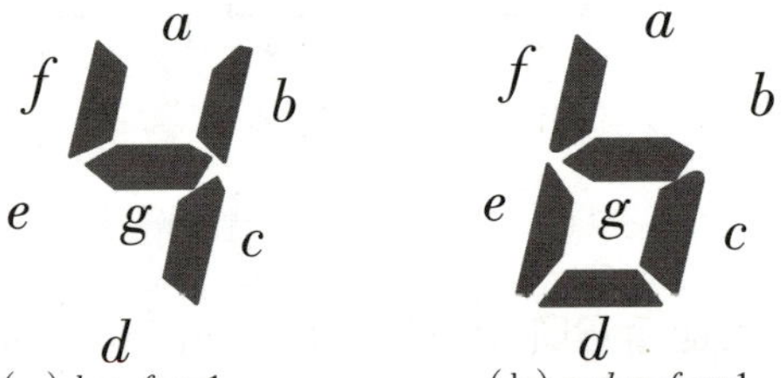

（a）$b=c=f=g=1$，$a=d=e=0$时　　（b）$c=d=e=f=g=1$，$a=b=0$时

图11－22　显示举例

（2）七段显示译码器

举例：4线—7段译码器／驱动器CC14547，其逻辑关系真值表见表11－10所列。

表11－10　CC14547的逻辑关系真值表

输入				输出							显示字形
A_3	A_2	A_1	A_0	a	b	c	d	e	f	g	
0	0	0	0	1	1	1	1	1	1	0	0
0	0	0	1	0	1	1	0	0	0	0	1
0	0	1	0	1	1	0	1	1	0	1	2
0	0	1	1	1	1	1	1	0	0	1	3
0	1	0	0	0	1	1	0	0	1	1	4

（续表）

输　入				输　出							显示字形
A_3	A_2	A_1	A_0	a	b	c	d	e	f	g	
0	1	0	1	1	0	1	1	0	1	1	5
0	1	1	0	0	0	1	1	1	1	1	6
0	1	1	1	1	1	1	0	0	0	0	7
1	0	0	0	1	1	1	1	1	1	1	8
1	0	0	1	1	1	1	0	0	1	1	9

4 线—7 段译码器/驱动器 CC14547 的功能如下：① 消隐功能。当$\overline{BI}=0$时，输出 $a \sim b$ 都为低电平 0，各字段都熄灭，显示器不显示数字。② 数码显示。当$\overline{BI}=1$时，译码器工作。当 A_3、A_2、A_1、A_0（D，C，B，A）端输入 8421BCD 码时，译码器有关输出端输出高电平 1，数码显示器显示与输入代码相对应的数字。

4 线—7 段译码器/驱动器 CC14547 的逻辑功能示意图如图 11－23 所示。

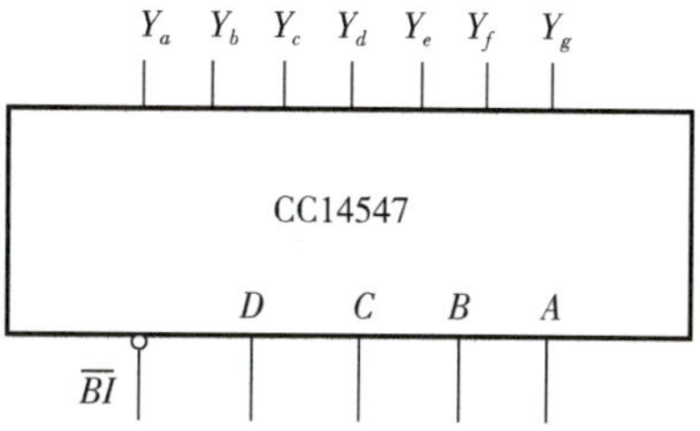

图 11－23　CC14547 的逻辑功能示意图

三、数据选择器和分配器

1. 数据选择器

从多路输入信号中选择其中一路进行输出的电路，或在地址信号控制下从多路输入信息中选择其中的某一路信息作为输出的电路称为数据选择器。数据选择器又叫作多路选择器，简称 MUX。

（1）四选一数据选择器

① 四选一数据选择器的原理框图，如图 11－24 所示。

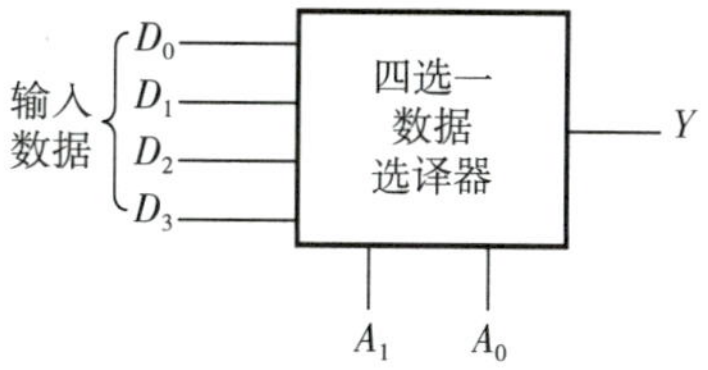

图 11－24　四选一数据选择器的原理框图

D_0、D_1、D_2、D_3 为输入数据；A_1、A_0 为地址变量。由地址码决定从 4 路输入中选择哪 1 路输出。

② 四选一数据选择器的逻辑关系真值表见表 11－11 所列。

表 11－11　四选一数据选择器的逻辑关系真值表

输　入							输　出
$\overline{ST}$	A_1	A_0	D_3	D_2	D_1	D_0	Y
1	×	×	×	×	×	×	0
0	0	0	×	×	×	×	D_0

（续表）

输入							输出
$\overline{ST}$	A_1	A_0	D_3	D_2	D_1	D_0	Y
0	0	1	×	×	×	×	D_1
0	1	0	×	×	×	×	D_2
0	1	1	×	×	×	×	D_3

③ 四选一数据选择器的逻辑图，如图 11－25 所示。

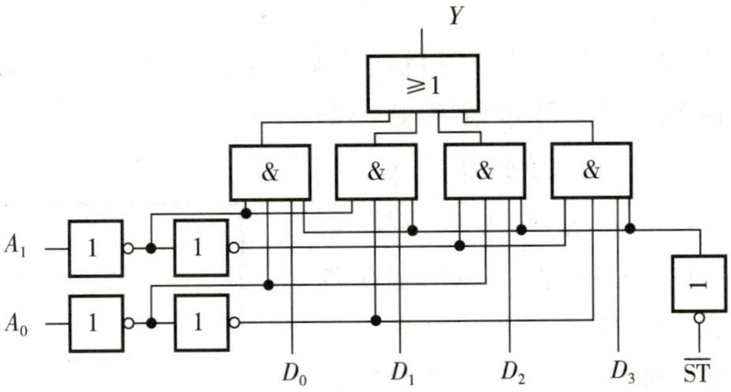

图 11－25　四选一数据选择器的逻辑图

（2）八选一数据选择器

① 真值表（表 11－12）

表 11－12　八选一数据选择器的逻辑关系真值表

输入					输出	
D	A_2	A_1	A_0	$\overline{ST}$	Y	$\overline{Y}$
×	×	×	×	1	0	1
D_0	0	0	0	0	D_0	$\overline{D}_0$
D_1	0	0	1	0	D_1	$\overline{D}_1$
D_2	0	1	0	0	D_2	$\overline{D}_2$
D_3	0	1	1	0	D_3	$\overline{D}_3$
D_4	1	0	0	0	D_4	$\overline{D}_4$
D_5	1	0	1	0	D_5	$\overline{D}_5$
D_6	1	1	0	0	D_6	$\overline{D}_6$
D_7	1	1	1	0	D_7	$\overline{D}_7$

② 逻辑功能

$\overline{ST}=1$ 时，选择器被禁止，无论地址码是什么，Y 总是等于零。

③ 集成八选一数据选择器(74LS151)

八选一数据选择器的逻辑功能图和引脚排列图如图 11 - 26 所示。

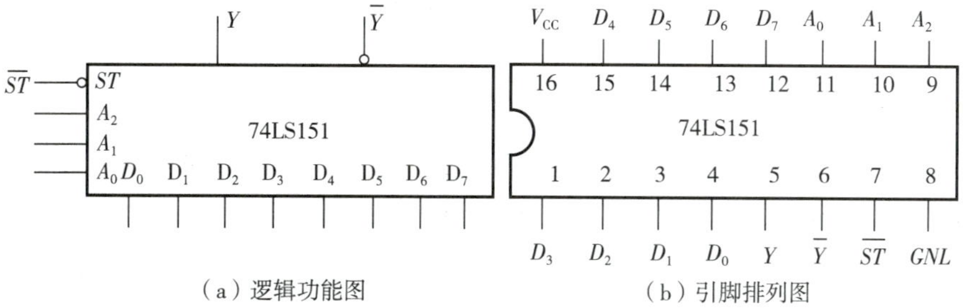

图 11 - 26　八选一数据选择器的逻辑功能图和引脚排列图

2. 数据分配器

在数字系统和计算机中，为了减少传输线，经常采用总线技术，即在同一条线上对多路数据进行接收或传送。用来实现这种逻辑功能的数字电路就是数据选择器和数据分配器。

数据分配器能把一个输入数据有选择地分配给任意一个输出通道。数据分配器通常只有一个数据输入端，而有 M 个数据输出端。

如将译码器的使能端作为数据输入端，二进制代码输入端作为地址信号输入端使用时，译码器便成为一个数据分配器。

由 74LS138 构成的 1 路 —8 路数据分配器如图 11 - 27 所示。

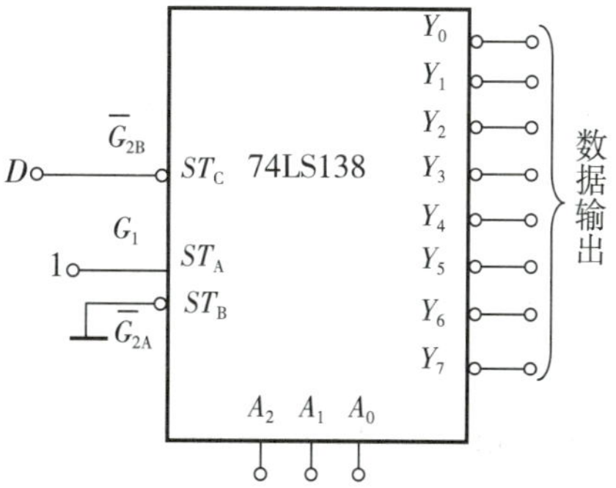

图 11 - 27　74LS138 构成的 1 路 —8 路数据分配器

应用举例：数据分配器和数据选择器一起构成的数据分时传送系统，如图 11 - 28 所示。

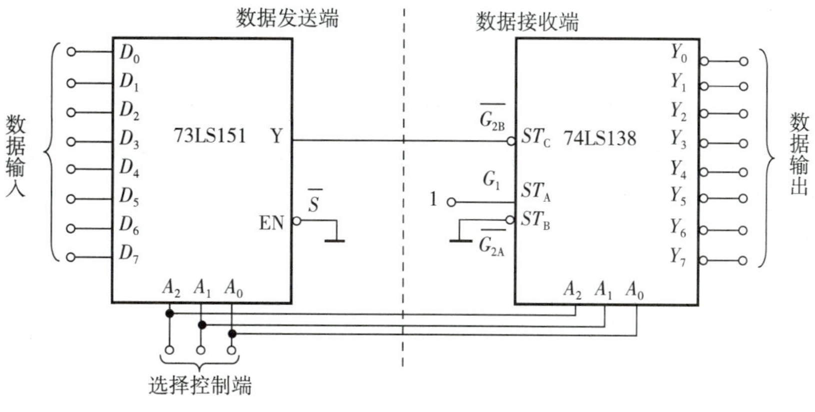

图 11 - 28　数据分时传送系统

四、加法器和数值比较器

加法器是计算机中不可缺少的组成单元，应用十分广泛，比如，计算机要经常对两个数的大小进行比较。因此，加法器和数值比较器是常用的中规模集成电路。

1. 加法器

(1) 半加器

能对 2 个 1 位二进制数进行相加而求得和及进位的逻辑电路，即只考虑 2 个 1 位二进制数的相加而不考虑来自低位进位数的运算电路称为半加器。

① 真值表(表 11－13)

表 11－13　半加器的逻辑关系真值表

A_i	B_i	S_i	C_i
0	0	0	0
0	1	1	0
1	0	1	0
1	1	0	1

注：表 11－13 中 A_i 和 B_i 为加数；S_j 为本位的和；C_j 为向高位的进位。

② 逻辑表达式

$$S_i = \overline{A}_i B_i + A_i \overline{B}_i = A_i \oplus B_i$$

$$C_i = A_i B_i$$

③ 逻辑图和逻辑符号(图 11－29)

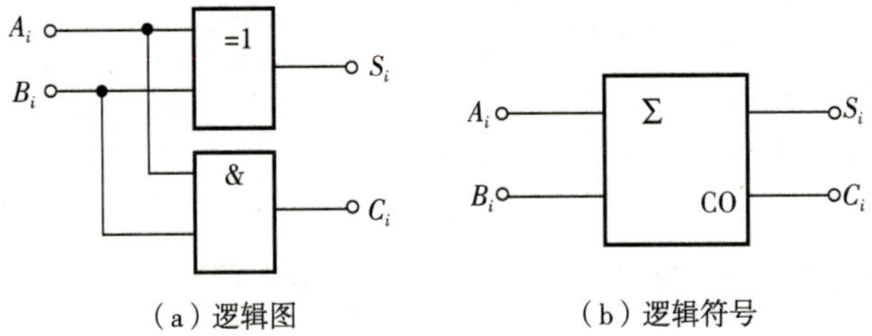

图 11－29　半加器的逻辑图和逻辑符号

(2) 全加器

能对 2 个 1 位二进制数进行相加并考虑低位来的进位，即相当于 3 个 1 位二进制数相加，求得和及进位的逻辑电路，或不仅考虑 2 个 1 位二进制数相加，而且还考虑来自低位进位数相加的运算电路称为全加器。

① 真值表(表 11－14)

表 11－14　全加器的逻辑关系真值表

A_i	B_i	C_{i-1}	S_i	C_i
0	0	0	0	0
0	0	1	1	0

（续表）

A_i	B_i	C_{i-1}	S_i	C_i
0	1	0	1	0
0	1	1	0	1
1	0	0	1	0
1	0	1	0	1
1	1	0	1	0
1	1	1	1	1

注：A_i、B_i 为加数；C_{i-1} 为低位来的进位；S_i 为本位的和；C_i 为向高位的进位。

② 逻辑表达式

$$S_i=m_1+m_2+m_4+m_7=\bar{A}_i\bar{B}_iC_{i-1}+\bar{A}_iB_i\bar{C}_{i-1}+A_iB_iC_{i-1}$$

$$=\bar{A}_i(\bar{B}_iC_{i-1}+B_i\bar{C}_{i-1})+A_i(\bar{B}_i\bar{C}_{i-1}+B_iC_{i-1})$$

$$=\bar{A}_i(B_i\oplus C_{i-1})+\bar{A}_i\ (B_i\oplus C_{i-1})=A_i\oplus B_i\oplus C_i$$

$$C_i=m_3+m_5+A_iB_i=\bar{A}_iB_iC_{i-1}+A_i\bar{B}_iC_{i-1}+A_iB_i=(\bar{A}_iB_i+A_i\bar{B}_i)C_{i-1}+A_iB$$

$$=(A_i\oplus B_i)C_{i-1}+A_iB_i$$

③ 逻辑图和逻辑符号（图 11－30）

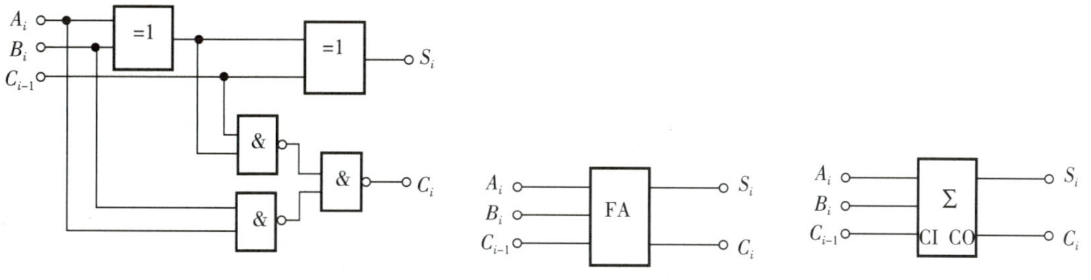

（a）逻辑图　（b）曾用符号　（c）国际符号

图 11－30　全加器的逻辑图和逻辑符号

④ 用与或非门实现（图 11－31）

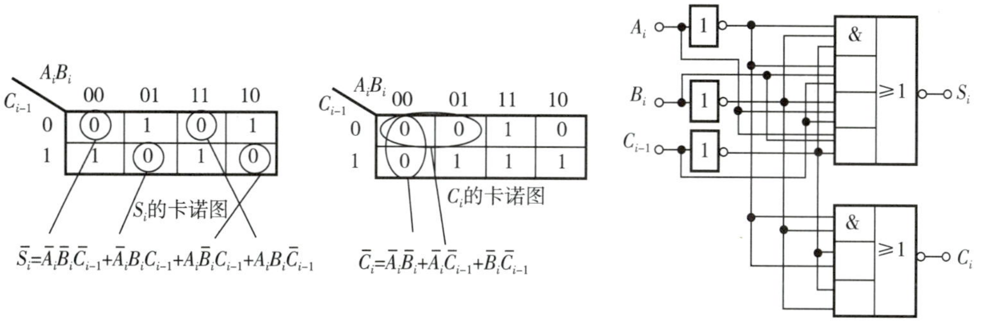

（a）卡诺图　（b）逻辑图

图 11－31　与或非门的卡诺图和逻辑图

先求$\overline{S_i}$和$\overline{C_i}$。为此，合并值为 0 的最小项。

再取反，得

$$S_i=\overline{\overline{S_i}}=\overline{\overline{A_i}\,\overline{B_i}\,\overline{C_{i-1}}+\overline{A_i}B_iC_{i-1}+A_i\overline{B_i}C_{i-1}+A_iB_i\overline{C_{i-1}}}$$

$$C_i=\overline{\overline{C_i}}=\overline{\overline{A_i}\,\overline{B_i}+\overline{A_i}\,\overline{C_{i-1}}+\overline{B_i}\,\overline{C_{i-1}}}$$

(3) 加法器

实现多位二进制数相加的电路称为加法器。

① 串行进位加法器

构成：把 n 位全加器串联起来，低位全加器的进位输出连接到相邻的高位全加器的进位输入。

串行进位加法器的逻辑图如图 11－32 所示。

特点：进位信号是由低位向高位逐级传递的，速度不高。

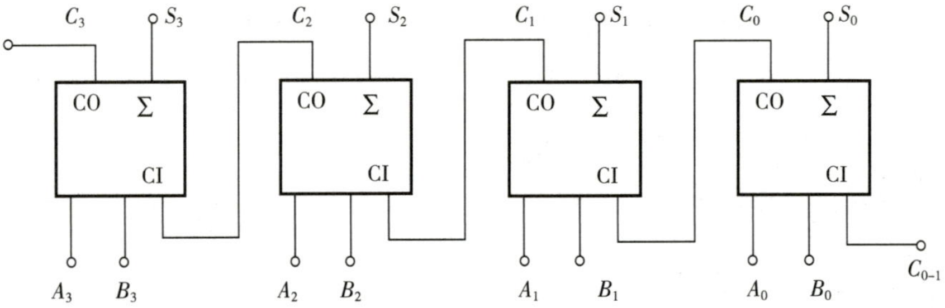

图 11－32　串行进位加法器的逻辑图

② 并行进位加法器(超前进位加法器)

4 位超前进位加法器递推公式：

$$\text{进位生成项 } G_i=A_iB_i$$

$$\text{进位传递条件 } P_i=A_i\oplus B_i$$

$$\text{进位表达式 } C_i=A_iB_i+(A_i\oplus B_i)C_{i-1}=G_i+P_iC_{i-1}$$

$$\text{和表达式 } S_i=A_i\oplus B_i\oplus C_{i-1}=P_i\oplus C_{i-1}$$

$$\begin{cases}S_0=P_0\oplus C_{0-1}\\ C_0=G_0+P_0C_{0-1}\end{cases}$$

$$\begin{cases}S_1=P_1\oplus C_0\\ C_1=G_1+P_1C_0=G_1+P_1G_0+P_1P_0C_{0-1}\end{cases}$$

$$\begin{cases}S_2=P_2\oplus C_1\\ C_2=G_2+P_2C_1=G_2+P_2G_1+P_2P_1G_1+P_2P_1P_0C_{0-1}\end{cases}$$

$$\begin{cases}S_3=P_3\oplus C_2\\C_3=G_3+P_3C_2=G_3+P_3G_2+P_3P_2G_1+P_3P_2P_1G_0+P_3P_2P_1P_0C_{0-1}\end{cases}$$

集成二进制 4 位超前进位加法器如图 11－33 所示。集成 TTL 加法器与集成 CMOS 加法器，如图 11－34 所示。

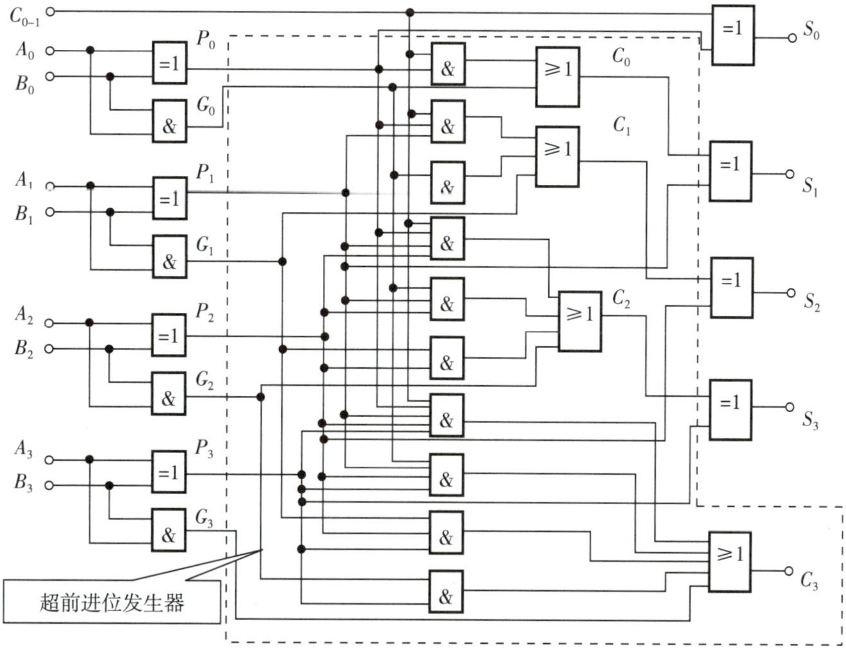

图 11－33　集成二进制 4 位超前进位加法器

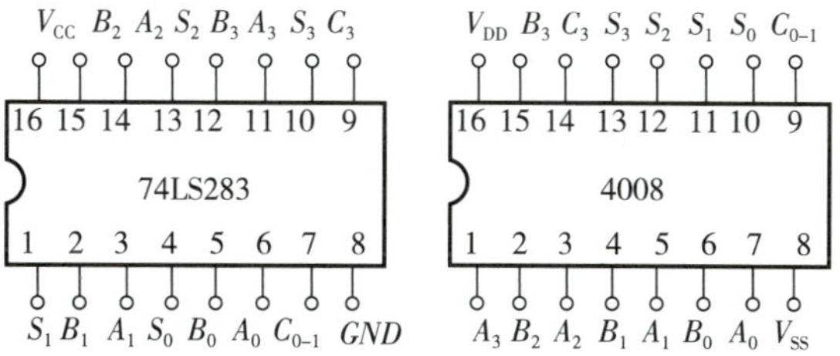

（a）TTL加法器74LS283引脚图　（b）CMOS加法器4008引脚图

图 11－34　集成 TTL 加法器与集成 CMOS 加法器

加法器的级连如图 11－35 所示。

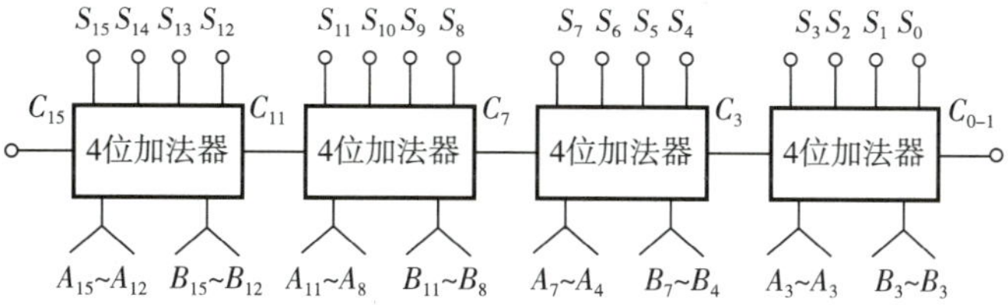

图 11－35　加法器的级连

2. 数值比较器

用来完成两个二进制数的大小比较的逻辑电路称为数值比较器，简称为比较器。

(1)1 位数值比较器

2 个 1 位二进制数 A 和 B 的数值进行比较时，有大于、小于或者等于三种情况，分别用 L_1、L_2、L_3 表示。设 $A>B$ 时，$L_1=1$；$A<B$ 时，$L_2=1$；$A=B$ 时，$L_3=1$。得到的 1 位数值比较器的逻辑关系真值表见表 11 - 15 所列。

表 11 - 15　1 位数值比较器的逻辑关系真值表

A	B	$L_1(A>B)$	$L_2(A<B)$	$L_3(A=B)$
0	0	0	0	1
0	1	0	1	0
1	0	1	0	0
1	1	0	0	1

1 位数值比较器的逻辑表达式：$L_1=A\overline{B}$，$L_2=\overline{A}B$，$L_3=\overline{\overline{A}B+A\overline{B}}$。

1 位数值比较器的逻辑图如图 11 - 36 所示。

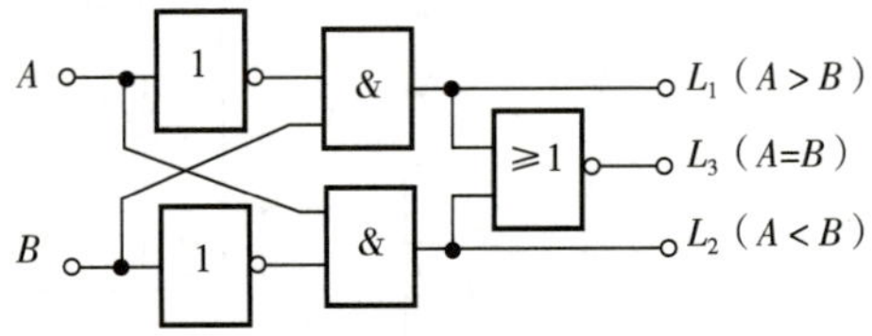

图 11 - 36　多位数值比较器的逻辑图

(2) 多位数值比较器

集成数值比较器：4 位数值比较器 CC14585。

多位数值比较器的逻辑关系真值表见表 11 - 16 所列。

表 11 - 16　多位数值比较器的逻辑关系真值表

比较输入				级联输入			输出		
A_3　B_3	A_2　B_2	A_1　B_1	A_0　B_0	$A'>B'$	$A'<B'$	$A'=B'$	$A>B$	$A<B$	$A=B$
$A_3>B_3$	×	×	×	×	×	×	1	0	0
$A_3<B_3$	×	×	×	×	×	×	0	1	0
$A_3=B_3$	$A_2>B_2$	×	×	×	×	×	1	0	0
$A_3=B_3$	$A_2<B_2$	×	×	×	×	×	0	1	0
$A_3=B_3$	$A_2=B_2$	$A_1>B_1$	×	×	×	×	1	0	0
$A_3=B_3$	$A_2=B_2$	$A_1<B_1$	×	×	×	×	0	1	0
$A_3=B_3$	$A_2=B_2$	$A_1=B_1$	$A_0>B_0$	×	×	×	1	0	0
$A_3=B_3$	$A_2=B_2$	$A_1=B_1$	$A_0<B_0$	×	×	×	0	1	0
$A_3=B_3$	$A_2=B_2$	$A_1=B_1$	$A_0=B_0$	1	0	0	1	0	0
$A_3=B_3$	$A_2=B_2$	$A_1=B_1$	$A_0=B_0$	0	1	0	0	1	0
$A_3=B_3$	$A_2=B_2$	$A_1=B_1$	$A_0=B_0$	0	0	1	0	0	1

真值表中的输入变量包括 A_3 与 B_3、A_2 与 B_2、A_1 与 B_1、A_0 与 B_0，A' 与 B' 的比较结果包括 $A'>B'$、$A'<B'$ 和 $A'=B'$。A' 与 B' 是另外两个低位数，设置低位数比较结果输入端，是为了能与其他数值比较器连接，以便组成更多位数的数值比较器。输出信号 $L_1(A>B)$、$L_2(A>B)$、$L_3(A=B)$ 分别表示本级的比较结果。

设 $L_1'=(A'>B')$、$L_2'=(A'<B')$、$L_3'=(A'=B')$，则有 $L_{31}=A_3\bar{B}_3=(A_3>B_3)$、$L_{32}=\bar{A}_3B_3=(A_3<B_3)$、$L_{33}=\overline{\bar{A}_3B_3+A_3\bar{B}_3}=(A_3=B_3)$，其余类推。

多位数值比较器的逻辑图如图 11－37 所示。

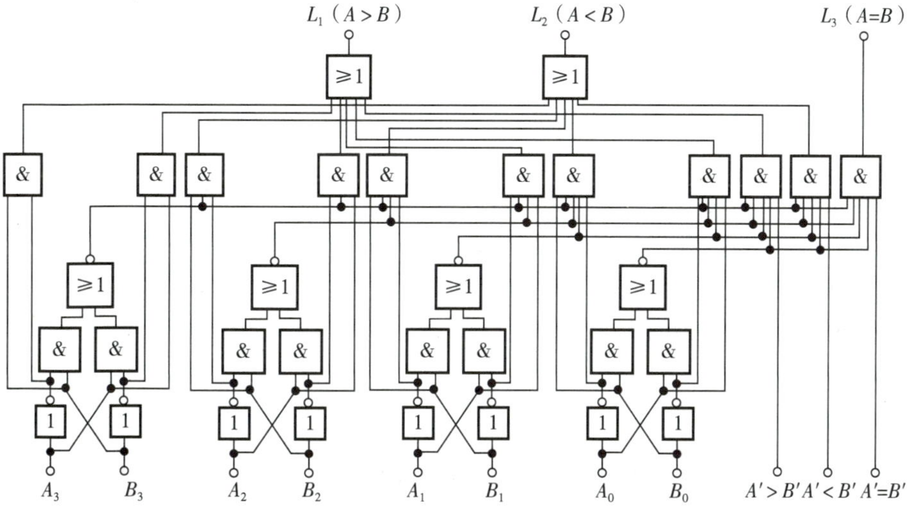

图 11－37　多位数值比较器的逻辑图

知识拓展：

1. 译码器视频
2. 译码器实验
3. 数据选择器实验
4. 多路竞赛抢答器的装调实训

译码器视频　　译码器实验　　数据选择器实验　　多路竞赛抢答器的装调实训

任务三　组合逻辑电路的设计与测试实验

一、实验目的

掌握组合逻辑电路的设计与测试方法。

二、实验原理

1. 设计组合电路步骤

使用中、小规模集成电路来设计组合电路是最常见的逻辑电路。

设计组合电路的一般步骤如图 11－38 所示。根据设计任务的要求建立输入、输出变量，并列出真值表，然后用逻辑代数或卡诺图化简法求出简化的逻辑表达式，并按实际选用逻辑门的类型修改逻辑表达式；根据简化后的逻辑表达式，画出逻辑图，用标准器件构成逻辑电路；最后，用实验来验证设计的正确性。

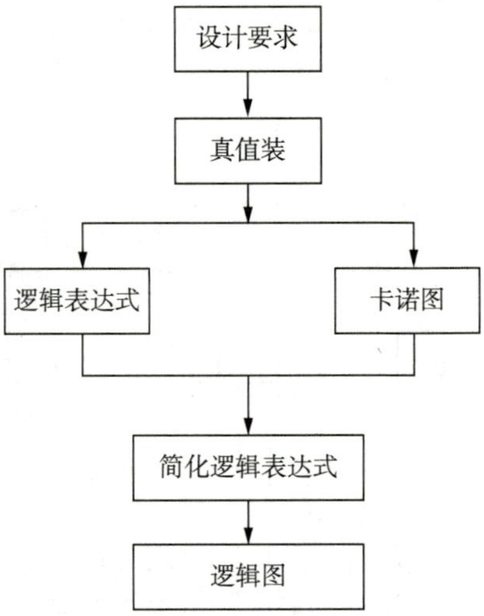

图 11－38　组合逻辑电路设计流程图

2. 组合逻辑电路设计举例

用“与非”门设计一个表决电路。当四个输入端中有三个或四个为“1”时，输出端才为“1”。

设计步骤：根据题意列出真值表（表 11－17），再填入卡诺图表 11－18 中。

表 11－17　真值表

D	0	0	0	0	0	0	0	0	1	1	1	1	1	1	1	1
A	0	0	0	0	1	1	1	1	0	0	0	0	1	1	1	1
B	0	0	1	1	0	0	1	1	0	0	1	1	0	0	1	1
C	0	1	0	1	0	1	0	1	0	1	0	1	0	1	0	1
Z	0	0	0	0	0	0	0	1	0	0	0	1	0	1	1	1

表 11－18　卡诺图

BC / DA	00	01	11	10
00				
01			1	
11		1	1	1
10			1	

由卡诺图得出逻辑表达式，并演化成“与非”的形式

$$Z = ABC + BCD + ACD + ABD = \overline{\overline{ABC} \cdot \overline{BCD} \cdot \overline{ACD} \cdot \overline{ABC}}$$

根据逻辑表达式画出用“与非门”构成的逻辑电路如图 11－39 所示。

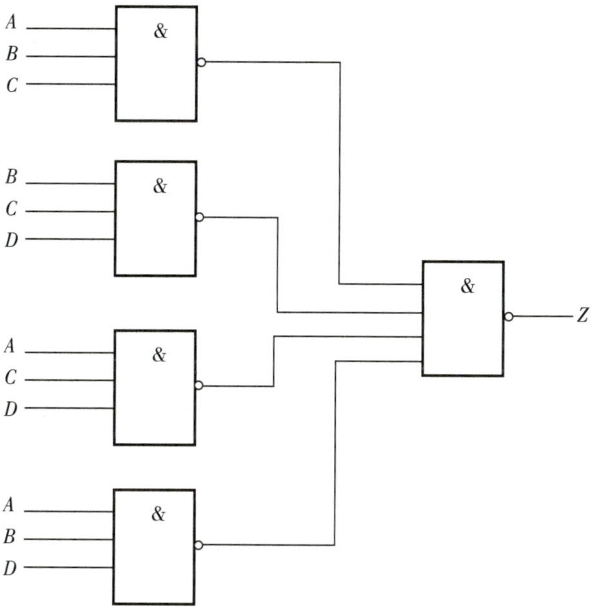

图 11－39　表决电路逻辑图

用实验验证逻辑功能：在实验装置适当位置选定三个 14P 插座，按照集成块定位标记插好集成块 74LS20。按图 11－39 接线，输入端 A、B、C、D 接至逻辑开关输出插口，输出端 Z 接逻辑电平显示输入插口，按真值表（自拟）要求，逐次改变输入变量，测量相应的输出值，验证逻辑功能，与表 11－16 进行比较，验证所设计的逻辑电路是否符合要求。

三、实验设备与器件

1. 数字电子技术实验箱或实验台。
2. 万用表（自备）。
3. 74LS20 × 3。

五、实验内容

设计用与非门组成的四输入表决电路。要求按本书所述的设计步骤进行，直到测试电路逻辑功能符合设计要求为止。

六、实验要求

1. 根据实验任务要求设计组合电路，并根据所给的标准器件画出逻辑图。
2. 如何用最简单的方法验证门的逻辑功能是否完好？

同步思考：

1. 在数字电路中，将________按一定的规律组合起来，让每组代码代表________的过程称为编码。

2. 在数字电路系统中，译码是指将编码形成的________翻译成相应符号的过程。

3. 半导体数码显示器要用到________，由于显示器的数码有七段，故将这种显示器称为________显示器。

4. 数据选择器又称为________多路选择开关，其功能是在________信号的作用下，能从________输入的数据中选择其中________输出。

5. 二进制译码器是一种将不同组合的________代码，按照原来的特定含义译成对应________的电路。

6. 什么是组合逻辑电路的分析？

7. 什么是组合逻辑电路的设计？

8. 某公司3条装配线各需要100 kW电力，采用2台发电动机供电，一台100 kW，另外一台是200 kW，3条装配线不同时开工，试设计一个发电动机控制器，可以按照需求启动发电动机以达到节电的目的。

9. 试用八选一数据选择器74LS151实现4个开关控制一个灯的逻辑电路，要求改变任何一个开关的状态都能控制灯的状态（由灭到亮，或反之）。

项目十二

时序逻辑电路

本章导读

触发器是具有记忆功能的基本逻辑单元，而时序逻辑电路由组合逻辑电路与记忆电路组合而成。本章针对常见的时序逻辑电路进行学习，使读者对时序逻辑电路有一个全面的了解。

学习要点

了解各触发器的逻辑功能。

掌握寄存器的“读”“写”过程。

掌握555定时器的应用。

任务一　触发器

学习目标：

掌握RS触发器的电路结构和工作原理；掌握D触发器和JK触发器的电路结构、逻辑功能、特性方程及常用集成触发器的逻辑功能和应用。

学习内容：

触发器的基础知识；触发器的基本形式；D触发器和JK触发器的电路结构、逻辑功能、特性方程及常用集成触发器的逻辑功能和应用。

触发器是具有记忆功能的电路，它是时序逻辑电路中的最基本单元电路。

一、触发器的基础知识

(1) 触发器

触发器是指具有记忆功能的基本逻辑电路，能存储1位二进制信息(数字信息)。

(2) 基本特性

① 有两个稳态，可分别表示二进制数码0和1，无外触发时可维持稳态。

② 外触发下，两个稳态可相互转换(或称翻转)，已转换的稳定状态可长期保持下来，这

就使得触发器能够记忆二进制信息，常用作二进制存储单元。

③ 有两个互补输出端，分别用 Q 和 $\bar{Q}$ 表示。

(3) 两个稳定状态

通常用 Q 端的输出状态来表示触发器的状态。

1 状态：$Q=1,\bar{Q}=0$，记 $Q=1$，与二进制数码的 1 对应。

0 状态：$Q=0,\bar{Q}=1$，记 $Q=0$，与二进制数码的 0 对应。

(4) 功能描述

触发器的功能描述有特性表、激励表（又称驱动表）、特性方程、状态转换图和波形图（又称时序图）。

(5) 分类

根据逻辑功能的不同触发器可以分为 RS 触发器、D 触发器、JK 触发器和 T 触发器等。

根据触发方式的不同触发器可以分为电平触发器、边沿触发器和主从触发器等。

根据电路结构的不同触发器可以分为基本 RS 触发器、同步触发器、维持阻塞触发器、主从触发器和边沿触发器等。

二、触发器的基本形式

1. 基本 RS 触发器

(1) 由与非门组成的基本 RS 触发器

① 电路结构

基本 RS 触发器由两个与非门交叉耦合而成，它有两个输入端$\overline{S_D}$ 和$\overline{R_D}$（低电平有效），Q 和 $\bar{Q}$ 是它的两个输出端，且输出状态是互补的。由与非门组成的基本 RS 触发器的逻辑图和逻辑符号如图 12－1 所示。

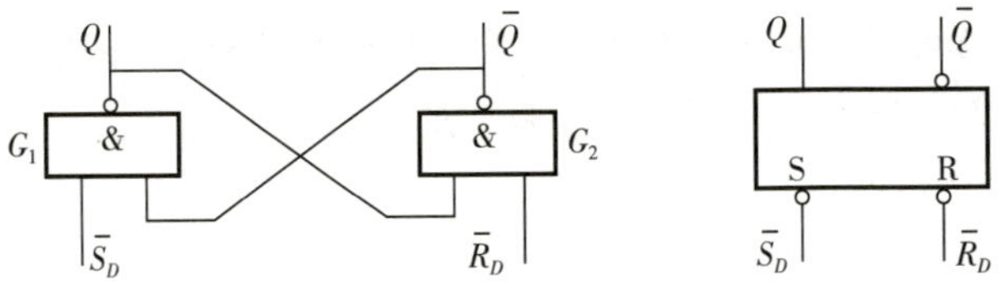

(a) 逻辑图　　(b) 逻辑符号

图 12－1　由与非门组成的基本 RS 触发器的逻辑图和逻辑符号

电路组成：两个与非门输入和输出交叉耦合（反馈延时）。

信号输入端：$\overline{R_D}$ 置 0 端（复位端），$\overline{S_D}$ 置 1 端（置位端）。$\overline{R_D}$ $\overline{S_D}$：低电平有效，在逻辑符号中用小圆圈表示。

输出端：Q 和 $\bar{Q}$，在触发器处于稳定状态时，它们的输出状态相反。$Q=1,\bar{Q}=0$，称为置位状态（1 态）；$Q=0,\bar{Q}=1$，称为复位状态（0 态）。

② 逻辑功能

当$\overline{S_D}=1,\overline{R_D}=0$时，$\overline{S_D}$端保持高电位；$\overline{R_D}$端加负脉冲，不论触发器的初始状态是1态，还是0

态，均有$\bar{Q}=\overline{\overline{R_D}\cdot Q}=1$，$Q=\overline{\overline{S_D}\cdot \bar{Q}}=0$，即将触发器置0或保持0态。此时$\overline{R_D}$称为直接置0端。

当$\overline{S_D}=0$，$\overline{R_D}=1$时，$\overline{S_D}$端加负脉冲时，不论触发器的初始状态是1态，还是0态，均有$Q=1$，$\bar{Q}=0$，即将触发器置1或保持1态。此时$\overline{S_D}$称为直接置1端。

当$\overline{S_D}=1$，$\overline{R_D}=1$时，输出$Q=\overline{\overline{S_D}\cdot \bar{Q}}=\overline{1\cdot \bar{Q}}=Q$，$\bar{Q}=\overline{\overline{R_D}\cdot Q}=\overline{1\cdot Q}=\bar{Q}$，即将触发器保持原状态不变。

当$\overline{S_D}=0$，$\overline{R_D}=0$时，输出状态不定$Q=\bar{Q}=1$，这既不是1状态也不是0状态，会造成逻辑混乱。在$\overline{R_D}$和$\overline{S_D}$同时由0变为1时，由于G_1和G_2电气性能（延迟时间）上的差异，其输出状态无法预知，可能是0状态，也可能是1状态。实际上这种情况是不允许的，因此基本RS触发器有约束条件的，即$\overline{R_D}+\overline{S_D}=1$。

③ 特性表

现态：触发器输入信号（$\overline{R_D}$端、$\overline{S_D}$端）变化前的状态，用Q^n表示。

次态：触发器输入信号变化后的状态，用Q^{n+1}表示。

特性表：触发器次态Q^{n+1}与输入信号和电路原有状态（现态）之间的关系见表12－1所列。

表12－1　由与非门组成的基本RS触发器的特性表

$\overline{R_D}$	$\overline{S_D}$	Q^n	Q^{n+1}	说　明
0	0	0	×	触发器状态不定
0	0	1	×	
0	1	0	0	触发器置0
0	1	1	0	
1	0	0	1	触发器置1
1	0	1	1	
1	1	0	0	触发器保持原状态不变
1	1	1	1	

2. 由或非门组成的基本RS触发器

电路构成：两个或非门的输入和输出交叉耦合而成。输入信号：高电平有效。R_D置0端、S_D置1端，由或非门组成的基本RS触发器的逻辑图和逻辑符号如图12－2所示。

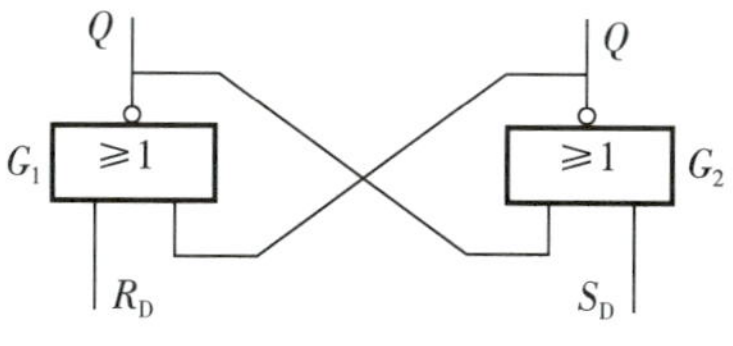

（a）逻辑图

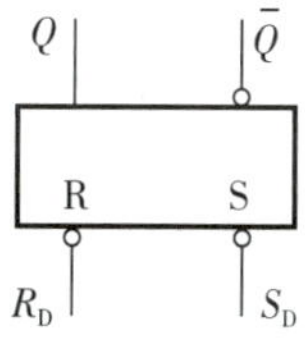

（b）逻辑符号

图12－2　由或非门组成的基本RS触发器的逻辑图和逻辑符号

由或非门组成的基本 RS 触发器的特性表见表 12－2 所列。

表 12－2　由或非门组成的基本 RS 触发器的特性表

R_D	S_D	Q^n	Q^{n+1}	说　明
0	0	0	0	触发器保持原状态不变
0	0	1	1	
0	1	0	0	触发器置 0
0	1	1	0	
1	0	0	1	触发器置 1
1	0	1	1	
1	1	0	×	触发器状态不定
1	1	1	×	

3. 同步触发器

在实际工作中，要求触发器按一定的节拍翻转。措施：加入时钟控制端 CP，触发器的状态翻转按 CP 节拍。同步触发器（时钟触发器或钟控触发器）是指具有时钟脉冲 CP 控制的触发器。

CP：控制时序电路工作节奏的固定频率的脉冲信号，一般是矩形波。同步：因为触发器状态的改变与时钟脉冲同步。

（1）电路结构

基本 RS 触发器＋两个钟控门 G_3、G_4，同步 RS 触发器的逻辑图和逻辑符号如图 12－3 所示。

钟控端（CP 端）：时钟脉冲输入端。

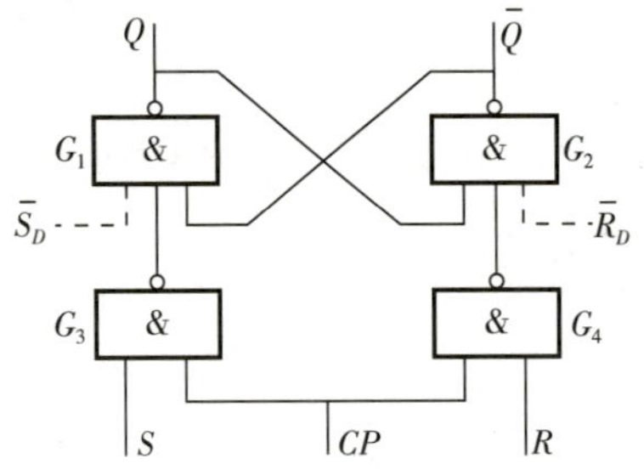

（a）逻辑图

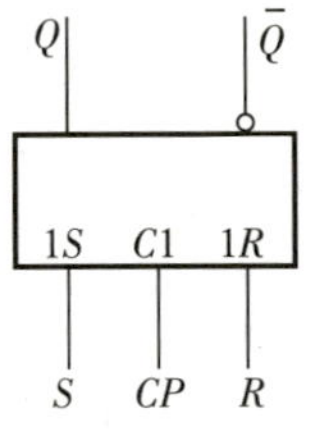

（b）逻辑符号

图 12－3　同步 RS 触发器的逻辑图和逻辑符号

（2）逻辑功能

当 CP＝0 时，G_3、G_4 被封锁，都输出 1，触发器的状态保持不变，即 $Q^{n+1}=Q^n$。

当 CP＝1 时，G_3、G_4 解除封锁，R 端、S 端的输入信号才能通过这两个门使基本 RS 触发器的状态翻转。其输出状态任由 R 端、S 端的输入信号和电路的原有状态 Q^n 决定。同步 RS 触发器的特性表见表 12－3 所列。

在 $R=S=1$ 时，触发器的输出状态不定，加约束条件 RS=0。

异步(直接)置 0 端$\overline{R_D}$：若$\overline{R_D}=0$，$\overline{S_D}=1$，$Q=0$，$\bar{Q}=1$，触发器置 0。

异步(直接)置 1 端$\overline{S_D}$：若$\overline{R_D}=1$，$\overline{S_D}=0$，$Q=1$，$\bar{Q}=0$，触发器置 1。

$\overline{R_D}=\overline{S_D}=1$ 时，触发器正常工作。

表 12-3　同步 RS 触发器的特性表

CP	R	S	Q^n	Q^{n+1}	说　明
0	×	×	0	0	保持原状态不变
	×	×	1	1	
1	0	0	0	0	保持原状态不变
			1	1	
	0	1	0	1	S 高电平有效，置 1
			1	1	
	1	0	0	0	R 高电平有效，置 0
			1	0	
	1	1	0	×	状态不定，不允许出现
			1	×	

(3) 驱动表

根据触发器现态 Q^n 和次态 Q^{n+1} 的取值来确定输入信号取值的关系表，称为触发器的驱动表，又称激励表，见表 12-4 所列。表中的“×”号表示任意值，可以为 0 也可以为 1。

表 12-4　同步 RS 触发器的驱动表

Q^n	Q^{n+1}	R	S
0	0	×	0
0	1	0	1
1	0	1	0
1	1	0	×

(4) 特性方程

触发器次态 Q^{n+1} 与 R、S 现态 Q^n 之间关系的逻辑表达式称为触发器的特性方程。根据表 12-3 特性表可以画出同步 RS 触发器的卡诺图，可得同步 RS 触发器的特性方程为

$$\begin{cases} Q^{n+1}=S+\bar{R}Q^n \\ S\cdot R=0\text{(约束条件)} \end{cases}$$

4. 主从 JK 触发器

同步 RS 时钟触发器有不完善的地方，即有所谓的空翻现象。空翻是在基本 RS 触发器的基础上构造时钟触发器时，因导引电路 G_3 门和 G_4 门功能不完善而造成的一种现象，即在

一次时钟来到期间，触发器多次翻转的现象称为空翻，如图 12-4 所示。这违背了构造时钟触发器的初衷，每来一次时钟，最多允许触发器翻转一次，若多次翻转，电路也会发生状态差错，因而是不被允许的。因为在 $CP=1$ 期间，时钟对 G_3 门和 G_4 门的封锁作用消失，数据端 R 和 S 端的多次变化就会通过 G_3 门和 G_4 门到达基本 RS 触发器的输入端，造成触发器在一次时钟期间的多次翻转。

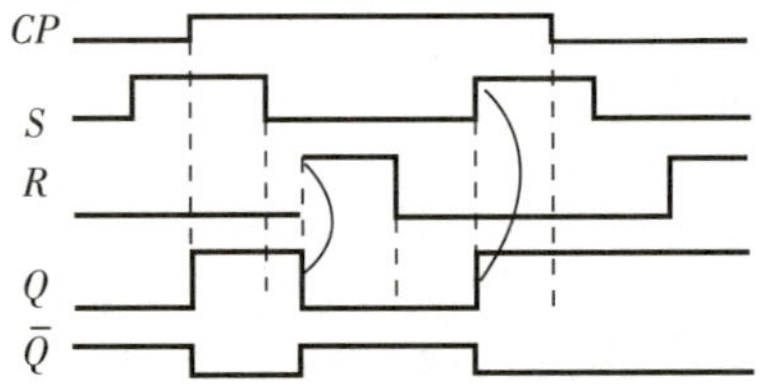

图 12-4　同步 RS 触发器的空翻现象

为了消除空翻现象，设计了时钟触发器的其他两种结构：维持阻塞型和边沿 JK 触发器 3、JK 触发器。

（1）电路结构

主从 JK 触发器是在主从 RS 触发器的基础上组成的，其逻辑图如图 12-5 所示。在主从 RS 触发器的 R 端和 S 端分别增加一个两输入端的与门 G_{11} 和 G_{10}，将 Q 端和输入端经与门输出为原 S 端，输入端称为 J 端，将 Q 端与输入端经与门输出为原 R 端，输入端称为 K 端。

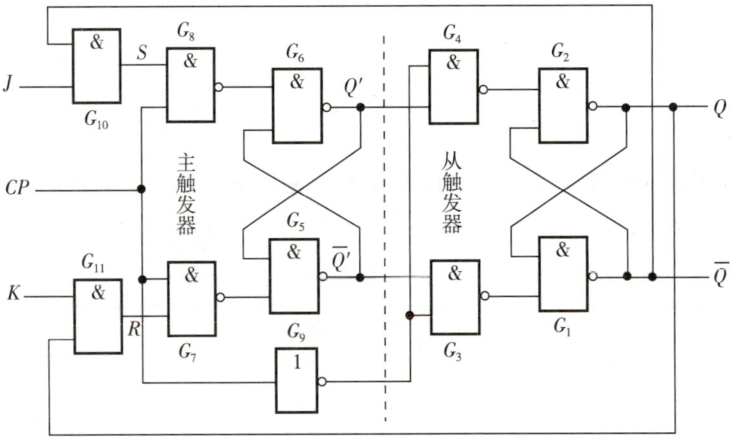

图 12-5　主从 JK 触发器的逻辑图

（2）工作原理

由图 12-5 的电路可得到 $S=JQ$，$R=KQ$，代入主从 RS 触发器的特征方程得到：

$$Q^{n+1}=J\,\overline{Q^n}+\overline{K}Q^n$$

当 $J=1,K=0$ 时，$Q^{n+1}=1$；当 $J=0,K=1$ 时，$Q^{n+1}=0$；当 $J=K=0$ 时，$Q^{n+1}=Q^n$；当 $J=K=1$ 时，$Q^{n+1}=Q^n$。

由以上分析可知，主从 JK 触发器没有约束条件。在 $J=K=1$ 时，每输入一个时钟脉冲，触发器翻转一次。触发器的这种工作状态称为计数状态，由触发器翻转的次数可以计算输入时钟脉冲的个数。

（3）功能描述

主从 JK 触发器的状态转移真值表见表 12-5 所列。

表 12-5　主从 JK 触发器的状态转移真值表

J	K	Q^n	Q^{n+1}		说　明
0 0	0 0	0 1	0 1	Q^n	输出状态不变
0 0	1 1	0 1	0 0	0	输出状态与 J 端状态相同
1 1	0 0	0 1	1 1	1	输出状态与 J 端状态相同
1 1	1 1	0 1	1 0	$\overline{Q^n}$	每输入一个脉冲输出状态改变一次

主从 JK 触发器的状态转移图如图 12-6 所示。

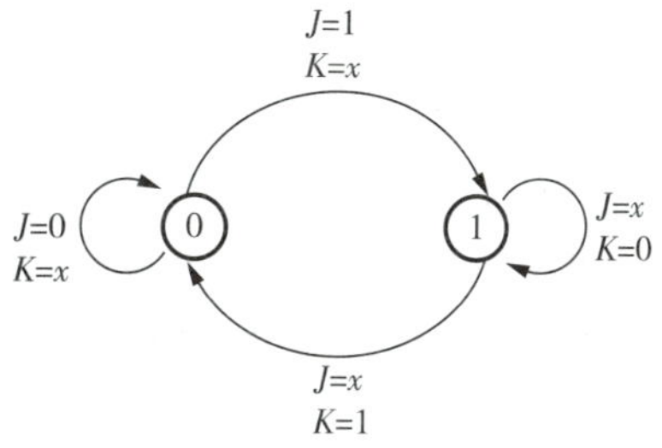

图 12-6　主从 JK 触发器的状态转移图

(4) 举例

例 12-1　设负跳沿触发的主从 JK 触发器的时钟脉冲和 J、K 信号的波形如图 12-7 所示，画出输出端 Q 的波形，设触发器的初始状态为 0。

解：根据表 12-5 或图 12-6，可画出 Q 端的波形，如图 12-7 所示。由图 12-7 可以看出，在第 1 和第 2 个 CP 脉冲作用期间，J 和 K 均为 1，每输入一个脉冲，Q 端的状态就改变一次，这时 Q 端的方波频率是时钟脉冲频率的二分之一。若以 CP 端为输入，Q 端为输出，则该触发器就可作为二分频电路，两个这样的触发器串联就可获得四分频电路，其余类推。

例 12-2　负跳沿触发主从 JK 触发器的时钟信号 CP 和输入信号 J、K 的波形如图 12-8 所示，信号 J 的波形图上用虚线标出了一干扰信号，画出考虑干扰信号影响的 Q 端输出波形，设触发器的初始状态为 1。

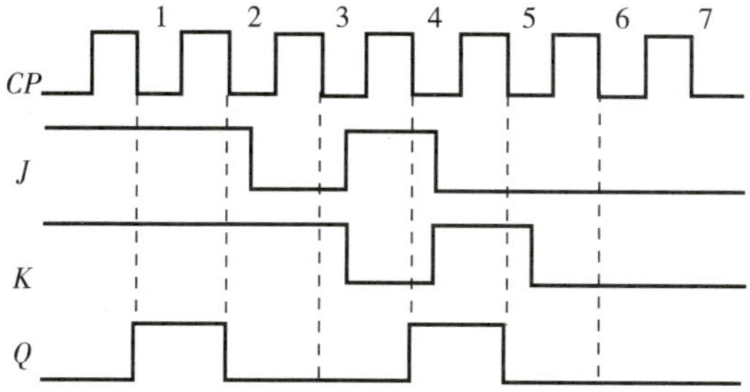

图 12-7　例 12-1 的波形图

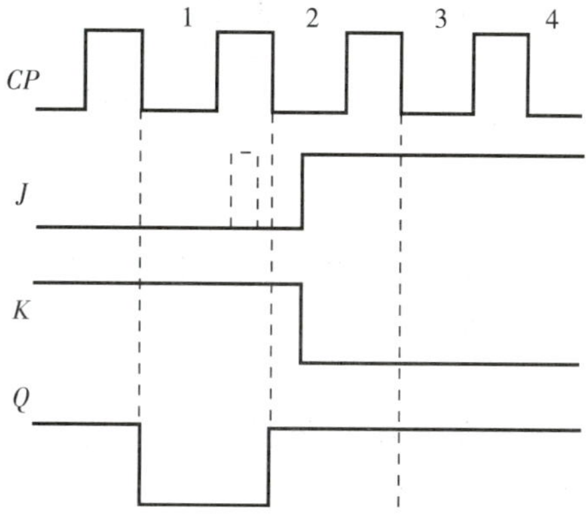

图 12-8　例 12-2 的波形图

解：① 第一个 CP 信号的正跳沿前，$J=0$，$K=1$，因此负跳沿产生后触发器应翻转为 0。

② 第二个 CP 的高电平期间，信号 J 有一个正跳沿的干扰（如虚线所示）。利用图 12－6 分析干扰信号的影响。干扰信号出现前，主触发器和从触发器的状态分别是 $Q'=0$、$Q'=1$ 和 $Q=0$、$Q=1$。干扰信号的出现会影响主触发器状态的变化，具体情况是：$G_1$0 的两个输入端都为 1，其输出为 1，使 G_8 输出为 0，又使 $Q'=1$、$Q'=0$。由于干扰信号的产生使主触发器的状态由 0 变为 1。干扰信号消失后，主触发器的状态是否能恢复到原来的状态呢？由于 $Q'=0$ 已将 G_6 封锁，G_8 的输出变化不会影响到 Q' 的状态，也就是 J 端的干扰信号的消失不会使 Q' 恢复到 0，因此第二个 CP 的负跳沿到来后触发器的状态为 $Q=1$。如果 J 端没有正跳变的干扰信号产生，根据 $J=0$、$K=1$ 的条件，触发器的正常状态应为 $Q=0$。在上述条件下，主触发器的状态只能根据输入信号改变一次，这种现象称为一次变化现象。并非所有条件下都会出现一次变化现象。由于 JK 触发器电路的对称性，不难理解，在触发器的状态为 1 时，$CP=1$ 期间信号 K 出现正跳沿干扰也会产生一次变化现象。也只有这两种情况下主从 JK 触发器会产生一次变化现象。

③ 对应于第三、第四个 CP 的输入条件都是 $J=1$、$K=0$，所以 $Q=1$。

（5）脉冲工作特性

建立时间：输入信号应先于 CP 信号到达的时间，用 t_{set} 表示。由图 12－9 可知，J、K 信号只要不迟于 CP 信号即可，因此 $t_{set}=0$。

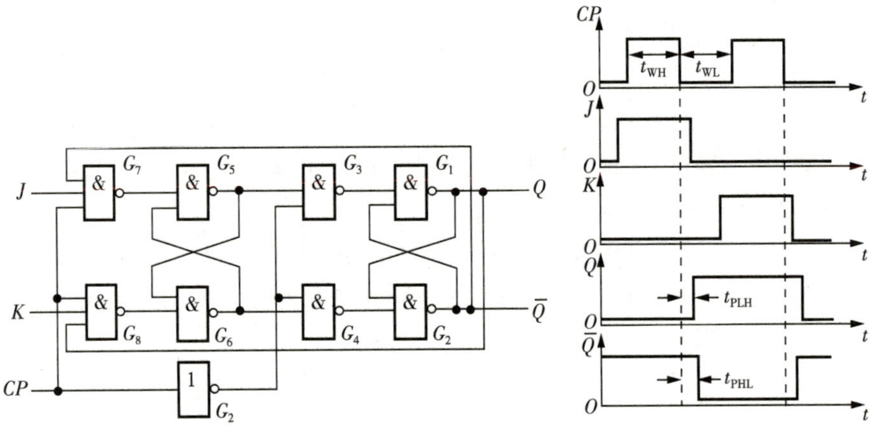

（a）逻辑图　　　　（b）动态波形

图 12－9　主从 JK 触发器的逻辑图和动态波形

保持时间：为保证触发器可靠翻转，输入信号需要保持一定的时间。保持时间用 t_H 表示。如果要求 $CP=1$ 期间 J、K 的状态保持不变，而 $CP=1$ 的时间为 t_{WH}，则应满足 $t_H \geqslant t_{WH}$。

传输延迟时间：若将从 CP 下降沿开始到输出端新状态稳定地建立起来的这段时间定义为传输时间，则有 $t_{PLH}=3t_{pd}t_{PHL}=4t_{pd}$。

最高时钟频率：因为主从触发器都是由两个同步 RS 触发器组成的，所以由同步 RS 触发器的动态特性可知，为保证主触发器的可靠翻转，CP 高电平的持续时间 t_{WH} 应大于 $3t_{pd}$。同理，为保证从触发器能可靠地翻转，CP 低电平的持续时间 t_{WL} 也应大于 $3t_{pd}$。因此，时钟信号的最小周期为 $T_{c(min)} \geqslant 6t_{pd}$、最高时钟频率为 $f_{c(max)} \leqslant 1/6t_{pd}$。

如果把图 12-9 的 J、K 触发器换成 T 触发器（即将 J 和 K 相连后接至高电平），则最高时钟频率还要低一些。因为从 CP 的下降沿开始到输出端的新状态稳定建立所需要的时间为 $t_{PHL} \geqslant 4t_{pd}$，如果 CP 信号的占空比为 50%，那么 CP 信号的最高频率只能达到 $f_{c(max)} = 1/2t_{PHL} = 1/8t_{pd}$。

5. 集成触发器

集成JK触发器的产品较多，以下介绍一种比较典型的高速CMOS双JK触发器 HC76。该触发器内含两个相同的 JK 触发器，它们都带有预置和清零输入，属于负跳沿触发的边沿触发器，其逻辑符号和引脚分布如图 12-10 所示，其功能表见表 12-6 所列。如果在一片集成器件中有多个触发器，通常在符号前面（或后面）加上数字，以表示不同触发器的输入、输出信号，比如 $C1$ 与 $1J$、$1K$ 同属一个触发器。

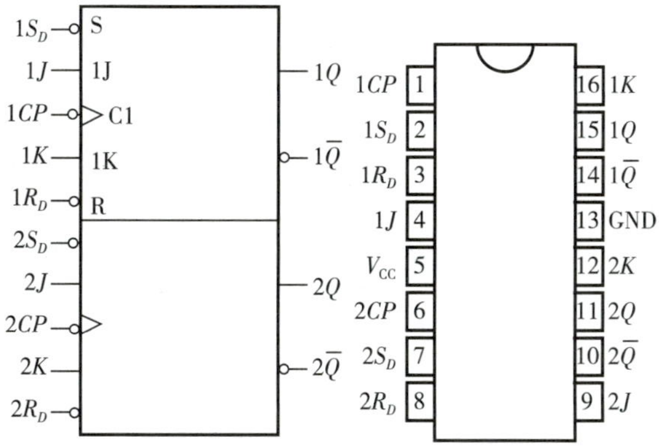

（a）逻辑符号　　（b）引脚分布

图 12-10　高速 CMOS 双 JK 触发器 HC76 的逻辑符号和引脚分布

表 12-6　高速 CMOS 双 JK 触发器 HC76 的功能表

输入					输出	
S_D	R_D	CP	J	K	Q	Q
L	H	×	×	×	H	L
H	L	×	×	×	L	H
H	H	↓	L	L	Q^n	Q^n
H	H	↓	H	L	H	L
H	H	↓	L	H	L	H
H	H	↓	H	H	Q^n	Q^n

综上所述，对主从 JK 触发器归纳为以下几点：

（1）主从 JK 触发器具有置位、复位、保持（记忆）和计数功能。

（2）主从 JK 触发器属于脉冲触发方式，触发翻转只在时钟脉冲的负跳变沿发生。

（3）不存在约束条件，但存在一次变化现象。

（4）产生一次变化是因为在 $CP=1$ 期间，主触发器一直在接收数据，但主触发器在某些条件下（$Q=0$、$CP=1$ 期间 J 端出现正跳沿干扰，或 $Q=1$、$CP=1$ 期间 K 端出现正跳沿干扰），不能完全随输入信号的变化而发生相应的变化，以至于影响从触发器状态与输入信号，进而导致主触发器与从触发器不对应。

6. 边沿 JK 触发器

(1) 电路结构

边沿 JK 触发器采用与或非电路结构，属于下降沿触发，其逻辑图如图 12－11 所示。

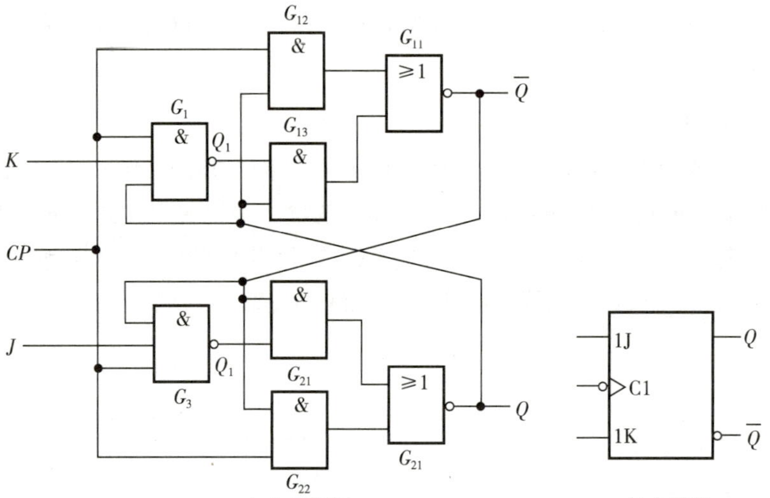

(a) 逻辑图　　(b) 符号

图 12－11　边沿 JK 触发器的逻辑图和符号

(2) 工作原理

① $CP=0$ 时，触发器处于稳态。CP 为 0 时，一方面 G_3 和 G_4 被封锁，不论 J 和 K 为何种状态，Q_3 和 Q_4 均为 1；另一方面，G_{12} 和 G_{22} 被 CP 封锁。因而由与或非门组成的触发器处于稳定状态，输出 Q 状态不变。

② CP 由 0 变 1 时，触发器不翻转，为接收输入信号做准备。设触发器原状态为 $Q=0$、$Q=1$。当 CP 由 0 变为 1 时，有两个信号通道影响触发器的输出状态，一个是 G_{12} 和 G_{22} 打开，直接影响触发器的输出，另一个是 G_4 和 G_3 打开，再经 G_{13} 和 G_{23} 影响触发器的状态。前一个通道只经一级与门，而后一个通道则要经一级与非门和一级与门，显然 CP 的跳变经前者影响输出比经后者要快得多。在 CP 由 0 变为 1 时，G_{22} 的输出首先由 0 变为 1，这时无论 G_{23} 为何种状态(无论 J、K 为何状态)，Q 都为 0。由于 Q 同时连接 G_{12} 和 G_{13} 的输入端，因此它们的输出均为 0，G_{11} 的输出 $Q=1$，触发器的状态不变。CP 由 0 变为 1 后，打开 G_3 和 G_4 为接收输入信号 J、K 做好准备。

③ CP 由 1 变为 0 时触发器翻转。设输入信号 $J=1$、$K=0$，则 $Q_3=0$、$Q_4=1$，G_{13} 和 G_{23} 的输出均为 0。当 CP 下降沿到来时，G_{22} 的输出由 1 变为 0，则有 $Q=1$，G_{13} 输出为 1，$Q=0$，触发器翻转。虽然 CP 变为 0 后，G_3、G_4、G_{12} 和 G_{22} 封锁，$Q_3=Q_4=1$，但由于与非门的延迟时间比与门长(在制造工艺上予以保证)，因此 Q_3 和 Q_4 这一新状态的稳定是在触发器翻转之后。由此可知，该触发器在 CP 下降沿触发翻转，CP 一旦到 0 电平，则将触发器封锁，处于①所分析的情况。

总之，该触发器在 CP 下降沿前接受信息，在下降沿触发翻转，在下降沿后触发器被封锁。

(3) 功能描述

边沿 JK 触发器的状态转移真值表、特征方程、状态转移图及激励表与主从 JK 触发器完全一致，只不过在画工作波形图时，不用考虑一次变化现象。

(4) 脉冲工作特性

该触发器无一次变化现象，输入信号可在 CP 触发沿由 1 变为 0 时刻前加入。由图 12－12 可知，该电路要求 J 和 K 信号先于 CP 信号触发沿传输到 G_3 和 G_4 的输出端，为此它们的加入时间至少应比 CP 的触发沿提前一级与非门的延迟时间，这段时间称为建立时间 t_{set}。

输入信号在负跳变触发沿来到后就不必保持，原因在于即使原来的 J 和 K 信号变化，还要经一级与非门的延迟才能传输到 G_3 和 G_4 的输出端，在此之前，触发器已由 G_{12}、G_{13}、G_{22}、G_{23} 的输出状态和触发器原先的状态决定翻转。所以这种触发器要求输入信号的维持时间极短，从而具有很高的抗干扰能力，且因缩短 t_{CPH} 可提高工作速度。

从负跳变触发沿到触发器输出状态稳定，也需要一定的延迟时间 t_{CPL}。显然，该延迟时间应大于两级与或非门的延迟时间，即 t_{CPL} 大于 $2.8t_{pd}$。

综上所述，边沿 JK 触发器可归纳为以下几点：

① 边沿 JK 触发器具有置位、复位、保持(记忆)和计数功能。

② 边沿 JK 触发器属于脉冲触发方式，触发翻转只在时钟脉冲的负跳变沿发生。

③ 由于接收输入信号的工作在 CP 下降沿前完成，在下降沿触发翻转，在下降沿后触发器被封锁，所以不存在一次变化的现象，抗干扰性能好，工作速度快。

7. 维持阻塞 D 触发器

(1) 电路结构

维持阻塞 D 触发器的电路由六个与非门组成。其中 G_1 和 G_2 组成基本 RS 触发器，G_3 和 G_6 组成控制门，引入置 1 维持线 L_1、置 0 维持线 L_3、置 1 阻塞线 L_4、置 0 阻塞线 L_2，D 为输入信号，维持阻塞 D 触发器的逻辑图和符号如图 12－12 所示。

(2) 功能分析

在 $CP=0$ 时，G_3 和 G_4 门被封锁，输入信号 D 的状态虽然能反映到 G_5 和 G_6 门的输出端，但不能作用到 G_3 和 G_4 门上，触发器状态保持不变。

若在 CP 上升沿到来前 $D=0$，因 G_3 和 G_4 门被封锁，$Q_3=1$、$Q_4=1$、$Q_6=1$、$Q_5=0$。此时 D 不能通过 G_3 和 G_4 门反映到触发器上而是在此等待。当 CP 上升沿到来，$Q_5=0$ 作用到 G_3 门上，G_3 门被封锁，Q_3 保持不变。$Q_6=1$ 作用到 G_4 门上，G_4 门打开，Q_4 翻转为 0，使触发器输出 $Q=0$，$\bar{Q}=1$。无论 CP 上升沿到来前触发器状态如何，只要 $D=0$，则在 CP 上升沿到来后，触发器状态变为 0。同时 $Q_4=0$ 通过置 0 维持线 L_3 反馈到 G_6 门的输入端，将 G_6 门封锁，即在 $CP=1$ 期间，无论 D 如何变化，触发器状态保持 0 不变。

若在 CP 上升沿到来前 $D=1$，因 G_3 和 G_4 门被封锁，$Q_3=1$、$Q_4=1$、$Q_6=0$、$Q_5=1$。此时 Q_6 和 Q_5 的状态不能通过 G_3 和 G_4 门反映到触发器上，触发器保持原状态。当 CP 上升沿到来，Q_6 和 Q_5 的状态反映到触发器上，$Q_6=0$，G_4 门被封锁，Q_4 保持不变。Q_3 翻转为 0，使触发

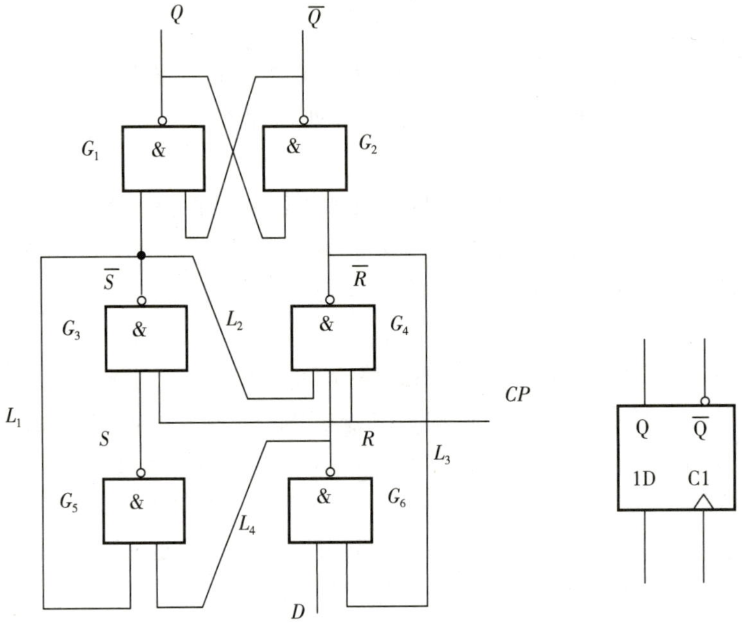

（a）逻辑图　　　　（b）符号

图 12-12　维持阻塞 D 触发器的逻辑图和符号

器输出 $Q=1$、$\overline{Q}=0$。无论 CP 上升沿到来前触发器状态如何，只要 $D=1$，则在 CP 上升沿到来后，触发器状态变为 1。同时 $Q_3=0$ 通过置 0 阻塞线 L_2 反馈到 G_4 门的输入端，将 G_4 门封锁，通过置 1 维持线 L_1 反馈到 G_5 门的输入端，将 G_5 门封锁，即在 $CP=1$ 期间，无论 D 如何变化，触发器状态保持 1 不变。

8. CMOS 主从结构的边沿 D 触发器

(1) 电路结构

如图 12-13 所示为CMOS主从结构的边沿 D 触发器，传输门 TG_1、TG_2 和非门 G_1、G_2 组成主触发器，传输门 TG_3、TG_4 和非门 G_3、G_4 组成从触发器，传输门的控制端由一对互补的时钟脉冲控制，具有边沿触发器的特性。

(2) 功能分析

在 CP 变为1时，$\overline{CP}$ 变为0。这时 TG_1 导通，TG_2 截止。主触发器接收输入端 D 的信号，经 TG_1 传到主触发器的输出端。同时 TG_3 关闭，切断了两个触发器间的联系。TG_4 导通，触发器保持原来状态。

当 CP 由 1 变为 0 时，$\overline{CP}$ 变为 1，这时 TG_1 截止，切断主触发器与输入端 D 的联系，TG_2 导通，将 G_1 的输入端与 G_2 的输出端连通，使主触发器保持原来状态不变。同时 TG_3 导通，TG_4 截止，将主触发器的状态送入从触发器，使 $Q^{n+1}=D$。

图 12-13 是一个 CP 下降沿触发的边沿触发器。若将 CP 和 $\overline{CP}$ 互换，可使触发器变为上升沿触发。

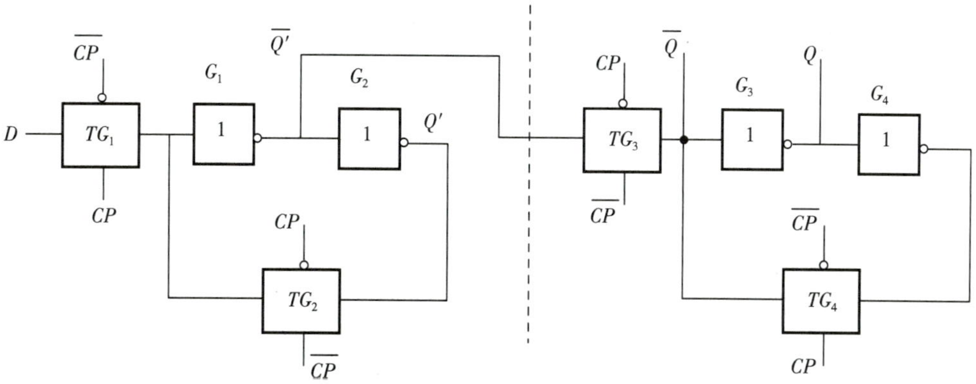

（a）主触发器　（b）从触发器

图 12－13　CMOS 主从结构的边沿 D 触发器

任务二　时序逻辑电路

学习目标：

掌握时序逻辑电路的基本概念。

掌握时序逻辑电路的分析方法和设计方法。

学习内容：

时序逻辑电路的结构和分类；时序逻辑电路的分析方法和设计方法。

数字电路根据逻辑功能的不同，可以分成两大类：一类是前面已经介绍过的组合逻辑电路，另一类就是时序逻辑电路。时序逻辑电路是数字电路的重要组成部分，虽然每个数字电路系统中都包含有组合逻辑电路，但是在实际应用中绝大多数的数字系统还包括存储元件，而这样的数字系统都必须用时序逻辑电路来描述。

在学习了组合逻辑电路和触发器相关内容后，现在我们就可以来学习时序逻辑电路了。常用的时序逻辑电路有计数器和寄存器等，学习它们之前应掌握时序逻辑电路的基本结构、分类和时序逻辑电路的分析方法和设计方法，具备分析和设计时序逻辑电路的基本能力。

一、时序逻辑电路的结构和分类

时序电路的结构图如图 12 - 14 所示。

时序逻辑电路的结构和分类视频

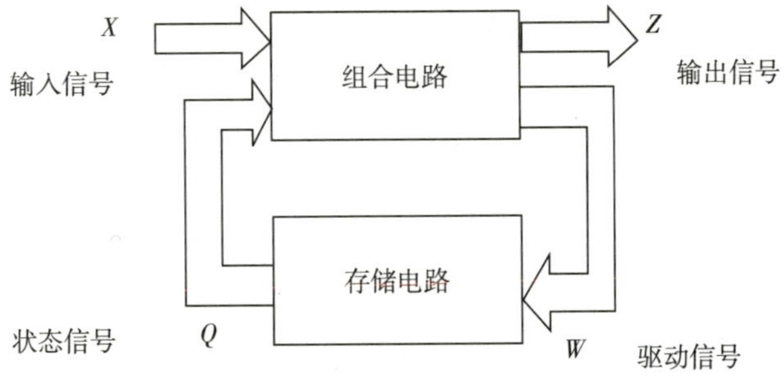

图 12 - 14　时序电路的结构图

描述时序电路的三组方程主要有以下三个方程：

$$输出方程：Z(tn)=F[X(tn),Q(tn)]$$

$$驱动方程：W(tn)=G[X(tn),Q(tn)]$$

$$状态方程：Q(tn+1)=H[W(tn),Q(tn)]$$

1. 根据存储单元的状态改变是否在统一的时钟脉冲控制下同时发生来分，可分为同步时序电路和异步时序电路。

2. 根据输出信号的特点来分，可分为：

(1) 米里(Mealy) 型：输出信号不仅仅取决于存储电路的状态，而且还取决于外部输入信号。

(2) 摩尔(Moore) 型：输出信号仅仅取决于存储电路的状态，而和该时刻的外部输入信号无关。

二、时序逻辑电路的分析方法

1. 时序逻辑电路的分析

时序逻辑电路的分析主要按照以下四个步骤进行：

(1) 写方程式

① 时钟方程：各个触发器时钟信号的逻辑表达式。

② 驱动方程：各个触发器输入端信号的逻辑表达式。

③ 状态方程：将驱动方程代入相应触发器的特性方程，求出时序电路的状态方程。

时序逻辑电路的分析方法视频

④ 输出方程：时序电路中各个输出信号的逻辑表达式。

(2) 列特性表(状态转换真值表)

将电路现态的各种取值和输入代入状态方程和输出方程中进行计算，求出相应的次态和输出。计算时要注意状态方程有效的时钟条件，凡不具备时钟条件者，方程式无效，触发器保持原来状态不变。

(3) 画出状态转换图和时序图

状态转换图是指电路由现态转换到次态的示意图。

时序图是在时钟脉冲 CP 作用下，各触发器状态变化的波形图。它反映了时序电路的输入信号、输出信号及电路状态等的取值在时间上的对应关系。

(4) 分析逻辑功能

根据状态转换真值表或状态转换图来分析电路的逻辑功能。

同步时序逻辑电路分析视频

异步时序逻辑电路分析视频

2. 时序逻辑电路的设计

设计时序逻辑电路的关键是根据设计要求确定状态转换规律,并由此求出各触发器的驱动方程。一般设计步骤如下：

(1) 根据设计要求,建立原始状态图；

(2) 确定触发器数目及类型,选择状态编码,画出状态转换图和状态转换表；

(3) 求状态方程、驱动方程、输出方程；

(4) 画逻辑图；

(5) 检查电路的自启动能力。

时序逻辑电路的设计方法视频

任务三　寄存器

学习目标：

掌握时序逻辑电路的分析方法和设计方法。
掌握数码寄存器和移位寄存器的基本分类和工作原理。
掌握集成移位寄存器的逻辑功能和应用。

学习内容：

寄存器分类和工作原理；数码寄存器和移位寄存器的逻辑功能和应用；集成双向移位寄存器 74LS194 的逻辑功能及应用。

寄存器视频

寄存器被广泛应用于数字系统和计算机中，它由触发器组成，是一种用来暂时存放二进制数码的逻辑部件。一个触发器可以存放一位二进制代码，因此 n 位代码寄存器应由 n 个触发器组成。有些寄存器由门电路构成控制电路，以保证信号的接收和清除。

寄存器存放数据的方式有并行和串行两种。并行方式是数码从各对应输入端同时输入到寄存器中，串行方式是数码从一个输入端逐位输入寄存器中。

寄存器取出数据的方式也有并行输出和串行输出两种。并行输出方式中，被取出的数码同时出现在各位的输出端。串行输出方式中，被取出的数码在一个输出端逐位出现。

寄存器分为数码寄存器和移位寄存器。

一、数码寄存器

数码寄存器视频

数码寄存器具有存储二进制代码，并可输出所存二进制代码的功能。数码寄存器按接收数码的方式可分为单拍式和双拍式两种。

单拍式：接收数据后直接把触发器置为相应的数据，不考虑初态。

双拍式：接收数据之前，先用复"0"脉冲把所有的触发器恢复为"0"，第二拍把触发器置为接收的数据。

(1) 双拍工作方式的数码寄存器

双拍工作方式是指接收数码时，先清零，再接收数码。如图 12－15 所示为 4 位数码寄存器的逻辑图。它的核心部分是 4 个 D 触发器。其工作过程如下：

① 清零。$CR=0$，异步清零，即有 $Q_3^{n+1}Q_2^{n+1}Q_1^{n+1}Q_0^{n+1}=0000$。

② 送数。$CR=1$ 时，CP 上升沿送数，即有 $Q_3^{n+1}Q_2^{n+1}Q_1^{n+1}Q_0^{n+1}=D_3D_2D_1D_0$。

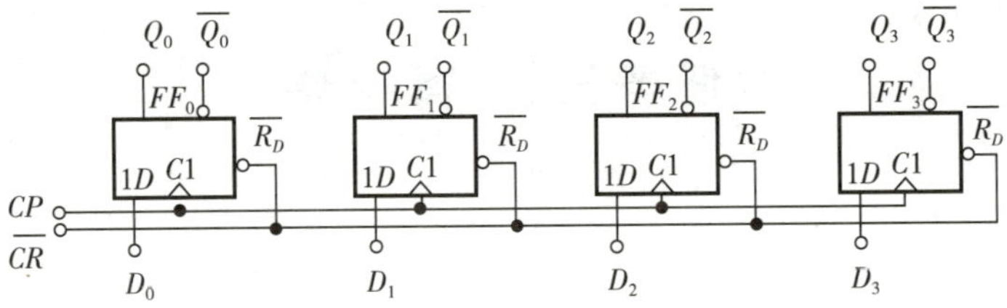

图 12－15　4 位数码寄存器的逻辑图

③ 保持。在 $CR=1$，CP 上升沿以外时间，寄存器内容将保持不变。实现了数码寄存的功能。

（2）单拍工作方式的数据寄存器

单拍工作方式是指只需一个接收脉冲就可以完成接收数码。集成数码寄存器几乎都采用单拍工作方式。数码寄存器要求所存的代码与输入代码相同，故由 D 触发器构成。

分析如图 12－16 所示的 D 触发器组成的 4 位数据寄存器的逻辑图。无论寄存器中原来的内容是什么，只要送数在控制时钟脉冲 CP 上升沿到来时，加在并行数据输入端的数据 $D_0\sim D_3$，就立即被送入进寄存器中，即有 $Q_3^{n+1}Q_2^{n+1}Q_1^{n+1}Q_0^{n+1}=D_3D_2D_1D_0$。

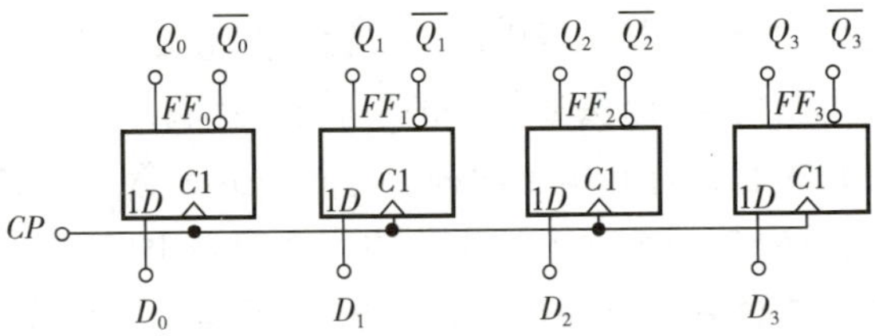

图 12－16　D 触发器组成的 4 位数据寄存器的逻辑图

二、移位寄存器

移位寄存器具有数码寄存和移位两个功能，在移位脉冲的作用下，数码如果向左移一位，则称为左移，反之称为右移。

移位寄存器具有单向移位功能的称为单向移位寄存器，既可向左移也可向右移的称为双向移位寄存器。

右移移位寄存器视频

（1）单向移位寄存器

① 右移寄存器

如图 12－17 所示是由 4 个 D 触发器组成的右移（由低位到高位）寄存器的逻辑图。图中各触发器的 CP 接在一起作为移位脉冲控制端，数据从最低位触发器 D 输入，前一触发器输出端和后一触发器 D 端连接。

设 4 位二进制数码 $d_3d_2d_1d_0=1011$，按移位脉冲工作节拍，从高位到低位逐位送到 D 端。根据 D 触发器特性方程 $Q^{n+1}=D$，经第一个 CP 后，$Q_0=d_3$，经第二个 CP 后，F_0 状态移入 F_1，F_0 移入新数码 d_2，即变成 $Q_1=d_3$、$Q_0=d_2$，以此类推，经过 4 个 CP 脉冲 $Q_3=d_3$、$Q_2=d_2$、$Q_1=d_1$、$Q_0=d_0$。表 12－7 是右移寄存器状态转换表。

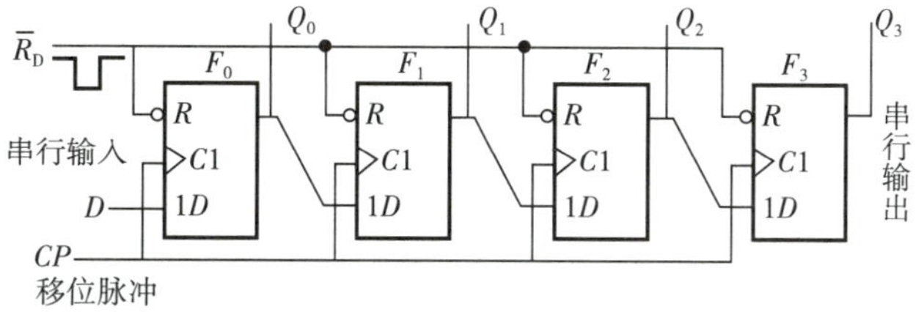

图 12－17　右移寄存器的逻辑图

可见数码由低位触发器逐位移入高位触发器，是一个右移寄存器。

表 12－7　右移寄存器状态转换表

Q_0	Q_1	Q_2	Q_3	串行输入	CP
d_3	—	—	—	d_3	1
d_2	d_3	—	—	d_2	2
d_1	d_2	d_3	—	d_1	3
d_0	d_1	d_2	d_3	d_n	4

② 左移寄存器

如图 12－18 所示是由 JK 触发器组成的左移（由高位向低位）寄存器的逻辑图。图中 R_D 为正脉冲清零端，各触发器的 CP 端连在一起作为移位脉冲控制端，最高位触发器转换成 D 触发器，D 端作为串行数码输入端，其余各触发器也具有 D 触发器的功能，显然，经过 4 个 CP 后 4 位数据全部存入寄存器，表 12－8 是左移寄存器状态转换表。

左移移位寄存器视频

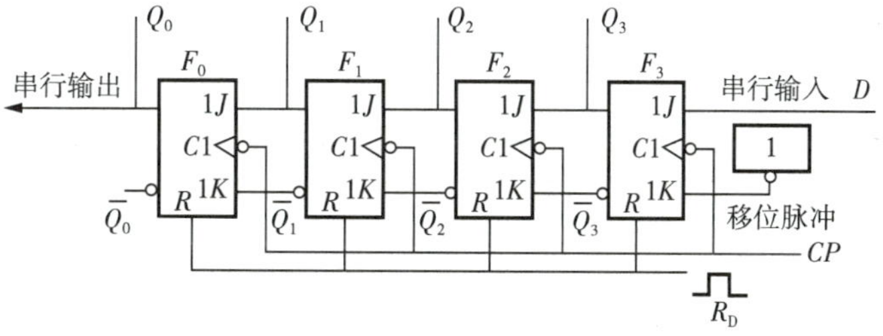

图 12－18　左移寄存器逻辑图

表 12－8　左移寄存器状态转换表

Q_0	Q_1	Q_2	Q_3	串行输入	CP
—	—	—	—	d_0	1
—	—	d_0	d_1	d_1	2
—	d_0	d_1	d_2	d_2	3
d_0	d_1	d_2	d_3	d_3	4

(2) 双向移位寄存器

74LS194 4 位双向移位寄存器具有左移、右移、并行数据输入、保持、清除功能。

分析图 12 - 19 74LS194 的图形符号和引脚图可知，SRG_4 是 4 位移位寄存器符号，$D_0 \sim D_3$ 接并行数据输入端；D_{SL} 接左移串行数据输入端；D_{SR} 接右移串行数据输入端；$S_A(M_0)$ 和 $S_B(M_1)$（9 脚和 10 脚）工作方式控制端分别接电平开关，置 1 或置 0；CP 时钟输入端接正向单次脉冲；清零端接负向单次脉冲；$Q_0 \sim Q_3$ 为输出端。

集成双向移位寄存器
74LS194

从表 12-9 74LS194 的功能表分析可知，$R=1(\overline{CR}=0)$，输出脚 15、14、13、12 被复“0”，即清零。

$\overline{CR}=1$ 时：$S_A S_B=00$，$M=0$，输出保持；$S_A S_B=10$，$M=1$，脚 2 被选中，CP 上升沿时“1”右移输入；$S_A S_B=01$，$M=2$，脚 7 被选中，CP 上升沿时“2”左移输入；$S_A S_B=11$，$M=3$，脚 3、4、5、6 被选中，CP 上升沿时数据并行输入。

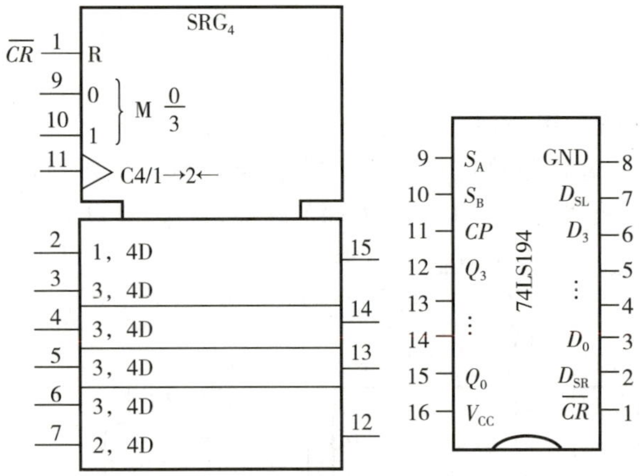

图 12 - 19 74LS194 的图形符号和引脚图

表 12 - 9 74CS194 的功能表

$\overline{CR}$	S_A	S_B	工作方式
0	×	×	清零
1	0	0	保持
1	0	1	左移
1	1	0	右移
1	1	1	数据并行输入

任务四　555 电路的组成

学习目标：

掌握 555 电路的电路组成和电路的工作原理。
掌握 555 电路的功能。
了解 555 电路的常见应用方法。

学习内容：

555 电路的电路组成和电路的工作原理；555 电路的功能；了解 555 电路的应用。

555 电路又称为时基电路，它是一种将数字电路和模拟电路结合制作在同一片硅片上的混合集成电路。555 电路的简化结构图如图 12－20 所示，它的内部有两个电压比较器 C_1 和 C_2、一个基本 RS 触发器、一个晶体管和三个电阻。

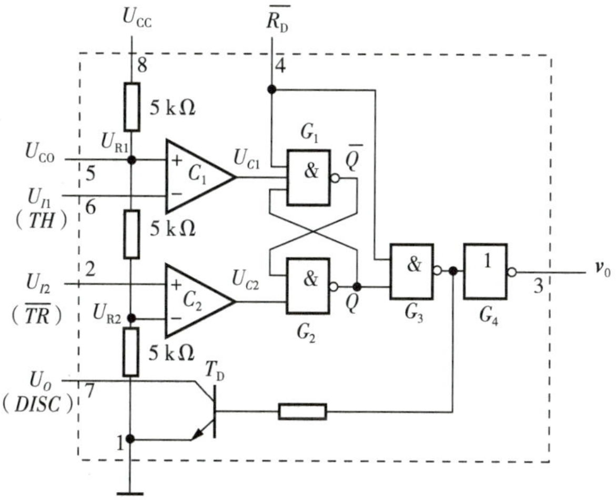

图 12－20　555 电路的简单化结构图

图 12－20 中各引脚的功能如下：

“1”为接“地”端。

“2”为低电平触发端(TR)。当 2 端的输入电压高于 $\frac{1}{3}U_{CC}$ 时，C_2 的输出为 1；当输入电压低于 $\frac{1}{3}U_{CC}$ 时，C_2 的输出为 0，使基本 RS 触发器置 1。

“3”为输出端。最大输出电流达 200 mA，由此可直接驱动继电器、发光二极管、扬声器、指示灯等。

“4”为复位端。由此端加负电平可使 555 电路直接复位，输出为低电平。

“5”是电压控制端。在此端可外加一电压以改变比较器的参考电压。不用时，经 0.01 mF 的电容接“地”，以防止干扰的引入。

“6”为阈值端 TH。当 U_{TR} 大于 U_{R1} 时引起触发。

“7”为放电端 D，也可以作为集电极开路输出端使用。

“8”为止电源端。CMOS555 电路可以采用 3～18 V 的单电源工作，也可以与其他运算放大器和电路共用电源。

在 1 脚接地，5 脚未外接电压，两个比较器 $C1$ 和 $C2$ 的基准电压分别为 $\frac{2}{3}U_{CC}$、$\frac{1}{3}U_{CC}$ 的情况下，555 电路的功能表见表 12－10 所列。

表 12－10　555 电路的功能表

$\overline{R_D}$	U_1(TH)	U_2(TR)	放电管 T	U_o
0	$>\frac{2}{3}U_{CC}$	$<\frac{1}{3}U_{CC}$	导通	0
1	$<\frac{2}{3}U_{CC}$	$<\frac{1}{3}U_{CC}$	截止	1
1	$>\frac{2}{3}U_{CC}$	$>\frac{1}{3}U_{CC}$	导通	0
1	$<\frac{2}{3}U_{CC}$	$>\frac{1}{3}U_{CC}$	不变	不变

555 定时器的功能主要由两个比较器决定。两个比较器的输出电压控制 RS 触发器和放电管的状态。在电源与地之间加上电压，当 5 脚悬空时，则电压比较器 C_1 的同相输入端的电压为 $2U_{CC}/3$，C_2 的反相输入端的电压为 $U_{CC}/3$；若触发输入端 TR 的电压小于 $U_{CC}/3$，则比较器 C_2 的输出为 0，可使 RS 触发器置 1，使输出端 OUT＝1。如果阈值输入端 TH 的电压大于 $2U_{CC}/3$，同时 TR 端的电压大于 $U_{CC}/3$，则 C_1 的输出为 0，C_2 的输出为 1，可将 RS 触发器置 0，使输出为 0 电平。

1. 555 定时器构成单稳态触发器

图 12－21 为由 555 定时器和外接定时元件 R、C 构成的单稳态触发器的电路图。D 为钳位二极管，稳态时 555 电路输入端处于电源电平，内部放电开关管 T 导通，输出端 U_o 输出低电平，当有一个外部负脉冲触发信号加到 V_i 端。并使 2 端电位瞬时低于 $1/3U_{CC}$，低电平比较器动作，单稳态电路即开始一个稳态过程，电容 C 开始充电，U_C 按指数规律增长。当 U_C 充

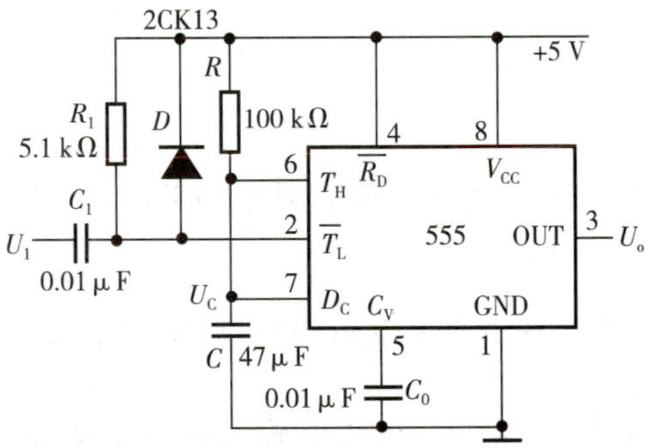

图 12－21　单稳态触发器的电路图

电到 $2/3U_{CC}$ 时，高电平比较器动作，比较器 A_1 翻转，输出 U_o 从高电平返回低电平，放电开关管 T 重新导通，电容 C 上的电荷很快经放电开关管放电，暂态结束，恢复稳定，为下一个触发脉冲的到来做好准备，其波形图如图 12－22 所示。

暂稳态的持续时间 T_w（延时时间）取决于外接元件 R 和 C 的大小。

$$T_w = 1.1RC$$

通过改变 R 和 C 的大小，可使延时时间在几个微秒和几十分钟之间变化。当这种单稳态电路作为计时器时，可直接驱动小型继电器，并可采用复位端接地的方法来终止暂态，重新计时。此外需用一个续流二极管与继电器线圈并接，以防继电器线圈反电势损坏内部功率管。

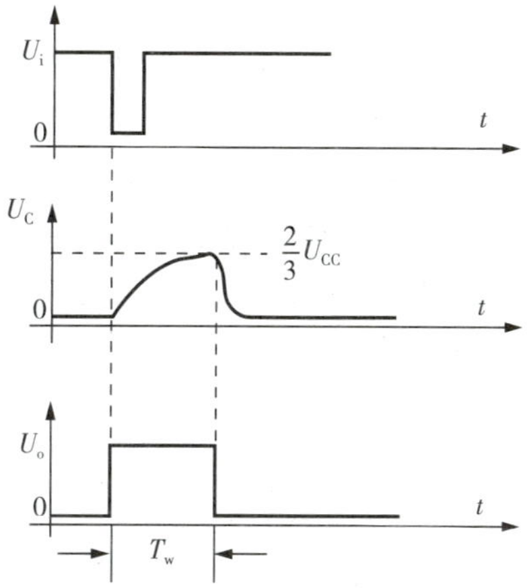

图 12－22　单稳态触发器的波形图

2. 555 定时器接成多谐振荡器

多谐振荡器又称为无稳态触发器，它没有稳定的输出状态，只有两个暂稳态。在电路处于某一暂稳态后，经过一段时间可以自行触发翻转到另一暂稳态。两个暂稳态自行相互转换而输出一系列矩形波，多谐振荡器可用作方波发生器。多谐振荡器的电路图和工作波形图如图 12－23 所示。

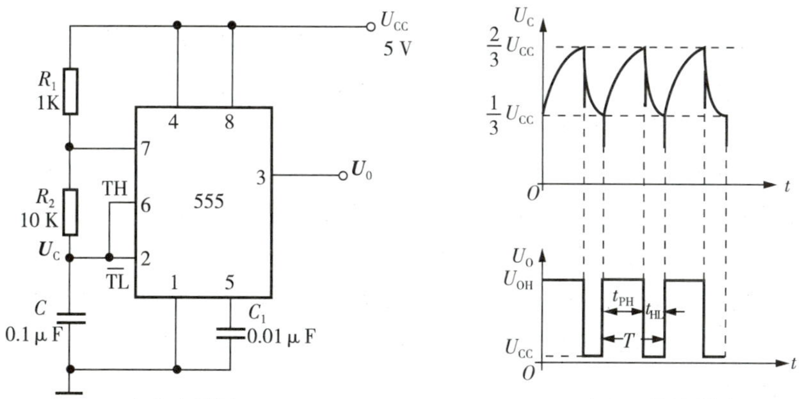

（a）电路图　　（b）工作波形图

图 12－23　多谐振荡器的电路图和工作波形图

接通电源后，假定是高电平，则 T 截止，电容 C 充电，充电回路是 U_{CC}—R_1—R_2—C— 地，按指数规律上升，当上升到 $2/3U_{CC}$ 时，输出翻转为低电平。接通电源后，假定是低电平，则 T 导通，电容 C 放电，放电回路为 C—R_2—T— 地，按指数规律下降，当下降到 $1/3U_{CC}$ 时，输出翻转为高电平，放电管 T 截止，电容再次充电，如此周而复始，产生振荡，经分析可得：

输出高电平时间 $T=(R_1+R_2)C\ln 2$；输出低电平时间 $T=R_2C\ln 2$；振荡周期 $T=(R_1+2R_2)C\ln 2$。

3. 555 电路的应用实例

(1) 触摸延时小灯

图 12－24 是触摸延时小灯的电路图，它将触摸开关发光二极管的实验中加入延时电路，调整可调电阻的阻值和电容量达到延时效果。要想增加延时的时间，就调换大容量的电容，如 400 μF、1000 μF 等。如果作为夜间床头定时灯、楼道定时灯等，可拆去发光二极管和电阻，换一个 6 伏的小灯即可。

(2) 触摸延时音乐门铃

图 12－25 是触摸延时音乐门铃的电路图，与图 12－26 比较，将触摸延时小灯的电路中拆去发光二极管，改为连接音乐片电路即可。它可以当作门铃使用，也可安置在人手触摸处作为瞬间报警器。

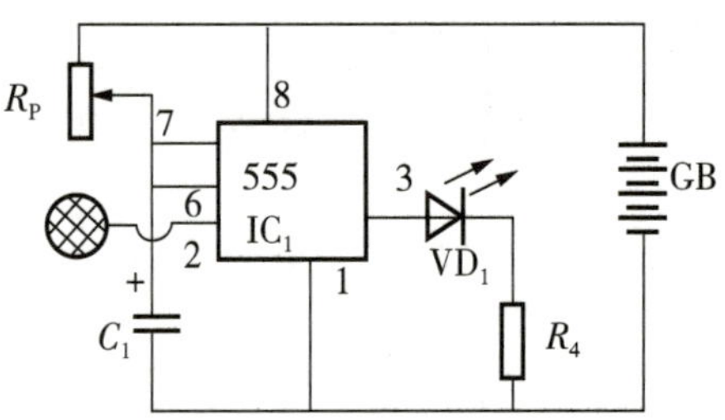

图 12－24　触摸延时小灯的电路图

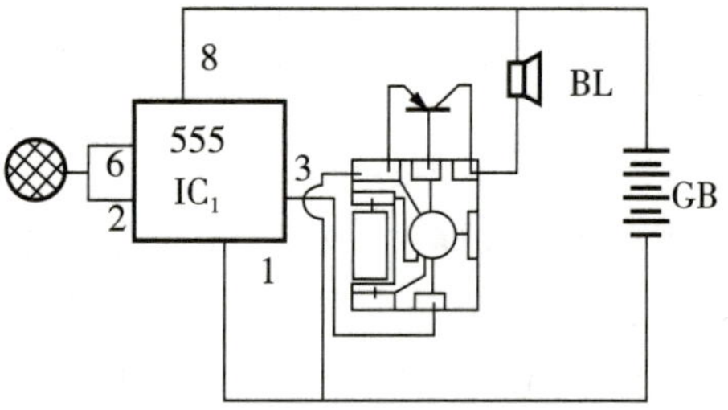

图 12－25　触摸延时音乐门铃的电路图

(3) 手控行车红绿灯指示器模型

图 12－26 是手控行车红绿灯指示器的电路图，先做一个红绿灯灯架，将红绿发光二极管固定在灯架上，按图连接后，只要向下按动按键，则红灯变为绿灯，手一离开便又成为红灯。

(4) 可自动控制的行车红绿灯指示器模型

图 12－27 是可自动控制的行车红绿灯指示器的电路图，只将图 12－26 中的手控改为磁控，再加上延时电路，就可以将上述模型改为红绿灯自动控制。先制作一个街道模型和指示灯架，将干簧管设在指示灯前方的道路模型的下方。在一辆模型汽车的底部粘一块磁铁。当汽车行过干簧管上方时，电路导通，红灯变为绿灯，汽车继续向前行驶，由于延时电路作用，使绿灯亮一段时间，保证汽车驶过路口。需要注意的是根据汽车模型的速度，调整干簧管的位置和电路延时的时间。

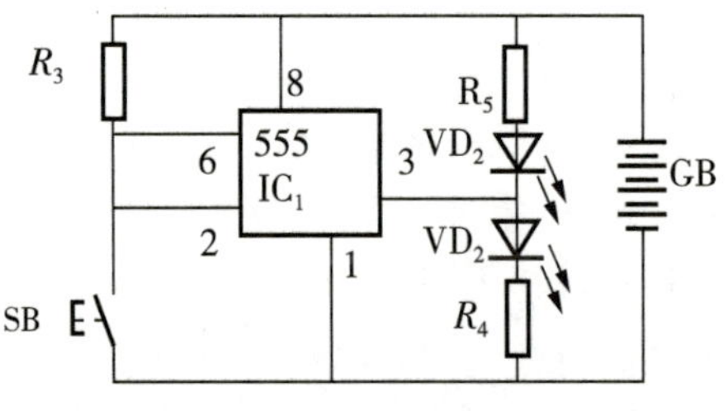

图 12－26　手控行车红绿灯指示器的电路图

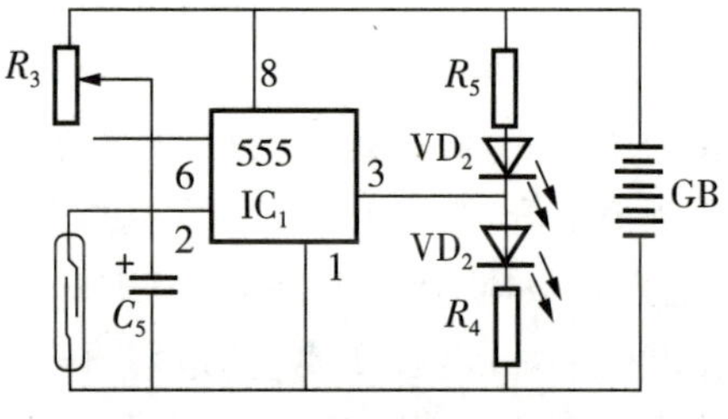

图 12－27　可自动控制的行车红绿灯指示器的电路图

(5) 灯塔模型

先用硬纸做一个灯塔模型。图 12－28 是灯塔模型的电路图，它只取闪光电路的一部分 —— 一个绿发光二极管作为塔灯。最后调整好闪烁时间。

(6) 发报练习器

图 12－29 是发报练习器的电路图，它是在音响电路中接入按键代替电键，做成一个发报练习器的，音调高低可选定，也可以做一个电键。

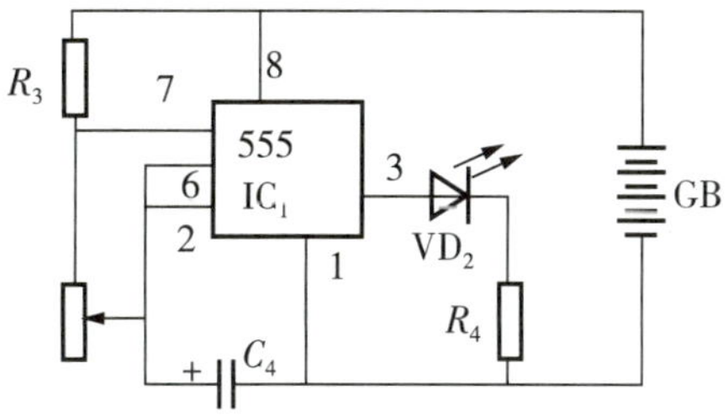

图 12－28　灯塔模型的电路图

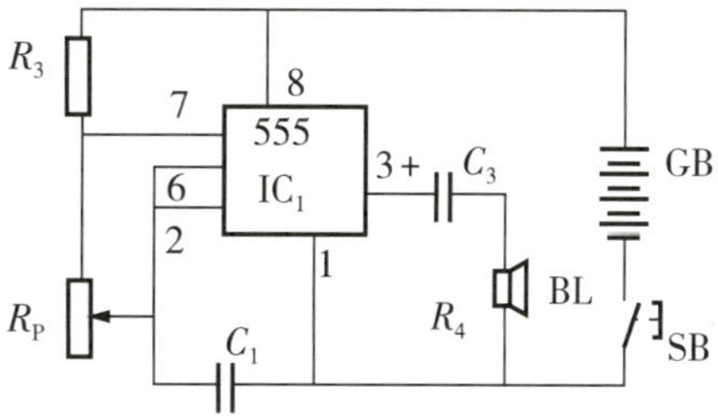

图 12－29　发报练习器的电路图

国际莫尔斯码字符如下：

A：· —　*B*：— ···　*C*：— · — ·　*D*：— ··　*E*：·　*F*：·· — ·　*G*：—— ·

H：····　*I*：··　*J*：· ———　*K*：— · —　*L*：· — ··　*M*：——　*N*：— ·

O：———　*P*：· —— ·　*Q*：—— · —　*R*：· — ·　*S*：···　*T*：— · ——

U：·· —　*V*：··· —　*W*：· ——　*X*：— ·· —　*Y*：— · ——　*Z*：—— ··

如果将一方的电键的两根导线接在另一方的电路中，同时把对方电键的两根导线接在自己电路中，那么他们就可以互相发报传送信息了。

(7) 一种平时不耗电的磁控报警器

图 12－30 是磁控报警器的电路图，它是在音响电路中接入干簧管，再将干簧管放入两块相吸引的磁铁之间，这时，干簧管并不闭合，电路不导通。当移动一块磁铁后，干簧管立即闭合，电路导通报警。制作时先把干簧管安放在门窗的木框上，同时把一块磁铁固定在干簧管的上方，把另一块磁铁安放在门窗对着干簧管处的下方，注意一定要使这两块磁铁相吸，这时干簧管不导通，喇叭不发出音响。一旦门窗打开，干簧管被上方磁铁吸引闭合，电路导通，发出音响报警。

(8) 断线报警器

图 12－31 是断线报警器的电路图，图中的 *A*、*B* 两点是用一根细的导线连接(图中的弧线)，当人或动物碰断导线时便会发声报警，发光二极管发光。

(9) 雨水报警器

图 12－32 是雨水报警器的电路图，它是在音响电路中从两个电阻之间引出一个探头改为雨水报警器的。用覆铜板按照图 12－33 做一个探头，接到音响电路中，当雨水滴在探头上，电路导通，便会发出音响。

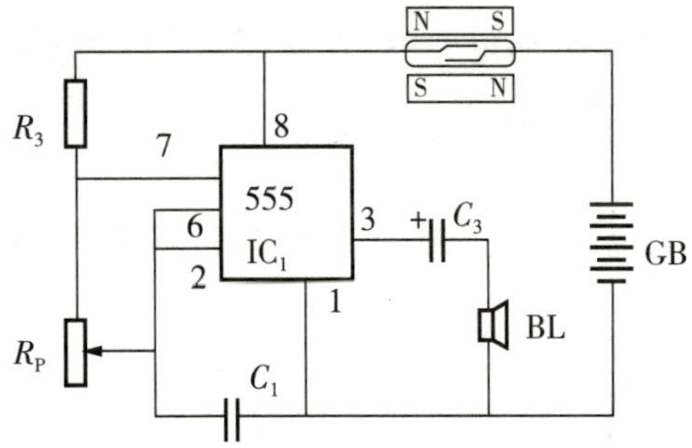

图 12-30 磁控报警器的电路图

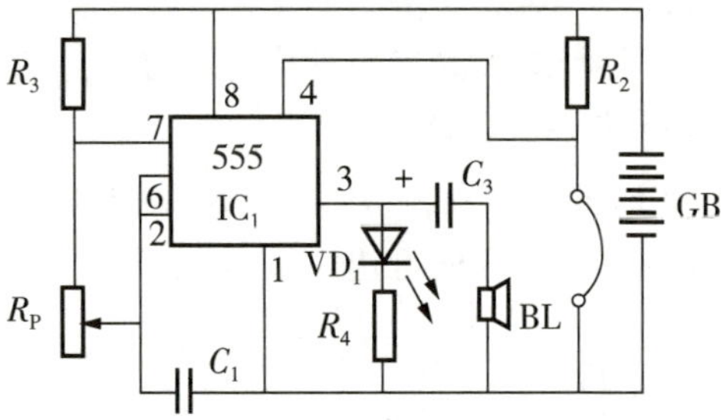

图 12-31 断线报警器的电路图

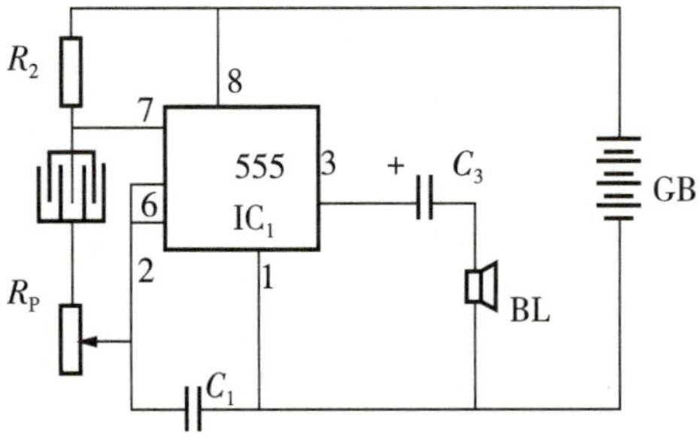

图 12-32 雨水报警器的电路图

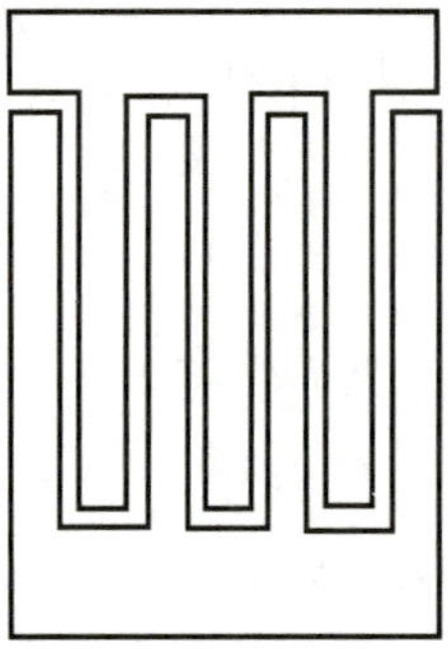

图 12-33 铜板探头

(10) 高低水位报警器

水能导电，也就有电阻存在。如图 12-34 所示的电路就是利用电阻值不同，发出的音调不同的原理制作成的高低水位报警器，它与雨水报警器中的探头不同。用导线按照图 12-35 做成水位探头，接到电路中去。当水位低时，A 与 B 导通，因有可调电阻，阻值较大发出低音；当水位升高 A 与 C 也导通，这时 A 与 C 电阻阻值因为没有可调电阻，其阻值远远小于 A 与 B 的电阻值，因此电流通过 A 与 C，报警器便发出高音。

按这个思路还可以做成高低音门铃、多路报警器等。

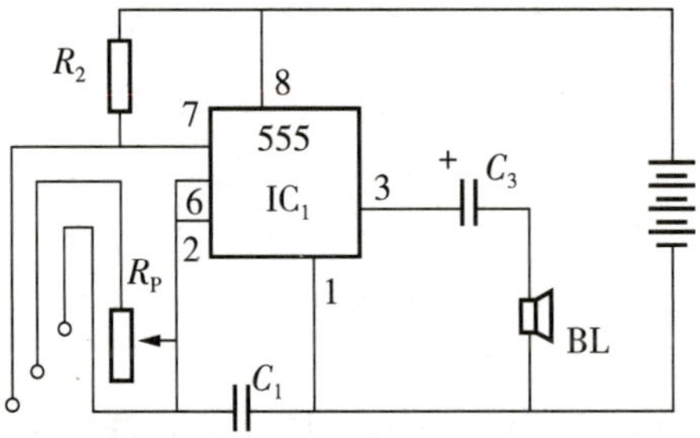

图 12-34 高低水位报警器的电路图

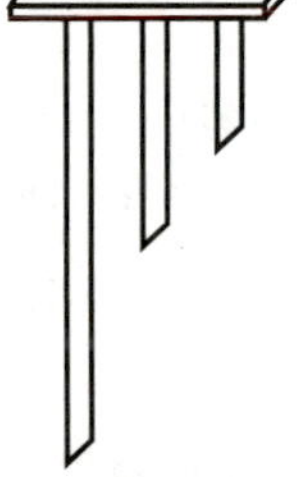

图 12-35 水位探头

（11）手控模仿鸟鸣实验

图 12－36 是手控模仿鸟鸣实验的电路图，它与音响器不同的是它没有电容，并在电容处断开。将音响器调响后，拆去电容，用两个手指捏住导线的两个端头，这时喇叭会发出高的音调。随着手指捏住导线松紧程度的不同，喇叭发出时高时低、时响时断、如同鸟叫一般的声音。调整可调电阻阻值，会发出不同音调，模仿鸟鸣和其他声响。

（12）节拍器

图 12－37 是节拍器的电路图，它是将闪光电路中接上喇叭，做成既有灯光又有音响的节拍器，只是声音较低。调整电阻阻值和电解电容可以得到不同的节拍。如果去掉发光二极管，将节拍器调整到模拟下雨声音，可作为催眠器，即使使用一夜用电量也很少。

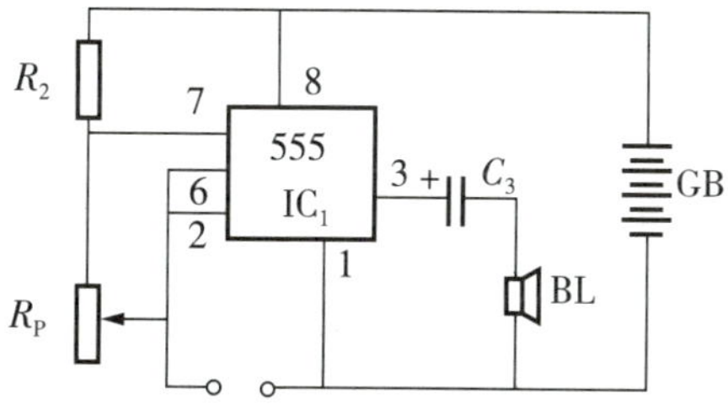

图 12－36 手控模仿鸟鸣实验的电路图

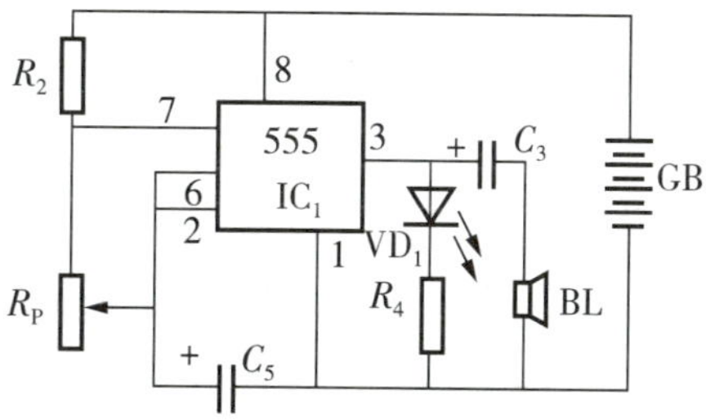

图 12－37 节拍器的电路图

（13）见光发亮的光控灯

图 12－38 是见光发亮的光控灯的电路图，一般的光控灯控制相反，因此，只要把原电路中光敏电阻和可调电阻互换位置就可以了。同时不要忘记可调电阻的调整。

如果在电路中拆去发光二极管和电阻，接 6 V 继电器，再由继电器控制灯就可达到实用装置的目的。

（14）见光响音乐

图 12－39 是见光响音乐的电路图，它是在见光发亮的光控灯中，去掉发光二极管，改接音乐片和扬声器。制作时可以根据所希望的亮度，慢慢调整可调电阻值。

该装置还可以以市场销售的小型激光指示器作为光源枪，将光敏电阻安放在靶心处，将不透光的圆筒套在光敏电阻上，遮挡外部光线对它的干扰，调整可调电阻值，做成光电打靶器。

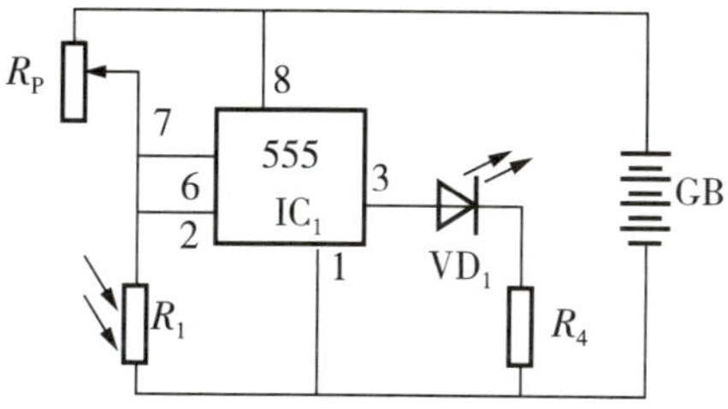

图 12－38 见光发亮的光控灯的电路图

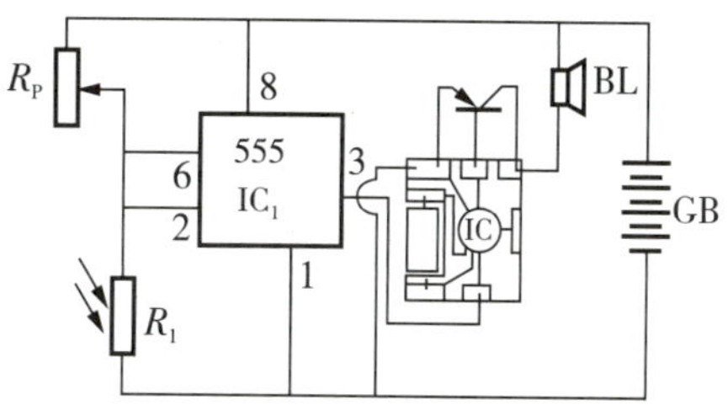

图 12－39 见光响音乐的电路图

(15) 黑暗光控报警器

图 12-40 是黑暗光控报警器的电路图，它是在黑暗控制灯亮电路中接上音乐片电路，制作时在所需的暗度下调整可调电阻值到发出音乐响声。

该装置还可以与小型激光指示器或其他光线配合，做成报警器，如在圈养的动物外围，将小型激光指示器远距离照射光敏电阻，当有动物外逃时，挡住激光束，便会报警。或者将脚 3 与计算器中的“连加”相接，用来对传送带上的物品个数进行计算，或者用于通道显示有人、动物通过等。

(16) 书写光亮测试器

图 12-41 是书写光亮测试器的电路图，它是在黑暗控制“灯”亮的电路的基础上加一个发光二极管，改装为光线亮度测试器。反复调整可调电阻值，使它在符合书写光照条件下，绿色发光二极管发光，而光照暗时红色发光二极管发光，以提醒人们。

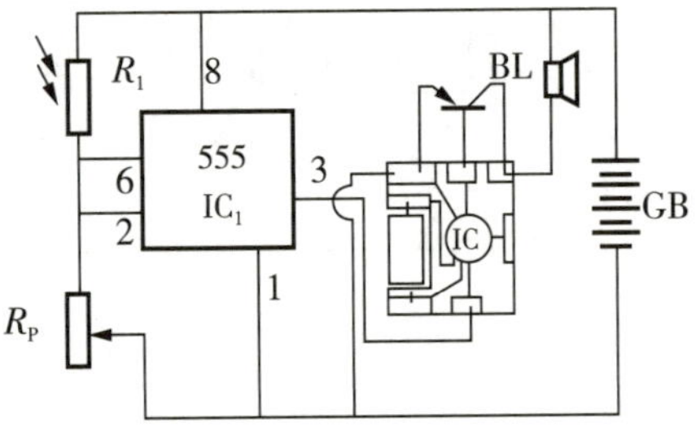

图 12-40　黑暗光控报警器的电路图

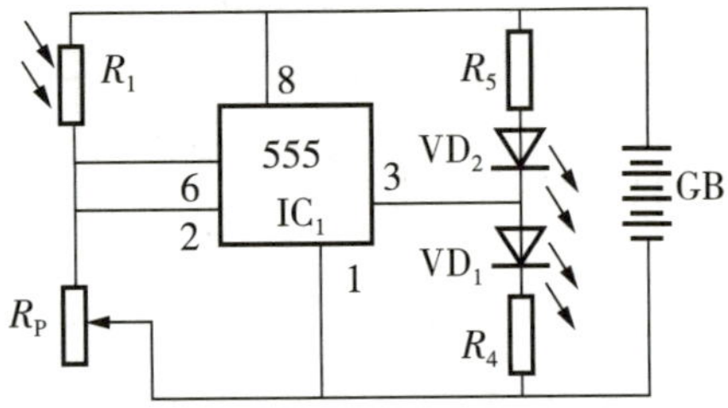

图 12-41　书写光亮测试器的电路图

(17) 干湿测量器

图 12-42 是干湿测量器的电路图，用钢丝按照电路图做两个探头连在电路中。将两个探头插入花盆或其他物体中，反复调整可调电阻值，使其在湿润时绿色发光二极管亮，干燥时红色发光二极管亮。

(18) 延时开的小灯

图 12-43 是延时开的小灯的电路图，它是将延时关电路中的电阻和电容互换位置，成为延时开的电路。按下按键，发光二极管由亮转灭，当手指离开按键后，过一会发光二极管才亮。

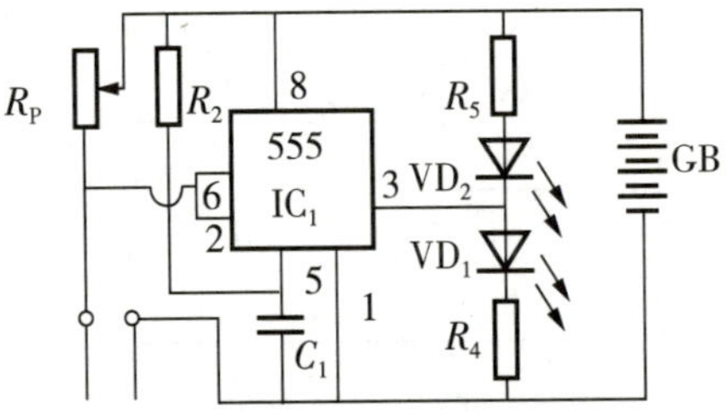

图 12-42　干湿测量器的电路图

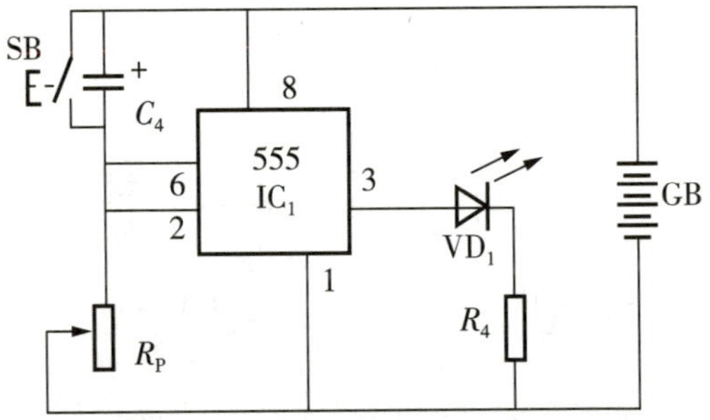

图 12-43　延时开的小灯的电路图

(19) 水沸报警器

图 12-44 是水沸报警器的电路图。先将热敏电阻放入一个直径为 8 mm 左右、长 100 mm 的铜管或不锈钢管内，引出导线，用树脂封好，不能进水。实验时将其插入开水中，慢慢调整可调电阻的阻值，使它到 100 ℃ 时声响报警，低于这个温度时没有声响报警。

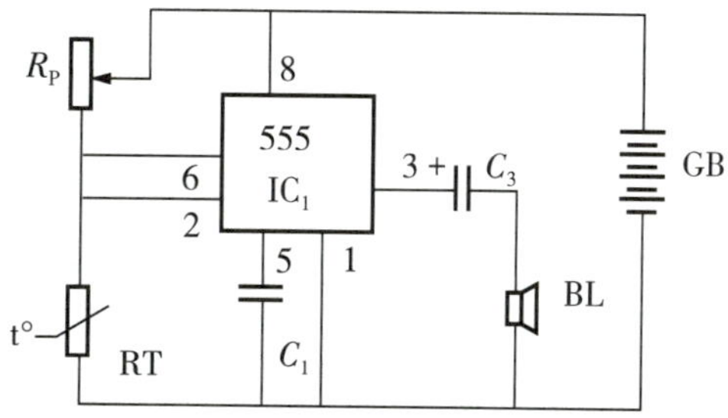

图 12-44　水沸报警器的电路图

还可以举出许多利用基础电路扩展的电子制作的例子，只要多动脑筋，发挥创造性，就可以充分利用这套器件中磁控、光控和温控的作用，制作出各种外围作品。如干簧管放在水容器的外面指定位置，使磁铁随水面上升，当到达干簧管位置时便可报警；或将磁铁放在车轮上，干簧管放在靠近磁铁的位置，车轮每旋转一圈就使干簧管闭合一次；或者加入其他有关的继电器、声控、红外发射与接收等元器件就可以制作更多新颖有趣的电子作品。关于无线电方面的内容和焊接技术其他书籍介绍较多，这里就不再一一介绍了。

4. 555 电路的各种应用电路

(1)555 触摸定时开关

集成电路 IC1 是一片 555 定时电路，在这里接成单稳态电路。平时由于触摸片 P 端无感应电压，电容 C_1 通过 555 电路第 7 脚放电完毕，第 3 脚输出为低电平，继电器 KS 释放，电灯不亮。

当需要开灯时，用手触碰一下金属片 P，人体感应的杂波信号电压由 C_2 加至 555 电路的触发端，使 555 电路的输出由低电平变成高电平，继电器 KS 吸合，电灯点亮。同时，555 电路的第 7 脚内部截止，电源便通过 R_1 给 C_1 充电，定时开始。

当电容 C_1 上电压上升至电源电压的 2/3 时，555 电路的第 7 脚导通，C_1 放电，使 555 电路的第 3 脚输出由高电平变回到低电平，继电器释放，电灯熄灭，定时结束。

定时长短由 R_1 和 C_1 决定：$T_1 = 1.1R_1C_1$。按图 12-45 中所标数值，定时时间约为 4 min。D_1 可选用 1N4148 或 1N4001。

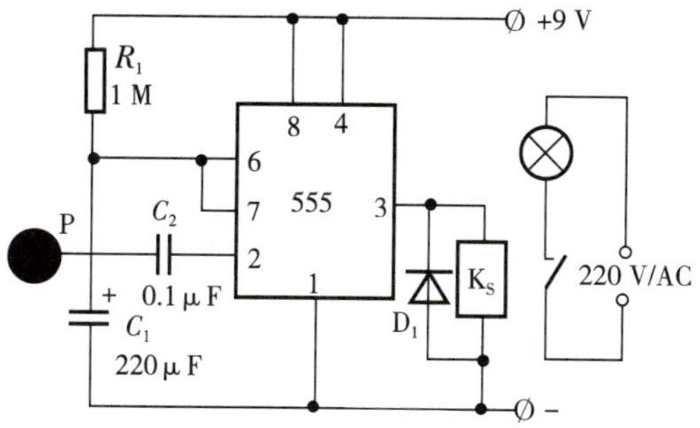

图 12-45　555 触摸定时开关的电路图

(2)555 相片曝光定时器

图 12-46 中的电路是用 555 单稳电路制成的相片曝光定时器，用人工启动式单稳电路。

工作原理如下：

电源接通后，定时器进入稳态。此时定时电容 CT 的电压为 $V_{CT} = V_{CC} = 6$ V。对 555 这个等效触发器来讲，两个输入都是高电平，即 VS = 0。继电器 KA 不吸合，常开点是打开的，曝光照明灯 HL 不亮。

按一下按钮开关 SB 之后，定时电容 CT 立即放到电压为零。于是此时 555 电路等效触发的输入成为 $R=0$、$S=0$，它的输出就成为高电平 $V_0=1$。继电器 KA 吸动，常开接点闭合，曝光照明灯点亮。按钮开关按一下立即放开，电源电压就通过 RT 向电容 CT 充电，暂稳态开始。当电容 CT 上的电压升到 $2/3V_{CC}$ 即 $4V$ 时，定时时间已到，555 等效电路触发器的输入为：$R=1$，$S=1$，于是输出又翻转成低电平：$V_0=0$。继电器 KA 释放，曝光灯 HL 熄灭。暂稳态结束，又恢复到稳态。

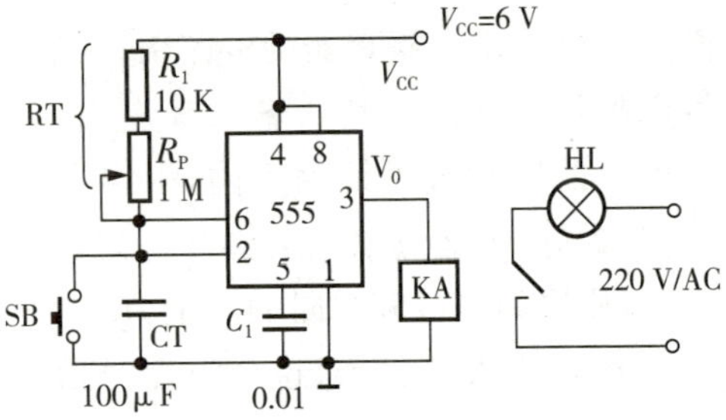

图 12－46　555 相片曝光定时器的电路图

曝光时间计算公式为 $T=1.1RT\times CT$。本电路提供参数的延时时间为 1 s 至 2 min，可由电位器 RP 调整和设置。

电路中的继电器必须选用吸合电流不大于 30 mA 的产品，并应根据负载(HL) 的容量大小选择继电器触点容量。

(3) 单电源变双电源电路

图 12-47 电路中，555 电路接成无稳态电路，3 脚输出频率为 20 kHz、占空比为 1∶1 的方波。3 脚为高电平时，C_4 被充电；3 脚低电平时，C_3 被充电。由于 VD_1 和 VD_2 的存在，C_3 和 C_4 在电路中只充电不放电，充电最大值为 EC，将 B 端接地，在 A、C 两端就得到 $+/-EC$ 的双电源。本电路输出电流超过 50 mA。

(4) 简易催眠器

555 电路构成一个极低频振荡器，输出一个个短的脉冲，使扬声器发出类似雨滴的声音(图 12－48)。扬声器采用 2 英寸、8 欧姆小型动圈式。雨滴声的频率可以通过 100K 电位器调节合适的程度。如果在电源端增加一简单的定时开关，则可以在使用者进入梦乡后自动切断电源。

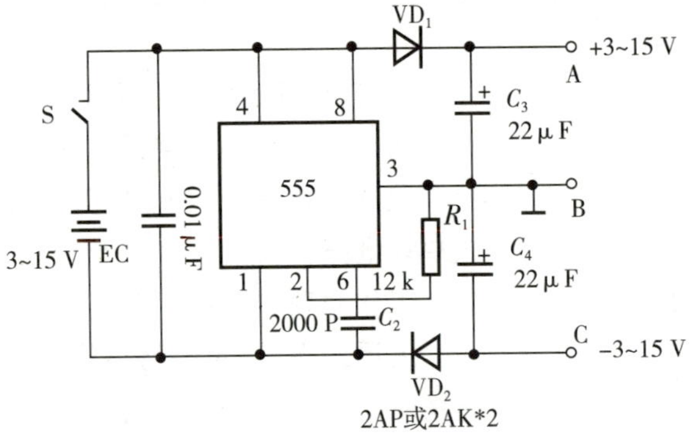

图 12－47　单电源变双电源的电路图

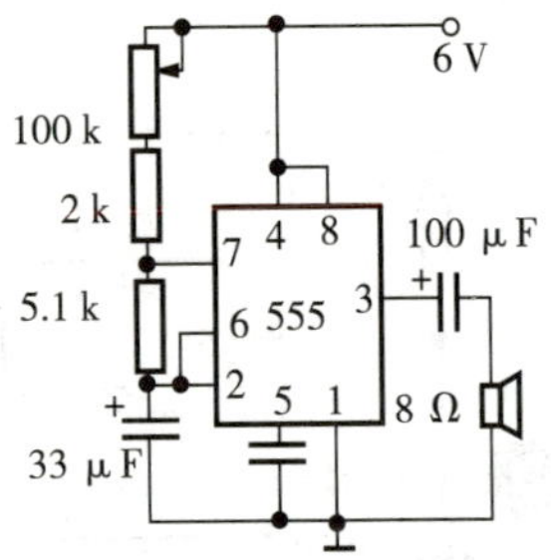

图 12－48　简易催眠器的电路图

(5) 直流电机调速控制电路

直流电机调速控制电路是一个占空比可调的脉冲振荡器。电机 M 是用它的输出脉冲驱动的，脉冲占空比越大，电机电驱电流就越小，转速减慢；脉冲占空比越小，电机电驱电流就越大，转速加快。因此调节电位器 RP 的数值可以调整电机的速度。如电极电驱电流不大于 200 mA 时，可用 CB555 直接驱动；如电流大于 200 mA，应增加驱动级和功放级。

图 12－49 中 VD_3 是续流二极管。在功放管截止期间为电驱电流提供通路，既保证电驱电流的连续性，又防止电驱线圈的自感反电动势损坏功放管。电容 C_2 和电阻 R_3 是补偿网络，它可使负载呈电阻性。整个电路的脉冲频率选在 3 ～ 5 kHz 之间。频率太低电机会抖动，太高时因占空比范围小使电机调速范围减小。

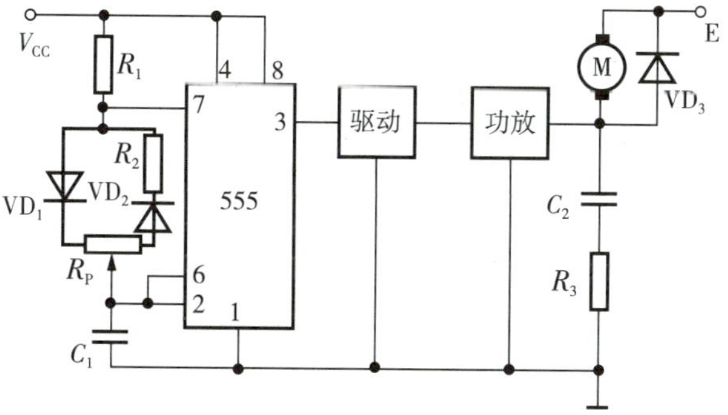

图 12－49　直流电机调整控制电路的电路图

(6) 用 555 电路制作的 D 类放大器

如图 12－50 所示是由 IC555 和 R_1、R_2、C_1 等组成的 100 kHz 可控多谐振荡器，占空比为 50%，控制端 5 脚输入音频信号，3 脚便得到脉宽与输入信号幅值成正比的脉冲信号，经 L、C_3 接调、滤波后推动扬声器。

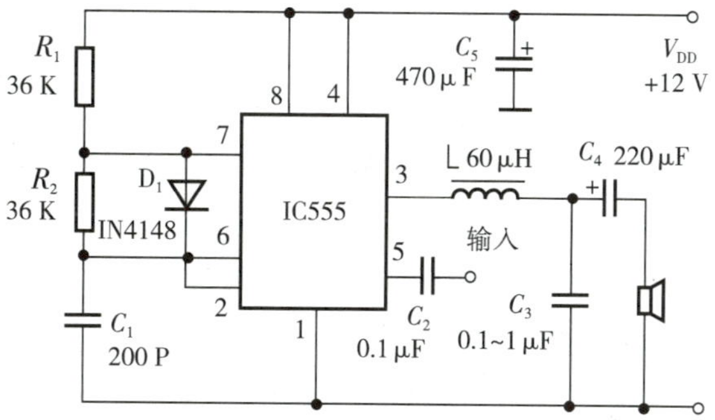

图 12－50　555 电路制作的 D 类放大器的电路图

(7) 风扇周波调速电路

风扇模拟阵风周波调速电路可以为老式风扇增加一个实用功能，下面介绍其工作原理。

风扇周波调速电路图，如图 12－51 所示，电路中 NE555 接成占空比可调的方波发生器，调节 RW 可改变占空比。在 NE555 的 3 脚输出高电平期间，过零通断型光电耦合器 MOC3061 初级得到约 10 mA 正向工作电流，使内部硅化镓红外线发射二极管发射红外光，将过零检测器中光敏双向开关于市电过零时导通，接通电风扇电机电源，风扇运转送风。在NE555的3脚输出低电平期间，双向开关关断，风扇停转。

MOC3061本身具有一定驱动能力，可不加功率驱动元件而直接利用MOC3061的内部双向开关来控制电风扇电机的运转。R_W 为占空比调节电位器，亦即电风扇单位时间内（本电路数据约为20 s）送风时间的调节，改变 C_2 的取值或 R_W 的值可改变控制周期。

图12－52所示电路为MOC3061的典型功率扩展电路，在控制功率较大的电机时，应考虑使用功率扩展电路。可参考图示参数选择器件。由于电源采用电容压降方式，自制时应注意安全，人体不能直接触摸电路板。

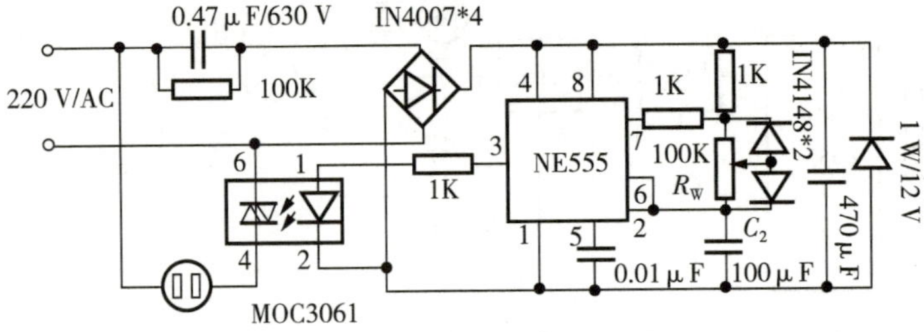

图12－51　风扇周波调速电路图

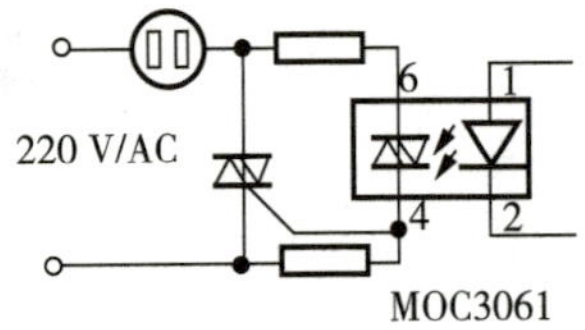

图12－52　MOC3061的典型功率扩展电路图

（8）电热毯温控器

电热毯一般有高温、低温两挡。入睡后拨在高温挡，总会被热醒；拨在低温挡，有时会觉得温度不够。电热毯温控器可以把电热毯的温度控制在合适的范围。

工作原理如下：

电热毯温控器电路图如图12－53所示，图中IC为NE555时基电路。RP_3 为温控调节电位器，其滑动臂电位决定IC的触发电位 V_2 和阀电位 V_f，且 $V_5=V_f=2V_z$。220 V交流电压经 C_1 和 R_1 限流降压，D_1 和 D_2 整流，C_2 滤波，DW稳压后，获得9 V左右的电压供IC用。室温下接通电源，因已调 $V_2 \geqslant V_z$，$V_6 \geqslant V_f$ 时，IC翻转，3脚变为低电平，BCR截止，电热丝停止发热，温度逐渐下降，BG_1 的ICEO随之逐渐减小，V_2、V_6 降低。当 $V_6 < V_f$，$V_2 \leqslant V_z$ 时，I_c 的3脚又回到高电位，BCR又被触发导通，电热丝又开始发热。

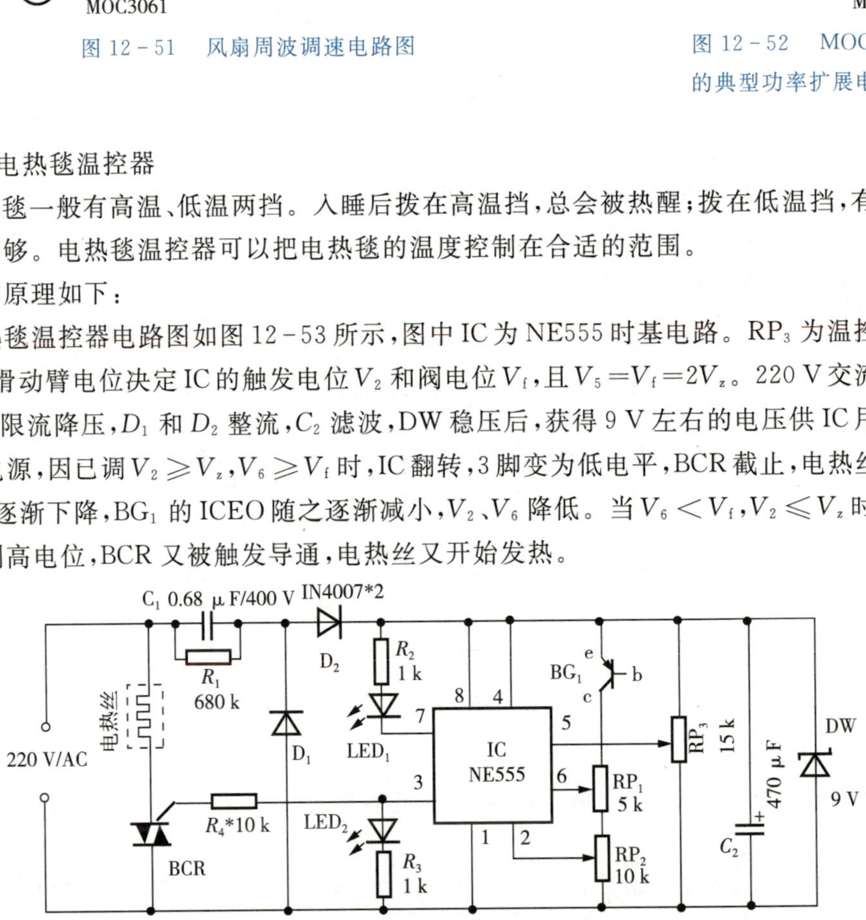

图12－53　电热毯温控器的电路

元件选择：BG_1 可选用 3AX、3AG 等 PNP 型锗管；BCR 可选用 400 V 以上的小型双向可控硅，其他元件按图标选用。

制作要点如下：

热敏传感器 BG1 可用耐温的细软线引出，并将其连同管脚接头装入。将导热硅脂注入电容器铝壳内，制成温度探头。使用时，把该温度探头放在适当部位。

(9) 多用途延迟开关电源插座

家用电器、照明灯等电源的开或关，常常需要在不同的时间延迟后进行，本电源插座即可满足不同的需要。

工作原理如下：

多用途延迟开关电源插座的电路如图 12 - 54 所示，它由降压、整流、滤波及延时控制电路等部分组成。

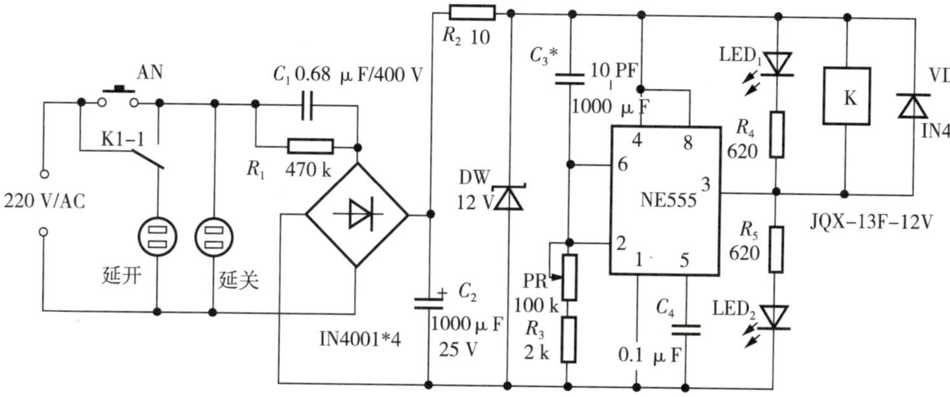

图 12 - 54　多用途延迟开关电源插座的电路

按下 AN，12 V 工作电压加至延迟器上，这时 NE555 的 2 脚和 6 脚为高电平，则 NE555 的 3 脚输出为低电平，因此继电器 K 得电工作，触点 K1 - 1 向上吸合，这时"延关"插座得电，而"延开"插座无电。

这时电源通过电容器 C_3、电位器 RP、电阻器 R_3 至"地"，对 C_3 进行充电。随着 C_3 上的电压升高，NE555 的 2 脚和 6 脚的电压越来越往下降，当此电压下降至 $2/3V_{CC}$ 时，NE555 的 3 脚输出由低电平跳变为高电平，这时继电器将失电而不工作，其控制触点恢复原位，"延关"插座失电，而"延开"插座得电。就这样满足了不同的需求，LED 和 LED2 给予相应的指示。

延时时间由 C_3 及 PR＋R_3 的值决定，$T \approx 1.1C_3(\text{PR}+R_3)$，RP 指有效部分。$C_3$ 可用数十皮法至 1000 微法的电容器，(PR＋$R3$) 的值可取 2 kΩ ～ 10 MΩ。

C_1 的耐压值应大于等于 400 V，R_1 的功率应大于等于 2 W，AN 按钮开关 K - 18 型的，继电器的型号为 JQX - 13F - 12 V，其他元器件无特殊要求。

(10) 新颖实用的直流低压稳压电源

开关电源部分的 VD_1 - VD_4、R_1、C_1、C_2 组成整流滤波电路。NE555 和 R_2、R_3、C_4、VD_6 等元件组成多谐振荡电路，其频率约 20 kHz。R_4、C_3、VD_5 组成降压稳压电路，为 NE555 提供 12 V 工作电源。大功率管 VT_1 及变压器 T 构成开关电路。VT_1 的工作状态由 NE555 的 3

脚控制，导通时间由脉冲宽度决定，调整 R_3 即可改变脉冲宽度。脉冲宽度变宽，输出电压升高；脉冲宽度变窄，输出电压降低。VT_2 及 R_8、R_9、C_6 组成过流保护电路。当负载过重或发生短路故障时，VT_2 导通，强迫 NE555 复位停振，从而保护 VT_1 不致损坏。C_7 和 R_{10} 为保护网络，防止 VT_1 的 $c \sim e$ 结被瞬间脉冲击穿。两个次级绕组经整流滤波后分别输出 20 V 及 12 V。

为了使制作简单，开关电源设计成不能自动稳压的，其功能类似于变压器，只是实现轻型化的隔离降压作用，稳压功能由后面的稳压电路实现。12 V 直流电压经 7805 稳压后输出 +5 V 电压；20 V 直流电压送至可调稳压电路。两者不共地，以便于进行加减组合输出多种电压。

图 12 - 55 为新颖实用的直流低压稳压电源的电路图。

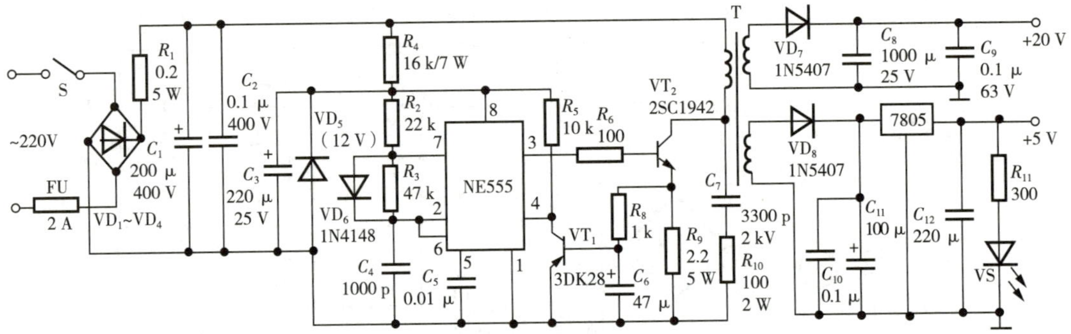

图 12 - 55　新颖实用的直流低压稳压电源的电路图

任务五　JK 触发器验证实验

一、实验目的

1. 熟悉基本 JK 触发器的逻辑功能。
2. 掌握集成触发器的功能和使用方法。

二、实验环境

电子仿真软件：Multisim。

三、虚拟实验仪器设备与元器件

1. 直流稳压电源 ×1。
2. 交流信号发生器 ×1。
3. 发光二极管 LED×2。
4. 拨码开关 S_1 ×1。
5. 电阻 2201 Ω×2。
6. 芯片 74HC10×2。
7. 芯片 74HC00×2。
8. 双踪示波器 ×1。

四、实验原理

JK 触发器是数字电路触发器中的一种基本电路单元。在各类集成触发器中，JK 触发器的功能最为齐全，它具有置 0、置 1、保持和翻转功能。在实际应用中，JK 触发器有很强的通用性，能灵活地转换成其他类型的触发器。例如：由 JK 触发器可以构成 D 触发器和 T 触发器。

JK 触发器和基本 RS 触发器结构相似，RS 触发器不允许 $R=S=1$，而 JK 触发器允许 $J=K=1$。当 J 与 K 同时变为 1 时，输出状态会反转，即原来是 0，变成 1；原来是 1，变成 0，见表 12－9 所列：

表 12－9　JK 触发器理论功能表

J	K	功能	Q	Q_{n+1}	动作
0	0	保持	X	X	不变
0	1	重置	X	0	置 0
1	0	设置	X	1	置 1
1	1	反转	1(0)	0(1)	反转

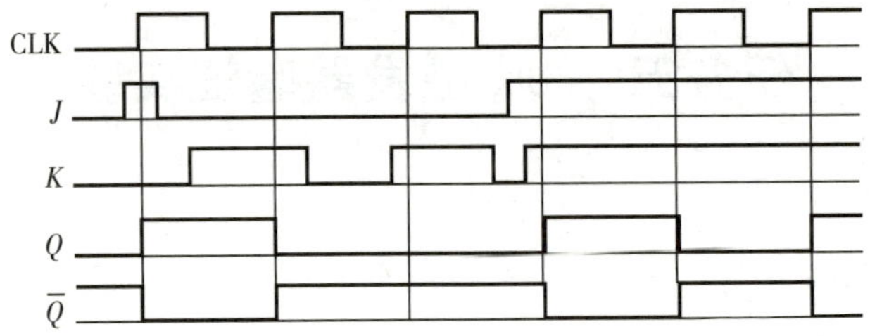

图 12－55　JK 触发器的时序图

五、实验测试电路(图 12－56)

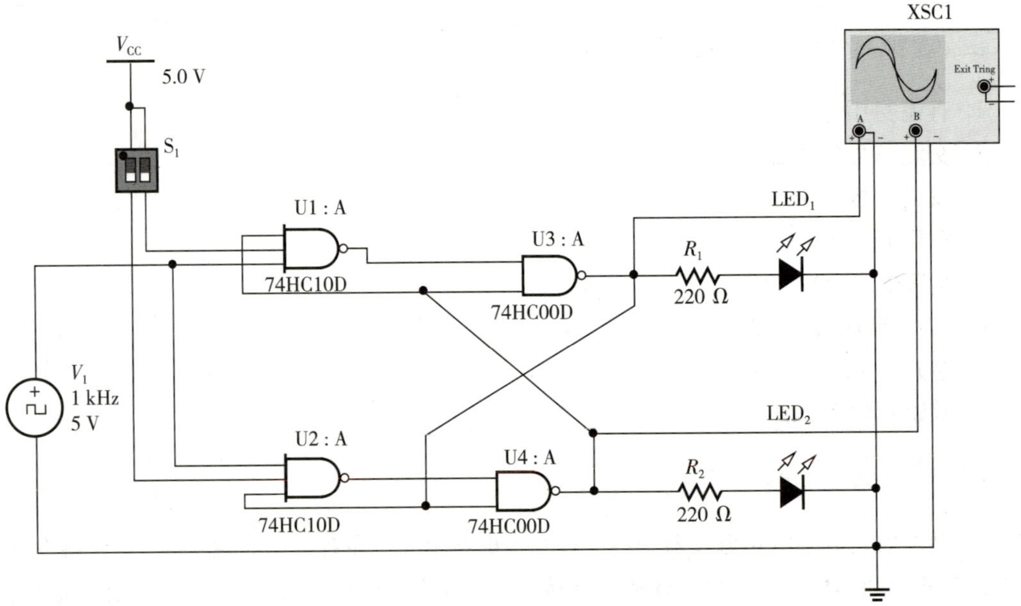

图 12－56　JK 触发器仿真电路

六、实验步骤

1. 分析实验原理，使用 Multisim 电路仿真软件，参照图 12－56 接线图，搭建 JK 触发器仿真电路。

2. 将电路输出端 CLK、J、K 与拨动开关相连接，输出端 Q 和 Q' 与 LED 灯相连接，改变输入的状态，观察输出的现象。通过拨动开关 S_1，改变输入端的高低电平组合，观察输出端的状态。

3. 将仿真测试结果记录在表 12－10 中。

4. 通过双踪示波器测试 JK 触发器的时序波形图，并记录。

七、实验结果

1. 表 12－10 是 JK 触发器的实验测试结果

表 12－10　JK 触发器仿真实验测试结果

CLK	J	K	Q	Q'
0	X	X		
1	0	0		
1	0	1		
1	1	0		
1	1	1		

2. 记录 JK 触发器的时序波形图。

由以上仿真测试结果分析：

(1)JK 触发器功能与理论功能是否一致。

(2)JK 触发器时序波形图是否与理论分析结果一致。

八、实验思考

试使用或非门搭建 SR 锁存器，改变 S_D、R_D 两端出入状态，画出输出端 Q、Q' 的电压波形。

任务六　移位寄存器实验

一、实验目的

1. 掌握中规模 4 位双向移位寄存器的逻辑功能。
2. 掌握中规模 4 位双向移位寄存器的使用方法。

二、实验环境

电子仿真软件：Multisim。

三、虚拟实验仪器设备与元器件

1. 直流稳压电源 ×1。
2. 交流信号发生器 ×1。
3. 发光二极管 LED×8。
4. 五位拨码开关 S_1 ×1。
5. 八位拨码开关 S_2 ×1。
6. 电阻 220 Ω×8。
7. 芯片 74LS194×2。

四、实验原理

移位寄存器(ShiftRegister)具有存储代码和移位功能。移位功能指寄存器里存储的代码能在移位脉冲的作用下依次左移或右移。移位寄存器不仅可以用来寄存代码，还可以用来实现数据的串行-并行转换、数字的运算以及数据处理等。根据移位寄存器存取信息的方式不同分为：串入串出、串入并出、并入串出、并入并出 4 种形式。

本次实验选用的是 4 位双向通用移位寄存器 74LS194，最高时钟脉冲为 36MHz，其逻辑符号及引脚排列如图 12－57 所示。

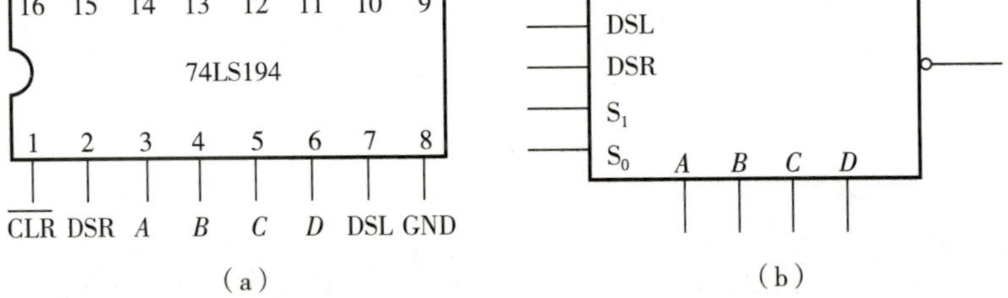

图 12－57　74LS194

其中 A、B、C、D 为并行输入端，Q_A、Q_B、Q_C、Q_D 为并行输出端，DSR 为右移串行输入端，DSL 为左移串行输入端；S_0、S_1 为操作模式控制端，CLR 为直接异步清零端，CLK 为时钟脉冲输入端。74LS194 有 5 种不同操作模式：即并行送数寄存、右移（方向由 $Q_A \rightarrow Q_D$）、左移（方向由 $Q_D \rightarrow Q_A$），保持及清零。74LS194 模式控制及状态输出见表 12－11 所列。

表 12－11　74LS194 理论功能表

CLK	CLR	S_1	S_0	功　能	Q_D　Q_C　Q_B　Q_A
X	0	X	X	清除	0　0　0　0
↑	1	1	1	送数	D　C　B　A
↑	1	0	0	右移	D_{SR}　Q_D　Q_C　Q_B
↑	1	1	0	左移	Q_C　Q_B　Q_A　D_{SL}
↑	1	0	0	保持	Q_3^n　Q_2^n　Q_1^n　Q_0^n
↑	1	X	X	保持	Q_3^n　Q_2^n　Q_1^n　Q_0^n

注：表中 ↑ 表示上升沿有效；1 表示高电平；0 表示低电平；X 表示不定，0 或 1 都可以。

五、实验测试电路(图 12－58)

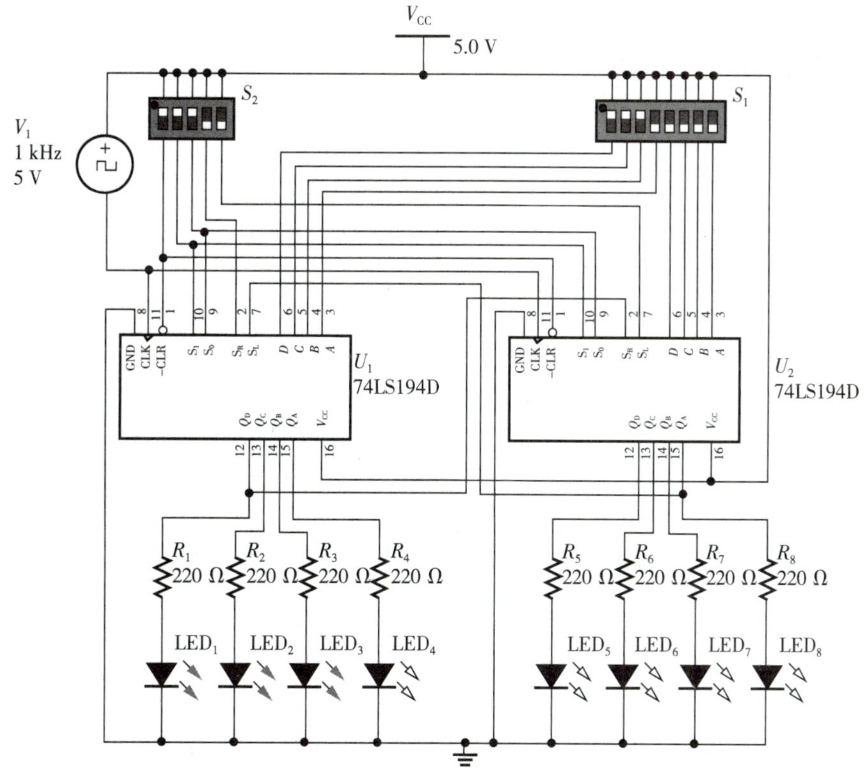

图 12－58　移位寄存器仿真电路(CLR ＝ S_1 ＝ S_0 ＝ 1 时)

六、实验步骤

1. 分析实验原理，使用 Multisim 电路仿真软件，参照图 12 - 57 接线图，搭建 JK 触发器仿真电路。

2. 测试将两个芯片的电路输出端($Q_0 \sim Q_4$) 接 LED 灯($LED_2 \sim LED_8$)。

(1) 清除：利用拨码开关 S_2 将 CLR 接 GND，其他输入均为任意态，观察输出端 LED 灯亮灭。

(2) 送数：利用拨码开关 S_2 将 CLR、S_1、S_0 接电源端子 +5V，将 CLK 接上升沿单脉冲，将电路两个芯片输入端接拨码开关 S_1，通过拨码开关改变输入端的电压状态，从而观察输出端 LED 灯亮灭情况。

(3) 右移：利用拨码开关 S_2 将 CLR、S_0 接电源端子 +5V，S_1 接电源端子 GND，由右移输入端 SR 送入二进制数码如 0100，由 CLK 端连续加 4 个脉冲，观察输出情况，记录之。

(4) 左移：清零，令 CLK=1、$S_1=1$、$S_0=0$，由左移输入端 SL 送入二进制数码如 1111，连续加四个 CLK 脉冲，观察输出端情况，记录之。

(5) 保持：寄存器予置任意 4 位二进制数码 $abcd$，令 CLR=1，$S_1=S_0=0$，加 CLK 脉冲，观察寄存器输出状态，记录到表 12 - 12 中。

七、实验结果

实验结果列于表 12 - 12 中。

表 12 - 12　移位寄存器仿真实验测试结果

输入														输出								功能
CLR	S_1	S_0	CLK	DSL	DSR	D_0	D_1	D_2	D_3	D_4	D_5	D_6	D_7	Q_0	Q_1	Q_2	Q_3	Q_4	Q_5	Q_6	Q_7	

注：表中 $D_0 \sim D_3$ 表示左边芯片的并行输入端($D_0 \sim D_3$)，$D_4 \sim D_7$ 表示右边芯片的并行输入端($D_0 \sim D_3$)，$Q_0 \sim Q_3$ 表示左边芯片的并行输出端($Q_0 \sim Q_3$)，$Q_4 \sim Q_7$ 表示右边芯片的并行输出端($Q_0 \sim Q_3$)。

由以上仿真测试结果分析：

(1) 移位寄存器功能与表 12－12 中理论功能是否一致。

(2) 由图 12－56(a) 可知，V_1 输出单脉冲接时钟脉冲输入端 CLK，开关 S_2 从左至右分别控制清零端 CLR，操作模式控制端 S_1、S_0，右移串行输入端 SR，左移串行输入端 SL。开关 S_1 控制的是并行输入端。当 $CLR = S_1 = S_0 = 1$ 时，并行输入端(11100000)＝并行输出端(11100000)。图 12－56(b) 是由图 12－56(a) 演变而来的，当清零端 CLR＝0 时，无论其他端口什么状态，输出均为 0。

八、实验思考

如何使用 4 片 74LS194 搭建 16 位双向移位寄存器？操作并记录实验结果。

任务七　555定时器多谐振荡器实验

一、实验目的

1. 熟悉555集成时基电路结构、工作原理及其特点。
2. 掌握555定时器构成多谐振荡器的应用。

二、实验环境

电子仿真软件：Multisim。

三、虚拟实验仪器设备与元器件

1. 直流稳压电源×1。
2. 二极管1N4007×2。
3. 电阻300 Ω×1。
4. 100 kΩ的可动变阻器×1。
4. 电阻3.3 kΩ×1。
5. 芯片555定时器×1。
6. 10 nF电容×1。
7. 10 μF电容×1。

四、实验原理

1.555定时器构成占空比可调的多谐振荡器

在理论学习中，详细学习了555定时器的结构图与引脚功能。它是由两个比较器、一个SR锁存器和一个集电极开路的放电三极管TD三部分组成。将555定时器的2脚和6脚连在一起构成施密特触发器，然后再将V_o经RC积分电路接回输入端就得到了多谐振荡器，如图12-59所示。

由图12-59(b)波形图中U_c的波形求得电容C的充电时间T_1和放电时间T_2分别为：

充电时间 $T_1=(R_1+R_2)C\ln 2$；

放电时间 $T_2=R_2C\ln 2$；

故振荡周期 $T=T_1+T_2=(R_1+2R_2)C\ln 2$；

振荡频率 $f=\dfrac{1}{T}=\dfrac{1}{(R_1+2R_2)C\ln 2}$；

占空比 $q=\dfrac{T_1}{T}=\dfrac{R_1+R_2}{R+2R_2}$

因图12-59谐振荡器电路输出脉冲的占空比始终大于50%，为得到小于或等于50%的占空比，则可将二极管接入电路中，如图12-60所示。此时，电容的充电电流只会流经R_a，放电电流只会流经R_b，因此，充电时间$T_1=R_aC\ln2$；放电时间$T_2=RbC\ln2$；故振荡周期$T=T_1+T_2=(R_a+R_b)C\ln2$。

振荡频率 $f=\dfrac{1}{T}=\dfrac{1}{(R_a+2R_b)C\ln2}$

占空比 $q=\dfrac{R_a}{R_a+R_b}$

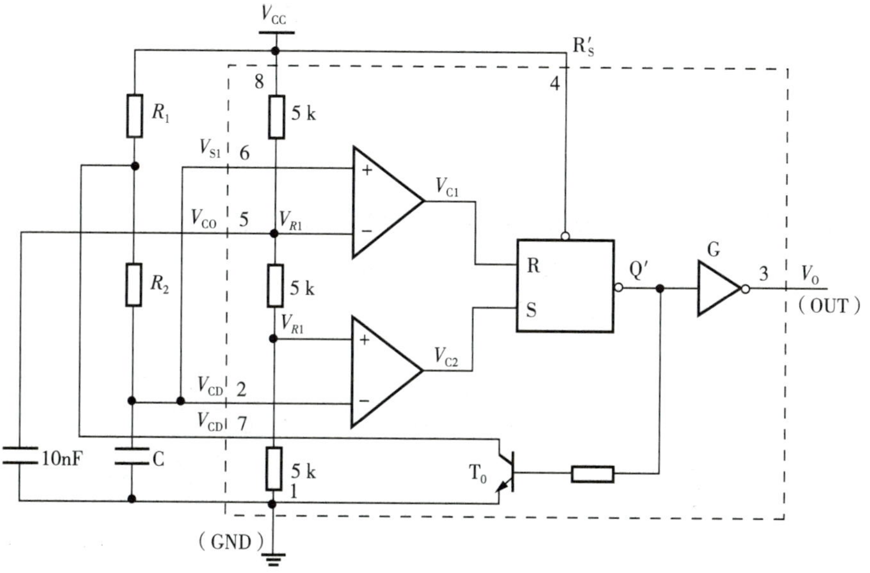

(a) 电路图

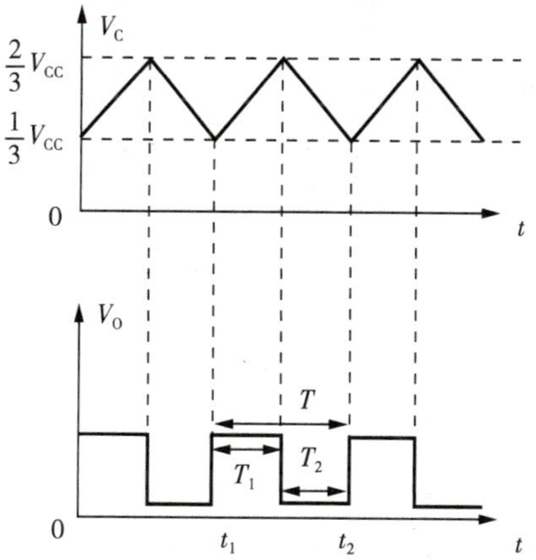

(b) 波形图

图12-59　多谐振荡器

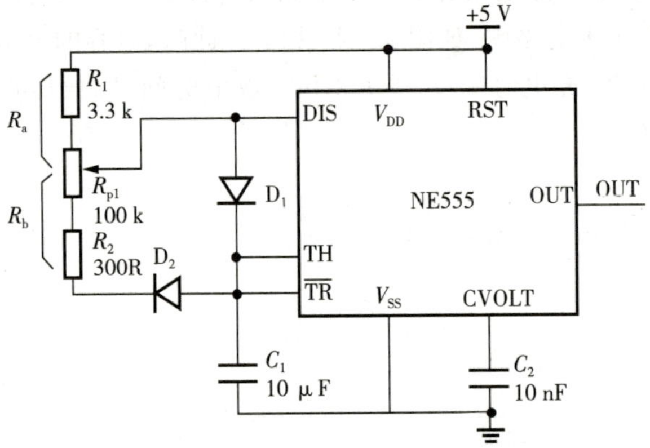

图 12-60　多谐振荡器(占空比可调)

五、实验测试电路

如图 12-61 所示，调节电位器 R_3 阻值的百分比，可以改变 R_1、R_2 的比例，从而改变输出脉冲的占空比，同时周期并不发生变换，频率在 1.39 Hz 左右。当 $R_1=R_2$ 时，占空比 $q=50\%$，输出的波形为标准的方波。

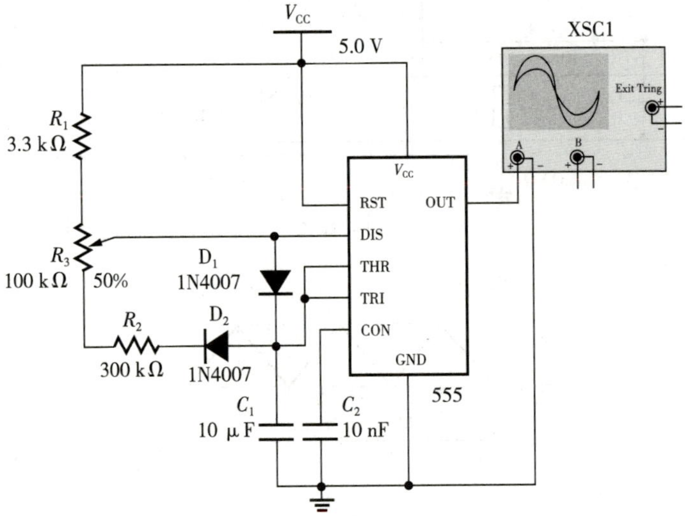

图 12-61　多谐振荡器仿真图

六、实验步骤

1. 分析实验原理，使用 Multisim 仿真软件，参照图 12-61 进行仿真电路的搭建。

2. 若在实际设备中操作，首先，应在断电状态下用万用表蜂鸣档测量 +5 V 与地是否导通，不导通的情况下在按下开关，再用万用表电压挡测量 +5 V 对地的电压。

3. 用示波器测量输出端 OUT 的波形，并调节电位器 R_3 观察波形的变化。

七、实验结果

绘制输出波形。

八、实验思考

1. 占空比可调多谐振荡器理想情况下计算的频率与实际测量的频率，为什么会存在误差？

2. 是否能将占空比可调多谐振荡器改成占空比和频率都可调的多谐振荡器？

知识拓展：

1. 四位集成同步二进制加法计数器 74LS161
2. 集成异步十进制加法计数器 74LS290 功能及应用
3. 利用移位寄存器制作环形计数器视频

四位集成同步二进制加法计数器 74LS161

集成异步十进制加法计数器 74LS290 功能及应用

移位寄存器型计数器视频

同步思考：

1. 时钟脉冲每个周期可分为________、________、________、________四个部分。

2. 在一个时钟脉冲持续期间，触发器的状态________的现象成为空翻，克服空翻的方法通常是采用________。

3. 主从 JK 触发器由________和________组成，在时钟脉冲到来时，________工作，时钟脉冲过后，________工作，主从 JK 触发器的逻辑功能与________是一样的。

4. 移位寄存器简称________，它同时兼具________和________两种功能，另外移位寄存器具有________功能，它的延迟时间与________有关。

5. 任意进制计数器又称________计数器，$2N$ 进制计数器就至少要用到________个触发器。

6. 组合逻辑电路和时序逻辑电路在逻辑功能上有什么不同？

7. 描述时序逻辑电路的逻辑功能有哪些方法？

8. 试设计一个控制 2 电机的控制器。要求电机 1 运转 10 s 后，电机 1 停止，电机 2 工作；电机试设计一个控制 2 电机的控制器。要求电机 1 运转 10 s 后，电机 1 停止，电机 2 工作；电机 2 工作 5 s 后，电机 2 停止，电机 1 启动，不断循环；按下按钮 A 后，控制器开始运行。

（提示：该控制器框图如图 12－62 所示）。

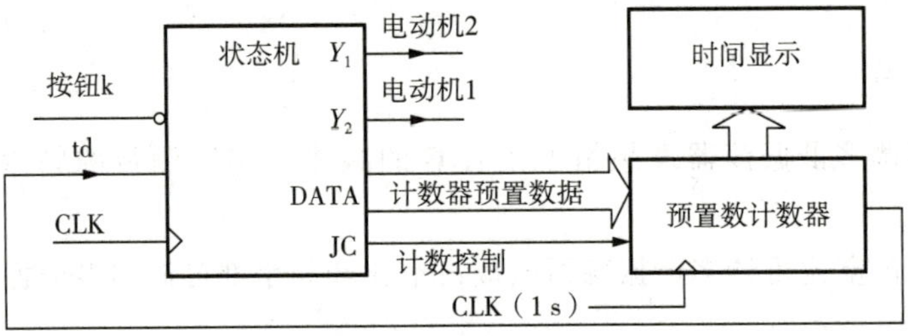

图 12－62　题 8 图

9. 用定时器 555 和 JK 触发器 74LS76 组成 4000 Hz 与 2000 Hz 的时钟源电路。

项目十二 PPT

参考文献

[1] 顿秋芝．电工电子技术[M]．哈尔滨：哈尔滨工业大学出版社，2013.
[2] 童诗白，华成英．模拟电子技术基础[M]．北京：高等教育出版社，2006.
[3] 赵歆．电工电子技术[M]．北京：北京邮电大学出版社，2013.
[4] 杨屏．电工电子技术实训项目教程[M]．北京：机械工业出版社，2018.
[5] 刘蕴陶．电工电子技术[M]．北京：高等教育出版社，2007.
[6] 李耐根．电工与电子技术基础[M]．北京：冶金工业出版社，2008.
[7] 申凤琴．电工电子技术基础[M]．北京：机械工业出版社，2019.
[8] 赵歆．电工电子技术[M]．北京：邮电大学出版社，2013.
[9] 邢迎春，王晓，吴宇．电工电子技术基础[M]．3版．大连：大连理工大学出版社，2010.
[10] 戴曰梅．电工基础[M]．北京：机械工业出版社，2009.
[11] 申凤琴．电工电子技术及应用[M]．3版．北京：机械工业出版社，2016.
[12] 宇建华．电工电子技术基础[M]．2版．北京：人民邮电出版社，2011.
[13] 田培成，沈任元，吴勇．数字电子技术基础[M]．3版．北京：机械工业出版社，2015.
[14] 邢江勇．电工电子技术[M]．2版．北京：科学出版社，2011.

图书在版编目(CIP)数据

电工电子技术/孙亮等主编. --合肥:合肥工业大学出版社,2021.9(2025.9 重印)
ISBN 978-7-5650-4986-6

Ⅰ.①电… Ⅱ.①孙… Ⅲ.①电工技术-高等职业教育-教材②电子技术-高等职业教育-教材 Ⅳ.①TM②TN

中国版本图书馆 CIP 数据核字(2020)第 227741 号

电工电子技术

主编 孙 亮 方庆山 罗 佳 吕 菲 责任编辑 张择瑞 赵 娜 马成勋

出 版	合肥工业大学出版社	版 次	2021 年 9 月第 1 版
地 址	合肥市屯溪路 193 号	印 次	2025 年 9 月第 5 次印刷
邮 编	230009	开 本	787 毫米×1092 毫米 1/16
电 话	理工图书出版中心:0551-62903204	印 张	25.25
	营销与储运管理中心:0551-62903198	字 数	583 千字
网 址	press.hfut.edu.cn	印 刷	安徽联众印刷有限公司
E-mail	hfutpress@163.com	发 行	全国新华书店

ISBN 978-7-5650-4986-6 定价:59.00 元

图书在版编目(CIP)数据